全国农业高等院校规划教材
农业部兽医局推荐精品教材

宠物学概论

● 李　术　田培育　主编

U0306495

中国农业科学技术出版社

图书在版编目（CIP）数据

宠物学概论/李术，田培育主编．—北京：中国农业科学技术出版社，2008.8 (2024.7 重印)
全国农业高等院校规划教材．农业部兽医局推荐精品教材
ISBN 978-7-80233-564-6

Ⅰ. 宠…　Ⅱ. ①李…②田…　Ⅲ. 观赏动物—概论　Ⅳ. S865.3

中国版本图书馆 CIP 数据核字（2008）第 081276 号

责任编辑　朱绯
责任校对　贾晓红

出 版 者　中国农业科学技术出版社
　　　　　北京市中关村南大街 12 号　邮编：100081
电　　话　（010）82106632（编辑室）
传　　真　（010）82106626
网　　址　http://www.castp.cn
经 销 者　新华书店北京发行所
印 刷 者　北京建宏印刷有限公司
开　　本　787 mm×1092 mm　1/16
印　　张　22.5
字　　数　523 千字
版　　次　2008 年 8 月第 1 版　2024 年 7 月第 17 次印刷
定　　价　35.00 元

版权所有・翻印必究

《宠物学概论》

编 委 会

主　编　李　术　东北农业大学

　　　　田培育　黑龙江生物科技职业学院

副主编　石　锐　黑龙江民族职业学院

　　　　张升华　黑龙江畜牧兽医职业学院

　　　　杨宗泽　河北科技师范学院

参　编　王　敏　黑龙江畜牧兽医职业学院

　　　　倪士明　黑龙江农业职业技术学院

　　　　王佳丽　辽宁医学院动物科技学院

　　　　王京崇　山东畜牧兽医职业学院

主　审　张宏伟　黑龙江生物科技职业学院

序

中国是农业大国，同时又是畜牧业大国。改革开放以来，我国畜牧业取得了举世瞩目的成就，已连续20年以年均9.9%的速度增长，产值增长近5倍。特别是“十五”期间，我国畜牧业取得持续快速增长，畜产品质量逐步提升，畜牧业结构布局逐步优化，规模化水平显著提高。2005年，我国肉、蛋产量分别占世界总量的29.3%和44.5%，居世界第一位，奶产量占世界总量的4.6%，居世界第五位。肉、蛋、奶人均占有量分别达到59.2千克、22千克和21.9千克。畜牧业总产值突破1.3万亿元，占农业总产值的33.7%，其带动的饲料工业、畜产品加工、兽药等相关产业产值超过8 000亿元。畜牧业已成为农牧民增收的重要来源，建设现代农业的重要内容，农村经济发展的重要支柱，成为我国国民经济和社会发展的基础产业。

当前，我国正处于从传统畜牧业向现代畜牧业转变的过程中，面临着政府重视畜牧业发展、畜产品消费需求空间巨大和畜牧行业生产经营积极性不断提高等有利条件，为畜牧业发展提供了良好的内外部环境。但是，我国畜牧业发展也存在诸多不利因素。一是饲料原材料价格上涨和蛋白饲料短缺；二是畜牧业生产方式和生产水平落后；三是畜产品质量安全和卫生隐患严重；四是优良地方畜禽品种资源利用不合理；五是动物疫病防控形势严峻；六是环境与生态恶化对畜牧业发展的压力继续增加。

我国畜牧业发展要想改变以上不利条件，实现高产、优质、高效、生态、安全的可持续发展道路，必须全面落实科学发展观，加快畜牧业增长方式转变，优化结构，改善品质，提高效益，构建现代畜牧业产业体系，提高畜牧业综合生产能力，努力保障畜产品质量安全、公共卫生安全和生态环境安全。这不仅需要全国人民特别是广大畜牧科教工作者长期努力，不断加强科学研究与科技创新，不断提供强大的畜牧兽医理论与科技支撑，而且还需要培养一大批掌握新理论与新技术并不断将其推广应用的专业人才。

培养畜牧兽医专业人才需要一系列高质量的教材。作为高等教育学科建设的一项重要基础工作——教材的编写和出版，一直是教改的重点和热点之一。为了支持创新型国家建设，培养符合畜牧产业发展各个方面、各个层次所需的复合型人才，中国农业科学技术出版社积极组织全国范围内有较高学术水平和多年教学理论与实践经验的教师精心编写出版面向21世纪全国高等农林院校，反映现代畜牧兽医科技成就的畜牧兽医专业精品教材，并进行有益的探索和研究，其教材内容注重与时俱进，注重实际，注重创新，注重拾遗补缺，注重对学生能力、特别是农业职业技能的综合开发和培养，以满足其对知识学习和实践能力的迫切需要，以提高我国畜牧业从业人员的整体素质，切实改变畜牧业新技术难以顺利推广的现状。我衷心祝贺这些教材的出版发行，相信这些教材的出版，一定能够得到有关教育部门、农业院校领导、老师的肯定和学生的喜欢。也必将为提高我国畜牧业的自主创新能力和增强我国畜产品的国际竞争力作出积极有益的贡献。

国家首席兽医官
农业部兽医局局长

二〇〇七年六月八日

内容简介

本教材紧密结合国内外宠物发展现状，详细介绍了各类宠物近百种。其中有比较常见的名猫名犬，如喜马拉雅猫、暹罗猫、缅甸猫、波斯猫、斯芬克斯无毛猫、博美犬、吉娃娃犬、拉布拉多猎犬、北京犬、万能㹴、意大利灵㹴、藏獒等；也有在中国有吉庆含义并由来已久的金鱼，近年来刚刚兴起的海水鱼、淡水鱼，如小丑鱼、草莓、法国神仙、墨龙睛、月光鱼、红绿灯、食人鲳等；还有一些另类的宠物，像蛇、龟、蚁、鼠和贵族们珍爱的各种名马；还有或声音婉转，或羽翼华丽的观赏鸟。从这些宠物的发展历史、外形特征、生活习性、地理分布与生境、评价标准及常见疾病等方面进行介绍，力求内容上既有深度又有广度。

全书图文并茂，并有以实践操作为目的的实训部分，以利于学生理论与实践相结合，达到学会、学好的目标，具有一定的学术价值及推广意义，可以作为高职高专动物学、动物医学、宠物学、宠物医学、宠物美容与保健等专业师生的教材，也可以作为宠物及动物相关从业人员、宠物饲主的参考用书和广大读者床头枕边的休闲科普书籍。

编写说明

本教材的编写，从农业高职高专的特色出发，充分考虑到我国不同地区、不同人群宠物饲养及宠物医疗保健的相关需求。特别是各品种宠物的不同特点与适养条件，来介绍一些适于饲养的宠物。从内容上力求反映本学科的主要理论、知识及相关发展与现状，立足于科学、系统的阐述宠物学相关知识。突出应用性与实践性，以文字介绍加图片展示，形象具体的展开宠物学画卷，以益于学生能力和素质的培养与提高。

由于水平有限、编写时间有限，教材中难免有不足之处，敬请广大师生与读者不吝赐教、批评指正。

编　者

2008 年 5 月

目　　录

第一章　绪　论

第一节　宠物的起源

宠物（pet）是指人们精心饲养，以供玩赏愉悦的宠爱之物。广义的宠物不仅包括家养动物、植物，如犬、猫、鸟、鱼、虫、花、草等，还包括一些稀有的珍贵之物，如金银首饰、陶瓷及某些工艺品等。本书所涉及的宠物，主要有家养的犬、猫、鱼、鸟、爬行类动物及其他动物。

一、宠物的历史

人类饲养犬、猫的历史颇为悠久，规模也较为庞大，鱼类和鸟类的饲养也有较长的历史，而其他宠物的饲养则是近年来才渐渐兴起的，故其饲养规模、普及程度与犬、猫等比较起来也相差甚远。下面就犬和猫的进化史进行叙述。

1. 犬的进化史

虽然对于现代犬种的确切起源地以及年代仍有相当多的意见，不过确有强有力的证据（DNA 分析）显示，被驯化的狼应该是它们的远祖。关于犬的直系祖先问题，目前学术界尚有争议，主要有两种观点：①一源说。著名博物学家布丰（G. Buffon，1707—1788）等认为目前世界上所有大小不同、体形各异的犬都由狼驯化而来；②多源说。有人认为全世界的犬由狼（Anislupus）、丛林狼（C · Latrans）、豺（C · Aurreus）、黑背狐狼（C · Mesomelas）、侧纹胡狼（C · Aureus）和澳洲野犬（C · Dingo）6 种犬属动物驯化而来。也有人认为仅由北美狼（North American wolf）、中国狼（Chinese wolf）、印度狼（Indian Wolf）和欧洲狼 4 种驯化而来。

（1）犬的发源地

有关犬的发源地和发源时间，许多科学家们都进行了考证研究。到目前为止，最早的犬化石证据来自于德国，是 14 000 年前的一个下颌骨化石，另外一个是来源于中东大约 12 000 年前的一个小型犬科动物骨架化石，这些考古学证据表明犬是起源于西南亚或欧洲。但是不同品种犬在形态上极其丰富的多样性，似乎又倾向于犬起源于不同地理群体狼的假说，所以仅靠考古学很难提供犬起源的可靠线索。

中瑞科学家组成的研究小组搜集了来自欧洲、亚洲、非洲和北美洲的 654 只犬的 DNA 样本，分析了遗传物质的碱基排列后发现，这些犬拥有几乎相同的基因，科学家通过基因测试推断东亚应该就是犬的发源地，而不是过去人们一直认为的中东地区。

瑞典乌普萨拉大学的查理斯·韦拉和美国华盛顿国家历史博物馆的珍妮佛·雷纳德也在进行现代犬的研究，主要是探讨现代的家犬是否是从当地的狼驯化而来的。他们比较了古代犬和现代犬的DNA，包括37个从欧洲殖民者带来的墨西哥、秘鲁和玻利维亚的犬化石中提取的DNA样本，以及11个从阿拉斯加沉积层中取出的欧洲定居者到来之前的阿拉斯加犬的DNA样本。研究发现，现代犬和古代犬的关系比和美洲灰狼还近，它们的相似度显示，所有的犬均来自共同的祖先——中国灰狼。

加州大学的詹妮弗·雷纳德领导的研究小组，对墨西哥、秘鲁、玻利维亚以及阿拉斯加考古发掘出的48具犬的遗骨的DNA进行了分析，这些都早于欧洲人到达新世界的时间。他们将其与67种犬以及来自世界30个地方的狼的DNA进行了比对，结果发现古代犬的DNA与现代犬的DNA非常接近。

美国和秘鲁等国的科学家组成的研究小组，比较了南北美大陆和亚洲、欧洲的犬以及欧洲殖民者到达美洲大陆前就在拉丁美洲和阿拉斯加等地生存的犬的碱基排列，发现拉丁美洲和瑞典的犬的部分基因都源于过去的欧亚狼。这部分基因在15世纪欧洲殖民者到达美洲之前就已在美洲家犬身上显现。他们认为，犬在东亚起源并扩大到整个亚洲和欧洲，继而在1.4万～1.2万年前由美洲大陆的第一批定居者穿越白令海峡带到了美洲。

（2）犬的演化过程

从以上研究结果基本得出结论，虽然犬的习性和外形同狼大相径庭，但犬是在1万多年前由狼演化而来的。进一步研究也证实，在分子层次上，狼和犬之间几乎没有什么改变，它们的DNA组成几乎完全相同。人们猜测，某些狼或原始犬类因闻到食物香气而设法挤到人类的火堆旁，进一步证明自己没有攻击性或能当好帮手，从而得以走入早期人类的部落。25只或30只狼与数目相近的游牧人群一前一后走过荒野，追捕大型猎物，狼群在营地附近流连，捡拾残羹，人类则可能会利用狼卓越的嗅觉与速度来找寻、追踪可能的猎物。黑夜里，狼还可以凭敏锐的感官在危险接近时示警。当时的生活或许并不如我们想象中艰难，许多时候食物都颇为充沛，捕食动物少见，人类与野生动物间的藩篱也不乏缝隙。就是透过这些缝隙，体型较小或较不具威胁性的狼慢慢占据了人们的心。这些狼过着由首脑统驭的群居生活，深谙伏低作小的诀窍，因此能适应受人类统治的日子。幼狼尤其惹人怜爱，就和现在一样。人狼间的联盟关系由此诞生，驯养的历史因此而展开。

几千年来，人类允许特定的狼和原始犬只进入营地，并将体型较大、较具威胁者拒于门外，催生了较亲近人类的品种，它们无论是体格、形状、毛色、耳形乃至身上的斑纹都明显有别于狼。一般而言，犬的体型较狼小，吻部也比狼缩小。犬能协助人类狩猎、吃掉垃圾保持营地清洁、示警、帮助人类保暖，甚至作为食物。包括美洲土著民在内的许多民族过去都有吃幼犬的习惯。直到今天，在某些社会中吃犬肉还是可以被接受的。

从巴哥犬到斗牛犬、灵猩、大丹犬等，犬的种类繁多，但体形、个头及性情各不相同，没有哪种物种和犬一样，拥有如此高度的多样性。然而，所有品种的犬都拥有来自共同始祖的特定特征。最早品种的犬就在人类少量干预的情况下出现。当早期的犬科动物在适应了人类居住环境以后，发展出温顺的性情以及许多与基因有关的特质，包括可训练性、摇尾巴，以及多色的毛皮。由于不再需要扑杀大型猎物，犬的头骨与牙齿相对于全身的比例，变得比狼小。从肉食变成食用人类为其准备的食物后，它们的脑部也变得较小，只需较少的蛋白质与热量就可以成长并维持运作。此后，随着人类的需求选择并养育具有守卫、狩猎等能力的犬。环境也影响了早期品种的犬。例如，在寒冷气候中，毛皮厚、体型大的犬较易于生存繁衍。人类有意识地让具有理想特征的犬杂交繁殖，产生混血后代，创造出更多不同的变异，比在自然状态下会出现或能生存的种类还多。犬的多样性大多来自某些影响犬在胎儿与幼犬时期发育的基因，这些基因可以大幅改变犬的最终外形。19世纪中叶育种协会纷纷成立后，开始鼓励新品种的培育，进而加速了人工选择的过程。1900年以后产生的犬品种，大多只是为了它们的长相而培育。

2. 猫的进化史

家猫的原始祖先很可能是非洲野猫，因为非洲野猫的形体只稍大于家猫，性情也比其他品种野猫驯服。非洲野猫经常出没在人类住地附近，由于很容易被驯化，往往被作为当地居民的宠物来饲养。驯化后的猫被带到世界各地后，可能与当地野猫杂交，成为不同地区现代家猫的祖先。目前，带深色斑纹的欧洲家猫皮毛纹路兼备了欧洲野猫和非洲野猫的特点，而印度家猫所带的斑点说明它们的祖先与亚洲野猫有着血缘关系。家猫与丛林猫等另外一些野猫品种杂交后产生的品种不大可能对家猫的主流品种产生重大影响。

（1）猫的发源地

在不同史前人类遗址附近都曾发现过猫的残骸，包括约9 000年前的以色列新石器时代遗址，4 000年前的巴基斯坦印度河谷遗址。不过这些残骸很可能是为了谋取皮毛或肉而被杀死的野猫。有趣的是，在地中海的塞浦路斯岛上同时发现了8 000年前的猫和鼠的残骸，它们可能是被人类移民带到岛上。尽管这些猫可能尚未完全驯化，但它们是有意被带到岛上来对付鼠害的。

家猫几乎可以被肯定是遍布于欧洲、非洲和南亚的小型野猫的后裔。在这片广袤的地域内，根据当地的环境和气候条件，演变出无数个野猫亚种群。它们的外观不尽相同，生活在北方的欧洲野猫身材粗壮，耳短，皮毛厚；而生活在南方的亚洲野猫则身材小巧，身上带斑点。

（2）猫的演化过程

驯养猫的历史要比犬晚得多。这一时期可能不会早于公元前7 000年，当时由于农业的兴旺发达，在中东形成了“新月形米粮仓”地带。家宅、谷仓的出现为鼠类及其他小型哺乳类动物提供了新的生存环境，而这些动物正好是小型野猫的理想猎物。从一开始，人与猫之间就建立起互利关系，猫获得了丰富的食物来源，而人类也免除了讨厌的啮齿动物的困扰。最初，这些野猫的存在可能被人类所接受甚至受到鼓励，不时抛给一些食物。就像狼一样，较为驯服的一些野猫逐渐被吸纳进入人类社会，由此产生了最早的半驯化猫群体。

经过数千代的繁殖，在猫身上也发生了在家养过程中所引起的生理变化，这与犬身上的变化相似。包括形体变小，爪子缩短，大脑和颅腔容积缩小，伸展双耳和尾巴的姿态以及皮毛的颜色和质地也起了变化。不过猫与犬不同，它们在人类社会中保持着很大程度的独立性，因此很少因为选择性的外来压力而形成某些为人类所需要的行为特征。因此，家猫与其祖先野猫相比，在外貌上变化不大，在早期的考古发现中很难加以区分。

二、宠物的种类

作为宠物的动物主要有犬、猫、鸟、鱼、兔子、仓鼠、龙猫、松鼠、彩蟹、蜥蜴和蛇等，每一种又有不同的分类。下面仅对目前人类饲养较多的犬、猫、鱼、鸟的分类进行叙述。

1. 犬的分类

目前世界上具有纯正血统的名犬大约有400种，其中有100种以上的名犬为人们所喜欢并被共识。我国也曾培育出十多种名犬，如北京犬、巴哥犬（斧头犬）、松狮犬、西藏犬的分类猎、拉萨犬、西施犬（中国狮子犬）、中国冠毛犬、西藏猎犬、沙皮狗、西藏獒犬。由于犬的品种较多，形态血统十分复杂，而在用途上也可兼用，所以目前尚无一种完善的分类方法。所以，犬的准确分类有一定的难度，从不同的标准出发，犬通常有以下几种分类：

（1）按不同用途分：犬可分为家犬、牧羊犬和猎犬三大类。

（2）按不同功能分：犬可分为工作犬、家犬兼工作犬、狩猎犬及玩赏犬。

（3）按体形大小分：犬可分为超大型犬、大型犬、中型犬、小型犬和超小型犬。

（4）按形态特征分：可分为灵提、猎鹬犬、狐狸犬、马尔济斯犬以及牧羊犬等。

2. 猫的分类

猫的分类方法很多，不过总结起来不外如下几种分类：

（1）按生存环境可分为：家猫、野猫。

（2）按品种培育可分为：纯种猫、杂种猫。

（3）现在猫的分类一般是按照猫的体毛长短分类的，分为短毛猫、长毛猫。

3. 鱼的分类

地球上的鱼类大约有两万多种，按生活水质分为海水鱼和淡水鱼，淡水鱼又包括热带鱼和冷水鱼。

4. 鸟的分类

通常按照观赏鸟食性的不同，将其分为硬食鸟、软食鸟和生食鸟三类。

硬食鸟：以吃种子、谷类、果实为主，嘴短而厚实。

软食鸟：以吃昆虫、小动物、果浆为主，嘴长而薄。

（李术）

第二节　饲养宠物的意义

形形色色的宠物被人类饲养着，常见的有水中的鱼龟，空中的鸽鸟，陆上的马、猫、犬、兔等，此外还有诸如蚂蚁、蛇等，无论哪种宠物，在人类的生活和人伦世故中，都扮演着不容忽视的角色，对人类生活以及人的生理和心理等都大有裨益。

一、科学生活的需要

人类饲养宠物已经不仅仅是作为伴侣的需要，现在的许多宠物已经被作为试验动物供我们进行科学研究，每年有相当数量的的兔子、老鼠、犬、羊和其他动物被用于科学试验，如生理试验、遗传学试验、有毒气体危险评价试验、防化试验、药物、化妆品和其他消费产品的上市前试验等。值得一提的是犬被作为役用动物已经很多年了，现在也一直在充当着人类帮手，如缉毒犬、缉私犬、警犬、雪橇犬、牧羊犬等。

二、调节人们心理与生理失衡

在整个人类历史上，宠物一直给人类带来一系列好处，它们既是我们的助手也是伴侣，有时还起到美化家庭和显示心态的作用。时至今日，宠物的主要作用是成为相依为命的伴侣，一起散步，一起读书和工作，一起过日子。饲养宠物的一项主要责任就是喂食，而喂食不仅是一种极大的乐趣，而且有助于建立相互间的感情。在拉丁语里，“伴侣关系”的本义就是“在一起吃面包”，这种巧合是多么意味深长。

在今日，宠物已经成为提升我们的生活品质的许多因素之一，在过去的 20 年里，许多研究都证实了拥有宠物在精神上以及医学上的各种好处。在第 10 届“人类与伴侣动物关系”国际会议上，研究人员指出，饲养宠物的人比较健康，相对于那些没有饲养宠物者，饲养宠物者每年向医生求诊的次数减少了 15%～20%。研究显示，情绪低落者，饲养宠物后情绪得以改善，可以去面对或克服没有道理的恐惧，比如说对黑暗的恐惧或是单独一个人时的焦虑不安。对于一些性格异常，尤其是自闭症患者，他们常忽略别人的感受，但通过与动物相处，可以使他们跟人友好相处。因为当他们以自我为中心时，宠物会变得很不听话。

美国宾夕法尼亚州立大学的研究人员勒文逊也发现，伴侣动物可增强家庭内部的活力。在有些场合下，小动物可成为家庭成员间讨论的主要内容，促进感情交流。另外，它们对性格内向的孩子具有心理治疗作用。不愿与大人交流的儿童往往会试图与这个沉默的小朋友交谈，从而恢复与他人之间的正常接触。儿童有伴侣动物的生活形态，会成为其性格发展的一个方向，透过伴侣动物，儿童能学习做一个负责任的人，如果一个小孩能够学习照顾好家中的宠物，就应该会有比较好的态度去对待他身边的人，建立对周边事物的爱心。

宠物对于弱势社群更为重要，例如智障人士，从小需要照顾，少有机会照顾别人，有些严重智障者完全失去社会活动能力，宠物就成为他们生活中重要的伴侣与精神支持。人到老年，社会角色和地位就会发生很大的转变，从一个被别人需要、被别人重视的人变成了一个需要他人照顾的人，这种巨大的落差常给老年人带来心理上的种种变化。为了缓解这种落差，他们往往饲养一些宠物，来寄托自己的感情，从中感觉到自己的被需要和被依赖。还有研究证明，伴侣动物与其年迈的主人之间存在一种相互影响、相互依赖的微妙关系。这种复杂而微妙的关系，有利于老年人生理和情绪的健康，拥有伴侣动物的老年人生活更愉快，寿命更长。

此外，还有研究显示饲养宠物可以增强人的抵抗力，如长期和猫、犬呆在一起的儿童不易得病。而且饲养宠物的人，其心脏跳动频率比没有饲养宠物者低，一个原来处于相当程度紧张情形下的人，在当他的宠物来到他身边时，心跳速率会减缓并且血压会降低，尤其对那些工作压力特别大的人来说，拥有一只宠物可能是一种很好的减压方式。可见饲养宠物对提高人类生活质量大有益处。

三、带动宠物产业的发展

随着经济的繁荣，人民生活水平不断提高，饲养宠物的人在逐年增加，尤其在经济发达的大中城市，宠物的饲养数量增加迅猛。随着宠物热的出现，宠物产业也得到了初步发展。宠物产业主要分为两部分——“宠物赚钱”和“赚宠物的钱”。“宠物赚钱”主要指宠物繁殖饲养、买卖等过程，此外出租宠物（如水族箱等）等行业都属于这一类。“赚宠物钱”的范围则要广泛得多，包括宠物食品、药品、用品、玩具、服装等制造业，宠物医院、训犬学校、寄养宠物、护理咨询、宠物的衣食住行、生老病死等服务业。

在国外，宠物产业已相当成熟。美国每年仅宠物保险业收入就高达40亿美元；法国在1998年用于养护宠物的开支达89.6亿美元，相当于法国全部家庭收入的4%；德国是传统的狼犬出口大国，优秀的种犬售价高达10万美元；在澳大利亚，宠物行业拥有3万多名员工，并创造出近6%的国内生产总值。在我国，北京、上海、广州、重庆和武汉为五大宠物市场发展重点城市，其中上海每年养护宠物的开支在6.5亿元以上，宠物养殖业和宠物服务业已初具规模，宠物用品制造业出口额已达5亿元人民币以上。可见，宠物产业在中国作为一种新兴产业具有很大的发展空间，这一产业的兴起，不仅为社会提供了大量的就业机会，也必将会为国家创造更多的产值。

（李术）

第三节　养护宠物应具备的条件

时下，都市人饲养犬猫等宠物已逐渐成为一种时尚，这是经济发展使然。虽然小猫小狗等是可爱的伴侣动物，但是养护不当反而可能添乱。因为一旦它进入家庭，就应该从增加一个家庭成员的角度谨慎处之，而不仅仅是只考虑宠物会带来快乐。它们不仅挑战人们的爱心，还对人们的公共道德和社会交往能力是一种考验。因此，需具备时间方面、空间方面、经济方面、知识方面和心理方面等诸多条件，不然，会给你和他人带来不必要的麻烦，甚至引起法律纠纷。

一、时间条件

宠物就其本性来说是人们休闲娱乐相伴的动物，无论从其心理健康和生理健康方面，都需要主人有足够的休闲时间相伴。任何一种宠物，都需要定时进行饲喂、换水、清洗笼舍、洗澡、遛放、修理指甲、梳毛等，还要时时留心观察其健康状况，另外还有就医、发情、怀孕、衰老、死亡等一系列过程，都是很复杂的。如果没有足够的时间，这些是很难做好的。

在工作和安排好人的日常生活之余，抽出一定时间与宠物接触，交流感情，使宠物感到亲切、温暖，有利于培养宠物对人的亲近、友善关系。还要根据宠物的生理特点给予适当的安排，每天需要带领宠物到户外宽敞环境自由活动1～2h，接受新鲜空气和阳光照射，以利体内维生素D的生成，也有利于宠物体格成长。此外，对于宠物的训练，时间更是不可或缺的重要条件。

二、空间条件

人的正常生活要求有足够的生存空间，饲养宠物也需要有一定的空间。宠物作为家庭成员应当拥有与人隔离的窝舍、专门的排便处，有保障睡眠、休息及活动的空间，还应有遛放它们的庭院和场地。养鸟亦要求有阳光充足、空气流动、能供鸟悬挂、遛放的场所。

人与宠物适当分开，会各得其所，对人、宠物身心健康都十分必要。相对而言，体型小的宠物需要的空间小些，而体型大的宠物需要的空间大些；性情温柔喜静的宠物需要空间小些，而生性好动的宠物则空间应大些。例如北京犬、约克夏犬体小又文静，有$1m^2$左右笼舍空间睡眠足矣，活动空间可利用客厅等；大麦町犬、沙皮犬、苏格兰牧羊犬不仅体型大，而且活动量大，不适合楼层住户饲养，最好在远离居民区的乡村饲养；又如小鹿犬、博美犬虽然体型小，但生性好动，故除笼舍要求不高外，活动空间应尽可能大一些。

三、经济条件

饲养宠物是一种享受，但是要养好它却不能仅赐以残羹剩饭，需要有适当的经济条件。应当说，家养宠物，对主人经济条件要求并不苛刻，多数家庭都可胜任。虽然国外那种为宠物提供锦衣美食的做法不符合我国国情，但饲养宠物却必须提供新鲜的、卫生的、富有营养、符合其生理需要的食品。为管理需要，还要准备必需的器具，有些器具还应尽可能地讲究美观，使之艺术化。如养鸟的笼子，如能配以铜制的精雕成动物形状的笼钩、镂刻图案的笼子、古色古香的食缸、红木制成的配件、漂亮的笼衣，就是一件精美的艺术品；又如养金鱼的鱼缸，也是可以作为一件装饰品来制作的，有人自己采集贝壳等加以装饰，烘托一缸金鱼更加多姿多彩。所有这些要求，有的可以通过自己动手制作完成，但对多数人来说，却只有玩赏宠物的雅兴，而无动手制作这些工艺品的愿望和本领，于是就必须去宠物商店或花鸟市场购买，具体应为它开支多少应视各人经济状况量力而行。

四、必须掌握一定的科学知识

饲养宠物是一门科学，必须了解一些饲养、管护、调教等方面的知识。这除了要向有一定经验的人请教和自己摸索外，还应注意收集报刊和杂志方面的资料，最好有一本宠物养护方面的常识书籍，平时遇到问题时查阅一下，能使宠物饲养的更好。若没有任何该方面的知识，随心所欲、违反宠物生态习性与生活规律，其结果只能使宠物患病或死亡。

例如选择饲养犬，选择哪一种，是准备养犬的第一道程序，是必须郑重对待且要深思熟虑的问题。假若对犬的生活习性及其品种一无所知，随随便便地到犬市上买一条，十有八九会有接二连三的麻烦不期而至。这种盲目做法不是人去选择犬，也不是犬来选择人（犬是被选择的，而且往往随遇而安），而是人单方面的去迁就犬的饮食起居、吃喝拉撒，久而久之，人便会有一种被奴役的厌倦感。较为可取的步骤应该是先翻阅一两册介绍犬常识的书籍，先心中有数。然后再到附近犬市上大致了解一下行情，选定基本目标。但不必急于抱犬回家，应当设想把犬请入家门后，所需要置备的器具及犬的住宿条件，一切安置妥当再去牵犬方能确保万无一失。在饲养宠物的过程中必不可少的是宠物饲养知识和急救知识。如果发现宠物有明显受伤或是有异常迹象，应做适当的处置，并立刻与宠物医生联系，以得到更详尽的指导。

五、心理准备

爱心是饲养宠物最基本的条件。宠物是很有灵性的动物，是美的化身。从它进入家门之日起就需要主人用审美的眼光去欣赏它，用爱心去精心呵护它。饮食起居良好生活规律的形成，不良习惯的纠正，兴趣爱好特长的培养，都体现出主人心血的投入和爱心的付出。假如一个人并不认为宠物是美的、可爱的，甚至压根儿就讨厌它，那就表明他没有养宠物的缘份。如果一个人性格暴戾，或者有精神障碍，连自身也需他人护理，那么，还是离宠物远些为好。其次，要有耐心，这也是十分重要的条件。宠物在大部分时间是很调皮的，而且它的吃、喝、住等都需要大量的时间去准备，很难想象一个没有耐心的人会养好宠物。

即使以上条件都具备，还要冷静思考、慎重从事，是否愿意将宠物一喂终身？因为一旦宠物进入人类的生活，它的整个生命都托付给人类了。如果仅凭心血来潮而养宠物，到中途又草率处理，对宠物往往是灾难性的。大量事实表明，不少宠物易主后往往因怀念旧主而绝食哀伤，或因难以适应新环境而丧命。

经过了深思熟虑，下决心与宠物相依相伴到永远，人亦应有豁达的心态，宠物的寿命通常只有几年或十几年，如果饲养的宠物发生不幸，当以积极乐观的心态平静面对，如果宠物饲养者能在宠物年老多病时再续养一只，这样当离别的时刻到来时，新来的宠物可以抚慰主人受伤的心灵。

（李术）

第四节　养宠物要注意的问题

一、养护宠物要注意适度

饲养和玩赏宠物都能给人类带来很大的乐趣，但是必须要注意掌握适度，即饲养玩赏宠物也有个量的界限。如果在饲养宠物上花费很大的精力、花了很多的钱，过分地沉湎其中，甚至影响到工作和家庭生活，那显然是越出了度。例如有些人自从饲养宠物后，严重影响工作、学习和生活，这是养宠物的不正常现象和不健康心理。因此饲养宠物要防止玩物丧志。尤其年轻人，任何时候都应以学习工作放在首位。而饲养宠物只是一种调节和丰富业余生活，恢复体力精力的必要补充。这一基本原则必须掌握，以免主次颠倒，本末倒置。

二、养护宠物要注意人际关系

饲养宠物，应管好自己的宠物，不至于因宠物而招致他人的意见。如犬咬伤人、鸽粪污染、宠物嚎叫、难闻气味等常造成邻里关系紧张。养宠物者应认识到，只有与四邻和睦相处，不对别人构成威胁，不影响他人正常休息，才会有自己的自由和宠物的安宁。所以一定要采取必要措施，避免干扰或影响他人正常生活。例如在带爱犬外出散步时，一定要用颈圈和牵绳，并在幼犬时就要养成带颈圈的习惯。总的说来，城市家庭饲养少量宠物，并注意科学调教，不仅不会对客人、邻里构成威胁。相反，轻微友善的几声吠叫和摇尾晃身的美姿还会让人增加好感。

三、养护宠物要预防人兽共患病

随着宠物和养宠物者的增加，家庭动物已经逐渐成为许多家庭的一个重要部分，成为生活的伙伴。但是，有相当一部分人与家养动物过多接触，就为“人兽共患病”的滋生和蔓延提供了合适的温床，使得许多人兽共患病均有上升的趋势。上百种人类疾病与养宠物有关。其中20种较为常见，像狂犬病、弓形体病、流行性出血热、钩端螺旋体病、肝片吸虫病、鹦鹉热等均可在宠物和人之间流行。这些疾病可能通过人畜接触传染，可能通过空气、水源、动物食物或粪便传染，也可能通过蜱等节肢动物在人畜之间传染。因此，在享受宠物带来种种乐趣的同时，还要了解和掌握家养宠物与人共患病的知识，从而保护人类自身健康。

四、养护宠物要保护生态环境

随着社会经济的发展和城市化进程的加速，城市居民的休闲、消费和情感寄托方式也呈多样化。宠物饲养已经成为城市居民消费的热点，而饲养宠物所带来的各种问题也越显突出。

首先，宠物选多了，宠物的来源就紧张了，特别是一些需要捕捉野生动物进行驯化的，如果过量捕捉会导致生态失衡。我国每年捕捉不少野生观赏鸟或鸣禽类鸟供出口，据统计，我国每年从野外捕鸟不少于数百万只，仅每年出口的相思鸟就达数万只。这样年复一年，鸟类资源就有枯竭之日，必须引起高度重视。当今赏鸟的另一股世界潮流是提倡和鼓励人们到野外自然界中去观鸟，在不影响鸟类自由生活的前提下，去认识鸟，了解鸟类，从而达到与鸟同乐。

再者，近年来，宠物尸体已成了一个新的污染源。根据《中华人民共和国动物防疫法》第十四条“染疫动物及其排泄物、病死或死因不明的动物，染疫、腐败变质或有病理变化的动物产品，以及被染病动物及其产品污染的物品，必须按照国家和省有关规定处理，不得随意处置。”但是许多地方没有宠物墓地，或因宠物墓地价格不菲等原因，大部分人还是选择将宠物尸体扔进垃圾箱或随意找地方掩埋。这种情况在国内很常见。乱抛宠物尸体不仅污染环境，更重要的是可能传播疾病，危害人的健康。如果宠物是因一般病而死，主人可以把它深埋在地下，这样尸体可以变成有机肥料，但一定要注意远离水源，以免造成水污染。如果宠物是因传染病而死，尤其像狂犬病等一类传染病，那就要通过宠物医院报告动物防疫部门，到动物尸体处理厂进行无害化处理。

总而言之，人类在享受宠物带来种种乐趣的同时，一定要注意宠物对人的一些不利影响，以便更好地提高宠物饲养者的生活质量。

（李术）

第五节　宠物饲养中存在的问题及应对措施

一、存在的问题

随着社会经济的发展和城市化进程的加速，城市居民家庭的独立性、封闭性、个性化和人口老龄化问题日益突出，居民的休闲、消费和情感寄托方式也呈多样化发展。饲养宠物已不再是“贵族”的专利，宠物已经走入寻常百姓家，宠物产业成为城市经济的重要组成部分。但是，在轰轰烈烈的“宠物热”背后，仍存在一些不容忽视的问题。

1. 缺少相应的政策法规

我国目前还没有一部比较系统的关于宠物饲养方面的法律法规，部分城市也仅仅出台了宠物犬的限养管理办法，宠物用品生产缺乏国家统一标准。立法工作的滞后必将导致宠物业的畸形发展，给政府以后的管理工作带来诸多的不便。

2. 宠物交易市场不规范

目前宠物交易还处于自发状态，基本处于“地下”交易，多位于城区内部，环境不封闭，易污染河水及周边居民区环境，影响居民生活和市容卫生；没有检疫监督和其他管理措施，粪便及其他污染物不能得到及时有效处理，不能对动物及环境进行消毒处理，很容易造成染疫动物上市并引起上市动物间疫病的交叉感染，甚至引起人畜共患病；没有遮阴、保暖及其他基础设施，极易造成上市动物受热冷等环境因素影响而死亡。

3. 宠物医院、宠物美容保健院良莠不齐

随着宠物数量的增多，宠物疾病也随之增加，给宠物医院带来了不菲的收入。在北京、上海等大城市都具备比较完善的宠物医疗条件和美容保健服务，而在中小城市则刚开始起步。专业服务，尤其是医疗服务，多由原从事基层兽医的人员担当，技术水平普遍不高；宠物美容行业中拿到正式宠物美容资格证的美容师极少，相关知识欠缺，有待进一步培训提高；一些从业人员综合素质低下，因乱收费或治疗效果不佳而引发的纠纷时有发生。

4. 居民对宠物疾病认识不足

在家养宠物中，主要是猫、犬与人之间存在可相互传播的人兽共患病。目前已为人所知的犬、猫的人兽共患病就多达几十种，其中常见的、危害较大的就有十多种，如狂犬病、弓形虫病、钩端螺旋体病、结核病、布氏杆菌病及多种寄生虫病等。由于宠物饲养不当及管理监督不力等原因，造成在很多城市流浪犬急剧增多，疯犬咬人事件时有发生。据卫生部公布的资料显示，2001 年，全国重点传染病疫情，狂犬病致人死亡数和病死率位居榜首。对宠物疾病若不采取积极有效的防治措施，必将严重危害人们的身体健康。

二、应对措施及建议

1. 应尽快制定有关宠物饲养的法律法规

发展宠物经济，离不开相应的政策法规的支持。同时，各地应加强地方法规建设，制定完善的管理制度，如宠物饲养人行为规范、宠物饲养登记管理办法、举办全国统一的宠物美容师培训及资格考试等。重点从防疫、税收方面加强监管力度，各职能部门分工明确，相互协作，引导宠物业的健康发展。

2. 广泛宣传，提高认识，规范管理

可采取多种形式，大力宣传宠物行为知识、疾病预防知识，提高居民对健康规范发展宠物经济的认识水平。同时，要充分考虑市政规划、交通、卫生等各方面的综合因素，选择合适的地址，一个城市应在市区建立一个规模大、有档次的交易市场，形成地区惟一交易中心，有利于省市间宠物优良品种的流通，同时又是封闭的环境，可避免造成对周围环境的污染。建立完善的基础设施，建立完善的检疫监督、防疫监督、中介服务、清洁消毒等制度，防止出现人畜共患病；探索对城市流浪动物的人性化管理办法，而不再是一味地捕杀。制定宠物用品国家标准，以缩小同类产品价格差异，减少因用品质量问题造成对宠物的危害。

3. 培养高级专业技术人才，全面提高我国宠物医疗保健水平

我国宠物医院随着宠物饲养量的增加而迅速增多，但有的医院和诊所仍属于无行业资格证的从业人员在非法经营，其医疗水平、医疗设施、收费标准等差异很大，宠物饲养者和医疗者因宠物治疗收费和治疗效果发生的纠纷事件时有发生。从业人员专业技术水平参差不齐，很大程度上限制了宠物业的发展速度。要从根本上提高从业人员的宠物医疗保健技术水平，只能是多培养高级专业技术人才，培养能系统掌握宠物生长发育规律、饲养管理及驯养技术、疾病防治、美容保健、市场营销等专业理论和专业技能，并具有较高综合素质的高级专业人才。目前我国在高等院校中专门针对宠物医疗与保健而开设的专业极少，而市场对这类人才的需求量非常大，人才供不应求的矛盾非常突出。

高等职业技术教育是直接为社会经济服务，并随着社会经济的发展变化而变化的一种教育模式，可以通过高等职业院校来开设宠物医疗与保健专业，宠物医疗与保健专业是满足市场需求，并具有一定前瞻性的专业，所培养的人才能适应与宠物相关的多种职业岗位的要求，具有很强的市场竞争力。大批宠物医疗与保健专业人才的涌现，必将推动我国宠物经济健康快速的发展。

4. 开发宠物附属用品，形成宠物经济的产业链

当前宠物在家庭中的地位越来越高，人们从盲目到理性，从赶时髦到真正把饲养宠物当作生活的需要。宠物的衣食住行、生老病死，每个环节都越来越受重视，蕴含着巨大的商机。2000 年，全球宠物食品及附属用品市场价值上升了 2.6%，达到 460 亿美元。在西欧，2002 年，猫、犬粮的销售量达 520 万吨，与前两年相比，创纪录地获得强劲增长。在我国，宠物用品业有生产企业约 200 家，绝大多数是民营企业。由于国内市场发育尚不成熟，产品基本上以外销为主，出口方式多为画图来样加工，主要输往欧美国家市场。

国内宠物产业中除宠物医院外，许多环节还处于空白状态。宠物饲养业正带动着一个包括宠物医院、宠物美容院、寄养托管、宠物用品商店、宠物附属用品生产厂在内的比较全面的宠物饲养管理和美容保健等系列服务产业的形成，发展空间是十分巨大的。

（李术）

复习思考题

1. 宠物对人类有哪些益处？
2. 结合实际情况，试述饲养宠物需要注意哪些问题？
3. 目前宠物饲养存在哪些问题，应从哪些方面改善？

第二章　宠物犬

犬（Canis familiaris canine；dog），食肉目犬科的一种，俗称狗，是一种14 000年前甚至可能在15 000年前就已经被人类驯化的家畜。犬耳短直立或长大下垂，听觉和嗅觉灵敏；犬齿锐利，人工喂养为杂食性；舌长而薄，上有汗腺，有散热功能；前肢5趾，后肢4趾，爪不可收缩；尾多上卷，少数种类下垂；毛有长有短，随种类而异，毛色主要有黄、褐、黑、白、灰及花斑等；性机警，易受训练，忠于主人；春秋季发情，妊娠期约60d，年产两胎，每胎产仔2～8头，寿命15～20年。今天，犬在人类社会中扮演多重角色。工作犬的工作有像放牧这类传统工作，也有像侦测违法交易，帮助盲人或残疾人这样的新工作。对于那些不做传统工作的犬，还有范围宽广的犬类运动可以让它们展现其天然才能。在许多国家，犬最普通而重要的社会角色是作为人类的同伴。无论是在险恶的大自然环境中的工作犬，还是充满温馨的家庭中的宠物犬，它们都忠心耿耿，恪尽职守。与犬久违了很长一段时间的中国，随着改革开放，物质生活水平的不断提高，人们开始对犬又产生了浓厚的兴趣，人们发现在犬的世界里有那么多令人赏心悦目、闻所未闻的新鲜东西。多少年来，“义犬救主”、“黄犬突围”等许多感人的故事在民间广为流传。甲午海战中，著名的爱国将领邓世昌的战舰被击沉，当他跳海时，他的爱犬奋不顾身拯救主人，邓世昌几次推开它让它逃命，可这只跟随邓大人多年的犬至死也不肯离开，最后它与英雄同归于尽，为国捐躯。为了纪念邓世昌，如今，在甲午海战纪念馆前，人们在为邓大人塑像时没有忘记为救主人而献身的这只义犬，让它与邓世昌一起屹立在了甲午海战纪念馆前。这些真实感人的故事，说明了人与犬的密切关系。犬和人具有许多共同的行为特征，犬能利用声音、姿态、表情传达其喜怒哀乐，它的智商高、通人性，它能理解主人的言行和意图，主人亦明白爱犬的“言行举止”，从而达到人与犬心灵的沟通，不是语言而胜似语言。这也是为什么人与犬千百年来亲密相处的缘由，反映出宠物文化最深刻的内涵——人与动物之间纯真而朴实的情感交流，是现代社会人类丰富情感寄托的一种方式。犬类因为在各个方面与人类工作和生活的关系如此紧密，以至于它们赢得了“人类最好的朋友”这样的美誉。

第一节　犬的概况

一、犬的历史与来源

6 000 万年前，一种小型动物具有长身躯及短小四肢，生活在森林中，即为 Miacis，脚有五爪，是犬、狸、熊及猫之祖先。2 500 万年前，Miacis 演化成约有 40 种的原始犬，有些像熊、像猫及像犬。2 000 万年前出现的 Mesocyon，像犬样的动物，其下颚比现代犬只短，体躯及尾巴长，腿则粗短，后腿有分开之五爪（现代犬为四爪）。Tomarctus 为 1 000万～1 500 万年前的化石，此为一种具有长下颚、大型脑组织的动物，已有犬的所有社会本能。真犬（Canis）出现在500 万～700 万年前，具有四爪之脚。约 100 万年前，一种 Etruscan 狼已出现在欧亚大陆，Etruscan 狼很可能即是今日之狼与犬的祖先。犬大约在 1 万～3. 5 万年前即与人类之祖先人猿共同生活，并被驯化。早期育种之目的与狼有明显区别，要求协助狩猎与防卫或提供肉与皮毛，因此比较小型。

一些证据显示犬是由多个种类的古代狼类演化而成，经由有意或无意的杂交，犬呈现出一种或多种古代狼的特征。虽然所有的狼都属于 Canis lupus 种，但该种现在或过去的许多亚种在外形、社会结构或其他特征上或多或少有些不同。举例来说，在 20 世纪初灭绝的日本狼的体型要比其他种类的狼都要小，皮毛呈现灰色，下腹部发红，日本狼可能更偏向于独自狩猎。而至今仍然在某些区域生存的北美狼，体型要比本种中其他亚种大许多，皮毛颜色从纯白到纯黑都有。同时，它们也拥有复杂的社群结构和等级森严的行为模式。印度狼和亚洲狼可能比其他的亚种对犬的进化贡献更大。许多今日可见的野狗，比如澳洲野狗、豺和印度流浪狗以及属于视力型嗅猎犬的羚（灰狗）都是从此种狼演化而来。最近的遗传学证据显示大部分现代犬皆与亚洲犬科有关，这与先前的假定矛盾，先前人们认为犬与人一样起源于非洲。亚洲狼似乎也与欧洲狼杂交生出獒（藏獒就是一个非常古老的品种），最终产生如哈巴狗、圣伯纳德狗等现代各个种类。欧洲狼在亚洲狼之后，可能对所有波美拉尼亚丝毛狗种、大部分的㹴犬，以及今日许多牧羊犬的进化有过贡献。中国狼可能是中国狮子狗（京巴狗）和猎（spaniel，属玩赏犬）的先祖，大部分玩赏犬也可能是中国狼和欧洲狼杂交后经过数万年演化的产物，北美狼是全部或大部分北美雪橇狗的直接祖先。这种犬和狼的杂交与融和今天仍然在北极地区继续，在那里狼的品种能让它们继续在严酷的环境下生活下去。另外，偶然的杂交也会常常发生，因为犬和狼在那里是生活在一个环境里的。可用于区分犬和狼的一个显形特征是：犬的尾巴是向上弯曲的卷尾，狼的尾巴是笔直耷拉向下的“刷尾”（狐类与狼类似）。犬的品种之所以如此多样化，主要是由于人类对犬进行品系选育的结果。

犬科动物包括犬（dog）、狼（wolf）、狐（fox）、胡狼（jackal）及野生猎犬等，它们共同的特征是狭长头型、上下颚、多齿、后段牙齿可切割也可咀嚼磨碎食物以适应采食肉类和植物性食物。

二、犬的分类

犬在生物学的分类属脊椎动物门（Vertebrata）、哺乳纲（Mammalia）、食肉目（Carnivora）、裂脚亚目（Fissipeda）、犬科（Canidae）、犬属（Canis）、犬种（Canis familaris lineaus）。养犬有着悠久的历史，在长期的驯化以及与人类共同生活过程中，犬的野性已部分消除，并因其活动在不同的环境以及人们对其培养驯化方式的差异而成为不同的品种。目前生活在地球上的家养犬有近300个品种，千姿百态，五花八门。有的长不盈尺，有的大如牛犊；色彩纷呈，有黑、黄、白、花等体色；长毛者披头散发，短毛者音容毕露；身姿也呈不同风格：或身手敏捷、优美流畅，或憨态十足、惹人喜爱；既可以供人观赏把玩，也可以伴人排遣孤寂；身处庭院能够看门守户，随人出外可以捕猎捉贼。下面从不同的角度介绍犬的分类方法。

（一）传统分类法

由于犬的品种较多，形态血统十分复杂，在用途上也可兼用，所以，犬的准确分类有一定的难度，从不同的标准出发，犬通常有以下几种分类：

1. 依体型大小分类

（1）超大型犬（体高71cm以上，体重41kg以上）：如圣伯纳犬、大丹犬、英国古代牧羊犬等。

（2）大型犬（体高61cm以上，体重40kg以上）：如狼犬、牧羊犬、阿富汗犬、杜宾犬、拳师犬、土佐犬、大型日本犬等。

（3）中型犬（体高40.7～61cm，体重11～30kg）：如英国猎犬、斗牛犬、万能犬、克卡犬与中型日本犬等。

（4）小型犬（体高25.5～40.7cm）：如腊肠犬、狮子犬、狐狸犬、约克夏犬、巴哥犬、北京犬、博美犬、马尔济斯犬、蝴蝶犬等室内玩赏犬。

（5）超小型犬（体高25cm以下，体重4kg以下）：如吉娃娃犬、波美拉尼亚犬等。

2. 依功能分类

（1）守护犬：如斗牛犬、狼犬、拳师犬等；

（2）玩赏犬：如狮子犬、腊肠犬、狐狸犬、吉娃娃犬、约克夏犬、北京犬、博美犬等；

（3）竞赛犬：如灵班、苏俄牧羊犬等；

（4）警犬：如杜宾犬、狼犬、拳师犬等；

（5）狩猎犬：如英国猎犬、中型日本犬等；

（6）斗犬：如大丹犬、斗牛犬、土佐犬、比特犬等；

（7）畜牧犬：如狼犬、牧羊犬、圣伯纳犬等；

（8）导盲犬：如拉布拉多犬、狼犬、黄金猎犬等。

3. 依覆毛长短分类

（1）长毛犬：如蝴蝶犬、狐狸犬、喜乐蒂牧羊犬、松狮犬、阿富汗猎犬等；

（2）短毛犬：如巴哥犬、波士顿狸、獒犬、威玛犬、拉布拉多猎犬等。

4. 依血统分类

(1) 纯种犬：纯种犬外型较优美、体态较匀称，较适合室内赏玩用或特殊饲养目的，且纯种犬经多年来的品种改良，依其品种的不同，其个性、功能性、体型也各有特色；

(2) 杂种犬：一般人会认为杂种犬抵抗力较强、较容易饲养。

(二) 赛犬分类法

各国为了能把犬展办好，把不同的犬种进行归类是非常必要的，为此提出了赛犬分类法，该分类法以传统的分类法为基础，将犬种进一步分类。世界上不同的育犬协会根据育种的功能和协会的性质有不同的分法。

1. CNKC（中国畜牧业协会犬业分会）犬种分类

(1) 工作犬：是指从事狩猎以外各种劳动作业，比如担负护卫、导盲、牧畜、侦破等工作的犬。它们一般体型高大，比其他犬机敏、聪明、具有惊人的判断力和独立排除困难的能力。这类犬是对人类贡献最大的犬，有许多品种千百年来早已成为人类忠实的工作者。著名的品种有德国牧羊犬、苏格兰牧羊犬、澳洲牧羊犬、大丹犬、马士提夫犬、杜宾犬、拳师犬、阿拉斯加雪橇犬、藏獒犬、巨型雪纳瑞犬、秋田犬、高加索犬等；

(2) 狩猎犬：是指用于捕猎作业的犬，又称为“猎犬”。这类犬体型大小不等，但都机警，视觉、嗅觉敏感。它们不但能发现猎物的踪迹，叼回击中的猎物，而且具有温和、稳健的气质。主要品种有比格犬、阿富汗犬、挪威猎鹿犬、法老王猎犬、惠比特犬、灵缇犬、巴吉度犬、寻血猎犬等；

(3) 枪猎犬：是指用于猎鸟的犬，多数从狩猎犬演变而来。一般体型较小，性格机警、温顺、友善。它们能从隐藏处逐出鸟供猎人射击，有的更能通过头、身躯和尾巴的连线指示鸟的位置，并具叼回被击落的猎物的能力。主要品种有金毛寻回猎犬、美国可卡犬、英国可卡犬、拉布拉多犬、激飞犬、雪达犬、波音达犬等；

(4) 㹴犬（爹利犬）：原产于不列颠群岛。专用于驱逐小型的野兽。㹴犬善于挖掘地穴，猎取栖息于土中或洞穴中的野兽，多用于捕獾、狐、水獭、兔、鼠等。因多数㹴犬是捕鼠高手，故又称捕鼠犬。㹴犬感觉敏锐、大胆、机敏、行动迅速而富有耐性。㹴犬多属小型犬。现在许多㹴犬已演变成为漂亮的玩赏犬而遍布全球。比较著名的有约克夏㹴犬、亚雷特㹴犬、西藏㹴犬、波士顿㹴犬、迷你雪纳瑞犬、万能㹴犬、苏格兰㹴犬、毕头㹴犬、西林汉㹴犬、凯利㹴犬、曼彻斯特㹴犬、猎狐㹴犬等；

(5) 玩赏犬：是指专门作为家庭宠物的小型室内犬，有“犬国中小孩”之称。在室内玩耍自如，出门可以抱着走。体态娇小、容姿优美、逗人喜爱、举止优雅、被毛华美、极具魅力，可增加人们生活的情趣。比较著名的犬种有北京犬、蝴蝶犬、吉娃娃犬、玩具贵妇犬、博美犬、西施犬、马尔济斯犬、约克夏犬、查理士王小猎犬、巴哥犬、冠毛犬、日本狆犬、意大利灵猩犬等；

(6) 家庭犬：是指适于家庭饲养的一类犬。它们对主人忠心耿耿，热情而又任劳任怨地为主人效命，尽管它们不承担狩猎、拉拽等繁重工作，但也能为人们增添许多生活的乐趣。它们活泼好动、待人亲切，适于独居者与老年人饲养，也受儿童和少年所喜爱。主要品种有贵妇犬、狐狸犬、西施犬、斑点犬、松狮犬、拳师犬、大丹犬、比熊犬、标准型贵宾犬、沙皮犬、英国斗牛犬、法国斗牛犬、波士顿㹴犬、柴犬等；

（7）牧羊犬：是指应用于放牧羊群的犬。主要品种有苏格兰牧羊犬、喜乐蒂牧羊犬、长须牧羊犬、可蒙牧羊犬、普利牧羊犬、柯基犬、边境牧羊犬、德国牧羊犬、古代英国牧羊犬、马利诺斯犬等；

（8）展示犬（中国特有犬种）：贵州下司犬、山东细犬、重庆猎犬、昆明犬等。

2. AKC（美国养犬协会）犬种分类

AKC，全称是 American Kennel Club，美国养犬俱乐部，已经有上百年的历史。现在它已经成为美国最大的犬业俱乐部。

（1）运动犬（枪猎犬，Sporting Group）：善于帮助人们猎鸟，喜欢亲近人类，活泼而警觉。如美国水猎犬、布列塔尼犬、切萨皮克海湾寻回犬、克伦勃猎犬、美国可卡犬、卷毛寻回犬、英国可卡犬、英格兰雪达犬、英国激飞犬、田野小猎犬、顺毛寻回犬、德国短毛波音达、德国硬毛波音达、金毛寻回犬、戈登雪达犬、爱尔兰雪达犬、爱尔兰水猎犬、拉布拉多寻回犬、史毕诺犬、萨塞克斯猎犬、维兹拉猎犬、威玛犬、威尔士激飞犬、硬毛指示格里芬犬；

（2）狩猎犬（Hound Group）：靠嗅觉和听觉追赶捕猎，可爱并且非常亲近人类。如美国猎狐犬、阿富汗猎犬、巴辛吉犬、巴吉度犬、比格猎犬、黑褐色猎浣熊犬、寻血猎犬、苏俄猎狼犬、腊肠犬、英国猎狐犬、格雷伊猎犬、哈利犬（猎兔犬）、伊比赞猎犬、爱尔兰猎狼犬、挪威猎鹿犬、猎水獭犬、迷你贝吉格里芬凡丁犬、法老王猎犬、罗得西亚脊背犬、萨路基犬、苏格兰猎鹿犬、惠比特犬；

（3）工作犬（Working Group）：可以完成各种使命，诸如放牧、拉车载物、看门等等。体型较大，聪明且护主。如秋田犬、阿拉斯加雪橇犬、安纳托利亚牧羊犬、伯恩山犬、拳师犬、斗牛獒犬、杜宾犬、巨型雪纳瑞犬、大丹犬、大瑞士山地犬、大白熊犬、科蒙多尔犬、库瓦兹犬、马士提夫獒犬、纽芬兰犬、葡萄牙水犬、罗威那犬、圣伯纳犬、萨摩耶犬、西伯利亚雪橇犬－哈士奇、标准型雪纳瑞犬；

（4）㹴类犬（爹利犬，Terrier Group）：㹴类犬源于狩猎小型动物，坚韧、聪明、勇敢。如万能㹴、美国斯塔福德㹴、澳大利亚㹴、贝灵顿㹴、博得猎狐犬、斗牛㹴、凯恩㹴、丹迪丁蒙㹴、短毛猎狐㹴、刚毛猎狐㹴、爱尔兰㹴、杰克拉希尔㹴、凯利蓝㹴、湖畔㹴、标准型曼彻斯特㹴、迷你雪纳瑞犬、诺福克㹴、挪威㹴、苏格兰㹴、爱尔兰软毛㹴、斯塔福斗牛㹴、威尔士㹴、西高地白㹴；

（5）玩赏犬（Toy Group）：一直被当作人类的同伴饲养，体型娇小，喜欢与人相伴。如艾芬品（猴㹴）、巴哥犬、北京犬、博美犬、布鲁塞尔粗毛猎犬、查理士王小猎犬、哈瓦那犬、蝴蝶犬、吉娃娃犬、马尔济斯犬、曼彻斯特㹴、迷你品犬、日本狆、丝毛㹴犬、西施犬、意大利灵猩犬、中国冠毛犬；

（6）家庭犬（Non-Sporting）：与其他犬种的标准不同，也不一定能完成本身犬种所具有的本领，但是它们是最优秀的家庭伙伴。如美国爱斯基摩犬、卷毛比熊犬、波士顿㹴、英国斗牛犬、中国沙皮犬、松狮犬、大麦町犬、芬兰波美拉尼亚丝毛狗、法国斗牛犬、荷兰毛狮犬、拉萨犬、罗秦犬、标准型贵妇犬、西藏㹴、西藏猎犬、西帕基犬、柴犬；

（7）畜牧犬（Herding Group）：畜牧犬与家畜共同生活并承担放牧工作，有极高的智商，并需要大量的运动。如澳洲牧牛犬、比利时玛利诺犬、比利时牧羊犬、比利时坦比连犬、边境牧羊犬、波利犬、伯瑞犬、德国牧羊犬、法兰德斯畜牧犬、古代长须牧羊犬、古代英国牧羊犬、卡南犬、柯利牧羊犬、威尔斯柯基犬、喜乐蒂牧羊犬；

(8) 其他犬种（Miscellaneous）：指在某些AKC的比赛中被允许参赛并获得名次的犬种。

3. FCI（世界犬业联盟）犬种分类

FCI是一个世界性的标准，其名称为世界畜犬联盟，最初由比利时、法国、德国、奥地利、荷兰五国联合创立。

(1) 畜牧用犬类（牧羊犬及牧牛犬，Sheep dogs and Cattle dogs）（除了瑞士的牧牛犬类）：如比利时牧羊犬、长须牧羊犬、边境牧羊犬、苏格兰牧羊犬、短毛牧羊犬、喜乐蒂牧羊犬、卡狄根威尔士柯基、彭布罗克威尔士柯基、波利犬；

(2) 平犬类（Pinscher）、史纳沙类（雪纳瑞类，Schnauzer）、瑞士的山地犬类及牧牛犬类（Swiss Mountain and Cattle Dogs）：如杜宾犬、迷你宾莎犬（迷你品）、猴面宾莎犬（猴头㹴）、巨型雪纳瑞、雪纳瑞、迷你雪纳瑞、阿根廷杜高犬、沙皮犬、德国拳师犬、大丹犬、罗威纳犬、斗牛犬、獒犬、比利牛斯山地犬（大白熊犬）、圣伯纳犬、伯恩山犬、高加索牧羊犬、纽芬兰犬；

(3) 爹利类（㹴类，Terriers）：如万能㹴、贝灵顿㹴、平毛猎狐㹴、刚毛猎狐㹴、湖畔㹴、曼彻斯特㹴、威尔士㹴、爱尔兰㹴、凯利蓝㹴、凯安㹴、苏格兰㹴、西里汉姆㹴、西高地白㹴、牛头㹴、澳洲丝毛㹴、约克夏㹴、爱尔兰软毛麦色㹴、斯凯㹴；

(4) 腊肠犬类（Dachshunds）：如腊肠犬；

(5) 狐狸犬类（尖耳犬及原始犬类，Spitz and Primitive types）：如萨摩耶犬、阿拉斯加雪橇犬、西伯利亚哈士奇犬、德国狐狸犬（博美）、秋田犬、日本狐狸犬（银狐）、柴犬、墨西哥无毛犬、巴辛吉犬、松狮犬；

(6) 嗅觉型猎犬类（Scenthounds）：如寻血猎犬、哈利犬、短腿猎犬（巴吉度）、比格犬、大麦町犬；

(7) 指标犬类（Pointing Dogs）：如德国短毛指示犬、魏玛猎犬、匈牙利短毛指示犬、英国指示犬；

(8) 寻回犬类（Retrievers）及水猎犬类（Water Dogs）：如平毛寻回猎犬、拉布拉多寻回猎犬、金毛寻回猎犬、英国可卡犬、英国斯宾格猎犬、威尔士斯宾格猎犬、美国可卡犬；

(9) 伴侣犬类（Companions）及玩具犬类（Toy Dogs）：如马尔济斯犬、贵宾犬、中国冠毛犬、查尔斯王骑士猎犬、北京犬、日本狆犬、大陆玩具犬（蝴蝶犬）、法国斗牛犬、巴哥犬、卷毛比熊犬、拉萨犬、西施犬、西藏猎犬、西藏㹴犬、吉娃娃犬、波士顿㹴；

(10) 视觉型猎犬类（Sighthounds）：如阿富汗猎犬、苏俄猎狼犬、爱尔兰猎狼犬、意大利灵猩、萨卢基猎犬、惠比特犬。

要说明的是，很多犬种实际上很难专属于某一类。例如，德国牧羊犬既是工作犬（可训练为警犬、军用犬、导盲犬和守卫犬），又是很好的伴侣犬；北京犬和西施犬都是典型的玩赏犬，但也能起到以吠叫报警的守卫作用，在英国西施犬则是实用犬类。

三、犬的解剖学特征

犬的体格大小因品种而异，体高从十几厘米到1米左右，最重的犬有140kg，最轻的犬只有1.5kg，相差20倍以上。体格虽然差异较大，但解剖结构基本相同。犬体是两侧对称的，可分为头颈、躯干和四肢三部分。所有犬科动物都是掠食动物或食肉动物，拥有便于攻击、抓捕和撕咬食物的锋利尖牙和有力的爪。现将犬的解剖生理特点按系统分述于后。

（一）消化系统

犬的祖先以捕食小动物为主，偶尔也用块茎类植物充饥。犬被人类驯养后，食性发生变化，变成以肉食为主的杂食动物，素食也可维持生命。即使如此，它们现在仍保持以肉食为主的消化特性。如犬的牙齿中，上下颌各有一对尖锐的犬齿，体现了肉食动物善于撕咬的特点。犬的臼齿也比较尖锐、强健、能切断食物，犬之咬肌极为有力，啃咬骨头时，上下齿之间的压力可达165kg（人只有20～30kg咬力），但不善咀嚼，因此，犬吃东西是“狼吞虎咽”。虽然传统上犬属于食肉动物类别，但这并不意味着犬只吃肉类。不似其他如猫这类真正的食肉动物，犬可以依靠诸如蔬菜和谷物这类食物健康的活下去，事实上它们的食谱是很均衡的。典型的野生食肉动物的这类饮食营养来自它们捕获的食草动物的胃部内容物，所以它们经常营养不均衡。但犬对此应付的很好，它们可以素食，特别是这些食物与鸡蛋或牛奶搭配时更是如此。另一方面，犬比起人类对肉食更加有忍耐力，它们不会因为大量食用肉类而罹患诸如动脉阻塞之类的新陈代谢疾病。另外，科学家发现对诸如在阿拉斯加进行的狗拉雪橇比赛以及其他类似经受极端压力的情况，高蛋白食物（大量食用肉类）可以帮助它们防止肌肉组织受到损伤。犬对蛋白质和脂肪能很好地消化吸收，但因咀嚼不充分和肠管短，不具有发酵能力，故对粗纤维的消化能力差，因此给犬喂蔬菜时应切碎、煮熟，不宜整块、整棵地喂。

犬的消化系统同其他哺乳动物一样包括消化管和消化腺两部分。消化管是食物通过的管道，起于口腔，经咽、食道、胃、小肠和大肠，止于肛门。消化腺是分泌消化液的腺体，包括唾液腺、肝、胰、胃腺和肠腺等。其中胃腺和肠腺分别位于胃和肠壁内，称壁内腺；而唾液腺、肝和胰则在消化管外形成独立的器官，其分泌物由腺导管通入消化管，称为壁外腺。

1. 口腔

犬的口裂很大，向后延伸到第三臼齿处。靠近口角处的下唇边缘呈锯齿状，黏膜经常是黑色的。犬的唾液腺发达，能分泌大量唾液，湿润口腔和饲料，便于咀嚼和吞咽。唾液中还含有溶菌酶，具有杀菌作用。在炎热的季节，犬可依靠唾液中水分的蒸发散热，借以调节体温，因此在夏天我们常可以看到犬张开大嘴，伸出长舌头，就是为了蒸发散热。

犬的牙齿分为乳齿和恒齿。乳齿28个，其中有2个切齿，4个犬齿，12个臼齿；恒齿42个，即上、下各6颗门齿（切齿），2颗犬齿，上12颗和下14颗臼齿。与猫相比，犬有巨大的犬齿，也有咀嚼与磨碎食物的臼齿（猫臼齿退化成尖状，无咀嚼能力）。犬的牙齿适合进行抓捕，咬住和撕咬动作。

表 2－1　犬的恒齿齿式

恒齿齿式	切齿	犬齿	前臼齿	臼齿
上颚	3	1	4	2
下颚	3	1	4	3

硬腭从切齿向后扩展得很厉害，在某些地方带有色素，并有 9～10 条平滑而呈弓状弯曲的腭皱褶。软腭的末端与舌根部相连，但游离缘达不到舌会厌褶，有的地方带有色素。舌宽而平，其边缘是尖锐的，沿正常矢线有一条较浅的舌正中沟。舌上有小而柔软的丝状乳头，舌背面分布有蕈状乳头。在舌的基部是舌软骨，舌带明显。口腔里有三个腺体：腮腺较小，成不正三角形；颌下腺较大，呈圆形；舌下腺呈粉红色。

2. 食道

犬的食管壁上有丰富的横纹肌，呕吐中枢发达，当吃进毒物后能引起强烈的呕吐反射，把吞入胃内的毒物排出，是一种独特的防御本领。食管除起始端外，一般比较宽阔，分颈部食管段和胸部食管段，最后穿过食管裂孔接胃。

3. 胃

犬胃呈梨形，胃液中盐酸的含量为 0.4%～0.6%，在家畜中居首位。盐酸能使蛋白质膨胀变性，便于分解消化，因此犬对蛋白质的消化能力很强，这是其肉食习性的基础。犬在进食后 5～7h 就可将胃中的食物全部排空，这比其他草食或杂食动物快得多。犬的胃属于单室有腺胃，容积较大，平均体重 10kg 的犬胃容量约 1L；整个胃黏膜部被覆着柱状上皮；胃的左端膨大呈圆形，是胃的最高部位，在第十一、十二肋骨椎骨端的下方；幽门端略向前上方突出，其部位与第九肋骨或肋间隙的下部成水平，位于体正中面的右侧；贲门的位置，距左侧端有 5～7cm，呈卵圆形，位于体正中面的左侧，第十一、十二胸椎的下方；胃排空时，胃的腹侧面与腹腔底壁之间隔有肝和肠管，同时胃的大弯左侧向后延伸，达第十一、十二肋骨。

4. 肠道

犬的肠管较短，大约只有体长的 3～4 倍，而同样是单胃动物的马和兔的肠管为体长的 12 倍。犬的肠壁厚，吸收能力强，这些都是典型的肉食特征。犬的大肠的长度和直径不大；盲肠形状是一个盲管，在其延伸的途中形成 2～3 个卷曲；结肠起始于腰部，包括三部分：升结肠从十二指肠内侧面向前行达到胃；横结肠短而面向左方转；降结肠在左肾下方向后走，在腰部形成浅的弯曲转为直肠；直肠在骨盆腔中椎骨的下方直线延伸至肛门，形成壶腹状宽大部，在肛提肌与肛门括约肌之间有一些肛门旁窦。犬的排粪中枢不发达，不能像其他家畜那样在行进状态下排粪。

5. 肝脏与胰腺

犬的肝脏比较大，相当于体重的 3% 左右，分泌的胆汁有利于脂肪的消化吸收。犬肝脏分叶很明显，脏面肝门下方有胆囊和圆韧带；胆汁由胆管排出，肝管与胆囊管合并成胆管；胆管以一个不大明显的乳头开口于十二指肠；胰腺较狭长，右叶沿着十二指肠，左叶沿大网膜向胃的方向分出，排出管通常是一条或两条。

（二）呼吸系统

动物机体不断地吸入氧气，呼出二氧化碳，这种气体交换过程，主要是靠呼吸系统来实现的。由呼吸系统从外界吸入的氧气，通过心血管系统运送到全身的组织和细胞，经过氧化，产生各种生命活动所需要的能量和二氧化碳等代谢产物。而二氧化碳又通过心血管系统运至呼吸系统，排出体外，这样才能维持正常的生命活动。呼吸系统包括鼻、咽、喉、气管、支气管和肺等器官。鼻、咽、喉、气管和支气管是气体出入肺的通道，称为呼吸道；肺是气体交换的器官，主要由许多薄壁的肺泡构成，其功能是完成氧气和二氧化碳的交换。

1. 鼻腔

其长度因犬品种不同而差异很大。鼻腔后部由一横行板分成上下两部，上部为嗅觉部，下部为呼吸部；喉头比较短，声带大而隆起，喉侧室比较大，有长的裂隙样口，口的方向与其声带前缘平行。

2. 气管

（1）气管：端部的切面呈圆形，含有 40～50 个“C”状气管环。环的两个背侧端不相连接，由一层横行平滑肌纤维所组成的膜质壁被覆于环的表面，内面分别是黏膜及纤维膜。

（2）支气管：气管分为左右支气管。支气管在进入肺内之前，每一支先分成两支。右肺的前支气管入肺的尖叶，另一支气管分出两支，一支到肺的心叶，一支到肺的中间叶；左肺的前支气管分成两支，一支到肺的尖叶，一支到肺的心叶。

3. 肺

犬肺的形状与牛、马不同。犬的胸腔比较广阔，胸腔侧壁弯度很大，肺的肋骨面隆凸度与胸腔相一致。右肺比左肺大 25%，分成尖叶、心叶、膈叶及中间叶四个肺叶；左肺分成尖叶、心叶及膈叶三个肺叶。

（三）循环系统

像大部分肉食哺乳动物那样，犬的循环系统能提供耐久疾跑的体力。循环系统由心脏和血管（包括动脉、毛细血管和静脉）组成。心脏是循环系统重要的动力器官，在神经的支配和调节下，进行有节律的收缩和舒张，使血液按一定方向流动；动脉从心脏开始，是输送血液到肺和全身各部的血管，沿途反复分支，管径愈来愈小，管壁愈来愈薄，最后成为毛细血管；毛细血管是连接动脉和静脉之间的微细血管，互联成网，遍布全身各部，因其管壁很薄，具有一定的通透性，以利于血液和组织进行物质交换；静脉是收集血液返回心脏的血管，从毛细血管起，逐渐汇合成小、中、大静脉，最后流入心脏。

1. 心脏

犬的心脏的形状、位置与大家畜不同，在外面有心包膜。其重量约为体重的 1%，呈卵圆形，心尖钝圆；它的长轴斜度很大，所以心底部主要对着胸前口，在第三肋骨的下部；心尖左侧在第六肋骨软骨间隙部与膈的胸骨部相联接；心脏的胸肋面大部位于胸腔底面，有一左侧纵沟，心膈面宽度和凸度都较小，有一右侧纵沟；在二沟间左侧心室上常有一中间沟。

2. 动脉

主动脉最初直向前行，再转向后方，形成一锐角弯曲弓；在它的起始部分出二冠状动脉；自弓的顶部分出臂头动脉，向前行至气管下又分出左右颈总动脉；右颈总动脉在颈部位于气管表面，左颈总动脉与食管毗邻；胸主动脉分出最后 9 对或 10 对肋间动脉；气管食管动脉起始部密接第六肋间动脉；腹主动脉在分出髂外动脉后，在最后腰椎下方分出髂内动脉，并延续为荐中动脉；腹腔动脉依次分出肝动脉、胃动脉和脾动脉；胃动脉又延续为胃十二指肠动脉；肠系膜前动脉起自腹腔动脉后方，分出两个结肠动脉与回盲结肠动脉；肠系膜后动脉小，分为 3～4 支分布于结肠末端和直肠的前部；子宫卵巢动脉在卵巢附近分为 3～4 支分布于卵巢、输卵管和子宫角的前部，与子宫动脉吻合；肾动脉和精索动脉、髂动脉和股后动脉等均没有特别的形态的变异。

3. 静脉

犬静脉的特殊形态变化是冠状窦为一大而短的主干，由心腔静脉汇合而成，在后腔静脉下方开口于右心室；前腔静脉由短的左右臂头静脉相汇合而成，而每侧臂头静脉由颈静脉和臂静脉聚合所形成；颈静脉两侧都有，颈外静脉为颈部主要静脉，在颌下腺的后缘由颌内、颌外静脉汇合而成；在环状软骨下方，两侧颈外静脉之间常有横支相连；每侧颈外静脉沿着颈部胸头肌下行，仅被皮肤和皮肌覆盖；颌外静脉起自鼻侧翼部由鼻背静脉和眼角静脉汇合而成；隐静脉为跖底内侧静脉向上的延续，由一大支与跖背静脉相交通，并沿小腿上行与隐动脉伴行；跗返静脉较大，在小腿的下部，由跖背侧静脉和跖底外侧静脉汇合而成，经小腿的外侧面，斜向上后方在腓肠肌后方上行，入股静脉。

（四）泌尿系统

泌尿系统包括肾脏、输尿管、膀胱和尿道。肾脏是生成尿液的器官；输尿管为输送尿液入膀胱的管道；膀胱为暂时贮存尿液的器官；尿道是尿液排出体外的管道；泌尿系统是机体最重要的排泄系统。机体在新陈代谢过程中产生废物和多余的水分，经血液循环到肾脏，在肾脏内形成尿液后再经排尿管道排出体外。同时，肾脏还是调节体液，维持电解质平衡的器官。如果泌尿系统的功能发生障碍，代谢产物则蓄积于体液中，改变体液的理化性质，破坏体内环境的相对恒定，从而影响新陈代谢正常进行，严重时可危及生命。

1. 肾脏

犬的肾脏比较大，相当于体重的 1/200 至 1/150。中等体型的犬，肾脏重量 50～60g。两肾均呈蚕豆形，表面光滑，属平滑单乳头肾；右肾位置比较一定，位于前三个腰椎椎体的下方，前半部位于肝脏的深压迹内，后部背侧接腰肌，腹侧接胰的右支和十二指肠；左肾因受胃充盈度的影响，其位置变化较大，一般在第二、三、四腰椎椎体的地方，它的外侧缘经常有一部分与髂腹壁接触，所以可以在腹壁外用手触知，其位置约在最后肋骨与髂骨脊之间的中央部。

2. 输尿管和膀胱

输尿管无特殊构造，犬的膀胱比较大，若充满尿液膨胀起来，顶端可达脐部，空虚状态时全部退入骨盆腔内。

(五) 生殖系统

生殖系统的主要功能是产生生殖细胞，繁殖新个体，以保持种族的延续。此外，还可分泌性激素，与神经系统及脑垂体等一起，共同调节生殖功能活动。

1. 母犬的生殖系统

母犬的生殖器官由生殖腺（卵巢）、生殖管（输卵管和子宫）和产道（阴道、尿生殖前庭和阴门）组成。卵巢是产生卵子和分泌雌性激素的器官；输卵管是输送卵子和受精的管道；子宫是胎儿发育和娩出的器官。卵巢、输卵管、子宫和阴道为内生殖器官；尿生殖前庭和阴门为外生殖器官。

(1) 卵巢：比较小，呈长卵圆形，稍扁平，平均长度约2cm；每个卵巢的位置，距同侧肾脏的后端1～2cm，在第三或第四腰椎的腹侧，或在最后肋骨与髂骨脊之间的中央部。

右侧卵巢在十二指肠的后部与外侧腹壁之间；左侧卵巢的外侧邻接脾脏；卵巢内含有卵泡，因此在卵巢表面生成许多隆凸。

(2) 输卵管：比较短，平均5～8cm；最初一段沿卵巢囊外侧向前走，以后转到囊的内侧，沿内侧面向后走；输卵管的弯曲度较小，所以卵巢囊相当输卵管系膜的一部分；输卵管的子宫口很小。

(3) 子宫：子宫体很短，子宫角细而长；中等体型的犬，子宫体的长度2～3cm，子宫角长12～15cm。角腔的直径很均匀，没有弯曲，近于直线，全部位于腹腔内。子宫角的分岐角成“V”字形，向肾脏伸展；子宫颈很短，含有一层厚的肌层，背侧子宫与阴道之间无明显的分界线，但子宫颈壁显著增厚；妊娠犬的子宫角，外观上有许多膨大部，里面含有胎儿，在每两个膨大部之间，由一细缩部分开。妊娠子宫位于腹腔底面，向前伸展接近胃和肝。

(4) 阴道：比较长，前端弯细，无明显的穹窿；肌肉很厚，主要由环形肌纤维所组成。

(5) 阴门：阴唇比较厚，黏膜光滑，呈赤色，由于淋巴滤泡的存在，表面常有小隆起；在尿道口的两侧各有一小隐窝；阴蒂体宽广扁平，长3～4cm，主要由脂肪组织所构成，下部含有多量神经纤维及较大的动脉。

2. 公犬的生殖系统

公犬的生殖器官由生殖腺（睾丸）、输精管（附睾、输精管）、副性腺、交配器官（阴茎和包皮）和阴囊组成。睾丸是产生精子和雄性激素的器官；附睾有贮存精子的作用；副性腺包括前列腺和尿道球腺，其分泌物有营养和增强精子活力的作用。睾丸、输精管和副性腺称内生殖器官，而阴茎、包皮和阴囊为外生殖器官。

(1) 阴囊：位于腹股沟与肛门之间的中央部；阴囊部的皮肤常带有色素，且生有稀疏的细毛，正中缝不很清楚。

(2) 睾丸：较大，呈卵圆形；睾丸纵隔位于中央，相当发达。

(3) 附睾：较大，紧密附着于睾丸外侧的背上方；精索及鞘膜二者都很长，斜行于阴茎的两侧。输精管膨大部较细。

(4) 阴茎：有些特殊构造。在阴茎背部有两个很清楚的海绵体，正中由阴茎中隔分开；中隔的前方有一块骨块，称阴茎骨，骨的长度在大型犬约有10cm以上；阴茎骨相当于海绵体的一部分，骨化而成；腹侧部有容纳尿道的沟状压迹，背侧圆隆，前端变小。

（5）包皮：在阴茎的前部围绕成一个完整的环套；最外层即普通皮肤，内层薄，稍呈红色，缺腺体；包皮紧密附着于龟头突，内部含有多数淋巴结，常凸出于包皮腔内。

（6）尿道：尿道骨盆部比较长，前部包藏在前列腺内；坐骨弓外的尿道特别发达呈球形，称尿道球，这是由于该部尿道海绵体特别发达的缘故。

（7）前列腺：较大，组织坚实，位于耻骨前缘，呈球形环绕在膀胱颈及尿道的起始部，有一正中沟将腺体分成左右两叶。

（六）神经系统

神经系统是机体的调节系统，它不仅调节机体各器官系统的功能活动，而且使机体与外界环境保持协调和统一，以维持机体的正常生命活动。神经系统由脑、脊髓和遍布全身的外周神经组成。它借感觉器官或感受器接受体内外各种刺激，通过反射方式支配调节各器官的活动。神经系统通过它的中枢部分——脑和脊髓，将身体各部分的活动全面协调起来，以达到高度的统一，从而更好地适应环境。因此，神经系统在犬的整个机体中占主导地位。

1. 中枢神经

由大脑、小脑、脑桥、延脑和脊髓等组成。

2. 脑神经

由面神经、视神经、上颌神经、下颌神经、舌下神经及迷走神经等组成。

3. 外周神经

由36～37对脊神经和隐神经所组成。

4. 交感神经

由颈前神经节、腹腔神经节和肠系膜前神经节所组成。

（七）运动系统

犬的运动系统是由骨、骨连接和肌肉三部分组成。骨与骨连接成骨骼，构成犬体的坚固支架，在维持体型、保护脏器和支持体重方面起着重要作用；肌肉附着于骨上，当肌肉收缩时，以骨连接为支点，牵引骨骼改变位置，产生各种运动；因此，在运动中，骨骼起杠杆作用，骨连接是运动枢纽，肌肉则是运动的动力。运动系统构成了犬的基本体型，其重量占体重相当大的比例，具体比例因犬的品种、年龄以及营养状况而不同。

1. 骨骼

犬的骨骼先天就适合奔跑和跳跃。虽然人类对犬的生育控制已经改变了许多种类的外貌，但所有的犬仍然从先祖那里保存了基本特性。犬的肩骨是分离的（如同人类缺少锁骨），这种结构允许其在奔跑和跳跃时步幅更大。犬的骨骼大约需要发育10个月达到成熟，今日人们膝上的玩赏犬的骨骼只要几个月就已经发育成熟，而像獒这种大狗的骨骼需要16～18个月才能发育成熟。犬全身的骨骼可分为中轴骨和四肢骨两大部分。中轴骨包括躯干骨和头骨，四肢骨包括前肢骨和后肢骨，全身骨骼225～230块，主要有支持、运动、贮存矿物质等功用，它们不但构成了犬体坚固的支撑系统，对内脏器官有保护作用，而且使犬能够急速的奔驰。现将全身主要骨骼的划分列表如下：

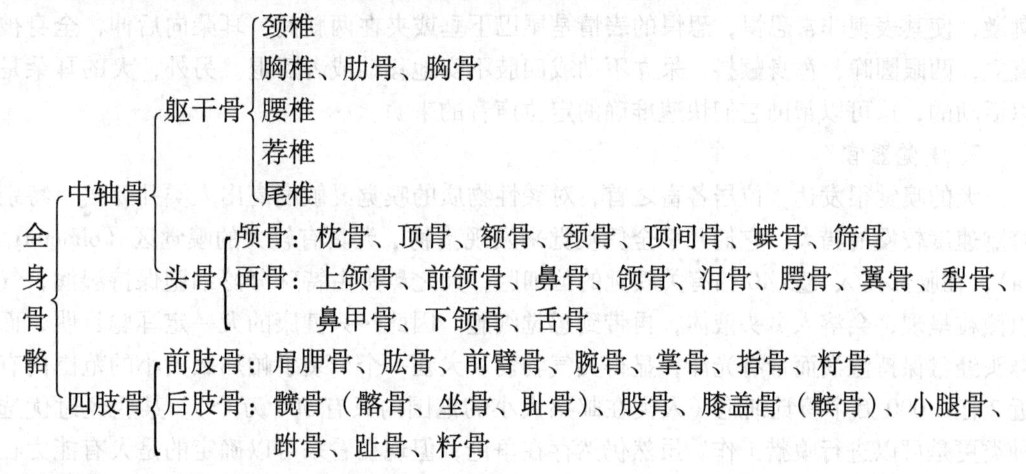

2. 肌肉

像大部分肉食哺乳动物那样，犬的肌肉发达强壮，肌肉附着与连接骨头和关节，经由肌肉之收缩与伸张，产生运动效果。发达的肌肉不但能使犬快速奔跑，而且耐久性好，据报道，犬的100m记录是5.925s，与赛马的5.17s/100m速度很接近；犬的肌肉极为有耐力，役用Husky可拖行其体重2倍的物体全天以5km/h的速度奔跑；第一次世界大战期间的传命犬，仅用50min就跑完了21.7km的路程；犬也是一个跳高能手，最高可跳5m的障碍物；犬之骨架与肌肉结构适合长途耐力追逐，而比较不适合跳跃与攀爬（与猫科比较）。

（八）感觉器官

1. 视觉器官

犬眼与人眼构造相似，并且犬有第三眼帘又称瞬膜（Nictating membrane）。犬的眼球近乎球形，角膜呈近圆形，脉络膜富有色彩，并有界限明显的细胞毯，外形呈三角形，有金属光泽，经常为金绿色；虹膜呈浅黄色，常带有蓝色；犬的视力：能在微弱的光线中看清物体，速度快的猎犬，视力都相当发达，能发现很远的猎物；犬的两只眼睛长在头的前面，所以能产生双眼效应，能够准确地测定前面物体的远近，比人眼对光和运动更为敏感，因此对运动的目标，可感觉到825m远的距离，而固定目标在50m以内可以看清，超过这个距离就看不清了；犬的视野非常开阔，全景视野为150°～290°，又由于头部转动非常灵活，所以完全可以做到“眼观六路，耳听八方”；有些种类的犬，特别是最好的视力型嗅猎犬（sighthound），拥有270°的视力范围（人类只有100°到120°）；但犬类是二元色视者，所以以人类的标准来说犬类是色盲，又由于犬类眼球透镜比人类要平，所以它们不能看见过多的细节事物。

2. 听觉器官

犬的耳朵因品种不同而差异甚大。有的短小，尖尖地竖着；有的又长又大；有的是耷拉着的。外耳一般宽而薄，鼓室腔很宽大，向下延展到鼓泡腔内，鼓膜宽阔呈卵圆形，中耳包括耳膜、耳鼓及耳骨，内耳包括耳蜗及半规管等。犬的听觉特点敏锐，大多数犬辨别音力高达40 000～80 000Hz，能听到人不能听到的高频音；因为高频音传播较远，故犬可听到人耳所能听到4倍距离以上的声音，人在6m远听不清的声音，犬在24m处却可清楚地听到；犬完全可以听从很轻的口令声音，没必要大声喊叫，过高的声音对犬是一种逆境刺激，使其表现非常恐惧，恐惧的表情是尾巴下垂或夹在两腿间，耳朵向后伸，全身被毛直立，两眼圆睁，浑身颤抖，呆立不动或四肢不安地移动或者后退。另外，犬的耳朵是可以活动的，这可以帮助它们快速准确的定位声音的来源。

3. 嗅觉器官

犬的嗅觉很发达，位居各畜之首，对酸性物质的嗅觉灵敏度高出人类几万倍，特别是奔跑速度较慢的猎犬，它们几乎全凭嗅觉来发现猎物。犬具有较大的嗅觉区（olfactory area），在脑部比人类多40倍有关嗅觉的脑细胞；犬之鼻头由特殊分泌细胞保持湿润，气味以微粒呈现，会溶入鼻头液体，再带到感觉细胞。因此一只健康的犬一定耳聪目明，而且鼻头经常保持湿润而带有光泽，显得英气勃勃。犬在一个口袋手帕那么大小的范围内有将近2亿2 000万个嗅觉细胞（人类在邮票大小的范围内只有500万个）。某些经过优选的种类更是可以进行嗅猎工作。虽然仍然存在争论，但现在看来可以确定的是犬有能力在跟踪时，区分两种不同类型的味道，比如某人带来的气味或是某物经过的气味。一般地上的气味能够在很长时间内留存。对于这两种类型的气味进行一段时间追踪后，情形会变得非常不同：空气味会断断续续但气味仍旧浓烈，地面上的味道相对永久可以被犬反复搜寻，但其相较其他味道也更容易受到污染。对气味搜索，比如在船上对违法货运进行搜查的工作，对于犬来说是再合适不过了，这项艰苦工作是必须经过长期训练以鼓励其持续进行的。

4. 触觉及味觉器官

犬的触觉不及人灵敏，味觉也较为迟钝。

四、犬的外貌特征

（一）皮肤

犬的皮肤分表皮与真皮，其厚度因品种不同而差异很大。犬的汗腺很不发达，只有鼻和指枕有较大的汗腺，所以散热量少。犬在天热时伸出舌头张口喘气，这是放散体内热量的一种方式，体内部分水分由喉及舌面排出后，会使犬感到舒适、凉爽。犬也靠呼吸散热，因此天愈热犬喘得愈厉害。另外还可以将口水舔到全身毛发上，借口水蒸发散热。犬之脚掌具有分泌水分之腺体，以保持脚掌表面柔软，若环境温度太高，犬的脚掌腺体会分泌水分，使犬留下湿脚印。犬的皮脂腺一般与毛囊相连，使毛发具光泽；皮脂腺在短毛、粗毛品种最为发达，其中唇部、肛门部、躯干背侧和胸骨部分泌油脂最多。大多数能适应水中工作的犬都有一身油性皮毛，因此在水中游泳时能保持皮毛的干燥。

（二）毛发

除了极少数无毛品种（如墨西哥无毛犬和英格兰斗牛犬），大部分犬只躯体覆盖毛发。不同犬被毛多少、长短、颜色均有差别。有的犬几乎不长毛，有的毛长达45cm；有的被毛粗糙不堪，有的如同丝绸一般柔滑，有许多弯曲；有些犬只有一种毛，但大多数犬都有短毛层和长毛层。生活在寒冷地带的犬有一层纤细、柔软、稠密的短毛层，这使它们能抵风寒。犬之毛发全年不断生长，一般在春季及秋季换毛；脱毛现象与日照有关，随着日昼的延长，被毛开始脱落，至盛夏旧毛脱完，新的毛层又长出一部分。室内饲养的犬，若光线不足，脱毛时间往往持续很久，而在室外生活的犬，在短短几个月即完成脱毛。另外，犬还有一些特殊毛发，为具有感觉作用之触须，其毛囊比较深入皮层并有丰富血管与神经。例如眼睫毛（Cilia）、耳毛（Tragi）、口部触须（Vibrissae）。

1. 被毛颜色

犬的被毛颜色是由毛内色素颗粒及其聚散方式来决定的。色素颗粒凝聚紧密时，毛色呈深色；色素颗粒分布松散时，毛色鲜艳。黑色素颗粒分散时毛呈灰色；不含黄色素颗粒时毛呈黑色；若黑、黄两种色素颗粒都没有时，毛呈白色，眼睛呈粉红色。通常犬的毛色可分为白色、黑色、褐色、青色、黑褐色、铁灰色、灰褐色、黄褐色、灰白色、黑白色、黄红色、淡红色等。犬到了6个月左右，胎毛就会全部脱落，变成正常的毛；到6～7岁时，犬嘴的四周便会长出如人一样的白胡须。此外，它项部及背部等地方，也可能出现如同白发般的白犬毛，而且犬毛逐渐稀少，其颜色与光泽也会逐渐暗淡。

2. 被毛纹路

犬身上纹路主要包括：

（1）双色（如白色和茶色，白色和红色）：毛皮明显的拥有两种颜色并且这两种颜色边界清晰，通常上方颜色较深而腿的下半部或腹部颜色较浅；

（2）三色：由三种颜色组成。通常的组合包括黑色、茶色、白色或深红色、茶色、白色；

（3）斑纹：黑色和棕色、茶色或金色的混和，通常是呈现“虎纹”形式；

（4）小丑：在白毛皮上有“分裂的黑斑点”；

（5）纹理：深色的花纹或斑点在某种颜色的毛皮上；

（6）混色：双色的毛皮，并且两种颜色互相割裂彼此，面积上大致相同。

3. 毛皮纹理

毛皮的纹理经常是取决于毛发的分布和犬身上两部分毛的长度：浓密、温暖的内（里）部毛发和粗糙、抵御天气变化的外（顶）层毛发，外层的毛发也称为针毛。拥有柔软毛皮的犬种，它们的内层毛发要比针毛长；有着粗糙纹理外观的犬种通常针毛比较长。这些纹理包括：

（1）双层毛皮：即拥有浓密、温暖、比较短的内层（里层）毛发以抵御水的渗入，也有比较粗糙抵御天气变化的外层（顶层）毛发。大部分犬皮毛都是这种类型；

（2）单层毛皮：缺少内层毛发层；

（3）光皮：摸起来看起来都很光滑；

（4）硬毛：外层针毛明显，非常粗糙，给像博得猎狐犬这种类型的猎犬提供了完美的对天气环境的保护；

（5）长毛：毛发长于一英寸；

（6）短毛：毛发短于或等于一英寸；

（7）棱纹皮毛：如匈牙利种长毛牧羊犬。

（三）头颅

1. 犬的基本头型

（1）长头型（Dolichocephalic）（图2-1）：长鼻品种，包括粗毛型柯利犬（苏格兰牧羊犬，Rough Collie）、阿富汗猎犬（Afghan Hound）、杜宾犬（Doberman）及猎狐㹴（Fox Terrier）；

苏格兰牧羊犬（Rough Collie）

阿富汗猎犬（Afghan Hound）

杜宾犬（Doberman）

玩具猎狐㹴（Toy Fox Terrier）

图2-1 长头型犬种

（2）短头型（Brachycephalic）（图2-2）：短鼻品种，包括哈巴狗（巴哥犬，Pug）、斗牛犬（Bulldog）及北京犬（Pekingese）；

英国斗牛犬（English Bulldog）

北京犬（Pekingese）

图2-2 短头型犬种

（3）中间头型（Mesocephalic）：介于上述两者之间。

2. 犬依据下颚长度可分为四种基本型

（1）平整型（level bite）

（2）长下颚型（undershot）

（3）短下颚型（overshot）

（4）剪刀型（scissor bite）

3. 耳部

犬的耳朵形态多样，大小、长度和在头部的位置甚至是耷拉下来的方式也各异。耳朵的每种形式都有专业术语，包括：

（1）蝠耳：头部两侧竖直的大耳朵，顶端呈圆弧状；

（2）纽扣耳：顶端折叠向前贴近头部的小耳朵，形成“V”字形，就像杰克罗素㹴犬那样（图2-3）；

图2-3 杰克罗素㹴犬纽扣耳

（3）剪耳：像被切过那样；

（4）垂耳：折叠向下紧贴头部的耳朵，就像大部分嗅猎犬那样。也被称为 pendant 耳（图 2－4）；

图 2－4　寻血猎犬垂耳

（5）自然状态耳：像狼那样的耳朵；

（6）竖耳：警觉直立的耳朵，也称为 pricked 或 erect；

（7）玫瑰耳：非常小、折叠向后的耳朵，大部分视力型嗅猎犬和英格兰斗牛犬皆是如此（图 2－5）；

图 2－5　英格兰斗牛犬玫瑰耳

（8）半竖耳：耳朵大部分直立但顶端有一点开始向前折叠，如柯利牧羊犬那样（图 2－6）；

图 2－6　柯利牧羊犬半竖耳

（四）尾部

尾巴是最能表现犬情绪的部位，在情绪紧张时，尾巴会刹时呈僵直状；害怕或胆怯时，尾巴常卷入两股之间，就是“夹着尾巴”；心情愉快时，尾则摇个不停；兴奋时则常高高竖起。与耳部相比，尾部在形态、长度、毛发、位置方面的差异更加巨大。它们包括：

（1）螺纹刀卷状：呈短且卷曲状，例如哈巴狗（巴哥犬）（图2－7）；

图2－7 哈巴狗卷状尾

（2）无尾状：外部因素如外科手术或其他办法造成尾巴变短只剩尾根，常发生在出生后的三两天内；

（3）另类状：卷、但并不短，不常见，藏獒的尾巴即一例；

（4）马刀状：如马刀样呈轻微弯曲，但总体说来较平顺；

（5）镰刀状：像镰刀一样翘起并呈半圆状；

（6）松鼠尾状：向头部高翘，尾尖常因弯曲而更接近头部；

（7）轮状：在背上翘起呈大圆，类似轮子。

（五）四肢

犬类四肢的结构能够使它们在必要时快速向前出击或是进行跳跃动作，用于追赶或抓捕它们的猎物。因此，它们拥有小而结实的足部，使用前足移动，前腿松软灵活，肌肉只用于与躯干连接；后腿则强健有力。犬之脚有爪，前肢5趾，后肢4趾，爪不可收缩，奔跑时可迅速调整角度变换方向，爪可做攻击武器（草食兽之脚趾数目减少，指甲演化成蹄，只能直线奔跑，倒地后不易迅速翻身）。

五、犬的智力与情感特征

犬具有很高的智力，能够领会人的语言、表情和各种手势，有时会做出令人惊叹不已的事情，如通过训练，能计数、识字等。在记忆力方面，犬对饲养过它的主人和住所，甚至主人的声音都有很强的记忆能力，由此可训练犬“三角定位”的习惯，即定点采食、排便和睡眠。犬每天大约需要 14～15h 的睡眠时间，但不会用这么长的整块时间，而常分成几次。

所有的犬类都拥有惊人的掌握复杂社会行为与理解不同身体语言和声音的能力，如同其他许多掠食动物，犬也能对异常情势进行相应反应并从中学习经验。复杂合作社会行为对犬类通过身体语言表达感知及处理感情的要求是很高的，这一点上甚至比人类要求还要高，这是因为人类还可以使用语言达到相同的目的。生理上，这种行为是与大量神经刺激下进行的犬面部肌肉活动分不开的，神经会微妙的控制面部表情以表现各种不同的情感。可以对比的是猫，猫脸上只有比较少的神经负责脸部肌肉活动，其结果就是猫只能通过面部表现出有限的情感。不使用语言理解及表现情感使得犬可以更深的了解人类主人的情感，而且它们通常比人类使用语言做得还要好。大部分狗主人可以说出一大堆诸如关于他们的爱犬听出他们回家脚步声音的故事。

人类与犬之间经常存在强烈的感情纽带。犬已经成为人类的宠物和同伴。人们乐于接受一个永远高兴看见他的好友，并且这个好友没有任何功利性要求。因为其与人类的紧密关系，在进化中，幸存下的犬会逐步变的越来越依靠人类，无主狗的健康一般都将很糟糕。另外，对犬的行为进行人格化通常是不明智的。尽管犬能够积极响应理解主人的命令，但对于这种动物是否真正有能力达到感受人类情感的水平仍然是值得怀疑的。对于犬的智力等级的确定以及犬对主人命令反应的动机仍然是一个需要更进一步研究的课题。

犬的寿命大约为 14～15 岁，有些可达 20 岁，最长的甚至达到 34 岁，牙齿可以作为鉴定犬年龄的重要依据。犬的发育情况，一般 1 月龄的犬相当于 1 岁的人，1 年的犬相当于 17 岁的人，5 年的犬相当于人的 36 岁，10 年相当于人的 56 岁，15 年相当于人的 76 岁。

（李术）

第二节　超小型犬、小型犬的鉴赏

一、北京犬

北京犬（Pekingese），又名小狮子犬、北京狮子犬、宫廷狮子犬、京巴。北京犬是世界上最古老的犬种之一，是中国历代皇宫中培育出的神圣犬种，遗传基因纯而且强，因此被人们称为犬王。它以奇特、滑稽的容貌和尊贵的外表，深受人们的喜爱而得名。由于其外形似狮子，且满身金红色毛（其中一个名贵的品种），因此在古代，它还有狮子犬、金丝犬、太阳犬等美称。

（一）历史与用途

北京犬是世界上最古老的犬种之一。其祖先是欧洲小型犬，经由丝绸之路传到中国。考古学家发现，早在2 000多年前就已经有了北京犬，并且有文献记载和绘画。凡是小型玩赏犬向来和王室贵族关系较深，北京犬也不例外，北京犬属东方犬种，曾经被视为中国宫廷里神圣的宠物，普通百姓不能饲养，因此它的血统相当纯正，而且遗传性极强。北京犬在古代传说中是可以驱除恶灵的伯犬，中国人崇拜它为神，平民需向该犬行礼，偷盗该犬将被处以死刑。皇帝驾崩时用此犬陪葬，以保驾皇帝再返来生。北京犬的兴盛时期是清朝时代的北京宫廷（1644～1912）。在这个时期，培育出了许多极其漂亮的纯种京巴犬。它们被精心地喂养，清朝的慈禧非常喜爱这种犬。

在1860年英法联军入侵北京攻打皇宫时，为了不使这些小型犬落入异国恶魔手中，皇帝便下令杀死这些北京犬，结果在慈禧太后的圆明园中剩下的5只北京犬被抢走带回英国，并且其中一只被献给维多利亚女王，由此北京犬被传到国外。由于此犬长着一副奇特、滑稽而又尊贵的外表，女王给它命名为“滑稽犬”。1893年，它在英国第一次公开展览就获得了极大的声誉，为世界所瞩目。由于此犬是从北京带到英国的，故又称为“北京犬”。到19世纪末，在英国成立了“北京宫廷犬协会”。20世纪初，G·金斯特夫人负责的“北京犬饲场”繁育了大量北京犬，并逐渐传到整个欧洲大陆，在欧洲的多次犬展中，北京犬获得“冠军犬”的称号。随后，世界上很多国家成立了“北京犬俱乐部”，“北京犬”已成为世界上最古老的名犬之一。

北京犬回归故里，是我国改革开放以后的事，它们大都是从境外带入国内的无户口者。它们美丽的外貌赢得了人们的喜爱，身价也越来越高，曾风靡国内各大城市。经过养犬爱好者的辛苦努力，现已培育出了不少优良品种的北京犬，北京犬是目前国内饲养量最大的玩赏犬，是玩赏犬中的佳品。

（二）外型特征

北京犬身高20～25cm，体重3.5～6kg。

1. 头部

（1）头型：北京犬属于短头型品种（短鼻品种）。头顶骨骼粗大、宽阔且平（不能是拱形的），头顶高，面颊骨骼宽阔。从正面观察，头部宽大于深，造成了头面部的矩形形状。从侧面看，北京犬的脸必须是平的。下巴、鼻镜和额部处于同一平面。当头部处于正常位置时，这一平面应该是垂直的，但实际上是从下巴到额头略向后倾斜。皱纹非常有效地区分了脸的上半部分和下半部分。外观是从皮肤皱褶开始到面颊有毛发覆盖，中间经过一个倒“V”字形延伸到另一侧面颊。皱纹既不过分突出以至挤满整个脸，也不会太大以至于遮住鼻子和眼睛而影响视线。

（2）耳朵：耳朵下垂呈心形，不太长，并长有长饰毛；耳朵位置加上非常浓密的毛发造成了头部更宽的假象。

（3）鼻子：鼻扁平略向上翘，鼻宽、而且从侧面看非常短，形成非常平的脸。鼻端呈黑色，鼻梁有褶，鼻孔张开；鼻子位于两眼中间，鼻子上端正好处于两眼间连线的中间位置。

(4) 眼睛：眼大而圆，略凸，呈黑色；两眼间距离较宽，眼圈颜色黑；当狗向前直视时，看不见眼白。

(5) 嘴巴：嘴巴非常短且宽，配合了高而宽的颧骨；皮肤是黑色的，胡须添加了东方式的面貌；嘴唇平，当嘴巴闭合时，看不见牙齿和舌头（图2-8）。

图2-8　北京犬的口形

2. 身躯

整体呈狮子状的体型。身材短小，呈梨形，且紧凑；前肢十分发达，胸部宽广且十分扩张，突出很小或没有突出的胸骨，肋骨扩张良好，在前腿中间；背部平直；颈部非常短粗，与肩结合；细而轻的腰部，十分特殊；尾根位置高，尾巴朝背部卷曲，并背在背的左边或右边，长、丰厚而直的饰毛垂在一边。

3. 四肢

四肢短小而粗壮，被以长毛，前肢的上半部略向外弯曲，后肢的骨骼较细；肘部到脚腕之间的骨骼略弯；肩的角度良好，平贴于躯干；肘部总是贴近身体；后膝和飞节角度柔和；从后面观察，后腿适当的靠近、平行，脚尖向前；足爪大且平，脚尖朝外。

4. 被毛

北京犬的被毛既厚又长，分上下两层，上层毛粗而直，下层绒毛长而厚，在耳、颈、肩、脚、尾部都长有漂亮的装饰毛。饲养时，脚趾上的饰毛要留着，但不能影响行动。被毛颜色有红、黑、白、黑茶褐色、黑貂色、斑驳色或灰色等多种，尤以“金黄”色最为名贵，但极为罕见。其次，以白色而有黑面、黑眼，且耳朵的饰毛是黑边的为佳品，而纯白色最好。

(三) 性格

北京犬气质高贵、聪慧、机灵、勇敢、忠实、性情温和、不卑不亢、敏捷而善解人意，综合了帝王的威严、自尊、自信、顽固而易怒的天性，但对获得其尊重的人则显得可爱、友善而充满感情，对陌生人则质猜疑，但决不随意攻击人。它有个性，表现欲强，代表的勇气、大胆、自尊更胜于漂亮、优雅或精致。

（四）步态

北京犬步态从容高贵，肩部后略显扭动。由于弯曲的前肢、宽而重的前躯，轻、直和平行的后肢，所以会以细腰为支点扭动。扭动的步态流畅、轻松而且可能像弹跳、欢蹦乱跳一样自由。

（五）生活习性及饲养要点

北京犬下毛丰厚，宜每天梳理一次。每天定时户外运动或随主人外出散步。牙齿必须经常保持清洁，避免过早脱落。北京犬属于阔面扁鼻犬，易缺氧，天气闷热常会导致呼吸困难，故天气炎热时应注意防晒以免中暑。此外，北京犬眼球大，外露多，与外界接触面大，易感染细菌而发生角膜炎或角膜溃疡，为防止角膜感染，可用2%硼酸水洗眼，每天或隔天洗1次。北京犬不惧怕大型犬，易被大型犬伤害，因此要注意。

（六）选购要点

选购时以头圆眼大、鼻头黑、耳饰毛长、面平嘴短者为佳。

二、西施犬

西施犬（Shih Tzu），又称作中国狮子犬，别名菊花犬（Chrysanthemum Dog），“西施”是英文的中译名。西施犬是一种活泼的玩具犬，有两层被毛，毛长而平滑。西施犬的中国祖先具有高贵的血统，是一种宫廷宠物，所以西施犬非常骄傲，总是高傲地昂着头，尾巴翻卷在背上。

（一）历史与用途

西施犬的祖先生活在中国西藏，是由西藏达赖喇嘛献给皇帝的拉萨狮子犬与北京犬杂交繁育得到的，因此西施犬与拉萨犬长相很难分辨。据说西施犬的繁殖是由一些太监负责的，他们竞相培育能讨皇帝欢心的小犬。早在公元6世纪的绘画中，已有类似西施犬的一种西藏小犬。1908年慈禧太后死后，这种犬才被秘密地运往欧洲，至此，欧洲人才知道这种犬，于1934年被英国人正式认定，并成立了西施犬协会。此犬再由英国引入其他国家。第二次世界大战期间，驻英美军回国时又引入了美国。美国人认定此犬有纯正的血统资格是在1952年。1969年，美国养犬俱乐部开始对西施犬登记。外国人称这种犬为“西施”，以表示它像具有国色天香的中国美人西施。它倍受欧洲、日本及港澳台养犬者崇拜，西施犬与北京犬在犬展中经常平分秋色。美国、日本及我国台湾省都成立了中国狮子犬俱乐部，专门从事西施犬的研究和培育。西施犬喜欢与人交往，依恋性和耐受性强，自信、聪明，爱儿童与动物，因此饲养它的惟一目的是作为伴侣犬和家庭宠物。如果饲养管理良好，西施犬可以活15年以上。

（二）外型特征

西施犬体高27cm以下；体重4～6kg。

1. 头部

（1）头型：西施犬的头盖骨呈圆型，较宽，两眼之间开阔，与犬的全身大小相称，既不太大又不太小；头部的饰毛由双眼的上端往下垂而且分布对称；面部短而饱满，口吻短而无皱纹，下唇和下颌不突出，也不后缩。

（2）耳朵：耳朵大，耳根位于头顶下略低一点的地方，两耳下垂，且有长而密的下垂饰毛；耳垂和颈部相连部分明显易见。

（3）鼻子：鼻口部短且宽，呈四方形，鼻子尖端呈倾斜或水平状，鼻孔宽大、张开，鼻镜色黑，湿润。

（4）眼睛：两眼间距离大，眼大呈圆形，明亮有神，眼球不突出；眼睛普遍呈暗色，但是如果身体部分或全身为红褐色的话，也有淡色的眼睛。为了避免西施犬的眼疾，必须把头顶的长毛绑在顶上。

（5）嘴巴：上唇厚实，不能低于下眼角，决不能向下弯；理想的尺寸是从鼻尖到止部不超过1英寸。当然各种不同尺寸的狗情况略有不同。嘴唇闭合时，牙齿和舌头不可见。

2. 身躯

身躯最重要的特点就是整体均衡，没有特别夸张的地方；颈部与肩的结合流畅平滑，颈长足以使头自然高昂并与肩高和身长相称；胸部宽阔，其深度刚好达到肘部以下的位置；背平直；身躯短而结实，没有细腰或收腹；体长略大于肩高；尾巴向上翘着，具有长而下垂的饰毛，多为羽毛状，翻卷在背后，其上扬的高度和头盖平高的较受欢迎。

3. 四肢

西施犬四肢短小，肌肉发达，毛丰厚；肩的角度良好，平贴于躯干；前腿直，骨骼良好，分立于胸下，肘紧贴于躯干，腕部强壮而垂直；后腿的骨骼和肌肉都很发达，从后面观查，后肢很挺直；膝关节适当弯曲，两腿不紧贴，但与前肢成一线，飞节靠近地面，垂直；西施犬的脚结实，呈圆形，脚垫发达，脚尖向前，肉趾与脚的外侧间长毛，看起来很大。

4. 被毛

西施犬的被毛华丽，分为上下两层，上层毛是平滑且稍有弯曲的长毛，而且很丰厚，下层毛很柔软；鼻梁上有束向上长出的毛，看起来有点像一朵菊花；头部饰毛长而密，常将眼遮住，胡须长；背毛长且柔软、丰厚，下毛毛质好，为直毛或波状毛；尾向上卷至背上，尾饰毛散落于一侧；四肢布满厚厚的长毛；毛色有各种色彩，以白、黑、金黄为好，还有棕、褐、咖啡、米色或者灰白，一般没有纯一色的西施犬。现今的西施犬被打扮成漂亮的模样做宠物犬，颜色多样，而其中以前额有似火焰状的白斑及尾端有白毛的为佳。被毛长而柔顺是西施犬的重要特征（图2－9）。但必须每日梳理，否则，对饲养者和西施犬来说，都十分困难与痛苦。

（三）性格

西施犬是独立性强的品种，它聪明、讨人喜欢、感情丰富、善社交并且乐观，不像其他犬那样需要外出，很少吠叫。虽然体型小，却精力旺盛，好玩耍，有警戒心，它的仪态、风采均富有贵族气息，是魅力十足的犬种。

图2-9　西施犬被毛

（四）步态

西施犬的行走路线直，速度自然，既不飞奔，也不受拘束，步态平滑、流畅、不费力，具有良好的前躯导向和强大的后躯驱动力，背线始终保持水平，自然地昂着头，尾巴柔和地翻卷在背后。

（五）生活习性及饲养要点

因被毛长，要经常对其被毛进行梳洗整理，头部毛应打成蝴蝶结，可用发夹或类似的东西夹住眼睛周围的头发，使眼睛露在外面。要用专门的眼睛洗剂保持眼睛干净。耳道也要经常清洁。每两个月就要去专门的宠物美容院修剪毛发以保持被毛整洁。梳理被毛时，如果只梳理长毛而没有梳理短毛（下毛或底毛），则易打结。不要拔幼犬鼻子上方的不断生长的毛，以免影响“形象”。西施犬需经常与人为伴，厌恶被忽视。

（六）选购要点

选择紧凑、结实、有适当的体重和骨骼的犬。忌选：头窄，头呈圆拱形，眼睛距离近、眼小、浅色眼睛，上颚突出式咬合，粉色的鼻子、嘴唇或眼圈，腿长，桶状胸。

三、拉萨狮子犬

拉萨狮子犬（Lhasa Apso），又名西藏狮子犬、西藏拉萨犬、西藏亚布苏犬等。Lhasa为拉萨，Apso 意为“如山羊般”，即拉萨犬外貌很像西藏的山羊。此犬产于中国西藏，是狮子狗的先祖。拉萨狮子犬虽然体型不大，天性不凶悍，但一直是西藏达赖喇嘛的护卫犬。拉萨犬头部长着浓密的黑毛，遮得连脸部的表情都看不见，显得奇特而神秘，常给第一次见到它的人留下深刻的印象。乍看起来，它的外貌带有野性，颇像狮子，但它两耳下垂，长毛遮住眼睛的模样儿又带几分滑稽可笑。

(一) 历史与用途

拉萨犬的祖先至少已有2 000年的历史，当时除原产地西藏以外，很少见到这个犬种。由于一直都居住在与世隔绝的西藏荒凉山区，所以血统保持得较纯正。它是当地喇嘛教、贵族、僧侣眼中的圣灵之物，尤其喇嘛教更将它视为人世间的“驱魔圣犬”，十分珍爱。达赖喇嘛将其视为贵重物品赠予历代的中国皇帝，以敦睦邦交，促进彼此之间的友好关系。以后中国皇帝又将其与北京狮子犬杂交培育成西施犬——中国狮子犬。1920年初，欧洲大众知道了这种有2 000年历史、能带来幸运的拉萨犬，使其获得了极大声誉；1929年，该犬首次出现在欧洲的犬展中；1935年，美国承认该品种并予以注册。拉萨犬是极适于家庭饲养的观赏犬和守护犬。

(二) 外型特征

体高20～30cm，体重4～6kg。雄犬25cm左右，雌犬稍低。

1. 头部

饰毛丰厚，垂落在眼睛前，具有良好颌须和口须。颅骨狭窄，在眼睛后面明显凹陷，眼后位以显著角度倾斜，不十分平坦，但不呈圆顶形或苹果形；耳朵中等大小，下垂，有丰富的羽状饰毛；鼻镜为黑色，鼻尖到眼的距离大约为鼻子到颅骨顶部的1/3；眼睛深褐色，不大但饱满，不小而下陷；吻直而长，最好的咬合为钳状咬合或稍微的下超咬合。

2. 身躯

体长大于体高，背腰水平线条流畅；从肩关节到臀部的距离略大于肩高，肋骨支撑良好，腰部结实。尾巴中等长度，毛长而蓬松，上翘放在背上，卷曲如一朵大菊花。

3. 四肢

前腿直，肘适度扩张，后肢结实，肌肉发达，四肢布满厚厚的长毛；足爪有许多羽状饰毛，圆形，类似猫足，脚垫厚实。

4. 被毛

拉萨狮子犬除鼻梁以外全身披有浓密而华丽的长毛，头部被毛从头顶垂至眼部，有口须与颌须，下垂并有饰毛（图2－10）；毛直，触感硬，有下层毛，略带波纹状，毛色有黑、白、褐、金黄和蓝灰色，以白色最为珍贵；雄犬毛长15cm以上。

图2－10 拉萨狮子犬

（三）性格

拉萨犬的个性活泼开朗，沉着冷静，听觉灵敏，性格倔强，对陌生的环境警觉性高。它虽然长相滑稽，却性格刚毅，很有骨气。它对主人十分忠实、信赖，永远不会忘记曾经善待过它的主人，但对陌生人警惕性强，所以成年犬易主难以驯服。在当地，每当夕阳西下的时候，常见拉萨犬守在村口外，等候它原来的主人。因此有这样一句话“见哪儿有狮子犬，鬼就退避三舍”，这和它刚烈的性情不无关系。

（四）生活习性及饲养要点

拉萨狮子犬有一种认熟不认生的习性。因此，饲养这种犬最好是从幼犬起一直养到老，不要中途换主人。否则，该犬会怀念旧主人，不服从新主人的管教和指挥，经过较长时间也不易改变过来。该犬亦同其他长毛犬一样应经常梳理被毛，保持干净漂亮。由于其抗病能力并不很强，平时喂养时，除重视清洁卫生工作外，还要经常观察它的精神状态、食欲、粪便形状，鼻底的湿度及肛门周围有无粪渍等，一旦发现有不正常或病象，应及早采取措施治疗。饲养拉萨狮子犬时还要经常让其自由活动，保持足够的运动量。

（五）选购要点

选择拉萨犬时，全身被毛要长而密，头不宜圆，耳中等大小、下垂、长有饰毛，胡须较多，眼大小适中，前肢直立，后肢结实，身长大于身高，尾饰发达，尾向上呈螺旋卷曲于背部、尾尖可打结者最佳。忌选：毛细软而少，无饰毛，头圆短，四肢太长；尾低位者为缺陷。

四、日本狆

日本狆（Japanese Chin），又称作日本哈巴犬、日本跳犬、日本猎犬。外形与北京犬很相似，但是日本狆比较高，体重也较轻。日本狆有着一副典型的东方犬的面孔，气质高贵，姿态优雅。最有意思的是，日本狆前脸中间有一条白色的被毛，将两眼远远地分在了两边，每次它努力地直视前方的时候，那种惊讶的眼神非常惹人怜爱。

（一）历史与用途

日本狆原产日本，起源于8世纪。其祖先是中国的拉萨猎鸟犬。日本狆于公元732年，即圣武天皇天平4年，由中国传到日本，后经繁殖培育产生了身披长毛、姿态优雅、带有日本式并保持独特血统的哈巴犬，成为神圣不可侵犯的日本皇室宠物。它在1853年被航海界著名人物派利船长带回英国献给维多利亚女王作为贺礼，女王喜形于色，爱不释手，消息不胫而走，使日本狆知名度扶摇直上，数量也日益增加，并在19世纪末英国伦敦水晶宫的第一次犬展中就获奖。日本狆到达美国后，受到病毒感染，几乎绝种，现在大西洋两岸地区的日本狆数量呈增长趋势。日本狆虽然体型小巧，但体格健壮，喜欢同主人散步、郊游、登山等户外活动，是一种非常漂亮的玩赏犬和伴侣犬。

（二）外型特征

成年犬体高 20～30cm，体重 2～5kg。

1. 头部

（1）头型：头较大而圆，头骨平坦；前额突出，与鼻镜齐；宽度与两眼距离差不多；从侧面看，额头和口吻处于同一垂直平面上，与头顶的水平面正好成直角。面上长有垂直的白斑；表情活泼、好奇、警惕且聪明；大而宽的脑袋、距离分的很开的大眼睛、短而宽的口吻、耳朵和耳朵上的饰毛及脸部斑纹组成的图案，构成了日本狆独特的东方式的表情。

（2）耳朵：耳呈倒三角形下垂，小、“V”形、距离分的很开，位于头顶较偏下的位置；警惕时，耳朵向前和向下转动；耳朵长满饰毛，并配合脑袋形成圆形轮廓。

（3）眼睛：眼睛大而呈杏仁状且凸出，色暗有神，看上去似乎眼泪汪汪；两眼距离分的很开；眼角内能看见少量白色，是这个品种特有的，使它们看上去好像很惊讶的样子。

（4）鼻子：鼻孔张开，鼻道较短，鼻子向上翻，鼻尖与两眼处于同一水平线上，并处于正中间；鼻镜颜色：黑白体色的狗或黑白带褐色体色的狗，鼻镜颜色是黑色的；红白体色的狗，鼻镜颜色是体毛颜色或黑色。

（5）嘴巴：口吻部极短，吻端阔；褶皱的脸颊和嘴唇正好包住牙齿；下颌宽，轻微的下颌突出式咬合；齿常欠缺。

2. 身躯

颈部的长度和粗细适中；在肩膀上恰当的位置，使小狗能够骄傲地昂首阔步；背线水平，背短，腹微收；身体呈正方形，圆形肋骨使胸宽适度；胸深适度，与肘齐平；尾根高，卷在背上，并搭在身体一侧，尾部长毛丰厚，呈上扬放射状。

3. 四肢

四肢短且细，被丰厚的毛覆盖；前肢垂直，骨骼纤细，肘部贴近身体；后肢肌肉丰满，后膝关节适度弯曲；脚小而整齐，呈卵圆形，成年狗的脚趾末端有饰毛；脚趾直或略向外张。

4. 被毛

日本狆被毛长而直，单层毛且像丝般柔滑，有光泽，耳、颈、四肢和尾部都长有浓密的装饰毛；但颈部被毛呈鬃毛状，除头部之外，毛发柔顺细长地布满全身；尾巴毛量丰厚形成羽毛状；臀部被厚厚的被毛覆盖，形成裙裤或短裤；头部和口吻被短短的被毛所覆盖，除了耳朵是长满浓密的饰毛；前腿长有短毛，但在腿的后面混有许多长长的饰毛；后腿的被毛就是先前描述的裙裤，成年狗，在飞节至足爪部分长有轻盈的饰毛；被毛主要有三种颜色：黑白花、红白花和黑白花带褐色斑纹；褐色斑纹包括了从褐色到红色的斑点，比如在眼睛周围的斑点、耳朵里面、两颊、肛门周围区域（如果显示出黑色的话）等；红色包括了各种浓度的红，包括了橘红、柠檬色、紫色和上述各种红色的混合色等，毛色为白色底；斑块在耳、身、面、尾根等部左右对称为佳，且颜色越艳越好（图 2－11）。

（三）性格

聪明、警觉、优雅、高傲，看人时常歪头斜视，活泼乖巧，极富同情心和感情，举止

图 2-11 日本狆

端庄幽默，喜欢在人面前表现自己，喜散步与奔跑，爱爬高。对陌生人冷漠，对主人忠心耿耿。

(四) 步态

动作时髦而轻盈。呈直线运动，前后腿在同一平面上移动。

(五) 生活习性及饲养要点

除应每天梳理刷毛外，平常应用硼酸水洗眼，保持清洁；耳部也应经常清洁，防止积污垢。日本狆口吻同鼻道均短，夏天炎热季节时应注意预防中暑。日本犬以小取胜，因此仔犬发育阶段不能任其奔跳，以免肌肉过于发达。

(六) 选购要点

选购时应注意同北京犬区别。选择日本狆应选择头大而圆，口吻极短，鼻孔微张，鼻尖缩至两眼之间与眼同齐，额段明显下陷，眼黑而大、稍凸，体方形，胸宽阔而结实，应注意被毛和鼻子颜色的协调。

五、马尔济斯犬

马尔济斯犬（Maltese)，又称马尔伏犬、马尔他犬或译成“摩天使”。马尔济斯犬身材修长，身披银白色丝绸般光泽的长被毛，优雅多姿，惹人喜爱，有“犬中贵族”、“犬中皇后”之称。马尔济斯犬属于娇贵的小型犬种，在国内颇负盛名，饲养者甚多，由于其深富感情，因此是很受小朋友和女性喜爱的宠物。

(一) 历史与用途

马尔济斯犬，是世界上最古老的犬种，因原产于地中海的马尔他岛而得此名，大约有 3 000 年以上的历史，从古到今都属于玩赏犬，在世界上有很高的声誉。在目前犹存的地中海沿岸的工艺品和美术作品中，常可见到马尔济斯犬栩栩如生的艺术形象。马尔济斯犬是在公元前 500 年由腓尼基人携带进马尔他岛的，自此这种犬一直是古希腊、埃及以及古罗马时代贵妇人的宠物，15 世纪后，成为法国宫廷的宠物。1813 年，马尔他岛被英国殖民者占领后，维多利亚女王特意下令从该岛进贡这种犬。1864 年，在英国伯明翰办过犬展，在 19 世纪末此犬以其高雅的气质、华丽的品质赢得了玩赏犬的宝座。1877 年，马尔济斯犬在美国俱乐部登场，非常受美国人的欢迎。自 20 世纪 50 年代意大利人比安卡先后培育了大约 30 条在国内和国际上获奖的马尔济斯犬后，这种犬在意大利重新获得了牢固地位。20 世纪 80 年代，该犬在日本居首位，稳坐玩赏犬王位。马尔济斯犬在我国也颇有盛名，饲养者甚多，是很受大家欢迎的一种小型玩赏犬。

（二）外型特征

成年犬的身高为 20～26cm，体重 2. 5～4kg。

1. 头部

头盖骨呈圆形，宽广，并被长长的饰毛覆盖；吻长适中，精巧而逐渐收缩但不显长吻状；唇部长满毛发呈胡须状剪式咬合；耳长而下垂，两耳间宽度约比耳朵垂下时耳长稍短些，布满长长的饰毛；如全身长满毛，则看不到耳朵；鼻子呈黑色，小巧，从侧面看鼻尖略有翘起；眼大而圆凸出呈暗褐色，黑色眼眶。

2. 身躯

身体较长，躯体低短，几乎触及地面，颈部长度适当能使头高昂；躯干紧凑，肩高等于肩峰至尾根长；肩胛斜位，肘部结实并紧贴躯干；背线平，肋骨扩张良好；胸相当深，腰紧而强，下面略收腹；尾巴有丰厚的放射状长饰毛，优美地位于背上，尾尖向体侧超过 1/4。

3. 四肢

四肢短小，有良好的饰毛；前肢较短但直，掌节结实，不见弯曲。后腿强健，膝关节和飞节角度适当；脚小巧，圆形、富弹性，长有长饰毛，爪子呈黑色。脚上参差不齐的毛可修剪使之更整洁。

4. 被毛

有一身带绢丝般光泽的长被毛，向体侧下垂及地，十分优雅；单层被毛，即无绒毛层；头部长毛可用头饰扎住或任其下垂，成年犬毛长可达 20cm 以上；毛色有纯白色、棕褐色和淡黄色，以纯白色最为名贵（图 2－12）。

图 2－12　马尔济斯犬被毛

（三）性格

马尔济斯犬对主人尽心尽力，健康聪明，勇气十足，情感丰富，性格温顺，稳重，但也非常活泼，很喜欢玩。

（四）生活习性及饲养要点

饲养该犬最好一星期洗澡一次，每天都要整理体毛。为了保持纯白，就要常注意身体的清洁，泪痕也要注意。在马尔济斯犬的饲料中，每天都需有肉类，最小的需要180g左右，较大的需要200～250g。但不能饲喂过多，以免肥胖。此犬不喜欢孤独，有玩具玩耍是必要的。

（五）选购要点

最好购买被毛纯白无杂毛的犬，而且被毛应长而直，不能卷曲。成年犬不应超过3kg重，体高低于25cm为好。头部、唇边应有长毛，形如“大胡子样”为佳，嘴以“剪刀嘴”最好。

六、博美犬

博美犬（Pomeranian），又称波美拉尼亚犬，因外形像小松鼠，故普遍称为松鼠犬。博美犬最早被作为工作犬，其祖先为北极雪橇犬，18世纪，逐渐被人们训练为伴侣犬，从它像狐狸一样的吻部能看出来它是来自于北极的特征，属尖嘴犬系品种。博美在18世纪逐渐在欧洲开始流行，在19世纪后作为玩赏犬深受爱犬一族的宠爱，目前，国内一般的博美犬，体型上已经远远小于较早时期的博美，作为玩赏犬来说，也是人们经常长时间的选拔繁育而形成的。博美犬由骁勇善战的普鲁士民族所培育繁殖，故一般认为它的原产地是德国，而且当时是属于工作犬或看护犬，此犬是能刻苦耐劳、热心工作的犬种，是当今世界评价最高的品种之一。

（一）历史与用途

博美犬的祖先源于北极圈一带，尤其是其尖形的吻部宛如狐狸，这是所有北极圈内的犬种特色，因此称博美犬是德国狐狸犬中体型最小的成员，为挪威猎麋犬、北极狐狸犬杂交而成。18世纪时，博美犬传到欧洲几个国家，但以德国东北部的波美拉尼亚地区培育出来的最好，故取其名。起初这种犬是被用作牧羊、牧鹅来饲养的，身高体重较大，后来经改良体型向小型化发展，并且人们注重培育体型小、色泽鲜艳的玩赏犬。由于英国维多利亚女王宫廷饲养这种犬，并且维多利亚女王出国访问都带着博美犬，从而使这种犬闻名于世。博美犬在1891年世界上召开的第一次民间艺术珍品展览会上获奖。从此爱犬者都以维多利亚女王的爱犬尺寸标准作为追求的目标。1896年，博美犬因表演和展示的需要，体重限制在3.6kg以内。美国在1900年成立了博美犬俱乐部。一直到现在，日本、美国、英国以及我国港澳地区和台湾省都将其推崇为玩赏犬中的上品。20世纪80年代，在养犬的热潮中我国大陆才从国外引进了这种犬。博美犬体型虽小，但生性自傲，爱寻衅好斗，忠于职守，吠叫是它最大的缺点，当看家犬最好，是世界著名的警戒、玩赏和伴侣犬之一。

（二）外型特征

体高20～28cm，体重1.5～3.2kg。

1. 头部

（1）头型：头部与身体相称。头骨密合，头盖骨略圆，但不能呈拱形，前额略为突出；当从前面或侧面看时，能看见位置很高而且竖立的小耳朵；如果想象有一条线从鼻尖出发穿过两眼中间和耳朵尖，你能发现博美的头部是呈楔状的。表情警惕，有点像狐狸。缺陷：太圆，呈拱形的头骨。

（2）耳朵：一对小耳朵位置很高而且竖立；耳朵小巧，两耳间距不大，形状似狐狸耳。

（3）鼻子：鼻镜呈黑色，除了棕色、河狸色和蓝色博美是与其自身毛色相配的颜色。

（4）眼睛：眼睛位于头骨上显著的止部两侧，颜色深、明亮、中等大小而且呈杏仁状，眼圈呈黑色；除了棕色、河狸色和蓝色博美是与其自身毛色相配的颜色。

（5）嘴巴：口吻短，直，精致，能自由的张嘴却不显得粗鲁，剪状咬合；缺齿一颗是可以接受的。缺陷：上颚突出，下颚突出。

2. 身躯

颈部短，其与肩结合的位置正好能使头高高昂起；背短，背线水平；身躯紧凑，肋骨扩张良好，胸深与肘部齐平；尾根高，向背部翘起，尾毛稀而长，散落于臀部；羽毛状尾巴是这一品种的特征之一，直直地平放在背后。

3. 四肢

博美的肩膀足够靠后，使颈部和头能高高昂起；肩膀和四肢的肌肉适度发达，肩胛的长度与上臂相等，前腿直而且相互平行，从肘部到肩隆的长度与从肘部到地面的长度大致相等；腕部直而且结实，后腿和臀部与后躯成恰当的角度；后膝关节适度倾斜，形成清晰的轮廓，飞节与地面垂直，腿骨直，而且两条后腿相互平行；足爪呈拱形，紧凑，既不向内收也不向外翻，趾甲前伸。

4. 被毛

博美犬的被毛有上下两层，底毛柔软而浓密支撑起外层被毛，使其能竖立在博美的身体上。被毛长、直、松散、光亮而且质地粗硬；脖子、肩膀前面和前胸的被毛浓密，在肩和胸前形成装饰；头部和腿部的被毛比身体其他部分的被毛短，紧贴身体；前肢的饰毛延伸到脚腕，尾巴上布满长、粗硬、散开且直的被毛（图2－13）；毛色有米色、茶色、黑色和白色等多种，金黄色最为珍贵。

（三）性格

博美犬性格外向，聪明活泼，行动轻快，给人以机灵调皮的感觉。喜欢主人抚摸，但有时会恃宠生娇，易发脾气，乱吼乱叫或向大犬挑战。因此，应严加调教，不要纵容和养成不听从命令的习惯。好吠是它最大的缺点。

图 2-13 博美犬被毛

（四）步态

博美的步态流畅、轻松、和谐而且活泼。有良好的前躯导向和有力的后躯驱动；每一侧的后腿都与前腿在同一直线上移动；腿略向身体中心线会聚，以达到平衡；前腿和后腿既不向内也不向外翻，背线保持水平而且整体轮廓保持平衡。

（五）生活习性及饲养要点

不畏惧大型犬，注意防止被大型犬所伤，被毛在2～3岁时才达最佳状态，体型不应太大，但体型小的犬易难产。需要仔细梳理毛发，定期修剪爪甲。要训练此犬不向其他犬嗷叫。老龄母犬不适合繁殖。

（六）选购要点

要选择头略圆、前肩胛骨高、胸部发达、尾巴的起点高、体短紧凑、被毛柔软蓬松者。另外小博美的嘴型要扁，像鸭子的嘴巴，这种嘴型长大后才会漂亮，眼睛不能太大，两眼距离不能过开，鼻子要小而黑，鼻子跟额头的额段要深，耳朵要小，耳位不能过低。

七、中华冠毛犬

中华冠毛犬（Chinese Crested Dog），又称作中华无毛犬、中华裸犬，是仅有的几个无毛品种之一。中华冠毛犬因为它的头盖顶上有一撮长冠毛，很像清朝官员戴的帽子，因此得名（图2-14）。中华冠毛犬在繁殖上有一些奇怪的现象：几乎在每一窝中总会有一两只带毛的幼仔；中华冠毛犬的另一特点是它的皮肤有汗腺，不像有毛犬那样靠伸舌喘息来散热。该犬不但外形奇特，有的行为也很怪异。比如它甚至能用前爪抓东西，姿态酷似人类在用手抓拿东西，动作令人忍俊不禁。中华冠毛犬除无毛种外，也有全身皆有疏松的软毛种。下面主要介绍无毛品种。

无毛品种

有毛品种

图 2－14 中华冠毛犬冠毛

（一）历史与用途

早在汉朝此品种已很突出，几个世纪以来在中国久负盛名。至 1885 年纽约举办威斯敏斯特展览会才在西方露面。1975 年，美国成立专门的育种俱乐部，开始引进。中国冠毛犬的原产国至今还没有确切的记载，其说法不一。有人说是来自墨西哥，有的说起源于中国，美洲大陆的中国冠毛犬就是从中国输入的，还有人认为来自非洲。冠毛犬是犬中稀有品种，遗传学家对此更感兴趣。此犬身上无毛，但是在母犬生出的一窝犬仔中能出现 1～2 只有毛的，叫粉扑或绒毛球。这些有毛的被视为不是纯种而淘汰。用无毛公犬去配全身有毛的母犬，其幼仔可能有一半无毛，如用有毛的公犬去配无毛的母犬，其幼仔的成活率很低。遗传学家一直在研究其中奥秘所在。此犬之珍贵是因为很稀有，同时它的怪异模样提高了身价。由于中国冠毛犬数量少，爱清洁，无体臭，不会换毛，性格温顺，恋人性特强，因此，近年来受到欢迎，是一种较有发展前途的玩赏犬。

（二）外型特征

体高 23～32. 5cm，体重 3. 1～5. 4kg。

1. 头部

中华冠毛犬的头部较长，额部稍圆，颊部干瘦，显现出口鼻部为较长的楔形；牙齿为26颗，比一般犬少16颗，缺前臼齿；耳大且直立，有饰毛；鼻端颜色与皮肤斑块颜色一致；眼为杏核眼，眼距宽，眼为栗色或黄色，眼圈为紫红色或淡红色；无毛的身体，头上却长了一撮长毛，看上去很是可爱。

2. 身躯

尾长向下，尾端向上微卷，尾下2/3处有饰毛，稍弯但不卷曲。

3. 四肢

前肢长且直，后肢弯曲明显，饰毛稀疏。

4. 被毛

中华冠毛犬是犬中之稀有品种，外型极为奇特，全身除头顶，尾部和脚趾间有少许柔软的装饰毛外，其他部分均裸露无毛，皮肤颜色较深并有斑块；被毛分为两层：下层毛是扑粉状，上层毛是柔软而长的装饰毛，毛色包括所有的颜色；皮肤光滑、柔软、无皱褶，肤色为花色，颜色多样，常见的有黑底配蓝色斑块的，有粉红色底配咖啡色斑块的。皮肤颜色随季节有变化，夏季稍浅，冬季加深。

（三）性格

此犬聪明、活泼、机警、勇敢、温顺而清高，略深沉，不喜欢打斗，很怕冷，很爱清洁，不掉毛，喜欢和人亲近，是一种很适合家庭养殖的玩赏犬。

（四）生活习性及饲养要点

中国冠毛犬不换毛，爱清洁，无体臭。虽然个头儿不大，但因为身上无毛，所以需要多吃东西来补充热量。另外，此犬没有下犬齿，不会攻击人。饲养时要注意以下几点：

1. 该犬因皮肤裸露，没有被毛保护，容易造成皮肤损伤和发炎，因此要小心保护，在家饲养要搬除边角锐利的家具，以免划伤犬的皮肤。

2. 平时要注意犬的清洁，经常帮其洗澡，然后最好在皮肤涂抹婴儿用护肤膏和油脂性护肤品，夏天还要擦防晒霜。

3. 由于其身体光滑无毛，对气候冷暖很敏感，天气冷时，要给它穿衣保暖。这里要注意的是，中国冠毛犬对羊毛特别过敏，所以主人要避免穿着毛衣靠近它，冬天为其保暖的衣物也不能使用羊毛编织的。

4. 该犬无需大量运动，平时散散步和有适当的室内走动就足够了。

5. 因其前臼齿发育不全，不适合啃咬骨头或吃硬的东西。

6. 不宜长期离开主人，如离开亲密的主人可能会伤心致死。

（五）选购要点

目前市场上中国冠毛犬已经很少见了。难免会有人把一些有毛犬乔装打扮一番冒名顶替，那么，选购中国冠毛犬应该注意什么呢？第一，它没有下犬齿；第二，它的脚呈兔型足，正常犬的足是一个瓣一个瓣的，这种犬的足是中间两个瓣连在一起的；另外，它浑身皮肤搭配必须有花斑点。它身上的毛，正着摸、反着摸，都不会有扎手的感觉，能感觉到这种犬身上即使有毛也是小绒毛。好的中国冠毛犬应为头部较长、额部稍圆、口鼻部长且为楔形的犬。现在世界上无毛犬的数量在逐渐减少，一些国家已经发起了保护“无毛犬”的运动。我国的中国冠毛犬也面临着数量减少的危险，希望能有更多的人来关心保护这种可爱的小动物。

八、迷你型贵妇犬

迷你贵妇犬（Miniature Poodle），也称贵宾犬、卷毛犬，分为标准型、迷你型、玩具型三种。这三种犬的区别只是在体型大小上有所不同。标准型贵宾犬在这三种类型中是最健康的。贵妇犬体型在标准犬和玩具犬两者之间，又称作小型贵宾犬、彼得长毛狮子犬、蒲尔犬、蒲多犬，20 世纪 50 年代，是最受人类喜爱的。贵妇犬非常骄傲、活跃、聪明，具有与众不同的神态和特有的高贵姿态。

（一）历史与用途

贵妇犬名字来自德文，但在法国最受喜爱，被尊为国犬，又称法国贵妇犬。贵妇犬原产于法国还是德国，目前尚有争论，但多数认为其原产于法国。由于这种犬具有卷曲、漂亮的长毛，深受贵族阶级的喜爱，16 世纪被改良成小型犬，从而以它雍容华贵的仪表、妖艳的魅力走进贵族上流社会的豪华客厅，成为贵妇人的宠物。到 18 世纪时，经过进一步繁殖改良成迷你型长毛贵妇犬。修剪贵妇犬并造型是由玛丽·安东尼发明的，广为大众喜爱。被毛经修剪美容后，十分俏丽华美，与众不同。

迷你贵宾和玩具贵宾可能是由标准贵宾与马尔济斯及哈威那杂交而培育出来的小型品种。标准贵宾本来是被培育成猎犬的，而迷你贵宾和玩具贵宾仅仅是伴侣犬。贵宾犬流行于路易 14～路易 16 时期的法国宫廷，迷你贵宾和玩具贵宾则出现在 17 世纪的绘画中。这种犬在 18～19 世纪的马戏团中也十分流行。贵宾犬是 19 世纪末被首次介绍到美国，但直到二次大战结束后才开始流行，并将最流行品种的荣誉保持了 20 年。贵宾犬，在我国南北方都有一定的数量，但以黑色居多，其次为银灰色和白色，其中以纯白色最受人们的青睐。白色的品种多产于法国，棕色毛的原产自德国，黑色的多产自俄罗斯，而意大利产的以茶褐色为主。

（二）外型特征

体高 25～38cm，体重 4～6. 8kg。

1. 头部

贵妇犬头部呈稍长的楔形，双颊清瘦，面部及咽喉部皮肤紧；头颅稍圆，额小，吻部长而直呈尖细的楔形，结实；没有嘴唇，使下巴显得很清晰；牙白色，结实，剪状咬合；耳长下垂至面颊，耳很宽，耳根高，饰毛丰富；眼睛颜色非常深，椭圆形，两眼间距宽。

2. 身躯

颈部比例恰当、结实，长度足够使头能尊贵地高高昂起；喉部皮肤整洁；颈部与结实、肌肉平滑的肩膀结合；背线水平；胸深，宽度适中，肋骨扩张良好；腰部短、宽、肌肉发达；尾根高，尾巴直，尾要修剪，一般断尾在 1/2 或 2/3 处，使尾向上举起，尾端有卷曲厚实的被毛；尾尖应修剪成毛球状，而全身修剪成狮子状。

3. 四肢

四肢笔直，有卷曲厚实的被毛；前躯结实、肩膀肌肉平滑；肩胛平贴于身体，长度与前肢的上臂一致；前肢直而且相互平行；后躯与前躯平衡；后腿直，两腿相互平行；后膝关节骨骼适当弯曲，显著弓形，肌肉发达；飞节短且与地面垂直；站立时，只用到后足爪的小部分；脚腕结实；足爪小，呈卵形，脚趾上拱，脚垫厚实，趾间有绒毛；足爪不向内翻或向外翻。

4. 被毛

被毛为天然的粗硬毛发，卷曲丰厚密实，身躯、头、耳朵及鬃毛等部位较长；多为单一毛色，有黑色、白色、褐色、杏黄色、银灰色或蓝色，以白色和浅灰色最受欢迎；被毛必须勤于修剪，常修剪成各种形状，常见的有绵羊型和狮子型；经过修剪后的贵宾犬有其他犬所不及的高贵典雅、美丽的容貌（图 2-15），是世界上很具有声誉的玩赏犬。

图 2-15 迷你型贵妇犬容貌

（三）性格

贵妇犬聪明机敏，动作灵巧，学习新动作和记忆力均佳，服从性强，有表演才能，喜欢被人夸奖，爱好游泳，耐力和韧性好，所以许多马戏团都用贵妇犬作为表演犬到许多地方去演出。但有时会吵闹，不宜做儿童的宠物。

（四）生活习性及饲养要点

不易掉毛，无体臭，适于家庭饲养。要注意经常清洗耳道、修剪被毛。

（五）选购要点

购买时应注意以毛质和毛量最为重要；站立姿势要挺直，步幅均匀，步态轻盈；双眼无疾患；嘴成剪状，牙齿整齐不外露。忌选：下颚突出式咬合、上颚突出式咬合、歪嘴。

九、吉娃娃犬

吉娃娃犬（Chihuahua）属小型犬种里最小型，以匀称的体格和娇小的体型广受人们的喜爱。吉娃娃犬不仅是可爱的小型玩赏犬，同时也具备大型犬的狩猎与防范本能。此犬分为长毛种和短毛种。

（一）历史与用途

吉娃娃是世界上最古老的犬种之一，历史至今不清。有人确定此犬原产于南美，初期被印加族人视为神圣的犬种，后来传到阿斯提克族。也有人认为此犬是随西班牙的侵略者到达新世界的品种，或者在19世纪初期，从中国传入的。总之，吉娃娃犬的确切来源众说不一。这些想象中的根据来自托尔提克族时代的修道院之雕像以及在墨西哥发掘的小型犬骨骸。根据中国冠章上的犬像，则认为此犬来自遥远的亚洲。以上各种判断，可以说明此犬绝非源自一种品种，而是自古以来就是由多种品种交配而来的。第二次世界大战后，吉娃娃犬一跃而成为美国最流行的犬，由此输入世界各国。现在墨西哥的吉娃娃犬，大部分都是美国吉娃娃犬的子孙。品种分为长毛、短毛两种，大部分的美国专家认为长毛种的是基本型。人们相信，长毛吉娃娃是美国人将短毛吉娃娃同其他玩具犬杂交而培育出来的，这些玩具犬可能是蝴蝶犬或博美犬，也有人认为是北京犬、约克夏或玩具型贵妇犬。吉娃娃犬不仅是可爱的小型玩赏犬，同时也具备大型犬的狩猎与防范本能，具有类似㹴类犬的气质。

（二）外型特征

身体短小而浑圆；体高15～23cm，体重2.7kg以下。

1. 头部

（1）头型：头部圆，似“苹果形”头，头盖细长，头顶部特有小圆洞（囟门）；面部双颊有细长的饰毛（长毛型）。

（2）眼睛：眼睛大而明亮呈圆形，两眼距离大。

（3）耳朵：耳朵宽大，与瘦小的身躯相比，两只三角形直立耳显得格外突出，在警觉时更保持直立，但是休息时，耳朵会分开，两耳之间呈45°角。

（4）鼻子：鼻口部尖端略细；鼻子小巧，黑色、蓝色和巧克力色的品种，鼻子颜色都与自己的体色一致。

（5）嘴巴：口吻较短，略尖；剪状咬合或钳状咬合。

2. 身躯

身体的比例为长方形；所以从肩到臀的长度略大于肩高；颈部略有弧度，完美地与肩结合；背线水平；浑圆的肋骨支撑起胸腔，使身体结实有力；尾巴长短适中，呈镰刀状高举，或者卷在背上，尾尖刚好触到后背。

3. 四肢

肩窄，向下渐渐变宽，前腿直，使肘部活动不受约束；肩向上，平衡且坚固，向背部倾斜，胸宽健壮，后肢肌肉强健且坚固；足纤细，且有弹力，脚趾在秀丽的小脚上恰倒好处地分开，但彼此不远离；脚垫厚实，脚腕纤细。

4. 被毛

短毛型的被毛质地非常柔软，紧密和光滑；被毛覆盖全身并有毛领为佳，且头部和耳朵上被毛稀疏；尾巴上的毛发类似皮毛。长毛型被毛质地柔软，平整或略曲，有底毛；耳朵边缘有饰毛；尾巴上的毛丰满且长（羽状毛）。理想的吉娃娃是脚和腿上有饰毛、脖子上有毛领。吉娃娃有各种颜色，如淡褐色、沙色、栗色、银色或多色混合。

（三）性格

生性活泼、伶俐、警惕、虽小犹勇，知道如何利用精力充沛、灵活机敏的特点来与大型犬进行对抗，所以有些专家认为，它是小型犬种最凶悍的代表。它对主人热情、忠诚，顽皮可爱，不喜欢外来的同品种的狗。

（四）步态

吉娃娃犬动作迅速、坚定，具有很强的后躯驱动力。从后面看，后腿间始终保持相互平行，后脚落脚点始终紧跟前脚；前后腿都倾向于向重力中心线略靠，使速度加快。从侧面看，前躯导向配合后躯驱动，昂首阔步。行动中，背线保持水平、稳定，文雅而且不费力，前肢舒展、结实，后躯推动力强。

（五）生活习性及饲养要点

吉娃娃犬活泼好动，与人友好，对主人的独占心强。需要一些运动，不应将它整天关在公寓里。该犬怕冷，受寒后易患肺炎和风湿关节炎，冬天外出时应套上犬用外套御寒，但经过一个冬天后，翌冬将不畏严寒。其被毛宜用软毛刷梳刷，再用丝绒布擦拭使之光亮。耳朵亦应经常清洁，趾爪必须定期修剪。吉娃娃犬顽皮好动，常会无所事事，喜形于色地在家中跑来跑去，故应让其适可而止，不要宠惯任性。饲养该犬最大的好处是体型小，不占地方；吃的少，省钱；毛好整理，不会吵。

囟门是吉娃娃与生俱来的特征（图 2－16），位置在头盖骨的正上方，大小及愈合时间，随着头型大小及体质强弱而有所不同。通常迷你型吉娃娃之幼犬较易出现囟门较大、愈合时间较晚，甚至于不愈合的情形发生，而当幼犬逐渐长大后，囟门会愈变愈小，有时在某些吉娃娃身上会完全消失掉。如果吉娃娃长大后仍未愈合时，并没有多大的关系，只须平日稍加留意，不要撞击这个部位即可。

图 2－16 吉娃娃犬头形

幼犬到了新家应避免马上洗澡，如果真的很脏或有异味，非洗不可，可使用干洗粉、湿纸巾擦拭清理，或者尽量选择天气晴朗，以温水洗净后，用大毛巾包裹，吹风机完全吹干，勿在风扇下或冷气房内完成。和幼犬玩要勿让其舔我们的双手，因为有时双手带有细菌，不可不慎。天气冷时幼犬换新环境，应注意保暖，市售的电毯、陶瓷暖风机或加个60～100瓦的灯泡都是不错的选择。天气热时，冷气或电风扇勿对着幼犬直吹以防感冒。幼犬应避免喂食鸡骨、鱼刺类等过硬、过油、过辛辣等食物。

（六）选购要点

忌选眼球明显突出，体重超过2.7kg，上颚突出或下颌突出，耳朵不能竖立或剪耳，短尾或剪尾，长毛型被毛稀疏、近乎赤裸。

十、迷你品犬

迷你品犬（Miniature Pinscher），又名鹿犬、迷你杜宾犬、迷你多伯曼犬。迷你品犬的外形像极了英国玩具㹴，不过若仔细审视，可以发现前者尾巴较短、耳部可直立亦可下垂。

（一）历史与用途

原产于德国，在许多近代名画中都有其风采，现已普及欧美各国。小型杜宾犬（德语为㹴类）在迷你品犬产生的几世纪前，就已经出现在德国与斯堪地那维亚地区。1895年，德国杜宾犬俱乐部设立，接着迷你品犬也受到公认。1920年，此犬输入到美国以后，受到当地人的喜爱。1929年，美国迷你杜宾犬俱乐部成立。在那以前迷你品犬曾在混合犬组参展，俱乐部成立极大地推动了其发展，使这种小犬的知名度越来越高。第一次世界大战时，德国本地的迷你品犬消失殆尽，所幸在停战后由各国输入德国的大批犬只又使德国的迷你品犬的数量达到高峰。迷你品犬早期在德国和斯堪地那维亚半岛的时候，曾经是当地居民最喜爱使用的工作犬和看护犬，后来一直被人们广泛用作玩赏犬。

迷你品犬一直都是仕女们最喜爱的玩赏犬，甚至连法国大革命结束之后被送上断头台的皇后玛莉安·唐妮，在临死之前仍然紧紧拥抱着神情悲伤的迷你品犬，但是相当可惜的是人们至今仍然不太能够确定此血统形成的过程。

（二）外型特征

体长与体高相同，样似小鹿；体高25～30cm，体重3～5kg。

1. 头部

头部与身体比例恰当，前端变窄，头颅平坦，向口吻方向变窄；口吻强壮，牙齿呈剪状咬合；嘴唇和脸颊小而紧，彼此贴近；耳朵位置高，耳大，直立（图2－17）；鼻镜黑色（巧克力色的犬与体色一致）；眼睛饱满，略呈卵形，明亮、深色，眼圈也是深色，但巧克力色的犬眼圈颜色与体色一致。

2. 身躯

颈部略呈拱形，曲线优雅，肌肉发达而且没有赘肉和皱皮；站立和行走时，背线水平或略向后倾；身体紧凑，略呈楔状，肌肉发达；胸部发达，肋骨扩张良好，胸深适度，与肘齐平；适度收腹，显得优雅；腰部短而结实；尾根高，竖立，通常在成年时截断，只留1.2～2.5cm长。

图2-17　迷你品犬

3. 四肢

肩部整洁并倾斜适当的角度，似骑马式的动作；肘部贴近身体；腿部骨骼强壮且结合紧密；从前面看，直而整齐；腕部强壮而直；后腿肌肉发达，腿直且平行；后膝关节轮廓鲜明，飞节短，距离恰当；迷你品犬足爪小，猫爪，足趾强壮，呈拱形且紧密，脚垫厚实，趾甲厚而钝。

4. 被毛

被毛平滑、短而硬，直且有光泽，紧贴全身；毛色有纯红色、鹿红色（红色中掺杂黑色毛发）、黑色带铁锈红斑纹（明显的铁锈红色斑纹分布在脸颊、嘴唇、下颌、喉咙、眼眉和胸口，前腿下半部分，后腿内侧，飞节下部和足爪，足趾上有黑色铅笔条纹）、巧克力色带铁锈红斑纹（与黑色带铁锈红斑纹的情况一样，只有足趾上是巧克力色铅笔纹）。

（三）性格

天资聪慧、个性活跃、沉着冷静、警戒心强，体型虽然小，却十分勇敢独立、精力旺盛、自尊心相当强，对陌生人不友好，适合与活泼好动的人相处。十分重视同伴和饲主，常流露出真挚的情感。清洁且很有活力。

（四）步态

悠闲踱步时，脚高高举起，如马步般，是其特征。

（五）生活习性及饲养要点

不要过度饲喂以防肥胖，冬天要注意寒冷的问题。此犬自尊心极强，避免用过度严厉的口气责备它。虽然它不嗜吠叫，但警觉性仍然相当高。必须断耳断尾。

（六）选购要点

不要选怕人胆小的犬只，身体比例要匀称，眼睛不凸出，牙齿良好，后腿不能太直，角度要好，指（趾）部忌白斑。

十一、约克夏㹴犬

约克夏㹴犬（Yorkshire Terrier），又称作约瑟犬或者约瑟泰利犬。约克夏㹴犬是小型宠物犬中很受欢迎的一种，黑宝石般的眼睛加上金丝般的发毛，绸缎般的被毛，使它魅力永存。

（一）历史与用途

原产于19世纪初期约克夏西部的赖丁（Riding）地区，英国约克夏郡，祖先是曼彻斯特犬、斯兽猎犬、马尔他犬杂交培育出来的一种犬种，至今具有100多年的历史。起初繁育它的目的，是用以对付棉坊、煤矿中的老鼠，矿工们还把它作为运动犬，在灭鼠大赛中一显身手。棉纺工人长期接触植物纤维，手掌自然带有植物油，在他们的抚摸下，犬的被毛变得长而有光泽；它的被毛如同泛着深蓝色金属光泽的丝斗篷，成为约克夏犬的金字招牌；它的前额到胸部呈现出金茶色，更显高贵。1886年，约克夏㹴犬被英国凯尼尔爱犬俱乐部登记承认，用作捕鼠和玩赏犬，成为当时具有国际水平的犬种，是小型宠物犬中受欢迎的一种。后来，因其小巧玲珑的体型和漂亮的外观、开朗的性格，使它受到女士们的青睐，已成为著名于世的玩赏犬和伴侣犬。这种犬目前在我国大陆内不多。

（二）外型特征

体短而矮，背短而平直；体高23cm左右，体重3kg以下。

1. 头部

头部小且平坦，头部毛长；口鼻部不长，水平咬合状齿；耳小，直立或半直立，呈倒“V”字形（图2-18），两耳间有浅褐色浓密短毛；鼻尖为黑色；眼睛大小中等，眼眶有黑边，眼睛亮，像两颗黑宝石，神态机警活泼。

图2-18　约克夏㹴犬

2. 身躯

身体结实，背短而平直；胸深，腰部肌肉发达，长被毛从背中线自然分向两侧下垂；尾应在2～3月龄时断掉1/2，使尾能上举于背，尾毛呈暗蓝色。

3. 四肢

四肢骨骼细小，前肢直，有金黄色带褐色的长毛；后肢长度适中，指（趾）圆而小，黑色爪；断尾2/3。

4. 被毛

幼犬背毛为黑色，3～5月龄时从毛根开始呈蓝色，到18个月龄时被毛为固定颜色；成犬被毛浓密，长而直，有光泽，呈绸缎状，从不卷曲，从头后延伸至尾部，毛向两侧垂落；毛尖部较浅而毛根部颜色较深；毛色由躯干至尾部呈铁青色，四肢呈深褐色，头部为鲜艳华丽的棕黄色长毛。

（三）性格

温和、趣致、机灵、忠心、热情、活泼，感觉敏锐，作为超小型玩赏犬仍保留小猎犬的性格，爱撒娇，有贵族派头。对主人忠心耿耿，富有感情。

（四）生活习性及饲养要点

约克夏㹴除应定期清洁牙齿、耳道、眼睛外，最重要的是每天要刷毛和干洗以保持它美丽的外形。约克夏㹴的被毛应定期修饰、扎毛；脚底长毛可剪去，以防成团；耳朵上需剪除1/3～1/2内外毛，以免有耳虫或藏污垢；额上的长毛易把眼睛遮着，可把正中的毛扎向上方，打上一个适合的蝴蝶结。约克夏㹴平时只需在户内活动即可达到足够的运动量，不必经常牵出运动，以免弄脏长丝毛。

约克夏㹴精神饱满、非常活跃、顽强刚毅，但易患胶质病与虚脱性气管病等，如被过分娇惯，可能变得神经质和霸道。约克夏㹴适合城市生活，适合炎热的天气，不容易训练，不容易与别的犬相处。

（五）选购要点

约克夏㹴的选择应特别要注意它的被毛（包括毛质、毛色等），最忌被毛稀薄，互相缠结或长度不达地面；毛色也不应为茶红色、黄铜色或黑色。

十二、蝴蝶犬

蝴蝶犬（Papillon），又称作巴比伦犬、蝶耳犬，根据其头上一对外张的直立耳仿佛是一只振翅高飞的蝴蝶而命名，这不但是此犬种外观上的最大特色，也是所有犬展上审查员所注意的焦点。这种外观高贵的玩赏犬虽有弱不禁风的模样，但实际上它适应气候及各种环境的能力相当强，因此极适合陪伴主人至各地旅行。蝴蝶犬是一种小巧、友好、文雅的玩具犬，骨骼纤细、动作轻巧、优美而活泼。

（一）历史与用途

蝴蝶犬祖先在16世纪诞生于西班牙，很可能含有长毛猎犬的血统，原为垂耳，后经过改良培育成为大而直立的耳朵，整个头部就像是一只美丽的花蝴蝶，因此而得名。蝴蝶犬在16世纪佛兰德斯画家凡·戴克油画中就可见其身影。当时这种犬受到法国路易14宫廷贵族的宠爱，对蝴蝶犬评价很高，而且法国贵族阶级家庭中以饲养这种犬为荣耀，当时买价很高。1935年，蝴蝶犬已获得纯正血统的认定。其最大的特点是头部色彩多样，而且左右对称，加上一对外张而直立的耳朵酷似展翅高飞的双翼，所以整个头部就像一只美丽的花蝴蝶，故此而得名（图2－19）。如今直立耳的蝴蝶犬更受人们的欢迎，是良好的玩赏及伴侣犬。

图2－19 蝴蝶犬

（二）外型特征

体高20～28cm；体重2.5～5.2kg。

1. 头部

头部小，头颅宽度中等，头颅部两耳间呈圆形；在口吻与头部结合的位置，额段的轮廓十分清晰；口吻精致，从头部下来突然变细；口吻的长度（从鼻尖到额段）大约等于整个头长度（从鼻尖到后脑）的1/3；耳朵大而且耳尖较圆，位于头部两侧相对靠后的位置，长有丰满的饰毛；耳朵有直立耳或者垂耳；立耳型的耳朵斜向伸展，酷似展翅飞翔的蝴蝶翅膀；当警惕时，每个耳朵都背到与头部形成约45°角的位置；垂耳型的耳朵是下垂的，而且是完全向下；鼻尖非常细，鼻镜呈黑色，圆形，上端略平；嘴唇紧、薄且黑；眼睛颜色暗、圆，不外突，中等大小，内眼角与止短端处于同一直线；黑色眼眶。

2. 身躯

颈部长度中等；背线直而且平；胸深中等，肋骨扩张良好；腹部向上收；尾巴长，尾尖卷至背上，尾巴上有长而飘逸的饰毛，但不卷曲，尾毛下垂挂在身体两侧如羽饰。

3. 四肢

肩部轮廓清晰，前肢纤细垂直；后腿细小，从后面看，两腿平行，飞节不向里或向外翻；足爪细而长，足尖不向内或向外翻。

4. 被毛

被毛丰满，呈长绸缎状，精致、飘逸、有光泽，不卷曲，直而且有弹性，无下毛；胸部长有丰富的饰毛；背上和身体两侧的毛发笔直；头部、口吻、前肢正面和后肢从足爪到飞节部分的毛发紧而且短，耳朵边缘长有漂亮的饰毛，里面则长有中等长度的，柔软光滑的毛发；前腿背面长有饰毛，到脚腕处减少；后腿到飞节这段部分也长有饰毛；脚上的毛发较短，但精致的饰毛可能盖住脚面；毛色以白色为底色，从两耳到脸部为茶褐色或接近红色的茶色，身体部分有小小的斑点，如红色、黑色、褐色、栗色等斑点。

（三）性格

蝴蝶犬胆大灵敏、精力旺盛、活泼好动、喜欢受宠爱、温顺；不太喜欢陌生人，爱好捕猎小动物，有感情。它是服从性相当高的犬种。

（四）生活习性及饲养要点

蝴蝶犬被毛美丽，每天应予梳理，应定期修剪其爪。蝴蝶犬近亲繁殖太频繁，会出现全身斑纹不对称而失去其特征。不要将立耳犬与垂耳犬杂交繁殖，以防后代呈半竖半垂耳形。运动不必过量，以散步为宜。因此犬喜伴，以养两只为好。

（五）选购要点

选购蝴蝶犬耳要大、竖立，整体外观酷似蝴蝶形状的；要体质强壮，头盖稍圆；口吻要长、尖，前额白斑条纹对称。不宜选购半竖半垂耳、两耳过分下垂，单色毛，身躯过短或四肢过长，眼小色淡，头盖骨太长或太圆，吻部过长过厚，尾很低而不贴身，外貌和体型特征有所变异的犬。

十三、巴哥犬

巴哥犬（pug），又称巴儿狗、八哥犬、哈巴犬。它的名字来自拉丁文 pug，即斧头形的意思，系因该犬面部恰似斧头状，故有“斧头犬”之称。由于该犬脸布满皱纹，一副心事重重的样子，加上面短颈短的外形，故德国人叫它为“Mops”，意为“愁眉苦脸”。巴哥犬是体贴、可爱的小型犬种，富有魅力而且高雅，皱褶的扁脸独一无二，走起路来像拳击手。它以咕噜的呼吸声及像马一样抽鼻子的声音作为沟通的方式。同时，此犬具备温和及爱干净的个性，这些特色便成为其广受喜爱的原因。

（一）历史与用途

巴哥犬与北京犬是同一祖先，原产于中国西藏。16 世纪中期，第一批巴哥犬自中国输出至国外，由土耳其人带到法国，尔后在 17 世纪时，与中国商业有重要往来的荷兰东印度公司更是将为数不少的巴哥犬介绍到世界各地，而它在国外能够成为皇帝最喜爱犬种的契机，是得力于光荣革命时继承王位的奥伦治・威廉王子，当然它的犬只数量在国外也曾大量锐减，直到 19 世纪末期巴哥犬协会成立之后，才将犬只数目提高了不少，并且持续地进行改良成今天的犬种标准。到了 20 世纪，在欧洲所有的贵族庄园都能够见到它们的身影。巴哥犬经过长期的培育，逐渐演化成现在这种头部像一个紧握的拳头，脸平、扁鼻的形象，并被推举为中国八大名犬之一。巴哥犬对人极其忠诚，可是嫉妒心特别强，如果一家养两条此犬，它们彼此将进行残酷的争斗，决不相容，因此一家只适合养一条。巴哥犬深受老年妇女的喜爱，是作为伴侣犬和家庭宠物而饲养的。

（二）外型特征

总体来看，通常外观呈正方形而且短胖；体高30cm左右，体重6.3～8.5kg。

1. 头部

巴哥犬的头部大呈圆形，平脸，额头与眼睛下有皱纹，皱纹大而且深；口吻短、钝、宽，但不上翘；咬合应该是轻微的下颚突出式咬合；前额耳朵至吻部为黑色斑纹，有的从头部至臀部有一条黑色纹线；耳朵薄、小、软、朝前下垂、像黑色天鹅绒；有两种耳形：玫瑰耳或纽扣耳；眼睛颜色深、大、亮，突出而醒目。

2. 身躯

颈部呈轻微的拱形、粗壮，其长度足够使头能高傲的昂起；背短，背线水平；身体短而胖，胸宽且肋骨扩张良好；尾巴卷曲在臀部以上部位，以卷曲成双环状为最好。

3. 四肢

前肢腿非常粗壮、直，长度适中，位于身体下；从侧面看，肘部直接在肩膀下面，腕部结实；后肢亦粗壮，后膝关节角度适中，飞节垂直于地面；从后面看，两条腿相互平行；腿和臀部丰满而且肌肉发达，后躯与前躯平衡；大足爪既不像兔足那样长，也不像猫足那样圆；脚趾适当分开，黑色趾甲。

4. 被毛

被毛美观，平滑、柔软、短而有光泽；毛色主要有银白色与浅黄色，少部分为黑花色；斑纹轮廓清楚，口吻、耳朵、耳朵边、拇指斑、前肢的菱形斑及背部斑纹可能是黑色的，但脸部颜色只有黑色（图2－20）。

图2－20　巴哥犬

（三）性格

该犬虽肌肉发达、面目狰狞，但心地善良、聪明、记忆力强、感情丰富、个性开朗、富有魅力，具有高贵、友善和可爱的性情，对人极忠诚，对同类嫉妒心强，喜爱与小朋友玩耍，深受儿童和妇女、特别是老年妇女喜爱。

（四）生活习性及饲养要点

巴哥犬是一种活泼的小型犬，需要较多运动，但因它鼻道天生很短，剧烈运动或炎热天气会造成呼吸急促和缺氧，故最好在清晨或黄昏后散步，防止中暑，多饮水。巴哥犬褶皱较多，易藏细菌和发生疥癣等皮肤病，应特别注意日常清洁卫生。夏季应多洗澡，每周2次；秋季干燥时，可10天洗1次，洗完后立即刷毛和吹干。巴哥犬眼睛大而圆，尘埃容易进入，应定期用硼酸水洗眼睛，以防细菌感染。春夏季节每天洗1次，秋冬隔日洗1次。巴哥犬嘴短，故母犬产仔时自己咬断脐带有一定困难，常使仔犬死亡率增高，故应在母犬临产时进行助产，为其剪断脐带。

（五）选购要点

选犬时，应着重看其头部特色和全身的对称性。头应大而圆，面部皱纹越多越深越好，太少太浅便无特色；面部应具面具般的黑色，宜挑选耳黑、眼圈黑、额上褶黑、嘴黑的犬；眼大、圆而忌小；耳应小而薄软，嘴则短、钝、呈方形；四肢应短、直、强壮，身材应矮短而强健；忌长腰、长腿，尾巴以双重卷尾最为理想；被毛应柔软细密、富有光泽，最忌稀疏和缺乏光泽。

十四、意大利灵缇

意大利灵缇（Italian Greyhound），又名意大利格力犬，意大利灰犬。意大利灵缇与灵缇十分相像，但意大利灵缇要比灵缇小得多，更显得优雅而高贵。这种犬的警觉性很强，这是它最出众的特征。

（一）历史与用途

意大利灵缇有最古老的、在青铜器时代就已经存在的灵缇血统，是将灰猎犬迷你化的犬种。历史悠久，达2 000年以上。因此当今的灵缇要追溯到古罗马时代。从前，它们始终是国王和贵妇人的宠物。意大利灵缇的这种地位就是这样显现出来的。目前美国和加拿大有较多的爱好者。意大利灵缇曾经是最小型猎犬，大部分用来猎兔、猎野鸡，后来因为这种犬小巧而可爱，则渐渐变成了家庭玩赏犬和看门犬。

意大利灵缇是锐目猎犬（靠视力捕猎）中体型最小的一种。据说意大利灵缇起源于2 000多年前的地中海盆地，也就是现在的希腊和土耳其（依据来自于这两个国家的艺术作品中曾出现灵缇，而且考古学家发现了灵缇的骨骼）。灵缇犬虽然未被广泛养殖，但中世纪之前在整个南部欧洲均可见到；16世纪的意大利人对这种小灵缇的需求量很大。正因为如此它们被叫做“意大利灵缇”。意大利灵缇小巧、美丽、可爱，一直存在了许多个世纪。它们经常出现在文艺复兴时期的画家如吉奥托、卡帕西奥、曼林、范·德·维登、盖诺德·大卫、海诺姆斯、博斯奇和其他一些人的画中。欧洲许多王公贵族都十分喜欢意大利灵缇，如英国詹姆士一世的妻子，丹麦的安妮；詹姆士二世的意大利妻子，来自摩德纳的玛丽·比垂斯·德伊斯特；普鲁士的弗雷德里克；俄国的凯瑟琳和维多利亚。美国养犬俱乐部的种犬手册的第三卷（1886）记录了第一头意大利灵猩在美国登记，到1950年，每年都有50只意大利灵猩登记注册；到1957年，每年登记注册的意大利灵猩数量与英国的数量相等。两次世界大战后，英国的意大利灵猩急剧减少，依靠从美国进口品质非常好的灵猩进行繁育才免于灭绝。过去的20年意大利灵猩发展最快，大量普及。它们在英国各地举办的犬展中都有出色表现，赢得了许多冠军。

（二）外型特征

与灵猩的外表十分相似，但体型更小，也更苗条，非常优雅；平均体高32～38cm，体重2.7～3.6kg。

1. 头部

意大利灵猩的头窄而长，向鼻尖部逐渐变细，眉头浅；颅骨相当长，顶部平，额段不是很明显；口吻长、纤细而秀气，剪状咬合；耳朵小巧，在轻松的状态时，耳朵适当的角度向头后摺，如玫瑰花瓣；断耳或纽扣状的耳是严重缺陷；鼻子是尖的，鼻镜颜色比较暗，可以是黑色、褐色或与身体相似的其他颜色；眼睛的颜色较深但很明亮，显得非常聪明，大小相当。

2. 身躯

意大利灵猩的颈部长而细，呈优美的拱形；身体紧凑且长度相当；从侧面看，马肩隆、背部曲线与朝下的后躯，构成了向上拱的弓形，背部最高点在腰部开始的位置，腰部向上收紧；胸部深而窄；尾巴细而长，尾端尖，弯弯的呈曲线状，尾巴长度刚好到飞节，尾根位置较低，尾巴垂得也很低，卷曲或向上翘的尾是缺点。

3. 四肢

意大利灵猩的肩倾斜且长；前肢长且直（图2－21），腕部健壮，骨骼很细；后肢很长，大腿部肌肉发达；从后面看，两条后腿是相互平行的，飞节向下，后膝角度好，足爪呈拱形，略像兔形足。

4. 被毛

意大利灵猩的被毛短而精细，摸上去，光滑而柔软的被毛感觉像缎子一样；毛色有黑色、蓝灰色、黄褐色、白色和红色；意大利灵猩的被毛光滑，有光泽，可以允许任何颜色和斑纹；但有斑点的犬和有棕色斑纹的犬不符合犬展标准，尽管这种斑纹在黑色和棕色犬很常见。

图2－21　意大利灵猩

（三）性格

也许意大利灵猩最大的特征是感情十分丰富。尽管有时对陌生人有点冷淡，但如果主人对他的感情有所回应，它会十分高兴和兴奋。意大利灵猩敏感、机警、聪明、充满活力、易于驯服、爱清洁，但心眼小，不喜欢呵斥。有很强的耐久力，对主人很忠心。在长大后依然保持顽皮的天性。它适应不同的家庭，与孩子和其他宠物相处得很好。

（四）步态

步伐高、自由，同侧的前肢和后肢在一条直线上前进。

（五）生活习性及饲养要点

意大利灵猩没有体臭味，排泄物及掉毛少。喜爱大量运动，不能整天关在室内。怕冷，怕风雨，外出时最好穿上外套，不要饲养在室外。注意牙齿健康，定期体检。严厉的语言及粗暴的举止会使它受到伤害。被毛短而光滑，很少需要修剪。意大利灵猩给人的感觉很瘦弱，但实际很健康，极少生病，可以生活在像瑞典和挪威这样寒冷的地方。母犬很少难产。

（六）选购要点

选购时依照以上所述意大利灵猩的外型特征，忌选尾巴卷曲或甩尾、具有立耳或纽扣耳的犬。

十五、曼彻斯特玩具㹴

曼彻斯特玩具㹴（Manchester Toy Terier），又称英国玩具㹴，是曼彻斯特㹴的小型种之一，其体型小于标准曼彻斯特㹴、耳朵下垂，除此之外，其他皆与标准曼彻斯特㹴相同。曼彻斯特㹴是依靠自己的视觉来狩猎的，是用来捕猎兔子、驱除老鼠而培育的犬种。这种犬有十足的勇气，敏捷的动作，特别急的性子，通过很长时间的培育之后，培育成现在特有的活泼、机敏、快速的本质。

（一）历史与用途

起源于16世纪，曼彻斯特㹴继承了已经绝种的黑褐㹴的血统。18世纪时，在曼彻斯特有一位饲养者叫约翰修姆，改良出了曼彻斯特㹴。此犬被用来捕捉鼠，且非常敏捷。在19世纪末十分流行的捕鼠比赛中，曾经有一只名叫贝利的犬在6min多一点的时间里就杀死了100只老鼠。曼彻斯特㹴是使用惠比特犬与其杂交产生出来曼彻斯特品种，后来又混入西部高地㹴的血统，形成了现在的品系。曼彻斯特玩具㹴是矮小曼彻斯特犬的后裔。该犬可能已被导入意大利灵猩的血液用以稳定其体型，这可能是它们稍微弯背或拱背的原因，但它们原有的个性仍全部保留。现在已经完成了各个不同阶段的繁育，重在选育微小的体型，或拱形背，或“烛光”耳朵。目前对其选育看来是稳定的。曼彻斯特玩具㹴是一种令人愉快的伴侣犬，它们完全适合于城市居民。

（二）外型特征

总体外观是体长略大于身高。就是说，从马肩隆到地面的垂直距离比从肩到后腿的水平距离略小；骨量充足、肌肉发达，以保证有足够的灵敏度和耐久力；AKC标准规定体高为25～30cm，体重为2.7～3.6kg。

1. 头部

（1）头型：曼彻斯特㹴具有敏捷、警惕的表情；头长狭窄，皮肤紧贴头骨，几乎是平的，除了前额略向后缩；从正面或侧面看都像是钝的楔子。

（2）眼睛：杏仁状的眼睛，几乎是黑色的，眼睛小，明亮而闪光；位置适当接近，外眼角略向上斜；眼睛既不突出也不深陷。

（3）耳朵：耳呈“V”字形（图2－22），在高于头顶的地方下摺，并在眼上垂下，在一些国家断耳。

（4）鼻子：鼻端窄，鼻镜是黑色的。

（5）嘴巴：口吻与头部的长度相等；口吻在眼睛下面，饱满，但看不到面颊的肌肉；下颌饱满，轮廓清晰；黑色嘴唇紧贴下颌；牙床丰满，整齐；牙齿呈白色，完全的剪状咬合，上下齿完全重叠。

2. 身躯

颈部长度适中，细长、优雅，略呈拱形，近肩膀的地方变粗，与肩膀平滑结合，吊喉属于缺陷；腰部结实，尾端略向下倾，使背线略呈拱形；平背或塌背都属于严重缺陷；胸部位于两腿间、窄，胸前半部分深；前胸轮廓中等，肋骨扩张良好，为了使前腿活动自如，前胸肋骨下端变的比较平；腹部向上收，形成弧线；尾巴十分短，与身体结合处比较粗，末端变细，略向上翘，处于比背稍低的状态。

3. 四肢

肩胛长度与前臂长度大致相等，就是说从肘到马肩隆的长度等于从肘到地面的长度，肘部贴近前胸，肩部位置恰当；前肢直，长度适中，位于前胸下方；腕部垂直；足爪紧凑，呈拱形，中间两个脚趾比其他脚趾长；脚垫厚实，趾甲是黑色的；后肢大腿肌肉发达，且上半部分与下半部分长度一致；后膝关节角度恰当；从后面看，飞节既不向里弯，也不向外弯；身体流畅地延伸到后腿；后足爪类似猫爪，脚垫厚实，黑趾甲。

4. 被毛

光滑密生的短毛，有光泽；玩具曼彻斯特㹴被毛的颜色是黑色与棕色的结合，且此两种颜色具有明显的区分边界，没有掺杂在一起；两只眼睛的上方分别有一个非常小的棕色斑点，两颊也有同样的斑点；在头部，口吻到鼻镜都为棕色；耳朵的里面也有少许棕色；前腿的上方与前胸的位置均有一个棕色的斑点，可叫“玫瑰花节”；此种特征在小犬的身上明显于成年犬；鼻镜与鼻梁均为黑色；前脚腕有少量黑色的“拇指斑”；前腿的其余部位呈棕色；后腿的内侧部分为棕色，从脚趾的黑色条纹一直延伸到后膝关节稍稍下面一些；后腿黑色的部分在外侧；四个脚趾的上方均有黑色条纹；尾巴的下面和肛门均为棕色，被掩盖的部分一般都为棕色。

（三）性格

活泼好走动，温和大胆，有戒心，嗅觉敏锐，充满魅力，富有感情。对外界声响有吠

图 2－22 曼彻斯特玩具㹴

叫反应，对儿童友善。

（四）步态

步态轻松，不费力。前肢步伐正确，不能出现马式步伐。后躯驱动力强。两条后腿都应该与相应的前腿处于同一直线，不能向内或向外歪。快步走时，落脚点身体下重心点集中。

（五）生活习性及饲养要点

适于室内饲养，不爱生病。虽然此犬爱奔跑、但不易掉毛，应注意保暖。鼻子干时（非病状态）可抹少量油，由于只承认一个主人，所以，尽量购买幼犬。

（六）选购要点

忌选白色被毛的犬。

十六、丝毛㹴

丝毛㹴（Silky Terrier），别名澳大利亚丝毛㹴、绒毛犬，由于该犬主要产地是澳洲南部雪梨，故又称为雪梨㹴。原用于在猎物巢穴附近狩猎和捕鼠。由于它全身披有丝绸般的金丝长毛，色彩艳丽，光亮夺目，加上身材小巧玲珑，性情活泼可爱，因此，绝大多数丝毛㹴均作为玩赏犬和伴侣犬而深受人们的钟爱。

（一）历史与用途

起源19世纪末，从约克夏㹴和澳大利亚㹴杂交演变而来，产于澳大利亚悉尼市故别名为悉尼丝㹴，作为玩赏犬而培育。起初只在澳洲和印度生存，自1959年被引入美国后不断得到扩展。在美国以玩赏为目的而备受推崇。丝毛㹴在外貌上类似于约克夏㹴，但体型比它要大。它是一个强壮的品种，领域意识很强，看见陌生人就会发出尖叫声。虽然它们的体型小，但是捕杀小的啮齿类动物的能力却很强。现在它的用途是玩赏犬。丝毛㹴血统的形成，主要是由斯开岛㹴、凯思㹴、约克夏㹴、澳洲㹴杂交培育而成。该犬最初引入印度、美国，1930年输往英国，1959年被认可，1962年评定出各项标准，尔后遍及世界各国，深受人们的宠爱。

（二）外型特征

体高20～23cm，体重4～5kg；美国人偏爱1.4～2.7kg的小型丝毛㹴。

1. 头部

头部强壮，呈楔状，长度中等；头颅平坦，两眼间距离不是很宽；头颅相对口吻略长；额段较浅；牙齿整齐，剪状咬合；耳朵小，“V”字形，耳朵位置高，直立耳，不能出现任何歪斜现象；鼻镜为黑色；眼睛小，颜色深，呈杏仁状（图2－23），眼圈颜色深；表情和蔼。

2. 身躯

颈部中等长度，体躯贴地，体高与体长之比为4∶5，胸深、背直、腰圆；尾根位置高，应断尾。

3. 四肢

前肢结实、笔直、骨骼纤巧，腕关节以下毛短；后肢大腿肌肉发达、结实，但轮廓不显得过重。足爪小，猫足、圆、紧凑，脚垫厚实且有弹性，趾甲坚硬而且颜色深，足爪笔直向前，没有内翻或外翻情况。

4. 被毛

被毛直，单层毛，有光泽，像丝一样。成年犬的被毛顺着身体轮廓下垂，长达12.5cm；头顶的毛发很多，形成头饰；头上、后背到尾根的毛发向两边分开；尾巴上没有饰毛；腿部从脚腕到足爪或从飞节到足爪部分长有短毛；足爪不应该被腿上的毛发遮蔽；毛色是蓝色和棕色；蓝色可以是银蓝、鸽子蓝或石板蓝，棕色深而丰富；蓝色从头部延伸到尾巴尖，前腿部分向下延伸到肘部，后腿部分在大腿外侧的上面一半；尾巴的蓝色非常深；棕色出现在口吻和面颊、耳根周围，腿、足爪及肛门周围；头饰应该是银色或比其他棕色地方亮的杏黄色；有光亮的长绢丝毛，头顶毛丰满，面部、耳朵的毛不长，却很漂亮。毛色有蓝色，头部、胸部与四肢呈棕黄色。

图2－23　丝毛㹴

（三）性格

活泼富于情感、警惕性高、反应快、友好、敏感、喜欢与主人相处。

（四）步态

步伐灵活，轻盈；后躯有力，无内斜和外翻现象。

（五）生活习性及饲养要点

该犬的被毛需要每天进行梳理，才能保持清洁和美丽。每天宜梳刷被毛一次，但不必经常给它洗澡，以免被毛被软化失去特色。丝毛㹴性格任性、叛逆，如果想要使它们与人更好的相处，需要早期进行训练和教育，否则它们不能容忍人类特别是陌生人的控制。丝毛㹴生性活泼好动，应保持经常运动，最好每天定时进行户外散步或奔跑。

（六）选购要点

应选20cm体高以上的犬种。忌选胆怯或过度神经质、眼睛浅色、头部上颚突出式咬合或下颚突出式咬合的和趾甲白色或肉色的犬。

十七、卷毛比熊犬

卷毛比熊犬（Bichon Frise），又称作维·弗里塞犬。卷毛比熊犬是一种娇小的、强健的、白色小型的犬，以双层毛皮形成的蓬松外形而著名，具有欢快的气质，它的气质从它羽毛般欢快地卷在背后的尾巴和好奇的眼神中就能体现出来。比熊犬全身披着蓬松的白色螺旋形卷毛、小巧的耳朵、大而圆的黑鼻子、晶亮的眼睛和大圆脸显得憨厚可爱，十足像一只大绒毛玩具。

（一）历史与用途

卷毛比熊犬原是西班牙领地加那利群岛的当地犬，14世纪以后，随欧洲水手漂流于欧洲各国之间，是水手们的最佳伴侣；在15世纪时，人们用马尔济斯犬和长卷毛犬的血统对其进行改良而繁殖出新品种；16世纪，法国、西班牙王室和贵妇人将它作为宠物，用香水给这种犬洗澡，把这种犬作为怀抱着的玩赏犬。但在19世纪时失宠，导致其流落民间在马戏团或街头艺人身边卖艺。一直到1934年在法国才被承认，并制定了品种标准。后来比利时和意大利也承认了这个品种。1972年，美国犬俱乐部允许注册登记，并提出了对卷毛比熊犬皮毛梳理定型及独创发型的方案，从而提高此犬在世界上的声誉。

（二）外型特征

体高23～30cm；体重3～5kg。

1. 头部

（1）头型：丰富的冠毛覆盖着头部，通常修剪成特定的圆形；头略微圆拱；额段略微清晰。

（2）耳朵：耳朵下垂，上面覆有波浪形长毛，当耳朵下垂部位朝向吻部时，可延伸到吻部中央；耳朵比眼睛水平部位略高，接近眼眶骨前面。

（3）眼睛：眼眶部略圆，容纳圆形的前视的眼球；眼睛下部如刀削似的成弧状，大且明亮，暗褐色；黑色或非常深的褐色皮肤环绕着眼睛，突出眼睛并能强调表情；卷毛比熊犬表情柔和，深邃的眼神，好奇而警惕。

（4）鼻子：鼻小巧，鼻孔大呈圆形，鼻镜突出呈黑色。

（5）嘴巴：口吻非常匀称，从鼻部到吻部凹陷的长度是从吻部凹陷到枕部的3/5，从两侧外眼角和鼻端分别连线，构成一个近似的等边三角形；嘴唇黑色，边缘锐利，但不下垂；下颌结实，剪状咬合。

2. 身躯

颈部弓形，细长，支撑着高仰的头，向后与肩部连接；颈部从枕部到肩部的长度大约是从前胸到臀部的1/3；背中线水平，在腰部肌肉肥厚处有一小的弓形；胸部发育良好，胸廓宽，使两前肢伸展灵活；胸部最低点至少延伸到肘头处，肋骨稍微突出，往腹壁后延，腹部短而肌肉丰富；前胸沿肩关节往前伸展，腹中线适当有起伏；尾巴被毛丰富，尾根与背中线水平，由于卷曲，尾巴上的毛可以搭在后背。

3. 四肢

肩胛骨、上臂骨和前臂骨长度几乎相等；肩胛向后倾斜，大约呈45°角；上臂向后延伸，从侧面观察时肘头刚好在肩部隆起的正下方；腿骨发育中等、直立，在前臂和腕部没有突出或弯曲；肘头与躯干紧贴；掌部与垂直处有一斜度；悬指可以去掉，足部圆形，连接紧密，像猫足，行进时两后肢间笔直前伸；脚垫呈黑色，爪稍短；后肢也是中等程度发育，腿部成弓形，肌肉丰富，较宽；后腿上下部长度几乎相等，以膝关节连接；后肢从跗关节一直到脚垫与地面垂直，悬趾可以去掉，脚部圆形，趾间连接紧密，脚垫为黑色。

4. 被毛

卷毛比熊犬的底毛柔软而浓厚，外层被毛粗硬且卷曲，有光泽；两种毛发结合，触摸时，产生一种柔软而坚固的感觉，拍上去的感觉像长毛绒或天鹅绒一样有弹性（图2－24）；毛长7～10cm；头部长长的毛发可以修剪成圆圆的外观；毛色主要为白色，可能在耳朵和躯干部有浅黄色、淡黄色或棕黄色的长毛。

图2－24　卷毛比熊犬

（三）性格

比熊犬性格友善、活泼、聪明伶俐，有优良的记忆力，会做各种各样的动作引人发笑，但对生人凶猛，喜欢自由奔跑，很容易因为小事情而满足。由于它们长期与人们相伴，对人的依附性很大，是很好的家庭伴侣犬。

（四）步态

快步跑起来灵活、轻盈，前后肢步伐协调一致、稳定。当运动时，头部保持上扬姿势，当适度加快时，四肢稍微向中间靠拢。当犬离去时，两后肢步态一致，可以看见脚垫。来回运步时，犬的步伐也一致和精确。

（五）生活习性及饲养要点

需要运动，包括散步和奔跑。需要梳理被毛并修剪，应剪成粉扑状。有养犬经验者并喜欢花精力与时间打扮犬者，适合饲养此犬。

（六）选购要点

忌选眼睛过大或过分突出、杏仁状及歪斜的、眼圈色素不足或完全缺乏色素、其颜色为黑色或深褐色以外的犬；另外，上颚突出式咬合或下颚突出式咬合、缺齿，尾巴位置低、尾巴向后下垂或螺旋状尾巴的犬不宜选择。

十八、日本狐狸犬

日本狐狸犬（Japanese Spitz），又名日本史必滋、日本尖嘴犬。Spitz 是德语“尖”的含义，其代表了这种犬的口吻以及耳端是尖的，模样近似于狐狸，因此而得名（图 2－25）。

图 2－25 日本狐狸犬

（一）历史与用途

日本狐狸犬大约在日本大正13年，由白色的德国狐狸犬与日本犬杂交改良培育而成。1913年该犬在日本已成为一种极受欢迎的犬种，1921年第一次展出，1948年制定了标准，在标准中特别注明："不准吵闹!"。在1952年正式被认可，而且逐步进行普及。日本狐狸犬警惕性高、不爱叫，是友好的家庭伙伴，比德国狐狸犬要安静，非常喜欢孩子。此犬过去用于守护家院，现在小型的用做家庭宠物犬。

（二）外型特征

雄性体高33～38cm，雌性体高30～36cm；雄、雌体重均为6.4～7.7kg。

1. 头部

（1）头型：头相当大，头盖平而宽。

（2）眼睛：眼睛圆大而略呈三角形，色黑，眼缘黑色。

（3）嘴巴：口吻长度适中，尖而不太细，呈"V"字形，唇黑而不松弛，牙齿粗壮坚实，呈剪式咬合。

（4）耳朵：耳为小三角形的直立耳，被短的被毛遮盖，耳根高。

（5）鼻子：鼻小而尖，鼻端呈黑色。

2. 身躯

颈部长度适中，有丰满的襞襟毛；体长稍大于体高，胸部宽深适度，肋骨弯曲度好；背部平直，腰部宽，腹上收；尾根高，尾为覆盖长饰毛的卷尾，始终卷曲于背上。

3. 四肢

前肢直，肘部贴近胸底；后肢大腿宽阔而肌肉丰满，跗关节适度弯曲；脚圆，紧凑，猫形趾，趾间饰毛丰富。

4. 被毛

有很长的毛，绒毛软而密，刚毛粗而直，手感硬；毛色以明亮的纯白色为主。

（三）性格

该犬性格开朗，勇敢，聪明，对主人忠心体贴，对陌生人疑惧，是相当优秀的伴侣犬。

（四）步态

步伐灵活、自如。

（五）生活习性及饲养要点

该犬原是天生放牧犬，喜自由，好运动，故家养应保证其有充足的运动量。日本狐狸犬毛长而纯白，为保持被毛亮丽，应常梳理和洗澡。如眼睛有眼屎也应轻轻擦去。幼犬时期应加强训练，克服其胡乱吠叫的缺点。因只认定最初的主人，最好从幼犬开始饲养。

（六）选购要点

应选择被毛浓密、毛质细密柔软，耳朵竖立，眼睛明亮有神，尾卷曲至背，饰毛丰满，头盖平，口吻尖，四肢强劲有力，毛色纯白的犬。忌选短尾、被毛卷缩，毛色非白色，鼻、眼缘及口唇缺乏黑色素，眼睛色浅，被毛混生，双耳不竖立，两侧隐睾者。

十九、猎狐㹴

猎狐㹴（Fox Terrier），又名猎狐犬，是世界上最普及的一种㹴。猎狐㹴属于传统的英国㹴类，是19世纪为猎狐而培育的犬种，分为刚毛（Wire Fox Terrier）和短毛（Smooth Fox Terrier）两种。刚毛猎狐㹴除了毛皮浓密粗糙之外，在其他方面和短毛种完全相同。短毛种要比刚毛种早20年出现在犬展中，但后来刚毛种的受欢迎程度超过了短毛种。短毛种猎狐㹴的毛皮几乎不需要额外照料，刚毛种每年需要剪4次毛。猎狐㹴身上的白毛是专门培育的，为了对付狐狸，更是为了自我保护。因为当㹴犬从土坑里爬出来时，往往全身沾满泥土，因此有些不幸的㹴犬会被自己的狩猎伙伴——一些大型猎犬误认为是狐狸之类的猎物，而惨遭攻击。为了避免这种混淆，育种专家将㹴与猎狐犬配种，于是产生了白色被毛。

（一）历史与用途：

猎狐犬的历史可追溯到13世纪英国开始组织猎狐时，其血统被认为源自已灭种的圣修伯特犬或寻血猎犬的祖先种。1859年，该犬第一次参加犬展，1870年，成立第一个该犬俱乐部。18世纪70年代，乔治·华盛顿在猎狐犬的改良品种上，起到了重要的作用，他把巩固种的猎狐犬混上法国狩猎犬种的血统，产生了奔跑快速的美国种猎狐犬。后来猎狐犬又和爱尔兰岛猎狐犬及英国狩猎犬杂交，产生比美国猎狐犬种脚程更快的犬种来。此犬很快被世人喜爱。猎狐犬喜爱工作，是优秀的家庭犬、猎犬，也可作为护卫犬。

（二）外部特征

体重6～8kg；体高34～41cm。

1. 头部

（1）头型：猎狐犬头部稍宽，长度适中，尖端变细；额段清楚分明。

（2）耳朵：耳朵位置较低，质地细腻，略宽，几乎是不能竖立的，位置贴近头部，前边缘稍稍弯向面颊。

（3）鼻子：长而宽的鼻子，鼻孔敞开。

（4）眼睛：眼睛大且两眼间距较宽，形状接近圆形；透出柔和的眼神，近似于猎犬的眼神，文雅而带有恳求，眼睛为褐色或榛色。

（5）嘴巴：口吻长度清晰，直且呈正方形，止部适中。

2. 身躯

颈部结实、轻盈的高昂着，与肩胛结合良好，中等长度；背部中等长度，结实而肌肉发达，水平的背脊缓缓的朝腰部滑下；胸部很深；肋骨扩张良好；腰部宽而适度圆拱；尾跟位置高，尾端细，尾部内侧有饰毛，如刀形，向上弯曲，但不是朝背上卷曲。

3. 四肢

肩胛倾斜而整洁，且肌肉发达；前腿笔直，骨量充足；臀部与大腿结实，肌肉发达，能够提供很强的推动力；膝关节坚固且位置低；飞节稳定，匀称而适度倾斜；足部圆形，紧握，如猫足，肉趾发达，脚尖隆起，爪有力（图2-26）。

短毛猎狐狸犬　　刚毛猎狐㹴犬

图2-26　猎狐㹴

4. 被毛

美国猎狐犬的被毛紧密而坚硬，有光泽，中等长度；短毛种与刚毛种毛色相同，多为白底，上有茶色或黑色斑点，非常漂亮；刚毛种最好的被毛看起来不平整，毛发扭曲、浓密，金属丝质地；毛发生长的紧密而且粗壮，所以用手拨开毛发也看不见皮肤；在这些刚毛底部，有一层短、细、软的毛发称为底毛；身体侧面的毛发不如背上的和腿上的毛发硬；最硬的一些毛发是"卷缩"的或略带波纹的，但卷曲的被毛不受欢迎；上下颌的毛发疏松，较长，给脸部一个结实的容貌；前腿的被毛也是浓密而疏松的；短毛种被毛应该是柔滑、平坦的，不硬，浓密而且毛量丰厚；腹部和大腿下部不能裸露。

（三）性格

充满活力，温顺，平易近人，性格开朗，精力旺盛，拥有捕猎天分，对人友善。

（四）步态

当猎狐㹴快步走时，腿保持笔直，前腿挂在身体两侧，平行摆动，类似钟摆。主要的驱动力来自后腿，可以发现其较长的大腿，肌肉发达的第二节大腿及适度弯曲的后膝关节，加上飞节提供的蹬力和"抓地"力，组成了完美的动作。从前面靠近时，前腿形成连续的直线，足爪间的距离与肘部间距离一致。

（五）生活习性及饲养要点

猎狐犬是爱动的犬类，所以每天都应带它到公园散步，或让它在家门口自由活动。修整被毛有一定规则。此犬忌妒心强，具有强烈的反抗性，有较强的破坏力，因此在平时的养育中必须严格训练，让它养成听从指挥，爱干净和善待周围的人的习惯，避免养成嫉妒其他犬和娇气等各种坏习惯。

（六）选购要点

应选方形体、“V”字形耳、步态有节奏的猎狐犬。忌选耳朵太短，其位置过高。猎狐犬的头稍宽，忌过于平坦、过分圆拱的头。忌长而尖细的口吻，或口吻太短。忌被毛短而薄，或质地柔软。

二十、迷你雪纳瑞

迷你雪纳瑞（Miniature Schnauzer），属长腿㹴类，是当今最流行的宠物犬之一，和其近亲标准雪纳瑞在总体型态方面类似，并一样有机敏、活跃的性格，当然也是三种雪纳瑞中最有名的犬。它们身材娇小，是很适合家庭喂养的品种，且在任何环境中都非常活跃，你会时不时听到它们的吼叫和可爱的个性等特点。

（一）历史与用途

迷你雪纳瑞属于㹴犬类，起源于19世纪末期的德国，但传说可以在15世纪的图画中看到，是惟一在㹴犬类中不含英国血统的品种。迷你品种源自原始标准雪纳瑞，繁殖这一品种最初的用意是做为小型伴侣犬和捕捉田鼠之用。经过多年的饲养，有几个公认特征可用于区别其他品种：显著的娇小体型，棕色的眼睛、伸长的眉毛、刚硬的背毛、柔软的腿毛等。早在1899年就作为一个独特的品种参展。粗壮的身体，粗硬的被毛，这位长着连鬓胡子的朋友聪明且喜爱儿童。虽小却强大，它贴近家庭，有献身精神而成为优秀的看护犬和捕鼠者。

（二）外型特征

身体结实，身躯接近正方形，身高和体长大致相等，骨量充足，没有任何地方显得像玩具；体重4.5～7kg，体高30～35cm。

1. 头部

（1）头型：头部强壮、呈矩形，其宽度自耳朵至眼睛再到鼻子逐渐变小，至鼻尖近一步缩小；前额没有皱纹、平坦而且相当长。

（2）眼睛：眼睛小，深褐色，深陷，呈卵形而且眼神锐利。

（3）耳朵：耳朵长度与头部尺寸相称，如果是修剪过的耳朵，两耳的外形及长度一致，尖角；如果未剪耳，则耳朵小，呈“V”字形，折叠在头顶（纽扣耳），耳朵位于头顶较高的位置，内边缘竖直向上，外边缘可能略呈铃状（图2－27）。

（4）鼻子：鼻子黑色，鼻孔宽。

（5）嘴巴：口吻与前额平行，口吻与前额长度一致；口吻部结实，与头骨相称，端部略钝，胡须丰厚，以形成矩形的头部轮廓，剪状咬合。

2. 身躯

颈部强壮、呈良好的弓形，与肩部混合，咽喉部皮肤紧绷；身躯短且深，胸部深度至少达到肘部，肋骨曲率良好，深度合适，向后与短短的腰部结合；背线笔直，从肩至尾跟略下倾；肩部为身体最高点；从胸到臀的总长与肩部高度一样；尾根位置高，尾巴上举。

图 2－27　迷你雪纳瑞

3. 四肢

前腿直而平行，腕部结实、骨量充足，肘部紧贴身体，肩部倾斜，肌肉发达，平坦、整洁，肩胛和前臂都很长；后躯肌肉发达、大腿倾斜，跗部延伸至尾以外；在膝关节处充分弯曲；在标准站姿时，飞节端延伸超出尾巴；后脚腕短，与地面垂直，从后面观察，彼此平行；足爪短而圆（猫足），脚垫厚实，黑色，足趾呈拱形，紧凑。

4. 被毛

双层毛，坚硬的外层刚毛和浓密的底毛；完全覆盖颈部、耳朵和头部；质感相当浓密，但不呈丝质；最普通和流行的颜色是椒盐色，还有灰色和白色，纯黑和银色也有少量存在；但认可的毛色只有椒盐色、黑银色和纯黑色。

（三）性格

典型的迷你雪纳瑞勇敢、警惕性强，同时也是驯服的犬。它非常友好、聪明，喜欢取悦主人。

（四）步态

从前面看，前腿肘部紧靠身体，直向前，双腿既不靠得太拢，也不分得太开；从后面看，后腿直，与前腿在同一个平面内运动；从侧面看，前腿步幅充分延伸，后腿驱动强有力，跗关节充分抬起；足既不内翻也不外翻。

（五）生活习性及饲养要点

此犬需一定的运动量，注意被毛清洁。

（六）选购要点

选购时，最关键的一点是要选身体结实而健壮，肌肉发达、体型略呈方形的犬。头部要比较窄长而额部较平，耳朵呈“V”字形而向上直立、耳端略微向前倾，眼睛大小适中，眼球应为深暗或黑色，体毛要求粗硬。忌选被毛过短、纯白毛或体有白斑，颊部过度扩张，胸部太宽或太窄，尾根低，背部不直，见人胆怯的犬。

二十一、腊肠犬

腊肠犬（Dachshund），也称作猎獾犬。腊肠犬与巴吉度犬的外型非常相像，就好像是巴吉度犬的小弟弟一样，矮矮的四脚，长长的身体，大大的耳朵是典型的大腊肠，此犬非常自信，不会因为自己比其他品种矮而感到自卑，同时也是捕猎的高手，其嗅觉十分灵敏，这种犬具有很强的活动性，显得敏捷而机智。在澳洲，十个纯品种犬当中数腊肠犬最受欢迎。

（一）历史与用途

腊肠犬原产于德国，是专门用来捕捉狭窄洞内野兽的一种猎犬。由于它四肢短小，身体长，耳朵大，就像一条名副其实大腊肠一样，因此取名腊肠犬。起初的腊肠犬是短毛型，1840 年，德国成立了第一个腊肠犬俱乐部，后来经过多年的培育，又选出了长毛型、刚毛型以及迷你型。1850 年，英国引进腊肠犬后，开始向小型犬发展，经过不懈努力，终于培育出一种用作玩赏的迷你型腊肠犬，并于 1935 年成立了小型腊肠犬俱乐部。我国也引进了这种伴侣犬。腊肠犬为猎犬品种，是天生的兽穴狩猎的能手。此犬在英国、德国和瑞士常常被用来娱乐狩猎。由于此犬聪明伶俐、善解人意、对主人忠心，因此也是非常优秀的伴侣犬。除此之外，此品种喜欢吠叫，具有很强的警戒心，同时也可以用来作护卫犬。

（二）外型特征

腊肠犬的胸部宽、头部大、背部长且水平、腿短，属于优良的品种。体高：标准型 20cm，迷你型 15cm；体重：标准型 6.5～7kg，迷你型 4.2kg 以下。

1. 头部

（1）头型：头部呈锥形（向鼻尖方向逐渐变细）。头略微圆拱，既不太宽，也不太窄，逐渐倾斜，过渡到精致、略微圆拱的口吻。

（2）耳朵：耳朵位置非常接近头顶，中等长度，耳宽且大并下垂；当活动时，耳朵前侧边缘贴着面颊，成为脸部的一部分。

（3）眼睛：眼睛中等大小，暗色；如果皮毛是斑纹状，眼睛则一部分或全部为淡青色，眼睛呈杏仁形，深色眼圈。

（4）鼻子：鼻色随皮毛色而不同，有黑色或茶色，鼻孔张开；鼻骨（越过眼睛）非常有力而突出。

（5）嘴巴：嘴唇紧密延伸，覆盖下颌，嘴能张得很大，剪状咬合，下颌与头骨结合处位于眼睛下后方，骨骼与牙齿都很结实。

2. 身躯

颈部长，肌肉发达，整洁，无赘肉，颈背略微圆拱，流畅地融入肩部；躯干长，背腰呈水平状，肌肉发达（图 2－28）；胸深且宽，前胸骨突出；腰幅宽，腰部稍呈拱状；臀部长、圆而丰满；尾根高而且有力，尾稍逐渐变细、下垂，无明显弯曲。

3. 四肢

胸部、胸骨在前面非常强烈的突出，使两侧都显示出塌陷或凹陷；胸腔呈卵形，向下

图 2－28　腊肠犬

延伸到前臂中间；周围是支撑良好的肋骨，肋骨呈卵形且丰满；肩胛骨长、宽、向后倾斜，肌肉坚硬而柔韧；前躯足爪都略向外倾斜，有5个脚趾，4个脚趾有用，紧密结合在一起，圆拱而结实，趾甲短；后躯结实而肌肉清晰；腿既不向内弯，也不向外翻；跖骨短而结实；足爪（后脚掌）比前足爪小，有4个紧密贴和，圆拱的脚趾，脚垫厚实；整个足爪笔直向前，足爪整体和谐，呈球状。

4. 被毛

短毛型腊肠犬被毛平滑流畅，密生，是最受欢迎的一种；长毛型腊肠犬被毛软直，光滑，微呈波浪式；刚毛型腊肠犬拥有长须和浓眉，被毛刚硬，胸部和脚上的毛发较长。任何毛色都有，胸部上有白色小斑或各种颜色的斑点。

（三）性格

活动性强，动作敏捷，活泼聪明，喜爱哄闹，嗅觉十分灵敏，善良，对主人忠诚，可成为亲密的伙伴。

（四）步态

流畅平稳。前腿向前伸出，不过于抬高，与后腿的驱动动作协调，端正聚集的肩及合适的肘允许长而自由地步伐；从前面看，腿并不在精确的平行平面上，而是倾向内侧以弥补腿短而胸宽的特点；后腿驱动与前腿在一条直线上，跗关节（跖骨）既不向里翻也不向外展；后腿的推进力有赖于犬带动后腿完全伸展的能力；从侧面看，后腿向前伸的程度与向后伸展的程度相等。

（五）生活习性及饲养要点

腊肠犬需要保持经常的户外运动，以免导致肥胖，应少喂一些食物。腊肠犬的四肢矮短，行走时很容易弄脏身体，因此要注意保持身体的清洁和被毛的光泽。尤其长毛型的犬，需要特别注意被毛的梳理，才能够保持绚丽的色彩。这种犬的脊椎骨特别长，不宜训练跳跃，更不允许只握前肢将其拉起或在高层楼梯上下，避免导致脊椎骨错位或者发生其他疾病。腊肠犬易患骨刺，饮食过多更易恶化。此犬的牙齿很容易长齿垢，须要定期的进行清洁。

（六）选购要点

选犬时要选胸部宽广，四肢矮短，站立或行走时胸骨几乎要贴到地面，背部呈水平，收腹，前肢笔直竖立、后肢强壮而有力，尾巴略长、向尾端逐步变细的犬。忌选背线倾斜或偏歪的，拱背凹陷的，腹部悬垂或者过于肥胖的犬。

二十二、苏格兰㹴

苏格兰㹴（Scottish Terrier），又名史考弟犬、绅士犬。因此犬原产地是苏格兰，故称苏格兰㹴。苏格兰㹴是一种体型娇巧而紧凑，身体结构强健而结实，腿短且骨量充足的犬种。头与身体比较起来，头看起来很长；被毛为粗硬的刚毛，能适应不同的气候，身体两侧与短腿上覆盖着浓密的被毛；热情、动人及非常顽皮的表情，都是这种犬类的独有特征；耳朵和尾巴都是竖立的，形成了这类犬的显著的特点；苏格兰㹴拥有勇敢、威严而充满自信的气质，显得与众不同。

（一）历史与用途

在苏格兰，短脚㹴有几百年的历史。在不同的低地和岛屿上繁衍出不同种类的㹴，它们各个都是出色的捕猎狐狸、獾等的狩猎能手。在刚开始养犬的时候，人们给不同的㹴起了不同的名字，并且把它们按种族划分，分开饲养。经过了数百年的繁殖，至1882年成立了首个苏格兰㹴俱乐部，并由J. B. 莫里森拟定了正式的标准，成为独立的犬种。第二个俱乐部在1888年成立，此俱乐部只是改变了一下英语名称而已，由“Scotch”改成“Scottish”。1920年到1940年之间，苏格兰㹴在世界各地连续参展，非常受人们的欢迎。在美国，苏格兰㹴留着有个性的胡子，加上其严肃的面部表情，成为时兴的犬。苏格兰㹴由猎犬变成了沙龙狮子犬，与它们原来从事的狩猎职责已没有任何干系。苏格兰㹴外型小巧而优雅，魅力无限，已经是很优秀的玩赏犬和伴侣犬，是孩子们的好玩伴。

（二）外部特征

苏格兰㹴的身体强壮而厚实，骨量十分充足；体高：25.4～28cm，体重：8.6～10.4 kg（图2－29）。

图2－29 苏格兰㹴

1. 头部

头部很长，头颅和口吻相互平行；头颅略长、平滑，宽度中等，稍微呈拱形，头顶略短，被毛较硬；额段很清晰，位于头颅和口吻之间的位置，与眼睛水平，形成了苏格兰㹴独特的表情；面颊平整而清洁；口吻与头颅的长度几乎一样，额段到鼻镜间的距离呈略微的锥形，位于眼睛的下方；较大的牙齿整齐排列，咬合呈剪状或钳状，呈方正的颌部平而有力；小耳尖而直立、毛短；被毛呈任何颜色，但鼻镜都是黑色的，大小恰当；眼睛小，杏仁状，暗褐色，眼间距大，眼上方及下颚有长须。

2. 身躯

颈部长度适中，结实而粗壮，且肌肉很发达，与肩部平滑的连接；肋骨扩张较好，其后面的腰部短而结实，侧腹略深；苏格兰㹴的背线水平且稳定而牢固；胸部宽而深，位于两个前肢的中间位置；尾根位置高，向上举，呈垂直向上或略微向前弯曲；尾根部粗壮，至尾尖部逐步变细，短而粗硬的毛发覆盖在尾上。

3. 四肢

前肢骨骼粗壮，垂直或略微弯曲，肘部靠近身躯，位于肩胛以下的位置，前胸在肘部的前面很清晰；前足爪向前方指，且大于后足爪，圆圆的足爪厚实而紧凑，足爪上面的趾甲坚固；针对苏格兰㹴的体型来说，大腿肌肉发达且非常有力，后膝关节适当弯曲，飞节与脚踝间很直，飞节位置较低，而且相互平行。

4. 被毛

苏格兰㹴拥有凹凸不平的双层被毛；外层较硬的被毛为刚毛，内层的底毛则柔软而浓密；胡须、腿部、身体下方的被毛略长一些，比身体上的被毛稍柔软；被毛颜色为黑色、小麦色，有的毛上有各种颜色的条纹，一般分布在胸部和下颌小范围内。

（三）性格

苏格兰㹴具有警惕、温和、优雅、活泼、可爱、聪明、高傲、勇敢的性格，同时也稳重而安静，坚定且非常有主见，“抬头与昂尾”的姿态，体现了这种犬的热情与清醒的理智。对人类友善而温顺，忠实的对待主人，对陌生人具有警戒性。对奖励与惩罚很敏感，需要耐心训练。在别的犬面前具有攻击性。有的时候，蛮横而有力，因此被誉为“顽固分子”的称号。

（四）步态

苏格兰㹴的步态非常有特点。不是直角的快步，也不是长腿品种那样的踱步。前腿不是在彼此平行的平面内运动；准确地说，迈步时，由于很宽很深的胸，前腿略向内靠拢。动作应该流畅、敏捷、协调，前肢伸展良好而后躯驱动有力。后肢的动作呈直角、准确，快步走时，后膝关节和飞节都应该弯曲，动作有力。犬在行进中，背线保持水平和稳定。

（五）生活习性及饲养要点

苏格兰㹴活泼，特别爱动，喜欢玩耍，每天都要有一定的时间带它出去散步或者做一些户外活动。冬季里在室内饲养，一定要有保暖设备。毛发每天必须修整、梳理，保持整洁而漂亮的外观。在一年之内，最少要修剪两次被毛，特别是胡须，在春秋两季一定要进行修剪。

（六）选购要点

被毛长、硬、浓密，下毛软而密度稀少，身体结构结实，体型匀称，骨骼强壮，胸部宽、背短、腿短，头部大，耳朵小巧，尾巴长，颈、腰、臀部肌肉丰满而圆润，具有这些特征的苏格兰㹴是首选。

二十三、波士顿㹴

波士顿㹴（Boston terrier），又名波士顿犬、波士顿泰利犬，因此犬主要产于美国波士顿而得名。波士顿㹴的头部尺寸与身躯的比例协调，它的表情显示出此犬具有非常高的智商。

（一）历史与用途

此犬属于美国犬种，最能代表美国犬种特征。19世纪时，以波士顿为中心的斗牛活动产生了波士顿㹴犬种，初期的波士顿㹴是斗牛犬及斗牛㹴杂交产生的犬种，后期经过和法国斗牛犬配种等很多的改良才获得现在的波士顿㹴。1878年，波士顿㹴第一次在犬展上露面。1891年，波士顿的美国牛头㹴俱乐部提出品种公认的申请时，由于牛头㹴的名字听起来比较刺耳而未获批准，直至1893年才由美国波士顿俱乐部获得承认，1933年被公认，以后此犬成为美国最受欢迎的犬种之一。2001年AKC热门犬种排行第18，属受欢迎的热门犬种之一。此犬具有良好的气质和非常高的智商，过去主要作为斗牛犬，如今已成为个性温顺的无与伦比的伴侣犬，也可作为优秀的警卫犬。

（二）外型特征

波士顿㹴背部身躯轮廓清晰，头部和颌部呈独特的正方形，又具有独特的斑纹，使此犬看起来虽短小精悍却很迷人。体高：28～38cm；体重：大型犬9～11kg，中型犬7～9kg，小型犬7kg以下（图2－30）。

图2－30 波士顿㹴

1. 头部

呈正方形，头顶平坦，没有皱纹，面颊平坦，眉毛生硬且额段清晰；口吻短，正方形；颌部宽而呈正方形，牙齿短而整齐；钳状咬合或下颚突出式咬合；耳朵小，直立，位于靠近头顶部的两侧；鼻黑色而宽，鼻孔间有清晰的线条；上唇大且下垂，嘴巴紧闭，完全将牙齿覆盖；眼睛大而圆，炯炯有神，眼间距宽，颜色深。

2. 身躯

颈部整洁与肩胛结合，略微圆拱，优雅地托起头部；背部短，形成正方形的身躯外观，背线水平；胸深，肋骨支撑良好，向后延伸到腰部；腰部有些倾斜，臀部微翘呈后蹬姿势；身躯显得短；尾巴位置低、短、细腻，尖端细，直或螺旋状。

3. 四肢

肩胛倾斜且向后靠，肘部既不向内弯，也不向外翻；前肢位置略宽，与肩胛骨顶端在同一垂直线上；前肢的骨骼直，前肢足爪小、圆而紧凑，既不向内弯，也不向外翻，脚趾圆拱，趾甲短；大腿结实而肌肉发达，膝关节弯曲；飞节到足爪的距离短，飞节关节清晰；后肢足爪小而紧凑，趾甲短。

4. 被毛

被毛短、平滑、明亮且质地细腻；毛色有虎斑色、海豹色或黑色带有白色斑纹（口吻有白色镶边，眼睛中间有白筋，白色前胸），其中虎斑色为首选。

（三）性格

活泼好动、机警聪明，善解人意，喜欢玩耍与散步，好与陌生犬争斗，但对人热情服从，愿与人亲近。

（四）步态

波士顿㹴的步态是落脚稳当，步伐整齐，前肢和后腿在同一直线上向前迈进，配合着完美的节奏，每一步都显得有力而优美。

（五）生活习性及饲养要点

小犬的头很大，其生产时大都需要剖腹产，所以饲养者要特别注意。眼大像北京犬及其他圆眼品种一样易患眼疾，因此要注意眼部清洁。此犬不适合室外饲养，应注意幼犬的保暖。从小要严格要求，不可放纵。

（六）选购要点

选择比例匀称，姿态美观而优雅。忌选眼小而突出或深陷、色浅淡，口吻尖、牙齿排列不整，耳朵过大，颈细而长，胸狭，腰长而向下垂弯，脊背塌陷的犬。

二十四、比格犬

比格犬（Beagle），亦称比高犬、米格鲁犬、英国小型猎兔犬，它体型小巧精致，在英国猎犬家族中算是最小型的犬。比格犬在早期狩猎生涯中，每当对猎物穷追不舍时，习惯发出抑扬顿挫的悠扬犬吠声，故又有犬中音乐家之称，在犬界可谓独树一帜，绝无仅有。

（一）历史与用途

比格犬为狩猎犬当中身材最娇小的品种，产生于古希腊时代。此犬曾被诺曼人和法兰西人的混血民族用来捕捉兔子。1066 年，这种犬被传入英国。当时因为此犬的体型非常小巧，经常被装在口袋里，因此被誉为口袋比格犬，改良而成目前的比格犬。15～16 世纪时就甚受英国上流社会喜爱，到了伊丽莎白时代，女皇在她众多的稀世名犬中，对本土所产的比格犬倍加宠爱，使该犬身价倍增，此期为比格犬发展的鼎盛时期。伊丽莎白一世，威廉二世，乔治三世都养过这种犬，并在萨克西斯郡不莱登的丘陵地上做狩猎犬。英国比格犬俱乐部在 1865 年成立，经历了数年之后登陆美国。比格犬在古希腊时代是猎兔犬的后裔，其后被训练成猎狐犬，追赶猎物时成群出动，战绩不菲。随后又被当做实验动物而驯养在实验室，在以犬为实验动物的研究成果中，只有应用比格犬才能被国际公认；目前，世界上该犬的年用量约为 10 万头。比格犬现也作为伴侣犬、玩赏犬而大量饲养和普及。

（二）外型特征

体高：30～40cm，体重：7～12kg。

1. 头部

头宽而不大，且轮廓清晰；额段明显，吻短直而有力；牙齿咬合良好，呈剪式咬合；耳朵长且大，呈“U”形紧贴双颊而下垂（图 2－31）；鼻孔宽阔而嗅觉敏锐，鼻端色黑；眼睛大小适中，呈茶色或淡褐色。

图 2－31　比格犬

2. 身躯

颈部较长，有少量皮肉下垂，曲线优美；躯干强健结实，胸深宽，肋骨适度伸张，腹部上收，背向尾部平稳微倾斜，肌肉丰满；尾为坚挺上扬的剑状尾，尾端常呈白色或淡色，摆动快活。

3. 四肢

四肢稍短小，强韧有力，站立姿势好；前肢壮，后肢大腿肌肉非常发达；脚圆形，强健有力，善于奔跑。

4. 被毛

被毛可分为平滑细密和毛质粗糙两类，毛色有黑黄、蓝黄、白色、茶色，或三色交错的杂色，以黑、白、黄三色交错为最好。

(三) 性格

活泼，反应快，动作迅速，机警，稳重，乐观，对主人极富感情，善解人意，叫声悦耳，易于训练，有“动如风，静如松”之称。

(四) 生活习性及饲养要点

此犬喜干净，应每天刷被毛，以保持干净和亮丽。该犬成群时有爱吠叫习性，如饲养在公寓会影响安静，故应从小训练，使之不乱吠叫，最好养单只，也可以施行声带切除手术，使之不乱吠叫。比格犬需要很大的运动量。

(五) 选购要点

应选体型轻巧、活泼机警的犬；头部幅度宽广，头盖圆；吻短而有力；耳大长而下垂；鼻宽阔而色黑；眼大明亮而富有感情，茶色；尾上扬弯曲成剑状尾。忌选四肢骨骼纤细而长、颈短粗、头方、吻短、耳短、尾短的犬。

二十五、喜乐蒂犬

喜乐蒂犬（Shetland Sheepdog），又称苏格兰牧羊犬、小型苏格兰犬、特兰犬等。该犬因原产于苏格兰东北部的雪特兰群岛而得名。因为喜乐蒂犬拥有一颗热情洋溢、温驯体贴的心，加上它雍容华贵的外型，使它曾受封为——犬中女王。

(一) 历史与用途

喜乐蒂牧羊犬原产于苏格兰，因产地原因得名，简称喜乐蒂。其祖先可能含有苏格兰长毛牧羊犬（亦称柯利犬）、古老的边界牧羊犬和当地土种犬血统。喜乐蒂牧羊犬诞生已有几百年的历史，它主要分布于英国和北美。几世纪以来，此犬一直在苏格兰群岛上担任赶羊群及守卫工作。19 世纪晚期被引进英格兰，1908 年，雪特兰岛首先成立俱乐部，第二年苏格兰亦成立喜乐蒂俱乐部。1911 年，引入美国后也成立了俱乐部。在英国和美国，它们属于稀有品种，受欢迎程度越来越高，远远超过了柯利牧羊犬，是最受欢迎的 10 种家养犬之一，现该犬已遍及世界各国。第一只在美国养犬俱乐部注册的喜乐蒂牧羊犬是 1911 年注册的“斯科特领主”（Lord Scott），这是一只来自苏格兰的雪特兰群岛的深貂色牧羊犬，其主人是纽约的 John G. Sherman。喜乐蒂牧羊犬原是极优秀的牧羊犬。由于它体型小巧玲珑、被毛亮丽、聪明和善、善解人意，故已成为人们贴心的伴侣犬。平时居住家中，亦可作为看护犬用。

(二) 外型特征

体高：雄性 37cm，雌性 33.5cm；体重：6～7kg。

1. 头部

头部是一个长而钝的楔形，从耳到鼻镜方向逐渐变细；头和口吻的长度相等，交汇点在内眼角处；面颊平坦，颌部整洁而有力；下颌深而发达，下巴圆，并延伸到鼻孔，嘴唇紧密，嘴唇接合处构成平滑的曲线，剪状咬合；耳朵比较小，且柔韧，位置较高，3/4 直立，尖端折向前方；休息时，耳朵向前折叠，并倒在饰毛中；鼻镜为黑色；眼睛中等大小，颜色深，杏仁状，位置稍微有点斜（图 2－32）。

图 2－32　喜乐蒂犬

2. 身躯

颈部肌肉发达，圆拱，而且有足够的长度，能使头部骄傲地昂起；背部水平且肌肉强健；胸深，肋骨扩张良好；腹部适度上提；腰部轻微拱起，而臀部逐渐向后倾斜；尾相当长，当尾沿着后腿下垂时，尾椎骨的末端至少可以延伸到飞节。

3. 四肢

前肢很直、前肢肌肉发达、骨骼强健；上臂骨与肩胛骨成直角；大腿宽而肌肉发达，大腿骨与骨盆也成直角；膝关节的角度清晰，整个下腿骨的长度等于或长于大腿骨的长度；飞节轮廓鲜明，有角度，强壮有力，骨骼强壮且韧带结实；跖骨短而直；足爪呈卵形，紧凑，脚趾圆拱而紧密；脚垫深而坚硬，趾甲硬而结实。

4. 被毛

双层被毛，外层被毛长且直，其触感十分的粗硬，底毛柔软、浓密，使被毛有被“撑起来”的感觉；脸部、耳朵、足爪的毛发较短；有丰厚的鬃毛和饰毛，而且雄性更为明显；前肢、后肢的饰毛都很丰厚、密集，但在飞节以下部位毛发较短；尾巴上的毛发十分浓厚；毛色有黑色、蓝色、芸石色和深褐色（从金色到桃木色），带有不同程度的白色斑纹。

（三）性格

聪明伶俐，善良忠实，温厚沉静，智商高，活泼好动，易训练，忠于主人，对陌生人存有戒心，警觉性高。

（四）步态

喜乐蒂牧羊犬的小跑步态显得轻松而顺畅。驱动力主要来自后躯，依赖于正确的后躯角度、发达的后躯肌肉和韧带，将后足爪延伸到身体下方，以推动身躯向前运动。步幅的伸展是由前躯提供的，主要是依赖正确的前躯角度、发达的前躯肌肉和韧带，加上正确的胸部及肋骨结构。足爪抬起时，离地面很近，只要能使腿部正常地向前摆动就可以了。从正面观察，踱步时，前肢和后肢都完全垂直于地面，慢速小跑时，四肢略微向内倾斜，快速奔跑时，足爪向内倾斜的非常厉害，足迹不再是两条平行线，而是在身体中心线下方，足迹内侧贴在一起，呈单一轨迹。

（五）生活习性及饲养要点

此犬很注意自我清理被毛与外表，并不需要过频地洗澡，只有在冬季脱毛后，母犬才需要一定次数的洗澡。另外每天应有足够的运动量，注意梳理被毛。

（六）选购要点

选犬时忌选头部上有棱角突出，咬合为上颚突出或下颚突出，缺少牙齿或有些牙齿是歪曲，在嘴唇闭合时，牙齿露在外面，耳过低、猎犬式垂耳、竖立耳、蝙蝠形耳、耳呈扭曲形状的，耳廓过于厚或非常的薄，尾巴过于短小，尾尖部分姿态扭曲，整个身体或只有一部分的毛发很短小且十分平坦、呈波浪状或卷曲、没有底毛及短毛的犬。

（李术）

第三节　中型犬的鉴赏

一、美国确架犬

美国确架犬（American Cocker Spenlel），又称作美国科克猎鹬犬、美国可卡史帕尼尔犬。美国确架比英国确架细小，但毛较厚，特别是四肢的装饰毛特别华贵，从外观上看，美国确架与英国确架已是两种纯种犬，不应将二犬杂交。

（一）历史与用途

祖先为西班牙猎鸟犬，1 000 年前由西班牙传入英国，又在1602 年搭乘“五月花”海船被引进到美国，起初这种犬被用作狩猎犬，用来寻回飞禽等一些小猎物，后经改良与繁育，变成体型更小，外观更美丽的玩赏犬、家庭犬。1883 年，在美国曼彻斯特犬展中亮相，并被确认为新品种，引起轰动。至今仍广为流行，受到世界各地养犬爱好者的喜爱，我国目前已有少量的此种犬。

（二）外型特征

身材短而坚实、紧凑，四肢粗壮、肌肉发达；体高：38cm，雌性略小；体重：

10～12kg。

1. 头部

美国确架犬的头颅呈圆形，额明显，颊宽窄适度；吻宽，呈方形，夹状咬合齿；耳根低于眼线，耳朵软而长，有丝状饰毛覆盖；鼻尖至额部的距离是鼻尖至头盖顶距离的一半，鼻部毛色呈黑色、褐色、赤色、黄色及有杂斑；眼睛大，杏仁状，色暗（图 2－33）。

图 2－33　美国确架犬

2. 颈部、背线、身躯

颈部肌肉丰满；胸深，前胸宽，背部结实；臀部肌肉丰满，从鬃毛至尾平稳向下倾斜。

3. 前躯、后躯

前肢直，肘关节适度开张，肘部不外转；后肢股部肌肉丰满，膝关节屈曲，跗关节下沉，指（趾）紧凑。

4. 毛质和毛色

美国确架犬的被毛中等长，质地平展或微呈波浪式，密而柔软，有光泽，耳、胸、腹、四肢有丰富的饰毛，非常美丽，特别是四肢的装饰毛较长，而且特别华贵；毛色有多种，黑色、褐色、浅黄色、银色、金茶色、黑色与白色、黑色与褐色等。

（三）性格

美国确架犬表情亲切，行动很灵活，能服从命令，是很合适的伴侣犬。

（四）选购要点

挑选幼犬时，主色调不能超过 90%，次色不能仅局限在一个部位。

（五）生活习性及饲养要点

由于这种犬的耳、胸、腹和四肢的饰毛长，应每天进行梳毛。耳大且下垂，饰毛多，应注意耳朵的卫生。除此之外，美国确架犬的眼睛有眼屎及分泌物，在日常的护理中应给予擦拭，同时应用硼酸水洗眼。不要饲喂脂肪和蛋白质含量过高的犬粮或过多的食品，以防肥胖，影响体质和寿命。由于有些爪甲为黑色，修剪时勿伤真皮角质部分。

二、沙皮犬

沙皮犬（Shar Pei），又称作大沥犬、打犬或斗犬，原产于中国。沙皮犬名称来自其强韧的被毛，“沙皮”中国语为鲨鱼皮或砂纸的意思。沙皮犬是世界上最珍贵犬种之一，它所到之处总是引起人们的极大关注。皮皱而下垂，性情愉快且温和，一点也不像“中国的斗犬”。与其他的犬决斗时，常常取得胜利，因为此犬有不容易被咬破的宽松皮肤。

（一）历史与用途

沙皮犬原产于中国广东省海南县大沥乡，是世界上现存数量最少的犬种之一。历史悠久，据记载，在中国汉朝时代的绘画上，可以看到近似沙皮犬的画像，因此，沙皮犬的历史来源可追溯到公元前 206 年到公元前 220 年。沙皮犬在过去是作为斗犬被训练和饲养的。大约到 20 世纪 50 年代初期，在广东一带还有沙皮犬的斗场。但 1947 年后，中国犬税大涨，许多沙皮犬的饲养者，因得不到丰厚的利润，而停止饲养，使之数量减少。自 1971 年美国饲养者从中国和香港地区购入沙皮犬并开始进行繁殖，为延续沙皮犬的品种做了一定努力，至今在美国掀起了养沙皮犬热，并且成立了“中国沙皮犬俱乐部”，而且规定了沙皮犬的官方标准，出版了 4 种杂志和专门介绍沙皮犬的书籍。现在沙皮犬遍布美国各地，正式注册的沙皮犬超过万只。沙皮犬在英国和加拿大等国家也很受欢迎。此犬在我国现有数量不多，在香港和澳门等地主要是被训做斗犬。沙皮犬看似很笨拙，但却非常灵活，勇猛善斗，但对主人却非常驯服和忠诚，是很受欢迎的护卫犬和伴侣犬。现在我国南北方也开始有人饲养。

（二）外型特征

沙皮犬外观奇丑，具有独一无二的特殊外貌。许多养犬爱好者将其外貌概括为：河马头、瓦筒嘴、蚬壳耳、狮子鼻、蒜头脚、沙皮刷毛、辣椒尾；体高：45～51cm；体重：22～27kg，雌犬略小。

1. 头部

沙皮犬头部肥大笨拙，形似河马，骄傲地昂着，前额覆盖着大量的皱纹，并且从两侧延伸到脸部；嘴既长又大，俗称“瓦筒嘴”；口吻宽而丰满；耳半竖半垂且小，较厚，尖端略圆且对着眼睛，俗称“蚬壳耳”，耳朵边缘卷曲，并覆盖耳孔，耳朵可以活动；鼻镜大而宽，颜色深，黑色最好；眼睛颜色深，小，杏仁状，且凹陷，显示出愁眉不展的表情；颜色浅的犬，眼睛的颜色可能也浅；头、颈、肩的皮肤厚韧而又松弛，上面没有绒毛；而且越小皱褶越多，富弹性，用手抓可提起十多厘米，幼犬身上皱褶更多，像是披了一件宽松肥大的绒衣（图 2－34）。

2. 颈部、背线、身躯

颈部中等长度、丰满，与肩胛结合的位置良好；颈部和喉咙有略显沉重的褶皱和丰富

图 2-34　沙皮犬

的赘肉；胸深而宽，胸底至少延伸到肘部，腰部下方略微上升；背部短而结合紧密；臀部平直；肛门较为靠上，明显暴露；尾根部的位置非常高，尾紧贴背部，向上直立，呈辣椒状。

3. 前躯、后躯

前肢直，而后肢与身体的角度大；两前肢间距较大，肘部稍外展；肌肉发达；四肢骨骼坚固、粗大，强健有力；足爪中等大小，脚趾并拢形似虎蹄；飞节短，从后面观察时，垂直于地面且彼此平行。

4. 毛质和毛色

极度粗硬的被毛是这个品种独有的特征之一，被毛长度不超过 2.5cm，竖立在身体的主要部位，但一般在四肢的毛发平躺着，略显平坦；毛发显得健康，但没有光泽；毛色呈黄色（由浅黄色至金黄色）、黑色（由炭灰至深黑色）、米色，罕见的毛色为铁锈色。

（三）性格

王者之气、警觉机灵、勇猛善斗、聪明、威严、独立、贵族气质、愁眉不展、镇定而骄傲、彬彬有礼，喜欢与人亲近，能给人带来欢乐，且对主人极为忠诚。

（四）选购要点

要选择头部方大，有些像河马头；吻部要较肥厚、呈圆筒状；舌部要呈浅蓝色；面部有较多皱纹；耳朵要较小而薄、略向下垂、并向前覆盖耳孔；眼睛一般呈三角形、较小；体躯呈圆筒形；鼻宜大而宽、黑色；毛应短而粗硬，不倒伏。

（五）生活习性及饲养要点

虽然因相貌珍奇而别具一格，但易患眼疾和皮肤病。由于其面部、头、颈、肩皮肤多皱褶，要经常清洗除垢。沙皮犬在 7 月龄左右性成熟，这时体重可达 15～25kg，身高为 35～45cm；九月龄左右即可配种繁殖，每窝产仔在 3～5 只。

三、松狮犬

松狮犬（Chow chow），又名熊狮犬、中国食犬、三色斑。松狮集美丽、高贵和自然于一身，拥有独特的蓝舌头，愁苦的表情和独特的步法。

（一）历史与用途

原产国是中国，起源于西藏，后经杂交改良成目前品种。松狮犬正如其名，全身都是蓬松浓密的直毛，开始为王宫贵族的猎犬，在中国至少流行了 2 000 年；直到 19 世纪末，英国驻北京使馆将一对松狮犬赠送给英国韦尔斯王子（后来的爱德华七世），至此松师犬传到国外。1984 年，英国养犬俱乐部正式承认松狮犬品种及制定其标准。它最主要的用途是看家，因其肌肉强健、勇敢有力，也被作为警犬。也有居民用来帮忙拉小车。

（二）外型特征

体格强健，身体呈方形，属中型犬，肌肉发达，骨骼粗壮，骨量足，适合寒冷地区。体高：46～51cm；体重：雄 15～27kg，雌 15～25kg。

1. 头部

松狮犬的头部形似狮子，额部宽而平坦（图 2－35）；口鼻部中等长；牙齿坚固有力，剪状咬合；舌头呈蓝色或蓝紫色，这是松狮犬最重要的标志之一；耳小，中等厚度，三角形但是耳尖稍圆，竖耳，略微前倾，混杂在长毛里，位于颅骨顶部，分得很开；鼻大、宽、黑，鼻孔明显张开；眼深褐色，深陷，眼圈黑色，双眼距离宽，眼斜，中等大小，杏仁状。

图 2－35　松狮犬

2. 颈部、背线、身躯

颈部强壮有力，饱满，肌肉发达，颈部呈优美的弧拱；背线平直，强壮，从马肩隆到尾根保持水平；胸宽，深，肌肉发达；肋骨闭合紧密，弧度优美；胸骨的尖部几乎在肩胛的正前方；腰部肌肉发达，强壮，短，宽而深；臀部短而宽，肌肉强壮；以上这些特点使松狮犬身体呈方形；尾根高，卷起紧贴背部，尾毛丰厚。

3. 前躯、后躯

肩膀强壮，肌肉发达；肩线与水平形成一个约 55°角，与前臂形成约 110°角，使得前腿伸展不充分，肘关节在胸壁的侧面，前腿从肘部到脚都是笔直的，骨骼粗壮；从前面看，前腿平行，分得很开，与宽阔的前胸相称，脚踝短而直；后躯宽，强壮有力，大腿肌肉发达，骨骼粗大，前后骨架的份量差不多一样；从后面看，腿笔直，分得很开，与宽阔的盆骨相称；膝关节几乎没有角度，接合紧密稳定，尖端正指向后方，关节的骨头匀称，明显；飞节放松，几乎是笔直的，飞节和后跗骨位于髋关节下方的一条直线上；后跗骨短，与地面成直角；足爪圆，紧凑，为标准猫爪，脚趾的肉垫很厚，站立很稳。

4. 毛质与毛色

松狮犬有长毛和短毛两个品种；每个品种都有双层被毛；长毛松狮犬被毛丰富，浓密，平直，不突出，毛层紧贴身体；表面毛杂乱，底毛柔软，浓密，类似于羊毛；被毛在头和脖子周围形成了一圈浓密的流苏般的鬃毛，衬托着松狮的头；尾部的毛为羽状；短毛松狮有一身硬质、浓密、光滑的外层被毛，以及界限分明的内层被毛；毛色有红色（淡金黄色至红褐色）、黑色、蓝色、肉桂色（浅黄色至深肉桂色）和奶油色等。

（三）性格

松狮犬性格内向。庄严、冷静、高傲，颇具贵族气派。它天性聪明、机警敏捷、英勇悍威，对主人极富感情、忠诚，易驯服，对陌生人有洞悉力。有人把松狮犬描写为“集英俊、美丽、贵族气质于一体的天然绝妙之作”。

（四）选购要点

选犬时忌选头部狭长呈楔形、斧形或三角形，舌为红色或粉红色或有红色斑点，耳大而向下披垂及毛有魔纹和杂色的犬。

（五）生活习性及饲养要点

只忠于主人，需要温和对待。易饲养，要经常刷毛，清理耳朵。饲养松狮犬最好选择3个月龄的幼犬，因此时的犬易训练。

四、英国波音达犬

英国波音达犬（English Pointer）原产于英国。该犬最大特点是能在荒山野地中迅速找出猎物，并且通过将其鼻尖突向前方来告诉主人猎物的位置，然后听取主人命令再行动，这也是将其取名为“波音达”（Pointer）的由来。此犬嗅觉灵敏，奔跑速度快，步伐敏捷，具有持久力，姿态优美，是猎手们最喜爱的犬种之一，被誉为“猎犬之王”。

（一）历史与用途

波音达犬属于猎鸟犬，大概有数千年的历史了，它是猎鸟犬中最古老的犬种。初期波音达是猎手们用网捕捉鸪的助手。18 世纪，利用猎枪击落猎鸟的狩猎方式开始盛行时，西班牙波音达犬开始传到欧洲。它追踪猎物的方法是用鼻子贴着地面来闻。喂养者在它们之中掺杂了灵猩和英国猎狐犬的血统，培育出了如今的英国波音达犬，其实是为了要用最短的时间，来改善那些动作十分慢的大型犬的嗅觉功能。经过改良以后的这种犬流传到了世界的每个角落。英国波音达犬是优良的家庭观赏犬和猎犬，深受女士喜爱。

（二）外型特征

体高：61～69cm，体重：20～35kg。

1. 头部

波音达犬的头盖呈圆形，线条美丽，宽度适中；口吻很长，双颊瘦；耳朵宽大，耳根位置很高，和头部紧紧的贴着，并向下垂；鼻子能与被毛很好的搭配在一起，一般颜色是黑色或茶色；眼睛为中等大小，看上去给人以很理性的感觉（图2－36）。

图2－36　英国波音达犬

2. 颈部、背线、身躯

颈部强健且很长，呈拱形；胸部发达结实；背部很短且非常平；腰瘦但有力；尾根高，十分的粗，但尾末端变得很细，一般断尾。

3. 前躯、后躯

前肢非常直，并且很细，但是在它的后肢上长有非常结实有力的肌肉；脚呈椭圆形，非常坚挺，上面长有向上隆起的脚趾头，且肉趾非常坚硬，足爪也很坚硬、牢固。

4. 毛质与毛色

被毛短，贴身，粗硬，很浓密，光滑而有光泽；毛色以白色居多，也有黑色、褐色、橙色或红色等多种颜色，有色被毛可能带有白斑。

（三）性格

波音达犬有非常善良的个性，并且性格十分的稳定、机警、敏锐、对待主人是百分百的忠诚，同时它有非常旺盛的精力，对狩猎有很高的欲望。

(四) 选购要点

选择姿态健美，机警反应快，嗅觉好，易驯服，奔跑速度快的犬。

(五) 生活习性及饲养要点

短毛冬天要充分保暖，每天给它长时间自由运动。

五、斗牛犬

斗牛犬 (Bull dog)，又称英国斗牛犬，原产于英国。斗牛犬看其外表可怕，实属善良、亲切忠实的犬种。除这些特性外，还拥有勇敢和十足的忍耐力，因此被誉为英国的国犬，即使斗牛活动被禁，此犬仍然十分受欢迎。

(一) 历史与用途

几百年以来，在英国为使人们娱乐，用斗牛犬攻击公牛的斗牛风气是社会各阶层都喜欢的“体育项目”，人们在犬和牛身上下的赌注都很大。17 世纪前，在斗牛活动方面的犬种，即被称为“斗牛犬”。据说当时的斗牛犬种比我们今天知道的斗牛犬具有更大的攻击性。根据此特征，我们大约可以判断其祖先的品种可能是公元前 6 世纪传到英国的獒犬。斗牛犬在 1985 年英格兰禁止逗引公牛之前，属于非常常见的品种。此后，经过有选择的培育，性情逐渐变文雅，成为乐观、友好的家庭伙伴，它们执著的天性让人着迷。

(二) 外型特征

胸部特别宽，鼻子短而阔，颚部下颌突出，体格结实强健，肌肉发达和身体大小不成比例；头很大，头围几乎等于身高（图 2－37）；体高：31～36cm；体重：23～25kg。

图 2－37　斗牛犬

1. 头部

大且宽，四方，脸颊圆，皱纹深；上唇两旁部分盖住下唇中间，并完全盖住牙齿；耳小而薄，“玫瑰耳”的内侧呈粉红色，耳根高，耳间距离宽；鼻子及鼻孔宽且黑；眼深暗色且圆，两眼距离宽。

2. 颈部、背线、身躯

腰部稍细，肩宽，背短，稍弯曲；胸部宽广且圆，体格结实；尾长度适中，平滑且圆，尖端细，尾根突出的地方直，其他部分则向下弯曲或扭曲。

3. 前躯、后躯

四肢直，肌肉发达，后肢比前肢稍长；足部坚挺，呈圆形，前足朝外。

4. 毛质与毛色

细短，平滑，毛色为白色、红色、斑纹状、芥茉色及黑棕色，夹杂白斑的也有。

（三）性格

亲切、可信，是对小孩和善的犬种，同时也是勇敢、能力强的优秀警卫犬。外貌与职业拳击手相似，加上其勇敢的个性，深受英国人喜欢。

（四）选购要点

选择斗牛犬时应着重看其头部、躯干、四肢、皮肤等部位的特征。头应硕大而壮，方形，颜面有皱纹，吻短，唇宽厚，鼻黑，躯干短、结实，肌肉丰满，尾直而短，皮肤柔软、松弛，在咽喉和颌到胸有两个松弛下垂的皱褶形成的肉垂。忌选头小圆，额面光滑，吻尖长，唇薄，鼻红色的犬。

（五）生活习性及饲养要点

怕热，不需要大运动量。睡觉时打鼾。当其与其他犬相遇时会突然冲上前，主人应予以特别留意，防止惹祸。

六、拳师犬

拳师犬（Boxer）原产于德国，属獒犬类型。体型如雕塑般，精力充沛，生性乐观。拳师犬比其他的獒犬更具有优美的外表，头比较瘦，身体也更灵活。

（一）历史与用途

如要追溯拳师犬的祖先，那就应该是獒犬了。在中世纪时獒犬被用来打猎，主要是攻击野牛、野猪和鹿。19 世纪时，用中国的藏獒和斗牛犬杂交培育而成拳师犬，19 世纪后又与英国斗牛犬杂交而规范化。该犬在搏斗开始时，前肢不停地挥摆，宛如拳击手一般，故命名为拳师犬。1896 年，在慕尼黑成立了拳师犬俱乐部。在第二次世界大战中，拳师犬成为优秀的军犬，在美国和英国都具有相当的影响力，战后被广泛地用做警卫犬，出现在世界上的各个地方。拳师犬还被人们用来做家庭犬和陪伴犬，人们对它的喜爱是非同寻常的。

（二）外型特征

体高：53～63cm，体重：25～32kg。

1. 头部

它的头部呈正方形，头顶略拱，头部整洁，没有过深的皱纹；宽而钝的口吻和头的比例很合适；下颚与上颚相比，有些凸出，同时略微向上弯曲，当嘴巴闭起来时，牙齿和舌头不露在外面；拳师犬的耳朵属于薄的类型，耳根部位很高，休息时耳朵在头上平躺着，工作时下垂；鼻口部位很宽而且厚实，鼻子朝向上方；鼻子是黑色的，很宽，上长有一条线，鼻孔十分的粗大；拳师犬的眼睛不大不小，中等状态；眼睛的颜色属于琥珀色，有暗黑的眼眶；它们结合前额的皱纹，所反映出来的特点，给予拳师犬一种独特的表情（图2－38）。

图2－38 拳师犬

2. 颈部、背线、身躯

颈部呈圆弧形，有足够的长度，肌肉发达，没有过多的皱皮（赘肉）；背线平滑、坚实且略斜；胸相当宽且深，胸深达到肘部；肋部有很好的扩张性能；腰短而肌肉发达；背短、直且肌肉发达；腹部轮廓线略向上收，形成优美的曲线；臀部略斜，平且宽，肌肉发达；拳师犬有很高的尾根，尾竖立的很直。

3. 前躯、后躯

肩部长而倾斜，肌肉过分掩盖肩胛；前臂长，与肩胛接近90°角；肘部不过分贴近胸部也不明显远离胸部；前肢长、直，且肌肉发达，彼此平行；脚腕结实而清晰，略斜，站立时几乎垂直于地面；足爪紧凑，既不内翻也不外翻，足趾适度圆拱；后躯肌肉发达，角度与前躯平衡，大腿宽而弯曲，后腿在膝关节处角度合适，轮廓清晰；飞节既不内翻也不外翻，飞节以下部位垂直于地面；跖骨短。

4. 毛质与毛色

被毛短，非常平滑，具有光泽，毛色是从浅茶色到桃花芯木色的驼色，带有的白色斑纹可以点缀拳师犬的外观。

（三）性格

拳师犬警觉、威严且自信，敏捷、勇敢、高雅时尚，聪明、忠诚、友善而温顺，在严格管理下，将成为非常理想的伴侣犬。

（四）选购要点

选犬时忌选头过宽，脸皮厚，皱纹太深，过分夸张的上唇，相对头来说，口吻太轻、末端太尖，下颚过分突出、嘴闭着时能看到牙齿或舌头，眼睛颜色太浅（相对于身体上被毛的颜色），陡峭或过度弯曲、过轻或过重后腿，过度弯曲飞节（镰刀腿），后体太低或太靠后，白色斑纹不引人注意或长错地方的犬。

（五）生活习性及饲养要点

此犬需要足够的运动量。

七、长须柯利牧羊犬

长须柯利牧羊犬（Bearded Collie）原产于英国，又名长须考利犬。外观上与英国老式牧羊犬似乎一样，只是体重略轻些和瘦些。生性机敏好动，强壮四肢支撑的身体上覆盖着中长度的蓬松毛发。

（一）历史与用途

长须柯利牧羊犬是英国的一个古老品种，起源于16世纪，常被人们当作是高地柯利牧羊犬、山地柯利牧羊犬或长须山地柯利牧羊犬。有人认为长须柯利牧羊犬是罗马第一次入侵英国时出现的，现在认为该犬似粗毛牧羊犬，是欧洲中部马扎尔可蒙犬的后代。和大多数品种的犬一样，该犬很少被贵族们所饲养，这种犬通常是被身分卑微的牧羊人所饲养，因此早期记载很少。在维多利亚时代后期，长须柯利牧羊犬在南苏格兰作为工作犬和展示犬很受欢迎，然而当时该犬还没有一个正式的标准，没有该品种俱乐部的建立。到20世纪30年代，还没有专门以展示为目的的长须柯利牧羊犬犬场。二战后，G. O. 威丽索夫人，伯斯克纳犬的拥有者，当她开始饲养长须柯利牧羊犬作为展示犬时，才解除了该品种的灭绝之灾。1955年，她在英国首先成立长须柯利牧羊犬俱乐部，经过不懈的努力，1959年，英国的养犬俱乐部同意长须柯利牧羊犬具有挑战竞技资格，从此该品种的数量开始逐步增长。20世纪50年代后期，长须柯利牧羊犬被引入到美国。1969年7月，美国成立长须柯利牧羊犬俱乐部。1974年6月1日，该品种取得在混杂品种犬类中进行展示的资格。1976年10月1日，AKC的良种登记簿才对长须柯利牧羊犬开放并进行登记，并于1977年2月1日在工作型犬组织中取得资格，当牧羊犬组织成立时，它成为该组织中的品种之一，并于1983年1月生效。长须柯利牧羊犬不仅是勤奋卖力的工作犬，同时也能适应家居生活，因此也是家庭宠物犬和伴侣犬。

（二）外型特征

外观上与英国老式牧羊犬几乎一样，只是略瘦一些，体重也略轻一些。体高：51～

56cm；体重：18～27kg。

1. 头部

头的大小与身体的大小相称，头骨宽而平，脸颊饱满，吻结实而饱满；鼻大而呈方形，鼻子的颜色或淡或浓但总是与被毛的颜色一致；眼大而富有表情，眼光温和而亲切，双眼既不圆也不突出，眼距较远；眉毛弯向眼眶的两边，比较长，与头两侧的毛发相衔接，使眼大部分被毛发遮住；耳中等大小，下垂，被长毛覆盖，耳基部与眼睛相平，当处于警觉状态时，耳根处会有轻微的上翘；剪状咬合（图2-39）。

图2-39 长须柯利牧羊犬

2. 颈部、背线、身躯

颈部结实，略拱，平滑的弓向肩部；胸扁平，肋骨拱起于脊椎，胸两侧肋骨扁平，胸深，至少可抵达肘部；腰粗壮，水平背线平滑地弯曲于弧形的臀部；尾下垂，比较长，至少能伸到跗关节处，当犬站立时，尾下垂但尾尖向上卷曲，尾上的毛很厚。

3. 前躯、后躯

两肩向后约成45°角；两肩胛骨的顶点聚拢，骨体向外倾斜，以适应弯曲的肋骨；前腿直，结实但不笨重，被蓬松的粗毛所覆盖；掌部富有弹性而不软弱；后腿有力，肌肉发达，尤其在大腿骨的膝关节处；跗关节低位；在正常姿势下，从后面观看，跗关节以下的骨骼与地面垂直，两侧相互平行；两后腿被粗而长的硬毛覆盖；前足、后足均呈卵圆形，脚垫较厚，爪弓形、紧凑，被被毛覆盖，包括爪间。

4. 毛质与毛色

被毛中等长度，顺应身体的自然流线方向，并分两层，内层柔软、浓密，外层平整、粗糙、钢硬、蓬松，游离于绒毛中，自然垂散两侧。脸颊、下颚、下嘴唇上的长须，是该品种典型的标志。在头部，鼻梁有稀少的毛覆盖，比较长，可盖住两侧的嘴唇；颊部、下唇、下颌处的毛长度增加，一直延伸到胸部，形成典型的胡须；毛色有黑色、蓝色、棕色或黄褐色，也可以有白色斑点；成年犬被毛的颜色可能更为光亮，因此，一头天生黑色的犬可能逐渐变为暗蓝灰色、银白色，天生为棕色的可能从深褐色变为沙土色。

（三）性格

长须柯利牧羊犬强壮而活泼，坚强、机智敏捷、乐于奉献、稳定而自信、性情温和，能与其他犬或其他宠物和谐相处。生人来访会兴奋吠叫几声，并会表示热烈欢迎。

（四）选购要点

忌选平臀或尖臀；被毛中等长度、粗糙、刚硬，忌过长、过于光滑的被毛。

（五）生活习性及饲养要点

需要给予物质和精神上的鼓励。非常友善，非常活跃，它的牧羊本能使它喜欢与人玩游戏。

八、巴吉度猎犬

巴吉度猎犬（Basset Hound）原产于法国，也称法国短脚猎犬。这种带有诙谐风度的猎犬，具有非常灵敏的嗅觉，追逐猎物时能发出一种特殊的声音，因此闻名。是法国有代表性的猎犬，它与腊肠犬并列，是身长腿短的代表犬。

（一）历史与用途

巴吉度犬原产于法国，它体型矮，头及耳朵长得特别大，面部表情哀伤，被评为具有独特表情的犬。100多年前，这种犬是用血猩犬与阿尔特娃犬杂交繁殖的，是狩猎野兔、狐狸、鹌鹑和其他各种野生动物的能手。这种犬动作缓慢，但它继承了灵敏的嗅觉，能认真追寻猎物的足迹，是有名的痕迹追踪犬，可以在非常复杂的地形条件下工作。1880年起，由贵族带到英国。美国是独立战争之后，友人赠乔治·华盛顿此犬。美国犬商俱乐部于1885年才允许此犬登记。这种犬在英国和美国作为观赏犬声誉很高。随着时代的变迁，该犬的用途也逐渐由狩猎改为人的伴侣，目前已作为伴侣犬而享誉世界各地。

（二）外型特征

体高：29～37cm，体重：15～20kg。

1. 头部

头部大而长，头盖狭窄，头顶呈圆屋顶形；前额部有深皱纹，额段滑顺，口吻长而强壮，鼻梁直，鼻镜大而黑；耳非常低，长度大约超过鼻端，宽薄而下垂；眼睛深，暗色，会出现瞬膜；牙齿硬，剪状咬合或钳状咬合（图2－40）。

图2－40　巴吉度猎犬

2. 颈部、背线、身躯

颈部有力，有足够的长度，适度圆拱；肋骨长、平顺、向后延伸；肋骨支撑良好，为心脏和肺提供足够的空间；侧面平坦或突起的肋骨属于缺陷；背线直、水平，没有任何拱起或塌陷的迹象；胸部深而丰满，胸骨突出，明显地超过前肢；不断尾，其位置在脊椎的延长线上，但略微弯曲，以猎犬的方式欢快的举着。

3. 前躯、后躯

前肢粗长，稍微弯曲，腕前部有皱纹；趾部大而紧握；系部厚，爪为暗色；后肢肌肉十分发达，膝关节尺节适度弯曲，趾、系、爪大约与前肢相同。

4. 毛质与毛色

被毛手感很硬，毛短、密而光滑，可以在任何气候条件下工作；皮肤松弛而有弹性；毛色有（黑、白、褐）三色毛、（黑褐色、白褐色）二色毛、银灰色。

（三）性格

该犬脸部似乎永远保持着一种哀伤的表情，但实际性格活泼开朗，聪明、柔顺、听话，善解人意，忠厚可爱。

（四）选购要点

忌选头部皮肤紧绷干燥，头部宽而平坦，上颚或下颚都呈突出式咬合，眼睛颜色特别浅的或眼睛特别突出，耳朵位置太高、耳朵特别平坦，肩胛弯曲，肘部向外翻，腿部弯曲呈弓形或出现牛肢，后躯弯曲或缺乏角度的犬。

（五）生活习性及饲养要点

注意防眼炎，每日需要一定的运动量。

九、大麦町犬

大麦町犬（Dalmatian）原产于南斯拉夫，又名斑点犬、马车犬等。大麦町犬是一种有着悠久历史而体态优雅的动物，它那别具一格的斑点无疑是犬类中最显眼的标志之一。

（一）历史与用途

大麦町犬是一个非常古老的犬种，在埃及象征着帝国的权力，在希腊的雕刻横饰带中也能发现它的踪迹。在英国曾被称为马车犬，在法国被叫做小丹犬，在瑞典称它为斑点犬。18 世纪中叶，随吉普赛马车经过而达马第亚及南斯拉夫，到达欧洲，因而称为大麦町犬。此犬在 18 世纪是相当普遍的拖曳犬，同当地已具有较高知名度的孟加拉波音达犬在外观、特征上都有许多极相似之处。从众多密切的地缘关系及历史遗迹均可考证该犬起源于南斯拉夫。19 世纪，该犬在英国传播，渐渐失去了狩猎的技能而成为伴侣犬。第二次世界大战后，由于其出色的被毛，在其他欧洲国家越来越受欢迎。1959 年，华德狄斯奈以大麦町为主角的电影《一零一忠犬》使该犬从拖曳犬一跃为众所热爱的伴侣犬，并风靡全球。

（二）外型特征

体高：50～60cm，体重：21～25kg。

1. 头部

头中长，头盖平，额面清秀无皱褶；吻部长而有力；唇薄，牙齿呈剪式咬合；耳根高，耳长而稍圆，柔软而薄，上面有大量的斑纹，为贴挂于头部两侧的垂耳；鼻端黑色或棕色，视被毛颜色而定；眼睛圆而亮，目光炯炯有神，眼色为黑色或棕色，取决于斑点颜色，黑斑品种眼为暗色（黑色、棕色或蓝色），红褐色斑品种的眼色比黑斑品种淡；眼睑，黑斑品种为黑色，红褐斑品种为棕色。

2. 颈部、背线、身躯

颈长，从肩至头部渐细，呈优美的圆弧形，背部水平而结实；胸深，宽度适中，肋深而弯曲适度；腰部短，肌肉发达，且略微圆拱；臀部相对背部，几乎是平的；尾根粗壮，尾梢渐细，尾巴光滑，稍向上弯曲，但不卷曲，尾长，为典型的剑状尾。

3. 前躯、后躯

肩胛肌肉平滑，向后倾斜；上臂骨的长度与肩胛骨的长度大致相同，与肩胛骨接合，并成足够的角度，使足爪正好能位于肩胛下方；肘部贴近身躯，前肢直，结实，且骨骼强健；后躯非常有力，拥有平滑，但非常清晰的肌肉，膝关节弯曲良好，飞节位置低；当大麦町犬站立时，从后面观察，后腿从飞节开始到足爪这部分彼此平行；前足爪和后足爪都非常圆而紧凑，脚垫厚实而有弹性，脚趾圆拱（猫形趾）；爪色为黑色、白色和棕色，黑斑品种的爪色为黑色或白色，或黑白相间，红褐斑品种则为棕色或白色，或两者相间。

4. 毛质与毛色

被毛短、密、硬、光滑而富有光泽；毛色和斑点对确定该犬的价值至关重要；黑斑品种和红褐斑品种底色均为白色；黑斑品种的斑点为浓黑，红褐斑品种斑点为棕红色，斑点多为圆形，斑点越多越好；头部、口吻部、耳朵、四肢、尾及足部的斑点比躯干和其他部位的小（图 2-41）。

图 2-41　大麦町犬

（三）性格

大麦町犬性格平静而警惕，行动敏捷且活泼，毫不羞怯，表情聪明伶俐，听话易驯，感觉敏锐，警戒心特别强。很容易与小孩相处，记忆力极佳。

（四）选购要点

被毛色彩和斑点是大麦町犬一个重要的判定指标之一，为此，任何被毛为除黑斑和红褐斑以外的斑点者均为劣品。选择时应选头长，忌短而圆，面部应无皱纹，齿呈剪式咬合，忌钳式或虎式咬合。肩应斜，肌肉丰满，尾应长而渐细，忌粗短，尾直立。被毛应短、密、硬、光滑而有光泽，不能卷如羊毛或丝状。运步时前肢应步伐平稳，忌划浆式步态。

（五）生活习性及饲养要点

大麦町犬爱清洁，喜沐浴，故应经常刷洗被毛或洗澡。大麦町犬最好圈养在带院子的住宅内，可任它自由地奔跑。

（王佳丽）

第四节 大型犬、超大型犬的鉴赏

一、藏獒

藏獒（Tibetan Mastiff）原产于中国，又名西藏藏獒、西藏马士提夫犬。藏獒是源于雪峰的一种大型猎犬，形象威猛，又称为中华神犬。藏獒体格壮硕，高高的尾巴向一侧弯曲，令人生畏，是很出色的警卫犬，训练时反应敏锐，对成人乃至儿童都很斯文。在西藏，习惯让该犬戴牛毛制的红色项圈，以作为地位的象征。

（一）历史与用途

藏獒是古老的犬种，据传说，藏獒数千年来一直活跃在喜马拉雅山麓和青藏高原地区，是青藏高原牧民的好助手。马可·波罗笔下曾这样描述藏獒“身高如驴、吼声如狮”。现在此犬估计有30余万条，由于长期以来缺乏选种选育，优良的纯种不足1%。因此纯种藏獒一直是犬中珍品，目前河曲地区较多。世界上许多国家和地区都有藏獒的足迹，人们把藏獒称为中国神犬，是因为藏獒是惟一不惧怕猛兽的犬种，世界上任何一种犬都比不上藏獒的强劲与凶猛，据称一只成年藏獒可斗败三只狼，二只藏獒可使金钱豹落荒而逃。因此，人们常用藏獒来对本国的犬种进行改良，如英国的牧羊犬、圣伯纳犬、匈牙利牧羊犬等。1973年，美国成立了“美国藏獒协会”，其宗旨是保护、促进和续存，并建立此犬的标准蓝图。藏獒分布于世界很多国家和地区，也活跃于我国香港及东南亚市场，但真正得到纯种的藏獒却是寥寥无几。现今藏獒是女人理想的伴侣犬和护卫犬，也可用于警戒或军犬。

（二）外型特征

体高：平均67.63cm；体重：平均43.1kg，最大可达70kg以上。

1. 头部

头部硕大，额头面宽阔，犬鼻的上部至后头部距离大而长，远看似方头，实际上为圆顶；嘴短而粗，嘴角略垂；牙齿排列整齐咬合有力；耳朵较大，呈心形，自然下垂，耳皮厚，耳位低，耳部毛短而柔软，紧贴面部靠前；鼻筒宽大、饱满呈方形；眼球为黄褐色，主要为三角眼型，也有部分眼球上部隐藏在上眼皮下，下部眼球的红肉眼底暴露出来称为吊眼（图 2 –42）。

图 2 –42　藏獒

2. 颈部、背线、身躯

颈部粗壮有力，肌肉丰富，毛皮丰厚，下垂；双肩平落，骨骼肌肉发达；胸深，宽阔而饱满，肌肉发达；肋骨扩张良好；背宽平；臀部比前胸略窄；腹有丰富的肌肉，腹线前低后高呈收腹状；尾长适度，尾毛厚、蓬松、卷起，俗称菊花尾，可分为斜菊（尾毛长，卷起紧，斜卷于犬背上）和平菊（尾毛长，尾根紧卷，平卷放在后背上方，看似大菊花）。

3. 前躯、后躯

前腿直而粗壮有力，骨骼粗大，脚掌厚实；脚趾间有长毛，类似猫科动物；后肢健壮，大腿肌肉发达，膝关节角度适当，后脚踝关节间有飞毛。

4. 毛质与毛色

双层被毛。全身外层被毛长而密且有光泽，内层绒毛柔软密度大；下层绒毛会因气候逐渐变暖而脱落；身毛长 10～15cm，尾毛长 20～30cm；毛色以黑色居多，也有黄色和白色。

（三）性格

性格刚毅，力大凶猛，野性尚存，使人望而生畏，护领地，护食物，善攻击，对陌生人有强烈的敌意，但对主人亲热至极，任劳任怨。

（四）选购要点

尽管纯种藏獒数量很少，但选种时也要尽可能挑选纯种的藏獒。

（五）生活习性及饲养要点

习惯生活在海拔 3 000m 以上，适应高寒气候，偏肉食，善食腐肉。

二、德国牧羊犬

德国牧羊犬（German Shepherd）又名德国黑贝、黑贝犬，原产于德国。德国牧羊犬是理想的全能型犬。

（一）历史

德国牧羊犬的起源是在 100 多年前，1899 年 4 月 22 日，骑士马克斯·冯·施特芬尼斯在卡尔斯鲁厄举行的爱犬展览会上展示了他的爱犬赫兰德·冯· 格拉夫特。在同一天他和另外 13 个喜欢工作犬的朋友一起建立了德国牧羊犬协会。5 个月之后，德国牧羊犬协会通过了协会自己的章程，规定了直到今天还有效的关于德国牧羊犬的犬种的重要标志，并出版了第一本育种书，它上面的第一只注册登记的德国牧羊犬就是赫兰德·冯·格拉夫特，它也是德国牧羊犬的祖先。此后，德国牧羊犬开始发展起来。此犬一向被用来牧羊，第一次世界大战时随德军作战，表现突出。后来被士兵带到美国及英国，于 1920 年及 1950 年，因为相继在电影中出现而名声大振。今天德国牧羊犬协会是世界上最大的种犬协会。自 1988 年起，世界牧羊犬联盟每年举行一届德国牧羊犬世界锦标赛。德国牧羊犬曾叫狼犬，是最具有才能的工作犬种。在世界各地担任各种不同的工作，曾任警卫犬、搜查犬、导盲犬、缉毒犬、农夫的牧羊犬等，同时还是极受欢迎的家庭观赏犬。

（二）外型特征

体型四方，强壮且有力；体高：公犬 60～65cm，母犬 55～60cm；体重：公犬 33～38kg，母犬 26～31kg。

1. 头部

头部轮廓鲜明，整体相貌英俊。宽广的头盖呈楔型，鼻口部长度相等；口吻较长，呈“V”字形，头部与口吻之比为（10∶6）～(8∶5)，剪刀状咬合；耳中等大小，耳根宽且高，直立耳；鼻子呈黑色；眼中等大小，杏核形，眼色深，与毛色相适配，带黑的深色为佳（图 2－43)。

图 2－43　德国牧羊犬

2. 颈部、背线、身躯

身长比高长，颈部呈拱形，强壮有力；长毛、中长毛品种的公犬颈部有长饰毛为佳；胸深而宽，背直而有力，腰强壮；臀部长，从胸至尾呈前高后低的“坡状”；尾应有丰满的毛，往外弯曲似刀状下垂；休息中，保持舒缓的弧型下垂，但兴奋、运动时，就显著变成似弓状稍微往上抬起。

3. 前躯、后躯

前肢直，后肢呈“蹲踞式”下卧状，似乎随时准备冲出；四肢粗壮有力，长毛、中长毛品种有饰毛；足部坚挺紧握，脚尖隆起，肉趾十分发达，爪为暗色；四肢下部、胸腹下部为土黄色毛。

4. 毛质与毛色

德国牧羊犬分为短毛、中长毛和长毛三种；被毛直而密，上毛厚而粗，下毛细而软；毛的长度，掺杂不一，根据犬的品种不同而异；耳内侧以及头、足的正面，足及趾尖均为短毛，后肢的上部和臀部的毛较长；毛色为黑色毛混合褐色或灰色，似云刷状；黑色、狼灰色、褐色等多种颜色也存在。幼犬的毛色，只有当身体生长完整后，才能确定。

（三）性格

沉着勇敢、活泼敏锐、极易与人沟通，易于训练；记忆力、嗅觉均佳，顽强而忠诚。

（四）选购要点

军警犬选择标准是嗅觉是否灵敏、是否勇敢而易训练，能否成为称职的军犬和警犬。而一般家庭饲养更注重的是体型。

（五）生活习性及饲养要点

饲养者必须对德国牧羊犬精心照料，该犬无论在精神上还是在体力上都属非常有活动性的动物。喜爱工作，不喜欢悠闲。十分通人性，但有过度护卫的倾向。短毛品种英俊，不需要特殊护理；长毛犬需要梳理毛发。

三、圣伯纳犬

圣伯纳犬（Saint Bernard）原产于瑞士，又名阿尔卑斯山救援犬。此犬以头大、体壮，全身由白色、棕色和红色斑块组成为特征。圣伯纳犬不论处于何时它的姿态及表情都很高雅。

（一）历史与用途

圣伯纳犬为短毛品种，为防止近亲繁殖，加入了苏格兰犬的血缘。圣伯纳犬有悠久的历史，但19世纪中叶，数量越来越少几乎到了灭种的地步。现在的圣伯纳犬大多是杂交品种。它是一种名副其实的巨型工作犬，擅长救生。在丹麦，每当暴风雪来临，它们便大显身手，在茫茫雪原中救出过无数遇险者。3世纪时，圣伯纳犬曾经从事艰巨的山难救援，援救了2 500人的生命。公元980年，圣伯纳犬因为守护那些穿越危险的阿尔卑斯山山道的旅客而闻名。可惜初期的记事已无法考证。从16世纪开始，圣伯纳的修道院将其用于拖拉物品，并向那些可能的购买者夸耀其拖拉的能力。18世纪，修道院的教士们饲养此犬作危险山中的向导，寻找迷路失踪的人并使之苏醒。被称作“巴里”的圣伯纳犬，曾经救援了40个人的生命，立下了最伟大的功绩，于1814年去世。现在尽管运输道路已经现代化，这种救援技能已经不需要了，但该犬仍以聪明、温顺深得好评。今天，这个慈祥的家伙是一个令人过目难忘的、肌肉强健的庞然大物，其巨大的体型造成了绝大多数圣伯纳犬不适应户内生活的方式。

（二）外型特征

体型四方，强壮且有力；体高：公犬70cm以上，母犬60cm以上；体重：公犬64～91kg，母犬54～77kg（图2－44）。

图2－44 圣伯纳犬

1. 头部

头盖宽大且圆，额段清楚分明，鼻口部短、厚；平坦的脸颊及长垂的上唇；耳大小中等，下垂；眼大小中等，古铜色；鼻子大，黑色，鼻口非常发达。

2. 颈部、背线、身躯

颈粗有力；胸部厚实且宽；背部力强，向腰部倾斜；腰强壮；尾长，尾根高，休息时尾巴在下方，活动时上扬。

3. 前躯、后躯

前肢直且长；后肢骨骼粗且有力；足部非常大，脚尖十分隆起。

4. 毛质与毛色

圣伯纳犬的被毛分长毛和短毛。长毛犬的被毛浓密平直，颈部毛厚，四肢有饰毛；短毛犬的毛顺，贴在体表，大腿和尾部有饰毛；毛色有红褐色斑状纹、橙色等，或白底上有各种颜色的斑块。

（三）性格

圣伯纳犬善良、友爱、喜欢与小孩在一起。它忠于主人，容易训练，擅长救生。

（四）选购要点

选择吻部短而方，头部大且稍圆，颈部肌肉发达，脚强壮饱满而大的犬。

（五）生活习性及饲养要点

需要较大的生活空间，寿命不长。

四、大丹犬

大丹犬（Great Dane），又名花丹、斑点，原产于德国。大丹犬是最优美而杰出的大型犬之一，被誉为犬世界里的随和巨人，此犬具有体贴善良的性格，同时还具备极强的力量。

（一）历史与用途

大丹犬名字虽然源于丹麦，实际上是德国境内发展的犬种，是人们将马士提夫犬和猩犬杂交改良获得的品种。关于其产地曾有过争论。1935 年，国际养犬讨论会上，丹麦代表团提出该犬产于丹麦（丹麦人称它为丹麦猎犬），德国代表团则提出大丹犬产自德国，是德国的国犬，国际养犬协会倾向于德国的意见。此犬体型大如獒犬，在古代文学作品里有许多描述。生长在地中海南亚地区的大丹犬是随早期的波斯商人或罗马军队到达德国的，可以确定，现在大丹犬的祖先曾被欧洲王室及贵族饲养。中世纪，大丹犬不但是贵族的象征，在狩猎野猪、狼时也能表现出高超的技能。在 19 世纪，由于俾斯麦首相对大丹犬的宠爱，使得整个德国掀起了大丹犬热，这无疑对大丹犬的繁殖和品种改良工作有着很大的推动作用，可以说在大丹犬品种的发展上，德国功不可没。但大丹犬在 1863 年汉堡的第一次犬展中，因反应迟钝，不够灵活，并未引起轰动。而是在 1925 年经改良培育后，以健美的体型再次亮相时，才引起了人们的兴趣，被誉为“犬中的阿波罗”。大丹犬是一种大型工作犬，在漫长的历史中，大丹曾被用作战斗犬、猎犬（猎野猪和熊）、拉车犬、守卫犬、护卫犬、玩赏型伴侣犬。大丹犬以雄伟的大丈夫形象，颇受成功男士的喜爱。

（二）外型特征

身材高大，但比例适中；体高：公犬 80cm 以上，母犬 71cm 左右；体重：公犬 54kg 以上，母犬 45kg 以上（图 2－45）。

图 2－45　大丹犬

1. 头部

头部为矩形、长，高贵，富于表情，轮廓清晰；口吻粗而长；耳位高，大小中等而厚度适中，前褶贴近颊部，断耳后耳直立；除了蓝色大丹犬鼻为暗蓝色之外，其余的鼻为黑色；鼻孔大且宽，张开；眼中等大小，深陷、暗色、表情生动聪慧，眼睑杏形、较紧、眉发达。

2. 颈部、背线、身躯

颈结实、高位、拱起、长而肌肉发达；颈下毛浅干净；背短而平直，腰宽；胸部宽而深，肌肉发达；胸廓下伸达肘部、肋骨扩张；躯干下线有紧贴的肌肉，收腹明显；臀部宽而微斜；尾高位，尾根粗，尾尖细，略弯，活动时尾举起呈军刀状，安静时尾下垂。

3. 前躯、后躯

前躯肌肉发达；肩胛斜；掌节微斜；后躯宽，肌肉发达而角度良好，飞节低位；脚圆而紧凑，趾拱起，既不向内也不向外，爪短而强，为暗色，花色型的爪可能颜色较浅。

4. 毛质与毛色

被毛短、厚而干净、平滑带有光泽；毛色有金黄色（金丹）、浅褐色、蓝色（蓝丹）、灰色（灰丹）、白底黑斑（花丹）和虎皮色（虎皮丹）等。

（三）性格

大丹犬外刚内柔，性情比较温和，勇敢，友好，不好斗，与人相处和谐。

（四）选购要点

选择外观匀称、紧凑，肌肉发达，体格健壮，姿态端正，四肢发育正常，反应较灵活，比较兴奋的犬。选择主动防御反应占优势，看见生人或被生人挑逗时不害怕或能主动攻击的犬，忌选羞怯或不具攻击性的犬。

（五）生活习性及饲养要点

大丹犬是大型犬，有体力，故应注意运动。此犬外型特别凶猛，人们见到此种犬，往往退避三舍，因此饲养要使其服从命令，控制其正确礼节，如果主人不能控制此犬行动，最好别饲养。4～8 月龄时发育太快，容易缺钙，致肢势变形，要从营养全价上注意饲养。成年后，肢关节（尤其是肘关节与跗关节）处皮肤易增厚，故需要一定的活动量。

五、杜宾犬

杜宾犬（Dobermann），又名杜伯曼犬，原产于德国。现今深受犬迷喜爱的杜宾犬，是强壮且有力量的犬种。

（一）历史与用途

在 1865 年至 1870 年间，德国税务官员路易斯·杜伯曼致力于将各种不同品种的犬与异种杂交，产生了优良的警备犬种杜宾犬。可惜当时没有留下任何培育该犬的资料。据推断，可能用当地牧牛犬、洛德瓦拉杜宾犬、曼彻斯特㹴和灵㹴配种而成。第一个俱乐部

1899 年在德国成立。1900 年，德国肯内尔犬俱乐部正式公认杜宾犬的品种，然后被介绍到美英两国。第一次世界大战时，杜宾犬被德军用来作前线的警卫犬和侦察犬。后来，在世界各地被当作警犬使用。杜宾犬主要担当警卫工作，经过训练后，可成为搜索犬、狩猎犬和牧羊犬。现在，此犬可成为忠实，富有感情的伴侣犬，同时也可做观赏犬。

（二）外型特征

体型四方，强壮且有力；体高：61～71cm；体重：25～27kg。

1. 头部

头大额窄，口吻长，头部呈“V”字形，头顶线平，并与鼻梁部的线平行；耳小，耳根高，下折或直立，在美国等许多国家断耳；鼻色随毛色不同；双唇在颚上紧紧闭着；黑色犬配古铜色眼睛，杏核形，表情敏锐，机智（图 2－46）。

图 2－46 杜宾犬

2. 颈部、背线、身躯

颈部健壮，背平，胸深，肌肉发达坚挺；腹部向上凹入；背骨的线延伸到尾巴，一般在一或二关节处断尾。

3. 前躯、后躯

站立姿势挺拔，昂首挺胸；前肢直，后肢力强，分开且平行；足部圆且厚，如猫足，坚挺。

4. 毛质与毛色

毛短且平滑、硬，平贴于皮肤，有光泽；毛色有黑色、蓝色、茶色、淡芥茉色，双眼、口吻部、胸前、四肢内侧和尾腹侧有黄褐色斑。

（三）性格

杜宾犬是天生的警卫犬，聪明、勇猛机敏、忠实可靠、耐力强、戒心大。

（四）选购要点

选择体型四方、强壮有力，头部长、呈“V”字形，耳小、耳根高、下折或直立的犬。

（五）生活习性及饲养要点

为了抑制其潜在的攻击性，饲养者应用心训练，让其充分运动，保持经常英姿焕发。此犬好斗不服输，注意勿与其他犬争斗。对陌生人有戒心，怕冷。

六、英国雪达犬

英国雪达犬（English Setter），又名英国赛特犬，原产于英国。斑驳的毛色是不同于其他蹲猎犬的最大特色。友善的天性使其在犬展上很容易受到大家的喜爱，并获得支持。

（一）历史与用途

最初的塞特犬1500年产于法国，是西班牙波音达猎犬和法国波音达猎犬杂交获得，因此古老的西班牙蹲猎犬是该品种的祖先。3个世纪后，它产于大不列颠。最初爱德华·拉瓦拉克在1825年开始进行培育，所以在相当长的时间里被称为拉瓦拉克蹲猎犬。塞特犬以半蹲的姿势向猎人指示猎物的存在。英国雪达犬最有价值的天赋是它极好的嗅觉，此外，具有奔跑迅速、不知疲劳、灵敏、精力充沛的特点，适用于任何地形，能抵抗恶劣的气候和炎热的夏天而用于任何狩猎，当为它的主人工作时，表现最好。

（二）外型特征

外表细长、有力；体高：公犬65～69cm，母犬61～65cm；体重：公犬25～35kg，母犬23～29kg。

1. 头部

头细长，呈卵形，中等宽度，不粗糙；口吻长是头长的一半，且呈四方形，上唇相当深，呈四方形，且相当下垂；紧密的剪状咬合为首选，钳状咬合也可以接受；耳朵位置靠后，且低，毫无拘束地挂在头部两侧，中等长度，末端略圆，耳廓略薄，覆盖着丝状毛发；鼻镜黑色或深褐色，色素充足，鼻孔分的较开且大；眼睛几乎是圆形的，相当大，深褐色，颜色越深越好（图2－47）。

图2－47 英国雪达犬

2. 颈部、背线、身躯

颈部长而优美，肌肉发达，且倾斜；背线在运动中或站立时，保持水平或略向下倾斜，长度适中；胸部深，肋骨长，向身躯中间方向逐渐支撑起来，靠近胸腔末端逐渐变细；背部直而结实，腰部结实，中等长度，略微圆拱，适度上提；臀部几乎是平的；尾巴末端尖细，尾尖精致，笔直而水平地举着，与背部同高，丝质的羽状饰毛松散地悬挂在边缘。

3. 前躯、后躯

肩胛骨向后倾斜，前肢直且相互平行，肘部不向内弯或向外翻，臂膀平且肌肉发达，骨骼坚实，但不粗糙，且肌肉坚硬；后躯宽，大腿肌肉发达、直，且彼此平行，膝关节适度弯曲且结实，飞节不向内弯或向外翻；足爪前端笔直向前，脚趾紧凑、结实且圆拱，脚垫发达且坚固。

4. 毛质与毛色

被毛平展、丝样，没有弯曲或呈波浪形，在颈、腿和臀部背面毛发呈长穗状。毛色有白中带棕、白中带橘黄色、白中带蓝黑色、白中带黄，或三色（黑、白、红），可能有较多的小斑点或较大的斑纹。

（三）性格

英国雪达犬天性友好且富有感情、聪明、温和、灵敏、活泼，反应良好，受训时精力充沛，能很好地接受耐力和诱导训练。

（四）选购要点

头部要较狭长，吻部要略呈方形，额段要明显，门齿应是钳状或剪状咬合，鼻端应是黑色或深褐色，耳朵应较大而悬垂、紧贴面额，耳根位置应较高，眼睛应稍呈圆形，大小要适中，为深褐色，被毛不宜单色，应以白的底色为佳，耳朵、尾部及四肢的后面有美丽的装饰毛。

（五）生活习性及饲养要点

这种犬能和儿童、其他犬和任何家养宠物友好相处。应该定期剪去和整理老旧的死毛以维持好外貌。为了保持健康，需要很多的训练且训练者的训练要有一贯性同时要充满爱心。这种犬需要很大的活动量，需要定期长时间的散步。因为它有四处游走的天性，所以应该用篱笆限制它的活动范围。英国雪达犬的食欲很好，应防止过食而变得笨重。

七、金色猎犬

金色猎犬（Golden Retriever），别名金色寻回猎犬、俄罗斯猎犬，原产于英国。金色猎犬全身披着金黄色的中等长毛，这是它与其他犬种的最主要区别。

（一）历史与用途

对于金色猎犬的原产地颇有争议，改良的品种大致可以认为在 19 世纪后期。最初的名字是苏俄追踪犬，后来加入佛乐寻猎物犬、寻血猎犬、水猎鹬犬的基因，结果培育成具备猎物取回能力、善于追踪及具有敏锐嗅觉的犬种。1908 年，首次展出以后，深受人们的青睐。1913 年，为英国肯纳尔犬俱乐部公认的犬种。在 1920 年以前，一直都以金色平毛犬的名字而闻名，而后才改为金色猎犬。1952 年，被正式承认。金色猎犬体格硕壮、工作热心，且无论任何气候下都能自如地在水中游泳猎捕水鸟，因此，金色猎犬非常受狩猎家们的喜爱，现在有些被作为家犬饲养。

（二）外型特征

体高：公犬 56～61cm，母犬 51～56cm；体重：公犬 29～34kg，母犬 21～31kg。

1. 头部

眉头分明，头盖宽阔，头盖与鼻口相连；吻部宽而有力；颚强壮，剪状咬合；耳大小中等，耳根和眼睛平行；鼻子是黑色的更受欢迎；两眼之间距离较宽，眼睛黑又明亮，暗褐色（图 2－48）。

图 2－48　金色猎犬

2. 颈部、背线、身躯

体格匀称，颈部有力，肌肉结实，长度适中；背线水平，胸部厚实，有饰毛，腰部肌肉结实，尾长，奔跑时呈水平状态，慢步或驻立时下垂。

3. 前躯、后躯

四肢直，肌肉发达有力；四肢后侧均有稍卷曲的饰毛；足部圆形，坚挺如猫足，肉趾色暗且厚。

4. 毛质与毛色

下毛密集，上毛为平滑毛或波状毛，装饰毛丰厚；毛色有金色或奶油色，胸部上也可有少量白毛。

（三）性格

沉稳，充满自信，忠诚，活泼好动，听从指挥，对小孩具有耐心，耐力强。

（四）选购要点

金色猎犬最重要的特色有两点，一是匀称的体型，二是金丝般的被毛，选购时首先应从这两方面考察是否符合。忌选被毛太短，口吻细长无力，颈部有白色的毛和脚趾上的毛有白斑的犬。

（五）生活习性及饲养要点

必须给予充分的活动量。金色猎犬在寒冷的雨天也能工作或玩耍，是最适合这种天气的猎犬种。

八、马士提夫犬

马士提夫犬（Mastiff），又称英国獒犬，原产于英国。此犬因皮滑腰短而得名马士提夫（图2－49）。

图2－49　马士提夫犬

（一）历史与用途

它是英国的代表性犬种，有两千多年的历史，可能有藏獒的血统，曾用于斗牛竞技中。古罗马入侵英国时被用作军犬参与战争。本世纪初与圣伯纳犬杂交后，体型变大，性格也变温顺。现今的多数军犬及工作犬等都有它的血统，最适合用作军犬、警犬或工作犬等，也可作为观赏犬。

（二）外型特征

以圆桶状粗腰身，头大面愁，皮滑腰短为特征；体高：70～80cm，近年来有所下降；体重：72～78kg。

1. 头部

头宽，两耳间稍微有点平，前额略弯，在关注某事时，显示出皱纹，是它独特的特征；前脸呈直角形外观；口吻短、粗壮有力，口吻颜色深，越黑越好，嘴唇充分下垂，修正了头部的矩形轮廓；咬合为剪状咬合；耳朵小，呈“V”字形，尖端略圆，耳廓略薄，休息时，耳朵紧贴面颊，耳朵颜色越黑越好，与口吻颜色一致；鼻镜宽大，颜色为深色，越黑越好，鼻孔轮廓平展（既不突出，也不向上翻）；眼睛间距宽，中等大小，眼睛的颜色为棕色，越深越好。

2. 颈部、背线、身躯

颈部有力、肌肉非常发达、略拱、中等长度；越接近肩部颈部越粗；背线直、水平、且坚实；胸部宽、深、圆且在前肢之间向下发展，至少延伸到肘部；肋骨扩张良好；下腹线上提；背部肌肉发达、有力且直；从后面观察，臀部略圆；腰部宽而肌肉发达；尾巴位置适当，能延伸到飞节或更低；尾根宽，而末端尖细，休息时，垂直悬挂着，运动时略向上卷曲，但不超过后背。

3. 前躯、后躯

肩部适度倾斜，有力，且肌肉发达；腿部直、结实且距离较宽，骨骼粗壮；肘部平行于身体；脚腕结实而略微倾斜；足爪大、圆且紧凑，脚趾圆拱，趾甲以黑色为好。

4. 毛质与毛色

外层被毛直、浓密、粗硬且长度略短，有光泽；底毛浓密、短、平贴于身体；毛色有黄褐色、赤金色、虎皮色、蓝色、杏色，少许有斑纹，斑纹必须以驼色或杏色为底色；口吻、耳朵和鼻镜应该为深色，颜色越黑越好，眼眶也是类似的颜色，并向上扩展到两眼之间；有的犬胸部有很小的白色碎片。

（三）性格

勇猛顽强，沉着大胆，温顺诚实，行动敏捷，稍有顽固的特性，服从命令，对主人忠诚。

（四）选购要点

身躯越深、越宽越好。忌选缺乏体质，或身躯过厚，似猎鹬犬口吻，肩部有松懈倾向，被毛过长或呈波浪状，胸部出现太多白色或白色出现在身体其他位置，面部、耳朵、鼻镜缺乏色素，下颚突出式咬合，羞怯或凶恶，膝关节过直的犬。

（五）生活习性及饲养要点

喂养该犬宜少食多餐，需严格训练。此犬好动，饲养时注意肢骨关节的健康。

九、大白熊犬

大白熊犬（Pyrenean Mountain Dog），原产于法国与西班牙交界的比利牛斯山区，所以又称比利牛斯山犬。大白熊犬被毛白色，显得高贵纯洁，体型魁梧，因此被人们叫做“比利牛斯山会移动的雪堆”。

（一）历史与用途

此犬起源于公元前2000年。几世纪以来，大白熊犬在比利牛斯山脉一带被用来保护羊群，驱退那些袭击羊群的熊或狼。本犬的祖先是1千多年前来自亚洲地区的西藏獒犬，后来与这里土生土长的土著犬杂交而成。出于对其工作能力和美丽外貌等优良种性的欣赏，该品种几个世纪来一直是作为纯种来培育和饲养，甚至在法国路易16王朝宫廷还把它作为官方御用犬，因此，当时倍受欢迎，每个贵族都想拥有一条这样的犬。后来在法国境内也逐渐被用来守卫城堡。法国大革命后，此犬在法国便不被重视，没有知名度。1930年，大白熊犬跨越大西洋到达美国，从那时起这一优秀的品种，无论作为工作犬还是宠物犬，越来越受到人们的喜爱而广泛流行。今天，每年在美国养犬俱乐部登记注册的犬中，该犬始终在养犬俱乐部中排名前列。大白熊犬不仅是优秀的守护犬和宠物犬，同时对运动员非常有用。大白熊犬喜欢拉车并且擅长在柔软的雪地上活动，因而可以拉雪橇、可以在雪橇队的旅行中做向导。在第一次世界大战中，大白熊犬被用于偷运禁运物品穿越法国和西班牙的边界线。大白熊犬走的是人类无法行走的小路，可以成功避开海关人员。另外，大白熊犬漂亮的外表使它在法国的电影界大获成功。

（二）外型特征

外表美丽高雅，高大雄伟，有帝王般的仪态。体高：公犬 69～81cm，母犬 64～74cm；体重：公犬 46～57kg，母犬 41～52kg。

1. 头部

头部不显得过于沉重，外观呈楔形，顶部略圆；吻部宽广，长度与头长度大致相等；头的长度和宽度大致相等；口吻丰满，与头的结合很平滑，面颊平坦；牙齿剪状咬合或水平咬合；耳朵尺寸从小到中等，呈“V”字形、尖端略圆，耳根与眼睛齐平，正常情况下耳朵下垂，平坦，紧贴头部；鼻镜和嘴唇为黑色；眼睛中等大小，杏仁形，略斜，颜色为丰富的深棕色，眼眶为黑色，眼睑紧贴眼球，两眼睛间有轻微的皱纹。眉骨稍微有点突出（图 2－50）。

图 2－50　大白熊犬

2. 颈部、背线、身躯

颈部肌肉发达，中等长度，赘肉相当少；背线平直；胸部宽度适中，胸深达到肘部；背和腰宽阔，连接结实，且略有褶皱；臀部略向下倾斜；尾长达跗关节，有长的羽状毛，休息时下垂，运动时卷曲超过背部，表演时尾尖端向上卷起，像德国牧羊犬的尾，更突出尾部的羽状长毛。

3. 前躯、后躯

前肢、后肢均有充足的骨量和肌肉，与平衡的身体结构相称；前脚腕结实而灵活；后肢直且相互平行，后肢的脚尖略向外翻；大白熊犬的足爪圆形，紧凑，脚垫厚实，脚趾圆拱；两前肢各有一个狼爪，每条后腿都有两个狼爪。

4. 毛质与毛色

大白熊犬的被毛能抵御任何气候条件；其被毛是由两层毛组成的，被毛长、平坦、厚实，毛发粗硬，毛直或略呈波浪形，底毛浓密、纤细、棉絮状。雄性颈部和肩部的毛发尤其浓密，形成围脖或鬃毛；尾巴上较长的毛发形成羽状饰毛，长在肢后面和大腿后面的饰毛，形成“裤子”的效果；脸部和耳朵的毛发短而质地好；毛色一般为白色或白色带有灰色、红褐色或不同深浅的茶色斑纹；斑块出现在耳部、头部（包括整个面部）、尾部和身体的一小部分，斑块大小可以不同。

（三）性格

性情沉稳、温顺、耐力好、体能强、善良、忠实、勇敢、与人亲密、富有感情并服从主人命令，而且护主心强烈。

（四）选购要点

忌选头部过大（像圣伯纳犬或纽芬兰犬的头部），颅骨过窄或过小，狐狸样的外表；鼻子、眼眶或嘴唇不是黑色，眼睑圆，三角形，松弛或小；上下颚突出，嘴歪，桶状胸，被毛卷曲或稀疏，斑块的面积超过身体的1/3。

（五）生活习性及饲养要点

由于该犬体型较大，每日需保证一定的运动量，需要大的生活空间，所以不适宜在城市公寓饲养。陌生人不要随便抚摸它。

十、寻血猎犬

寻血猎犬（Blood Hound），别名圣休伯特猎犬，原产于比利时。寻血猎犬是世界上品种最老及血统最纯正的数种猎犬之一，有个独一无二的鼻子，使它有绝佳的嗅觉，对于猎物它只会追踪但从不杀死。脸部和颈部皮肤上的皱褶形成众所周知的哀痛表情，很像历尽沧桑的老公公。因此，近年来经常在各种传播媒体中亮相，其忧郁的眼神、羞怯的个性，颇能抓住观众内心深处那股怜惜的感情。

（一）历史与用途

此犬在狩猎犬中是最古老的犬种之一，品种最纯。8世纪时，在比利时被饲养作狩猎犬，以圣休伯特犬之名闻名。圣休伯特犬受法国王室宠爱，1066年，由威廉王带到英国，经过几世纪后，英国将此品种改良，产生今日寻血猎犬。具有不屈不挠神奇的嗅觉追踪能力，有事实证明即使是超过14天的气味，也能追踪到。并且创造了连续追踪气味220km的记录。它所发现的证据曾经作为法庭证据。虽然看来有些凶猛，它却是孩子们的好伙伴及家中的好宠物，它既是展览的明星，又常被警察征召担任追踪任务，同时它也在数部电影中出现。寻血猎犬是犬界中搜索能力最强的犬种，无论是在中世纪或21世纪的现今社会，它已是警界使用于寻找失物、孩童、毒品、炸药等的最热门犬种，也是人们喜爱的观赏犬。

（二）外型特征

体高：公犬 62～69cm，母犬 58～64cm；体重：公犬 41～50kg，母犬 36～46kg（图 2－51）。

图 2－51　寻血猎犬

1. 头部

头大，正面看显得狭窄，侧面看宽阔，头部两侧显得平坦，且整个头部的宽度大致相等；吻部较短；头部有松弛的皮肤，几乎每个地方的皮肤都显得多余，尤其当它低下头的时候更明显，这些松弛的皮肤垂落下来，形成皱纹，尤其是前额和脸部两侧；上唇赘肉下垂，颈部也有松弛的皮肤，形成喉咙赘肉，而且非常明显；耳朵摸上去的感觉薄而柔软，极长，位置非常低，下垂并带有优美的褶皱，下半部分向内向后卷曲；鼻头黑，鼻孔大而张开；眼睛深深陷入眼窝中，眼睑呈菱形或钻石形，结果是下眼睑外翻，像上唇一样下垂。

2. 颈部、背线、身躯

颈部长，粗而有力；颈肩胛肌肉发达，向后倾斜；胸深而宽，肋骨支撑良好；腰背强壮；尾巴长而尖细，尾根位置低，下部长有中等数量的毛发，高高举起，但不超过背线。

3. 前躯、后躯

肥壮有力，骨骼浑圆，肌肉发达；指关节发达，脚趾圆且有力。

4. 毛质与毛色

被毛短而浓密，有光泽，头和耳部毛细且尖滑；皮毛颜色有黑色、褐色、红色，或夹杂一些浅色或獾色毛发，有时还掺杂一些白色；有的犬在胸部、足爪和尾巴尖带有少量白色。

（三）性格

温顺、安静、和善，威严。开始追踪猎物时，任何声音均听不见。性情良好，殷勤而讨人喜欢，对主人忠心，不喜欢与人吵闹，也不喜欢与其他犬吵闹，天生有点羞怯，对主人的批评和赞扬同样敏感。

（四）选购要点

选择被毛浓密、有光泽，皮肤松，头大、吻粗、面部皱褶多，鼻头黑、眼小、可看到瞬膜，双耳大而下垂，颈粗而有力、胸深而宽、腰背强壮，尾细小高翘，四肢粗壮有力的犬。

（五）生活习性及饲养要点

注意耳、眼的保健，易患胃病，需要充足的运动。

（王佳丽）

复习思考题

1. 试述犬的主要生理特性。
2. 举例说明犬是如何分类的。

第三章　宠物猫

家猫是由野猫经人类长期饲养和驯化而来的。养猫始于中东，至今已有4 000～5 000年历史。这期间，家猫和人类关系错综复杂。在古埃及，猫被当作谷仓的守护神而受到崇拜，考古工作者在许多的埃及墓穴中都发现过猫的木乃伊，数量达几十万只之多；而在中世纪的欧洲，猫却被当作邪恶的代表——特别是黑猫，在黑暗中闪烁发光的眼睛、悄然无声的动作、夜晚令人毛骨悚然的鸣叫和忽隐忽现的身影，使人们觉得它是巫师的化身，对其充满恐惧。后来因为发现猫在家中和海船上都是捕鼠能手，它们才重新受到欢迎。现在，人们因为拥有一只漂亮、奇特、高贵的猫而感到自豪，它们被当作珍贵的礼物，受到人们的青睐。

猫以独立、孤傲、干净、讲究著称，没有什么宠物比猫更容易饲养。尽管它们被当作宠物来喂养，可谓衣食不愁，但家猫仍然保持了它独有的神秘特质，它们愿做人类的伴侣，但永远不会附属于或屈从于人类。

第一节　猫的生物学特性

猫在动物分类学上属于脊索动物门，脊椎动物亚门，哺乳纲，食肉目，猫科，猫属，是猫属中仅有的一个猫种。除了猫属，猫科动物还有猎豹属和豹属。所以猫科动物中有体形大者如老虎、狮子，也有体形小者如猫等。虽然人类驯养猫的时间已经很长，但是对猫的品种改良工作却做得较少，猫的繁育和进化在很大程度上未受到有效的控制，所以猫的品种远没有其他畜禽类的品种多。目前，分布在世界各地的猫与其祖先相比，在体重及体长方面几乎没有什么变化。

猫品种的分类方法主要有以下三种：一是根据生存环境分为野生猫和家养猫。野生猫是指在野外环境生存的猫。家养猫是人们驯化后饲养在家庭中的猫，也称家猫，但家猫不同于其他家畜，它不是很过分地依赖于人类，仍然保留着独立生存的本能，一旦脱离人的饲养，就会很快地野化。进化论创始者达尔文就曾在《动物和植物在家养下的变异》一文中指出“猫在许多情况下必须大部分自谋生活和逃避各种危险，但由于使猫交配是困难的，人在实行计划选择方面便毫无成就，而在实行无计划选择方面，大概也很少成就。”二是从品种的培育角度，可分为纯种猫和杂种猫（纯种猫详见本章二纯种猫）。杂种猫是指那些未受人为控制，任其自然繁殖的品种，其后代的遗传性很不稳定，就是在同一窝猫中，也可能有几种不同的毛色，长相也不尽相同，具有抗病力强、易饲养等特点。三是根据毛的长短分为长毛猫和短毛猫。世界上短毛猫的品种较多，长毛猫较少，但是它们都很受欢迎。

一、养猫概况

人们最初驯养猫，是因为猫能消灭鼠疫病原携带者和传播者——老鼠。据有关资料报道，一只老鼠27天要吃掉1kg粮食，而一只能干的猫，一昼夜可以捕杀20只老鼠。尽管猫不可能每天都捕捉到20只老鼠，但是猫为人类挽回的经济损失显然是相当可观的。

关于“猫”名字的由来，很多人认为是根据猫的鸣叫之声而来的。它们善于捕鼠，而又经常发出“喵喵”的叫声。明代李时珍曾在《本草纲目》中支持了这样的观点：“猫”的读音有“苗”“茅”二音，“其名自乎”。猫的拉丁语名字叫Cattut，来自伊斯兰语Cat，意思是“食肉的黄毛动物”。

中国有很悠久的养猫历史。早在西周诗篇《韩奕》中就出现了有关“猫”的记载，后来在《诗经》、《礼记》、《吕氏春秋》中也有“猫”的记述。清咸丰3年，黄汉搜集整理了历代有关猫的典故、诗文及传说，并仿照宋代傅肱《蟹谱》、明代陈继儒《虎荟》的体例，分门别类归纳而成《猫苑》，是我国第一部关于猫的著作。

从历史文献和民间传说中，能够看出中国人很早就喜欢猫，并给猫起了很多异名，如“蒙贵、乌圆、家狸、鼠将、白老、仙哥”等。宋代诗人陆游所作《赠猫》

裹盐迎得小狸奴，尽护山房万卷书。

惭愧家贫策勋薄，寒无毡坐食无鱼。

中的“狸奴”就是指猫。

中国民间传说中猫的故事也很多，如熟知能详的《狸猫换太子》、《老虎学艺》。中国名家画猫的也大有人在，明朝宣宗《花下狸奴图》、清朝有任伯年《猫图》、近代有徐悲鸿《猫》。

随着生活水平的提高，现代人生活节奏越来越快，增加精神生活的内容、放松自己已成了人们的需求。紧张工作了一天，劳累之余，与幼猫玩耍嬉戏一番，紧张和疲劳就会有所缓解。将猫作为家庭伴侣去饲养，会给生活增添很多乐趣。老年人或病人由于寂寞或疾病缠身，会产生寂寞无聊的感觉，而养猫则能起到消除寂寞、增添乐趣、忘却烦恼的作用，有益于健康长寿和疾病的恢复。

猫是十分聪明的动物，经主人耐心调教，可完成许多动作，就显得更加惹人喜爱。此外，猫也为人类的科学研究和试验做出了巨大贡献。自19世纪以来，猫已被广泛应用于医学、药理、生物等方面的实验研究。猫在某些实验中具有其他实验动物难于取代的特殊地位。如猫可以耐受麻醉与脑部部分破坏的手术，在手术时能够保持正常的血压；它的反射功能与人近似；循环系统、神经系统和肌肉等的实验效果较啮齿类动物更接近人且体型较鼠大，便于操作。因此对猫进行纯化培养是不少科学家研究的课题。现在，无特定病原体猫已被科学家培育成功。

目前在世界范围内兴起了养猫热潮。国外养猫者有两种倾向，一种是以养纯种猫为时尚，而杂种猫哪怕是很漂亮的也不大受到欢迎；另一种是养一些形态特别的猫，形态越怪越好，物以稀为贵。单从一些国家豢养猫的数量，就可以断定世界性养猫热方兴未艾。据统计，世界上猫的总数约有几十亿只，法国养猫800万只，美国养猫将近1亿只，英国、澳大利亚、加拿大、丹麦等国养猫的规模也很大，近年来日本养猫的数量也增加了许多。随着养猫者和养猫数量的增加，许多国家还成立了许多养猫协会。世界上最早成立养猫俱乐部的国家是英国，至今已有100多年历史。养猫协会包括美国的“养猫者协会”（CFA）、加拿大的“加拿大猫协会”（CCA）、英国的“英国猫迷管理委员会”（GCCF）、日本的“国际猫俱乐部”（ICC）等。在美国还成立了世界上最大的猫管理中心——波瑞那猫管理中心。1988年，上海爱猫联谊会成立，它类似于国外的猫俱乐部。这些协会负责猫的品种鉴定、注册工作和建立血统档案（猫户口），并为养猫者提供各种咨询和服务。任何一种猫新品种的问世，都必须得到协会的承认，方能被公认。协会还负责猫的交流和举办各类猫展，进行猫的优良品种展示及“选美活动”。世界上第一次“猫展”于1871年在伦敦水晶宫举行。此后，“猫展”逐渐盛行于西方。美国每年在麦迪逊广场都要举行一次“国际猫展日”，届时世界上品种最名贵的猫汇集一堂，各展英姿。如果某只猫在比赛中名列榜首，此猫就会立即身价倍增。据称美国一只全国冠军猫，其价值在5 000美元以上。

在西方，对猫的服务工作做得很出色，有专门的“宠物店”出售猫食品、养猫用具和玩具等。为适应人们对猫的宠爱，商家为猫提供了美容、服装、洗浴、医疗保健，还有猫的日常用品、旅馆和餐馆，极大地满足了猫的各方面需求。同时，猫还可以在专门的学校接受训练，学习表演。爱猫者为猫所花去的金钱也极为可观。据统计，美国每年生产销售猫食品的收入就高达40多亿美元，法国每只猫、每年的食品开销为600法郎，英国一只猫一生要花费多达2 000英镑以上的费用，可见人们对猫的宠爱已达到令人难以置信的地步。

二、纯种猫

所谓纯种猫，是指人们按照某种目的进行精心培育，达到一个理想稳定的外表、性格和健康状况后，培育成的稳定品种。这种猫一般要经过数十年，甚至上百年才能培育成功。纯种猫都有自己的家谱——血统记录卡片，里面详细记载着猫的品种、性别、体态特征（如毛色、眼睛的颜色）、猫的祖先等基本情况，同时还规定其必须是四代以上的稳定遗传。纯种猫与非纯种猫的主要区别是纯种猫遗传特性稳定，彼此之间十分相似，其后代会继承父母所有的特点：外观，毛质，气质……而非纯种猫因没有固定的血统，就整体外貌来说各不相同。现在的一些品种是把两种已经确认的品种进行选择性杂交而培育出来的。但是大多数品种是世界各地自然出现的优良变种，人们再强调它们的一些特征，便形成了某个特定的新品种，然后再和其他品种进行杂交，以增加和丰富被毛的图案和颜色。另一种育种趋势是培育时采用小型野猫，将它们的斑纹引进家猫种系，这一程序称为混种。虽然人们很早就对育种感兴趣，但近期才真正努力培育新品种。育种的乐趣不仅仅在外貌上，更集中于性格上。稳定的性情是近期人们把野猫基因吸收进新纯种猫血统中的重要原因。

纯种家猫的培育是为了使其适合某种形态、颜色和被毛式样的要求。首先，培育者要先设计出终端产品的确切样子，然后为了这个目标，着手进行细致的选择性培育。当今主要有两种类型的纯种猫，一种是身体矮胖，较重，头大而圆；另一种较轻，较精致，头较长，骨头较小。前者有波斯猫及与其相似的品种，后者有如英国短毛猫、美国短毛猫、欧洲短毛猫和外来短毛猫等。粗壮的那一类，颜色与被毛的式样多种多样，它们或者长毛，或者短毛。较细巧的东方猫，包括与众不同的暹罗猫，与粗壮型的猫大相径庭，它们的骨骼精致，身体、腿部、尾部都很长，还有长长的楔形头和大大的耳朵。另外有一些种类是由粗壮型和较细型猫杂交而来，它们具有中间的特征。

全世界有几十亿只以上的猫。在这些猫中绝大多数是非纯种猫或者称为混血猫，因为人们养猫就是为了家里和粮仓没有老鼠，所以外貌不在考虑的范畴内。非纯种猫的体型中等，既不像暹罗猫那样的修长，也没有波斯猫那样的粗短。并且它们的毛及毛色的种类数不胜数。

其实纯种猫的血统不在于高贵与否，纯种的高价完全是因为地域性稀少和维持这个品种的纯度所需的烦琐工作而带来的。纯种猫有严格的鉴定标准，包括脸型、毛色、毛长、身体比例和眼、耳、鼻、脚、腿、尾的形状颜色等都有要求，甚至连性格都要符合标准才可以。有的猫大体看上去是酷似杂志上的纯种猫，但经过仔细的比较，就会发现至少会有两点以上不符合标准中的细节，而只要有一条不符合鉴定标准，就不能认定它是纯种猫。维护一个数十年甚至是上百年辛勤劳动培育出来的品种不是件容易的事情，一滴混血就能毁掉这数十年甚至是上百年的成果。

三、猫展简介

1871 年 7 月，首届大型猫展在英国伦敦的水晶宫举行。1895 年，纽约也举行了美国的首次猫展。现在猫的品种日益增多，已培养出许多颜色不同的品种，所以猫展也越来越盛行，仅 1979 年美国就举办了 80 多次猫展。近年来，我国国内养猫热也持续升温。随着猫的数量和品种的不断增加，我国各地也多次举办了不同形式的猫展。

（一）什么是猫展

猫展通常是为两个目的而举办，一是展示新品种猫，二是猫的选美大赛。一般来讲，每个品种猫都具备不同于其他品种猫的特征。这些品种特征通常都有一个规定的标准。猫展基本上是在寻求每一个品种或等级的高品质的典范。

（二）猫展的类型

猫展可分为全品种猫展和特种猫展。全品种猫展是把不同品种的猫分成等级再进行评判；而特种猫展则多半局限于长毛猫或短毛猫的范围。

展示时，提供给每个参展者一只大约 0.6m^2 见方的笼子，猫主人通常用布把笼子盖上，以便让猫有安全感。猫展一般有 4 个评判员，每个评判员面前都有一长桌子和占参展总数 1/4 的猫笼子，构成一个“竞技圈”。在此之前，除了猫登记册上提供的情况外，评判员对参展的猫一无所知。

（三）参展前的准备

首先要了解猫展主办者的有关规定。可通过写信给主办单位的方法，询问有关事宜。在参展前，必须确定参展猫具备参加何种级别展示的资格，并要充分估计到让猫参展所需付出的时间、精力及金钱。猫要有很好的性格忍受长途旅行、陌生的环境，并能忍受被完全陌生的人抚摸或抱起。参展前，可按下列程序做准备。

1. 参展之前，给猫做防疫注射，并全面检查有无生病的迹象。特别是不经常参展的猫。

2. 使猫习惯于关在猫笼子里，开始时把猫关在笼子里几分钟，以后逐渐延长时间，使其不致因受约束而变得暴躁或带有攻击性。

3. 应训练猫习惯乘车。若猫有晕车的症状则很难通过猫展上的第一关——兽医检查。

4. 注意猫的饮食。平时就要给猫吃营养均衡的饮食，不能临时抱佛脚，给超重的猫进行突击减肥，这样无法使它变成形态完美的猫。

5. 每天为猫梳理被毛，使之保持顺滑、光泽的状态，以保证在参展时显示出最佳外貌。特别需要注意的是如果猫怀孕了，就不能参加展示了。

（四）参赛程序

1. 兽医检查

兽医要对所有参展猫进行彻底的健康检查，并查验参展猫的免疫证书。

2. 放猫入笼

将猫放进与其参赛标志牌号一致的猫笼中，猫食盘、水碗和便盆也同时放置在内。此刻主人要对参展猫做最后的检查。首先，检查标志牌是否在猫颈上系牢；其次，精心为猫整理被毛。

3. 评判准备

进行评判之前，主人将被要求暂时离开参展猫。猫展服务人员对所有参展猫进行审核，确认无误后，按猫笼顺序，从1号开始依次将猫取出，放在裁判桌上，供裁判鉴定。

4. 进行评判

对于纯种猫，裁判可根据其具体品种的评分标准进行鉴定，最高分为100分，与标准不符的要酌情扣分。对家常宠物则没有评分标准，通常根据猫的状态、梳理、颜色等吸引人的特点和被人抓取时的表现进行评判。鉴定完以后，裁判在评分簿上写下评语，并在记分牌上放一张小纸。如果纸条上标明“cc”，则说明这只猫已获得邀请证书。当所有参赛猫的鉴定工作全部结束后，每个裁判均从自己评定过的猫中选取最佳去势猫和最佳幼猫各一只，然后几名裁判统一认定最后获奖者，同时颁发“最佳猫、最佳去势猫、最佳幼猫、最佳表现猫、最佳颜色猫、最漂亮猫”等奖项。获奖的猫笼上将放有获奖卡，奖品可能是一笔为数不等的奖金和一块奖牌。

下面，以CFA猫展为例介绍一下猫展的评选规则。

CFA（Cat Fanciers′Association）于1906年初成立于美国，是一个非营利性团体。起初，CFA只是一个很小的组织，发展至今，CFA已经成为全球拥有最多注册纯种猫的机构。它发行醒目的年鉴，年鉴上有许多文章、培育者广告、彩图等。现在CFA每年在世界各地举办的猫展有400多次，参展猫的品种也达30多种。

赛制规则：CFA猫展中，除了CFA注册猫的组别外，亦设有家猫组，好让非CFA注册的猫儿也可参展，从而推广猫只所应享有的福利。

在CFA猫展中，猫只被分成四个组别进行比赛：

（1）幼猫组（Kitten）：四至八个月大，并已在CFA注册的幼猫。

（2）成猫组（Championship）：八个月或以上的未绝育成猫，并已在CFA注册。

（3）绝育猫组（Premiership）：八个月或以上的绝育成猫，并已在CFA注册。

在成猫组及绝育猫组中，猫只会再被分为公开组（Open Class），冠军组（Champion / Premier）和超级冠军组（Grand Champion / Grand Premier）进行比赛。

公开组（Open Class）

初次参加猫展或未升级为冠军组（Champion）的猫必需参加这个组别的比赛。

冠军组（Champion）

在公开组取得四个冠军彩带（Winners Ribbon）的猫儿便可升级，参加冠军组赛事；而这四个冠军彩带必须来自最少三位评判（在CFA的国际分区中，由于猫展次数不多，所以只要取得四个冠军彩带便可升级；但在其他地区参展的猫，则需要取得六个冠军彩带才可升级）。

超级冠军组（Grand Champion）

在冠军组取得75分累积分数的猫儿，便可升级，参加超级冠军组的赛事（在国际分区以外的赛区则需200分才可升级）。

猫展中，不同颜色的彩带（Flat Ribbons）是代表着不同的奖项。

（4）家猫组（Household Pet）：非CFA注册的猫，包括幼猫及成猫，最低参赛年龄为四个月，而八个月或以上的家猫必须已做绝育手术方可参赛。家猫组的比赛最为简单，没有特定的外观标准，因此不同品种会一起比赛。评判会以参赛猫的健康情况、状态及表现评分。

四、猫的形态特征

在世界各地，猫也许是最常见的家养动物。虽然现代家猫的基因被选择性培育所控制，比如说纯种猫，它们的皮毛和形态与野生的祖先几乎完全不同，但其基本结构抵御住了人类的干预——不管是冠军纯种猫还是流浪的野猫，所有的猫保持着几乎相同的身材和个性。猫的形态特征同捕食鼠类等小动物的生活习性相适应。猫的体型很小，成年猫体长一般为40～45cm，尾长15～30cm；体重雄猫为3.5～7kg，雌猫为2.5～4.5kg。

猫的头部接近圆形，颜面部较短，耳朵呈三角形，能够灵活转动；猫有一双占头部比例相对很大的眼睛，眼睛的瞳孔能随光线的强弱而缩小或扩大，所以猫具有夜视能力；猫的前肢有5趾，后肢4趾，趾端有能伸缩的锐利弯曲的爪，足下有肥厚柔软的肉垫，走起路来悄然无声；猫的犬齿发达，尖锐如锥，上下颌的臼齿中都有特别强大的裂齿，这些结构使家猫可以探察情况，捕咬鼠类；猫舌表面粗糙，有许多向着舌根方向生长的肉刺，适于舔食附在骨头上的残肉；猫的被毛色杂，纯色猫较少。

（一）猫的骨骼系统（图3－1）

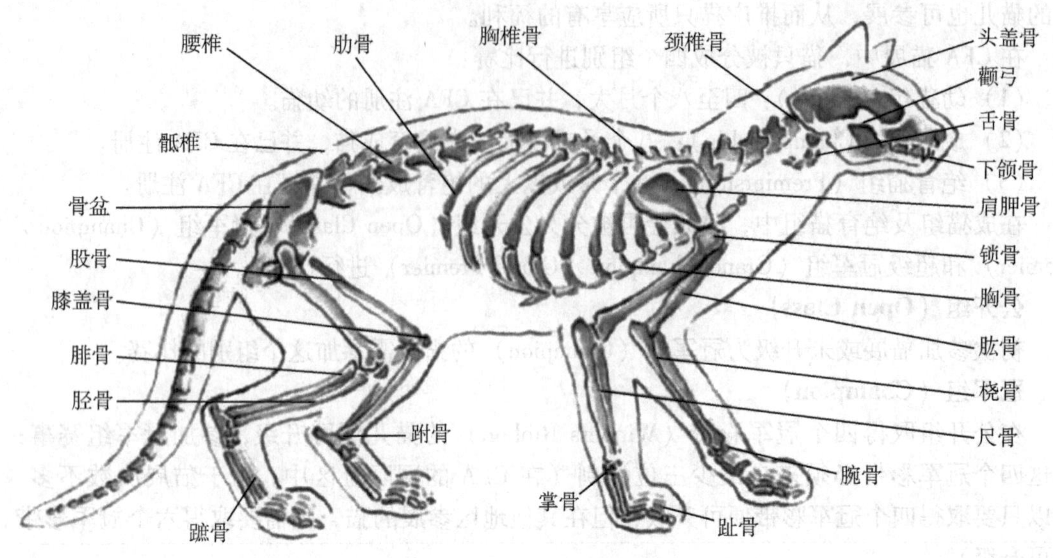

图3－1　猫骨骼

从总的体形与身材来看，所有的猫有着与其祖先相同的基本结构。它们不像狗，由于选择性培育而在外貌上产生了较大的变异。总体来说，猫仍是一种完美高效的、身体灵巧的食肉动物——它仍然能够捕猎和杀死小的动物和鸟类。

猫的骨骼强健、重量轻，大部分骨骼都系到可弯曲的中心脊柱上。猫的骨骼系统由230～247块骨头组成。包括头骨、脊椎骨、肋骨、胸骨和四肢骨。另外，公猫还有一块阴茎骨。头骨由颅骨和面骨两部分组成。脊椎骨包括颈椎（7枚）、胸椎（13枚）、腰椎（7枚）、荐椎（3枚）和尾椎（21～23枚）；肋骨13对，包括真肋9对、假肋4对；胸骨由8个节片组成；锁骨已退化，变得纤细而弯曲；前肢包括肩胛骨、锁骨、肱骨、桡骨、尺骨以及前足的7枚腕骨、5枚掌骨和指骨；后肢包括髋骨、股骨、胫骨、腓骨、膝盖骨以及后足的7枚跗骨、5枚跖骨和4枚趾骨。猫的骨骼若出现异常，多由遗传因素引起，如尾弯曲或变短、腭裂、多趾等。发现此种骨骼异常的猫，应把它们去势或摘除卵巢，以防止这些缺陷再遗传给后代。

猫的骨骼结构，使猫能够做出各种流畅、协调、优雅的动作。它肌肉绷紧的腿和身体使它能做出惊人的跳跃，利爪的收缩性使它能短距离急奔，抓住猎物，并能使它在危险来临时迅速爬上就近的树木。

猫的外形清楚的显示出它属于哪个品种族群（图3－2）。

（二）猫的运动系统

猫全身有230～247块骨头，500多块肌肉。猫的四肢强健而有力，前肢稍短，后肢略长，善于奔跑、跳跃和爬高。四肢的运动频率快，幅度大，所以奔跑的速度也很快，而且起动和制动都十分迅速，有利于出其不意地袭击猎物。猫的四肢脚趾上还长有厚厚的肉垫，脚底和趾下的柔软肉垫起着良好的缓冲和防滑作用，可使猫无声地前进袭击猎物。肉

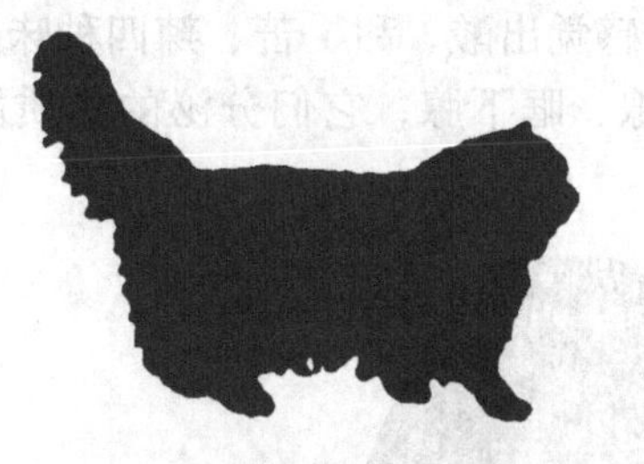

长毛猫或波斯猫的体型，矮胖而重心低

短毛猫在结构上与波斯猫相似

东方猫和暹罗猫，体型细瘦而苗条

图 3-2 猫的外形比较

垫有感知地面震动的能力，能感知老鼠等小动物行走时产生的微弱的地面震动。猫四肢还长有长长的弯钩利爪，前爪有 5 只，后爪有 4 只。成年猫的利爪能随意伸出或缩回。平时爪在趾球套内，只有在采取攻击行动时才伸出套外。利爪是猫的祖先——野猫赖以生存的条件，它们利用利爪捕捉猎物；与其他动物或同类搏斗时，常伸出利爪作为武器；遇到它无力反抗的强敌时，可利用爪攀爬树木、木柱或其他物体，迅速逃掉。猫必须经常磨爪，以保持其锐利状态，这就是猫为什么总用爪抓挠木板等物体的原因。猫的身体匀称、轻盈而有柔韧性，头颅无论大小均为圆形，头骨成弓形弯曲，脖子能旋转 180°以上。猫的尾巴也像其他动物一样，起着平衡身体的作用。猫的大脑发育完好，平衡神经发达。不管是坐车、船，还是乘飞机，很容易看到由于晕车、晕船而发生恶心呕吐现象的猫。再配上它的良好骨骼，运动更是轻松自如，灵活多变。即使从高处掉落下来，也常是脚先着地，不至于摔伤或摔死。所以，人们常说“猫有九条命”。

（三）猫的消化系统

1. 牙齿

幼年猫乳齿有 26 颗，上颌 14 颗，下颌 12 颗。成年猫共有 30 颗牙齿，上颌 16 颗，下颌 14 颗；门齿较小，齿冠边缘尖锐，有缺口，形成三个片状齿尖；犬齿较长，强大而尖。

2. 舌

猫的舌表面有黏膜，舌面上长满了丝状乳头，也称突蕾（图 3-3），呈牙齿状，尖端向后，使舌的表面颇似锉刀，可以把肌肉从骨骼上舔下来，甚至能把骨头的表面锉平；但是，这些向后倾斜的乳突对猫也有不利之处，即凡是进入口腔的食物只可咽下，不能返逆，因此常因误咽一些尖锐物体，诸如钢针、鸡骨和鱼刺等，造成胃肠内部的创伤；猫舌的菌状乳头位于舌的两侧及后部。猫的舌头并非仅用在帮助咀嚼食物上，还能用来理毛和舔舐伤口，从而使被毛光泽漂亮，并可防止伤口感染；它的舌头十分长，还能弯曲形成勺状，以便于舔喝液体；猫的味蕾长在舌头上，并能感觉出酸、甜、苦、辣四种味道；猫有发达的唾液腺、耳下腺、颌下腺、舌下腺、臼齿腺、眶下腺，它们分泌的物质能湿润食物，还有利于吞咽、消化和清洁口腔。

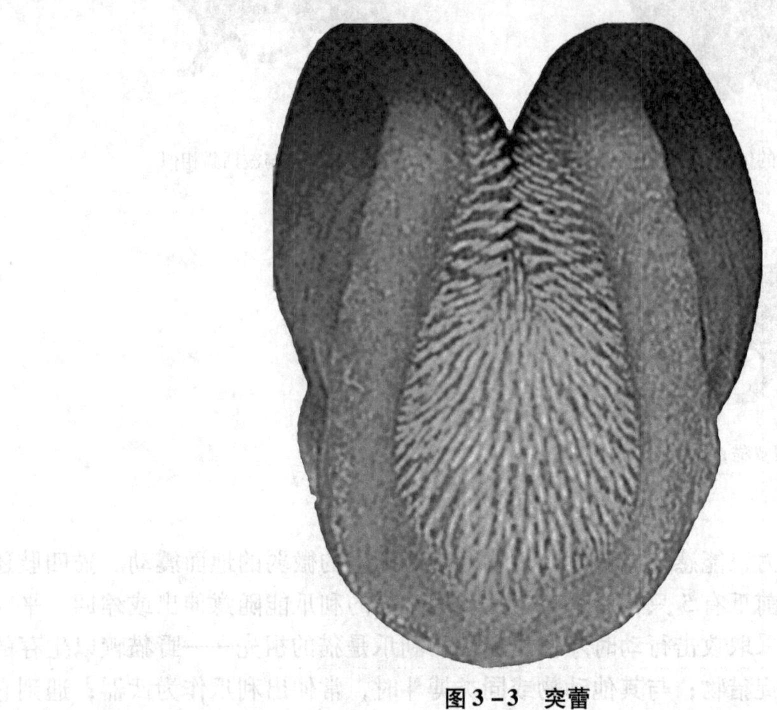

图3-3 突蕾

3. 胸腔

猫的胸腔比较狭小，因此它的心脏和肺脏也较小。由于这个缘故，猫及大多数猫科动物都不及犬能耐劳。它们起跑和跳高爆发力强，但不能持久，每当剧烈运动之后，都需要较长一段时间恢复体力。

4. 腹腔和胃肠

猫的腹腔相当宽敞。在腹腔中，猫有一个胃腺发达的单胃，形状如梨状，约能容纳1/3L的食物。它和大多数食肉动物一样，具有其祖先一次可吞食大量食物的原始本性。因肉类食物中含有丰富的营养成分，便于消化吸收，因此，猫的肠管比食草动物短得多，整个肠道大约有1.8m长，而野猫的肠道管更短，只有1.2m长。肠壁也较宽厚，具有明显的肉食动物的特征。猫的大网膜非常发达，它起着固定胃、肠、脾、胰脏，保护胃肠器官，使得猫在剧烈地跳跃时，保证内脏不晃动的作用。

（四）猫的皮肤腺体

猫除了鼻端无腺体外，全身都有腺体。猫的皮肤里含有三种腺体，泌离腺、外分泌腺和皮脂腺。泌离腺开口于毛囊，产生乳汁样液体，它的香味能吸引异性猫，分布在颌部、颞部和尾根部等部位。这种特殊香味用于猫与猫之间的社交活动中，如划定活动范围，涂擦在周围某物上，作为对其他猫留下的香味记号等。外分泌腺能产生汗液，不过这种汗腺仅在脚垫上有。当猫格斗或发热时，才分泌汗液，具有降温的作用。猫体内热量主要是通过喘气，或舔理被毛时唾液的蒸发来散失的。皮脂腺与毛囊相通，它分泌的皮脂，在被毛外面形成一层防水膜，使被毛油光发亮；毛囊里还含有胆固醇，当晒太阳时，阳光使胆固醇转化成维生素 D，猫舔刷它的被毛时，可以获得维生素 D。

（五）猫的被毛

纯种猫的被毛各种各样，既有波斯猫那种丰满茂密的被毛，也有暹罗猫和东方猫精致光滑紧贴身体的被毛，还有一些短毛品种有厚而浓密的被毛。猫的被毛分为针毛和绒毛两层，针毛较粗长，绒毛则很细密。

（六）猫的脸形和眼睛

大部分形态粗大的猫，如波斯猫和短毛猫，都有大而圆的头，宽宽的脸，短而扁的鼻子，以及大而圆的眼睛，眼距较宽，耳朵短但耳根宽，两耳位于头部，间距较宽，与圆的头盖骨相协调。外形较细巧的一类，如东方猫和外来短毛猫，则有较长的头，脸形细长，鼻子较长，鼻口部明显变窄，眼睛的形状也随种类的不同而有所差异，耳大而尖。

长毛猫及大部分的短毛猫，眼睛又大又圆；有些猫的眼睛是椭圆形或杏眼；东方猫和外来短毛猫的眼睛向耳朵外沿上斜（图 3－4）。

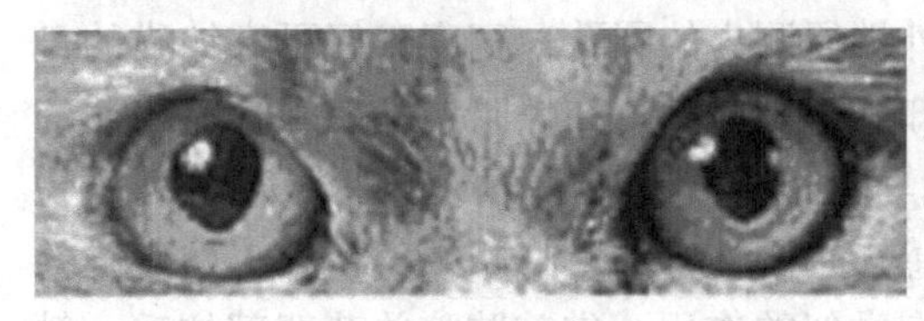

大而圆的眼睛　　眼梢外斜的眼睛

图 3－4　波斯猫和东方猫眼睛

五、猫的生理特点

（一）猫的生长发育

刚出生的幼猫体重约 90～120g，1 月龄体重约 350～450g，3 月龄体重可达 1 100～1 300g，6 月龄的体重可达 2 300～2 800g。雌猫在 3 个月龄以内时的生长发育速度较雄猫略慢；3 个月龄后，雌猫的生长速度要明显慢于雄猫。

在人工饲养条件下，猫的寿命最长也不过 13～18 年。野猫的寿命更短。猫龄 1 个月相当于人的年龄 1 岁；3 个月相当于人 5 岁；1 岁相当于人 13 岁；2 岁相当于人 24 岁。以后猫每长 1 岁，相当于人年龄长 4 岁。所以 13 岁大的猫相当于 68 岁的老人。

（二）猫的生殖生理

猫的性成熟年龄在 8～12 个月龄。雌猫发情表现为连续不断的大叫，通常所说的“猫叫春”就是猫发情时的主要表现。发情时雌猫有弓背、举尾、打滚的动作。若用手压按猫的背部，可见猫踏足和举尾，此时就能接受雄猫交配。公、母猫开始配种的最适年龄是 1

周岁左右，此时既已性成熟，也达到体成熟。一般来讲，猫一年四季均可发情，但在我国的华北地区及南部，气候炎热的“三伏天”则少发情或不发情。猫的平均性周期为14天，发情期持续3～7天，求偶期持续2～3天。猫平均的妊娠期63天（60～68天），产仔数平均为4只（1～6只），哺乳期60天。

猫的其他生理指标为：猫的体温（直肠）在38.0～39.5℃，但它易受环境温度影响而波动，一般为1℃左右，呼吸24～42次/分，心跳120～140次/分，白细胞9 000～24 000/mm^3，红细胞700万～1 000万/mm^3，血红蛋白13.8g/100ml。

（三）猫的感觉器官

1. 触觉

猫常用它的鼻端去感触物体的温度和小块食物，并借助舌的帮助，来分辨食物的味道和气味，以便能选择适合自己口味的食物。脚垫常用来感触不熟悉物体的性质、大小和形状。常常可以看到猫伸出一只脚，轻轻地拍打物体，然后把它紧紧地触压，最后用它的鼻子贴紧物体进行嗅闻检查。脚垫还能感知颤动，甚至能通过脚垫像耳朵一样听声音。

在猫的嘴巴周围，有着长长的胡须，这些胡须都是十分敏锐的触觉感受器，耳朵上的长毛也有这种功能。猫嘴巴两侧有16～20根胡子，左右长度加起来恰好和猫身体正面的宽度相同。因此猫在钻洞时，胡须全部伸展时外端所测出的圆孔，宽度正好可容纳猫的身体通过。猫的其他胡须及耳上的长毛，还能感知和辨别风向。在黑暗中，胡须具有雷达的作用，能很快感觉到眼睛看不见的东西，并能马上采取行动，避开或追捕所感触到的物体。猫的胡须是通过空气中轻微压力的变化来感知别的物体的，将胡须剪掉，将妨碍猫的捕猎本领，尤其是在黑暗的夜里。猫的睫毛也有类似的作用。猫前肢腕关节背部的毛，触觉也特别敏感，这是食肉动物特点，因为它是用前肢来抓捕猎物的。

2. 温热和疼痛的触觉

猫的皮肤上含有温冷感受器，以便感知周围环境的温寒，寻找最温暖地点睡觉或在天冷时卷曲身体。但是，猫的身体对温度感觉相对较差，温度超过52℃时，它才感觉疼痛，因此它们能蹲在人感觉很热的炉子上，甚至常常烧坏了被毛才有感觉。

3. 听觉

猫的听觉十分灵敏。猫可以听到声频在30～45 000Hz之间的声音（人能感到的声频在17～2 000Hz），可见猫能听到高频声音，人耳却听不见。猫对声音的定位很强，能够区分出15～20m远和距离1m左右的两个相似的声音。猫的耳朵像雷达一样地竖立着，在正常情况下，耳孔朝前方，收集来自前方的声音。猫耳壳的肌肉可随意操纵，在头不动的情况下，耳孔可作180°的摆动，便于听到来自左右的声音。它的鼓膜发达，不但能听到清晰的声音，而且即便在噪声中，也能分辨各种不同声音。猫对声音的记忆能力很强，主人的呼唤声、脚步声都能很快熟记。

4. 视觉

在猫的感觉系统中，视觉最为灵敏。猫眼的视野很宽，单眼视野约150°，双眼共同视野达200°，而人的视野只有100°。同时，猫的脖子可以随意地转动，从而更加扩大了视野的范围。在解剖上，猫眼球的上半球内具有一个反射细胞三角层，用来反射光线，使光线通过眼球达到视网膜的细胞上。到了夜间，只要有微弱的光线，猫的瞳孔便能极大地散开，可将光线放大40～50倍，因而可以看见东西。这种奇妙的光线折射方法和特殊的瞳孔调节机能，使猫具有了极好的夜视能力。无论对于数千年前习惯于夜行的猫的祖先，还是现在养尊处优的猫，都是非常重要的生理特征。但是，猫只能看见光线变化的东西，光线不变的东西猫看不见。所以猫在看东西时，常常要左右转动眼睛，使景物移动起来才能看清。同时猫的辨色能力极差，几近色盲，不能够区分颜色，只能观察到深浅不同的灰色。猫的视力不会随着年龄的增长而降低。如果把猫的头抬高并歪向一侧，用手掰开上侧眼的内眼角，就可以看到猫的第三眼睑——瞬膜。在猫遭遇强光或与敌人搏斗等情况时，第三眼睑起到保护眼睛的作用。

5. 嗅觉和味觉

猫的嗅觉很发达，嗅觉在猫的生命中，起着重要作用。猫在吃食之前，总是先嗅闻一番，然后再吃。猫的嗅觉器官是位于鼻腔的嗅黏膜上的2亿多个嗅觉细胞，这种嗅觉细胞对气味非常敏感，甚至能分辨出稀释成八百万分之一的气味。其嗅觉功能可与犬相媲美。发情季节的成年母猫和公猫，它们的身上常散发出一种特殊的气味，吸引它们相互嗅闻。去势后的公猫或母猫由于缺乏了表明性别的气味，常常受到同类的攻击。猫的味觉也很发达，能感知酸、苦和咸的味道，对甜味不敏感。如果喂给一些稍微发酸变质的食物，猫就会拒食。

六、猫的生活习性

（一）猫的捕猎本能

捕猎是猫的本能之一，是生存的技能。猫在未被家养之前以食肉为主，家养后仍然爱吃鼠类、鸟类、青蛙等动物，甚至连毛吃下也不会发生消化障碍，这与猫具有发达的消化系统有关。猫的猎食工具是爪，为经常保持爪的锐利和适当的长度，它要经常进行磨爪，所以家庭养猫，要经常为其修剪爪甲，还要专门准备一块木头让它磨爪。猫和狗、兔子等较大型的家养动物如果从小生活在一起，可以和平共处，但对于体型较小、生性好动的动物，如小鸟、小鱼、小白鼠等，猫就很难和它们相处，即使是吃饱了，也无法控制对它们进行攻击。母猫常将活的猎物带回家，给幼猫做示范，传授捕猎的技能。

（二）猫的运动能力

猫全身有230～247块骨头，500多块肌肉，比人类和一些动物还多。这些骨头和肌肉十分紧凑地构成了猫矫健的体形和发达的运动系统，猫的肌肉发达，收缩力强，奋力一跳可达2m多远，四肢运动频率快，幅度大，奔跑迅速，但耐久力差，不宜做长距离奔跑。猫的脚趾上长有厚实的肉垫，使猫在奔跑时声音很小，行走时几乎无声，因而猫在运动中能做到迅速而隐蔽。此外，猫的爬高本领在家畜中是首屈一指的。猫的四肢长有弯钩状的爪，能够牢牢抓住树干，但猫爪的钩都朝后生长，所以上树容易下树难。

（三）猫的洁净习性

在家养动物中，猫是非常爱清洁的动物，它不随地大小便，有自己固定的大小便场所，还会将自己排泄的粪便掩埋好。这完全是出于本能，是从祖先那里遗传下来的，以防止天敌通过粪便气味发现并追踪自己。所以家庭养猫可利用它的这种特性，耐心地调教它到卫生间或特设的便盆进行大小便。猫在吃食后，先舔干净自己的嘴巴，然后用舌头舔湿前肢的脚垫，再用前肢脚上的肉垫细心地进行洗脸。猫的“梳洗打扮”完全是一种生理需要。它经常舔毛，不仅能使毛光亮润滑，而且还能刺激皮脂腺，以保持毛的防水性。猫在舔毛过程中，还能从毛中舔食到少量的维生素 D，从而促进自己骨骼的正常发育。此外，舔毛还可使被毛蓬松，提高散热的功能，起到降温解暑的作用。猫在脱毛时，经常舔毛进行梳理，还可促进新毛的生长。猫也常用牙齿搜索隐藏在毛中的跳蚤和虱子，大猫也时常给幼猫舔毛咬虱。猫喜爱清洁，还表现在吃食上，猫（除非已饿急了）一般不会吃食盆中的残羹剩饭，并且不愿在肮脏的地方进食。所以养猫必须保持其食盆的清洁以及食物的新鲜。

（四）猫的夜行本性

家猫仍保持着野猫昼伏夜出的习性，其猎食、求偶交配等活动都在夜间进行，白天的大部分时间都是在休息或睡觉。所以根据猫的这一习性，每天的饲喂时间应放在早晨和傍晚，因为这时猫的机体内各种机能活动都很旺盛，不仅吃得多，而且消化功能也好，当然给猫配种的时间也应安排在晚上，以保证其较高的成功率。猫的这一习性，大多数养猫者均不欢迎，因为它常常把猎食到的老鼠、小鸟、野兔等作为战利品带给自己的主人。尤其是在求偶季节，猫在室内活动频繁，还常会把人从睡梦中吵醒。这虽是猫的本性，不可能完全彻底地纠正或克服，但经过养猫者的耐心调教，及在睡前关好门窗，在很大程度上还是能够得到纠正的。

（五）猫的性格

猫很容易与主人建立感情，因为它的感情很丰富，能以声音和肢体语言来表达自己的喜、怒、哀、乐。

天性孤独是猫在长期进化过程中形成的性格特征。野猫具有独来独往、浪迹天涯的生活习性，只有在繁殖期，公母猫才聚在一起，而家猫在很大程度上仍保存着这种孤独的性格。对日常用的食具、便盆，猫也不允许其他猫与之共享。所以家中一般只能养一只猫，最多不要超过 2 只，以免引起多只猫的争斗。

猫的嫉妒心强。它不允许主人把注意力转移到别的方面，无论是动物还是植物。如果主人带回一只新猫或是其他宠物，原来的猫就会郁郁寡欢，甚至消失不见。猫不但嫉妒同类，有时主人对孩子过多亲昵而忽视了猫的存在，它也会愤愤不平，这说明猫十分注重主人对它的态度，所以主人在饲养猫的过程中，要态度和蔼，注意与其培养感情。

猫和人的关系不像狗和人之间那么亲密，它总是以自我为中心，只做自己想做的事，而且自尊心极强，讨厌强迫做它不想做的事。这使得对猫进行调教时，要有更好的耐性。

（六）猫的睡眠特点

猫的一生中有 2/3 的时间在睡觉。猫不像人用整段的时间睡觉，猫每次睡眠的时间并不长，大约 1h 左右，但是每天要睡很多次。幼猫和老猫的睡眠时间要比成年猫更长。猫睡觉时的脑电波和人一样，快波睡眠和慢波睡眠交替进行。一般 6～7min 深睡阶段后转为

20～30min 浅睡阶段。所以猫的睡眠很轻，在睡眠时警惕性也很高。

（七）猫的领地感

猫设立领地与人建造、购买房子一样，它需要一个安全的地方用于吃饭、睡觉。猫的祖先在捕猎时是单独行动的，它们在可以给它们提供食物的地盘内巡查。尽管家猫已经不再需要自己寻找食物，但它们没有丧失圈出一块可以称为自己地盘的欲望。当猫在家中饲养一段时间后，它就逐渐形成了一个属于自己的领地范围，就再也不允许其他猫进入自己的领地，一旦有入侵者，就会立即发起攻击。即便是家中有不止一只猫，那么每一只猫也都有自己的领地，你会看到这只猫总在窗台上趴着，而那只猫总在沙发上出现。

（八）猫生性怕热、怕冷

猫身上汗腺较少，只在脚爪上有少量的汗腺，所以猫就难以将体内的热量排出来。鉴于上述情况，猫在炎热的夏天喜欢呆在通风、凉快的地方休息；在寒冷的冬天，则喜欢钻被窝、钻灶膛取暖。去势后的猫则更加怕冷。

（九）猫活泼好动，胆小又好奇

家猫闲不住，尤其幼猫更是活泼好动，爱嬉戏纸片、绒线球等。在主人的逗引和调教下，猫还可做出惹人喜爱的各种杂技动作。当主人用手抚摸猫时，它还会做出各种撒娇和亲昵的动作，很是惹人喜爱。

猫胆子特小，即使在休息或睡眠状态下，它也处于高度的警觉状态。深夜，只要听到轻微的声音或见到陌生的事物，猫就会立即睁大眼睛，并盯住陌生事物做好随时逃脱的准备。在遇到奇怪的东西时，如主人添买了什么家具、衣物，猫常会好奇地碰碰、闻闻。

（石锐）

第二节 短毛猫

一、苏格兰折耳猫

（一）苏格兰折耳猫概况

苏格兰折耳猫（Scottish Fold）的耳朵竟是整齐地扣在头上，于是很自然地在人们头脑中把它们划到了精灵族的一边，猫中的折耳精灵族。苏格兰折耳猫俗称苏格兰摺耳猫、苏格兰弯耳猫。1961 年，苏格兰折耳猫在靠近苏格兰库泊安格斯的一个农场首次被发现，从此便称为“苏格兰折耳猫”。不幸的是，四肢、尾部和关节畸形与折耳显性基因如影随形，所以 GCCF 不承认该品种。但后来经过美国遗传学家的精心培育，严重的关节畸形现象得到了控制。1973 年，CFA 正式承认该品种，并在 1978 年获得大满贯冠军地位。时至今日，它已成为美国十大最受欢迎的猫种之一。但在选购折耳猫时，也一定要确认尾巴的弹性，并要检查腿和脚。苏格兰折耳猫共有两种类型——折耳及直耳（正常的耳朵），因为折耳猫比较稀少，而且并不是每只猫生下来都是折耳的，所以折耳猫目前的价格比较贵。这种折耳型的耳朵是由于单一主导基因的作用而导致的，所有的苏格兰折耳猫的双亲中至少有一个是折耳猫。苏格兰折耳猫可以和美国短毛猫、英国短毛猫或和有正常耳朵的折耳猫后代相配。苏格兰折耳猫在刚出生的时候，耳朵都是直直的，大约到了四周龄的时候，可以看到苏格兰折耳猫的耳朵已经向前、向下卷起。现在，只有耳朵折下来的折耳猫才能参加公开比赛。这种猫的第一代都只有一层卷，而今天的达到展示品质的苏格兰折耳猫都有三层卷。

苏格兰折耳猫性格安静，个性温柔，聪明可爱，善解人意，往往能和包括狗在内的其他宠物和睦相处，也能够与小孩相处。苏格兰折耳是猫中的“和平大使”，这是由它与世无争的性格决定的。但是，“和平”多数指的是在成年猫之间，处在同龄的幼猫之间是很难和平共处的。谁多吃了妈妈的奶，谁踩了谁的尾巴，谁又私自占有玩具等等，都可以成为战争的理由。在大多数的时间里，小猫们除了睡觉，就是吃奶和打架了，这时的它们看不出有丝毫绅士或淑女的样子。但就像是不更事的小孩子，活泼好动的天性是共通的，等到小折耳猫们一天天地长大，它们的性格也逐渐地稳定了下来。不仅会与其他的猫相处得好，甚至对狗都很友好。它们贪玩，有爱心，非常珍惜家庭生活。它们的声音柔和，生命力顽强，并且是个优秀的猎手。也许是继承了祖先看仓库的特点，苏格兰折耳猫非常能吃苦耐劳。它的外表与其温柔的性格非常吻合，叫声很轻，也很少大声地“讲话”。它们乐意与人为伴，并用它们特有的这种宁静的方式来表达。苏格兰折耳猫能适应各种环境的家庭生活，无论家里有吵闹的孩子和狗，还是单身家庭，甚至在猫展上或陌生的旅店里都能很快地融入周边的环境，而不会感到不安。它们能经受严寒、恶劣的天气，并具有对疾病的抵抗力。

（二）苏格兰折耳猫的形态特征（图3－5）

图3－5　苏格兰折耳猫形态

苏格兰折耳猫外表十分美丽和可爱，典型特征有：身体、头部和四肢都圆乎乎的；头盖骨扁平，拥有强壮而有力的下巴及颚骨；大而圆的眼睛，短而挺直的鼻子；折下的耳朵指向前方，耳垂也向下折，因此耳尖指向前方；尾粗短，长度与体形成正比；其毛色繁多，除了没有巧克力色和淡紫色的之外，具有所有英国和美国短毛猫所拥有的毛色，包括纯色、斑纹及双色等，这种猫给人的印象是它看上去非常沮丧，像猫头鹰，而除了表情之外则像美国短毛猫或英国短毛猫。

身体：大小中等，矮胖，浑圆，肌肉非常发达，骨骼大小中等。

头部：圆形，前额凸鼓，脸颊浑圆，成年雄猫允许有双下巴，颈短而有肌肉感。

鼻子：宽而短，微微有鼻中断是可以接受的。吻部微微呈圆形，下巴坚实。

耳朵：小，向前翻折，如同帽子，间隔大，耳尖呈弧形。

眼睛：大而圆，间距相当大。颜色和被毛相呼应。

四肢：长度和身体长度成比例。骨骼中等大小，爪浑圆而紧凑。

尾巴：不大于身长的 2/3。基部粗大，向尾尖逐渐变细，最后尾尖收拢为圆形。

被毛：短而密，有弹性。

（三）苏格兰折耳猫的毛色

黑白色猫 折下的耳朵指向前方，耳垂也下折。至今仍有一个不太明显的特征，即粗短的腿，这种情况已经由和其他猫种进行异种杂交来加以控制。

蓝白色猫 每一只猫的颜色由浅到中等深度不一，与白色被毛部位形成对比。蓝色毛在脱毛前可能会略微变为铁锈色。双色猫往往最受欢迎，尤其是眼睛颜色对比清楚的猫。这个品种 1973 年在美国被接纳注册，1984 年，又为不列颠猫协会承认。

玳瑁白色猫 玳瑁图案明显，并夹有白毛部位。

暗灰黑色和白色猫 颜色可能是因猫而异，但是主要是白色底层被毛和黑色护毛与形状各异的纯白色部位形成对比。

（四）苏格兰折耳猫的疾病

苏格兰折耳猫体内负责生长出卷耳的显性基因，可能导致苏格兰折耳猫患遗传性疾病。

耳朵卷曲异常 苏格兰折耳猫并不总是会长出理想的既小又紧紧卷曲起来的耳朵。有些苏格兰折耳猫的耳朵的卷曲的情况是相当严重，以至于耳道几乎被完全堵塞住了。还有一些猫的耳朵可能会既大又软。这两类苏格兰折耳猫耳朵内的空气循环情况非常糟糕。

厚肢骨病 苏格兰折耳猫的尾骨和腿骨可能会太重太厚。虽然这种疾病不至于威胁其生命安全，但是患上这种疾病的猫让人看上去不太舒服，因而没有资格去参加在美国举行的各类猫展。

耳聋病 这种疾病原先被认为是苏格兰折耳猫普遍患有的疾病，但现在人们了解到这种疾病的致病原因在于其控制毛色的基因。只有白色苏格兰折耳猫才会患这种疾病。

二、暹罗猫

（一）暹罗猫概况

暹罗猫（Siamese）又名泰国猫，在泰国是皇家庙宇中具有传奇色彩的守卫者。过去暹罗猫被作为珍稀动物而精心饲养、足不出户。1871 年，泰国国王送给英国驻曼谷的总领事欧文两只暹罗猫，欧文将它们带回伦敦，同年暹罗猫在伦敦水晶宫展出。1890 年，泰国国王又赠送给美国友人数只暹罗猫，从而使这个品种传到了美洲。它与众不同的外表，有别于当时人们所知晓的其他猫种，加上其独特的身世使这种猫迅速地在富裕的养猫爱好者之间流行开来。它优美的体形使之成为世界著名的短毛猫家族中的贵族品种。

暹罗猫性成熟早，雌猫长到 5 个月即可受孕，平均每窝产仔 5～7 只，属于多产的猫。出生后 2～3 月的幼猫要注意饲喂维生素 A，因为此时它容易患消化道和呼吸道疾病，生长期也要补充维生素 D，预防佝偻病的发生。

暹罗猫个性鲜明，它性格外向，精力充沛，灵活可爱，好奇心强，喜欢与人为伴，善解人意，对人非常亲昵，所以不应该在没有人陪伴的情况下整日留在家里。暹罗猫相当聪明，可以叫它做很多事情，如它们能被训练表演杂技，走钢丝、衔回物品等。如果主人给予格外的呵护，它会成为忠诚的朋友。然而，这种猫也有缺点：多愁善感、嫉妒心强，尤其是攻击性强，而且非常吵闹，因为它有一副奇特的大嗓门，像小孩的啼哭声，发情时更甚，令人生厌。所以暹罗猫被认为是惟一一种有些神经质的猫，这是和其他品种最大的区别。

（二）暹罗猫的形态特征（图 3－6）

图 3－6 暹罗猫形态

身体：体型修长、适中，呈典型的东方型苗条体型。骨骼纤细，肌肉结实，颈长，体长。

头部：细长呈楔形。头盖平坦，从侧面看，头顶部至鼻尖成直线。脸形尖而呈“V”字形，口吻尖突呈锐角。鼻梁高而直，从鼻端到耳尖恰为等边三角形。

耳朵：耳朵的根部要宽，并逐渐的直细到耳尖。

眼睛：呈银杏形，颜色为深蓝或浅绿色。从内眼角至眼梢的延长线，与耳尖构成“V”字形，眼微凸。

四肢：后肢细长且稍长于前肢，足小，呈圆形。

尾巴：细长，尾尖部弯曲，长度与后肢相等。

被毛：全身被毛短，整齐柔软，毛色一般为米黄色，背部的毛为淡黄色，腹部大多为白色。暹罗猫被称为重点色品种，即身体末端部位如面部、耳、四肢下部和尾部位的颜色比其他部位深。

（三）暹罗猫的毛色

幼猫刚出生时全身被毛均为白色，经过6～12个月，身上的被毛才逐渐变深，并出现色点。生长环境的温度对暹罗猫的体色有直接的影响，温暖环境下成长的猫重点色颜色较浅。主要毛色有：

乳黄重点色猫　身体背部和两侧是浅乳黄色，其余部分是白色。重点色是较深的乳黄色，双耳、面部和尾巴上最明显。

红色斑点猫　红色斑点猫原来被形容为“橘黄色重点色猫”，1934年，首次在英国展出时，因颜色与传统暹罗猫不一致而引起争议。身体背部和两侧的杏黄色，加上白色色调，与明亮的带浅红的金色成对比。脸部、腿和尾巴上有着零星的虎斑色。

淡紫重点色猫　最早出现在1896年英国的一个展览中，当时因为那只暹罗猫的颜色“不够蓝”而被淘汰。略带粉红色的灰色重点色与身体上带米黄色的浅桃色形成对比，眼睛是明亮的蓝色，尾部不能有深色的环纹。

蓝色重点色猫　是传统暹罗猫之一，身体白色在背部逐渐变成淡蓝，对这种猫而言，色彩的特征很重要，却很难培育出符合标准的色彩。

巧克力重点色猫　重点色应该是渗着乳黄色的巧克力色状，和象牙白的身体形成对比。耳朵颜色必须和其他斑点颜色一样，只是腿上的斑点可以稍浅些。

巧克力玳瑁重点色猫　背部和两侧的颜色是杏黄色或浅褐色。渗有乳白色的褐色重点色里夹杂着不同颜色的浅色块。

红色虎斑重点色猫　带有虎斑的暹罗猫最早被称为“影子重点色暹罗猫”，后来又被称为“山猫重点色猫”，英国在1966年才正式称之为红色虎斑重点色猫。体色是白色，背部和两侧略带杏黄色。耳朵和尾则是鲜艳的微红金色斑纹。

巧克力虎斑重点色猫　所有虎斑重点色猫头上都有一个明显的“M”形虎斑，而在深色猫上则更突显。虎斑点的另一个特征是脸的两侧各有一条由眼睛延伸出来的“铅笔”纹线。身上的象牙白会随着年龄的增长不断变深。腿上有条纹，尾上则是环纹。明亮的深蓝色眼睛有深色的眼圈。

（四）暹罗猫的已知疾病

斜视症　是暹罗猫患的一种先天性缺陷症。这种缺陷据说是被用来弥补它们两眼极差的视力。虽然病猫看上去像是斗鸡眼，但它们的视力好像从来都未被损害。对这种缺陷目前没有手术或者别的治疗手段能治愈。

尾骨弯曲症　一块尾骨弯曲的度数最高达90°，暹罗猫患这种病的概率好像比其他种类的猫都要多。病骨通常在尾梢上，但实际可能在尾上的任何一个部位都能出现。这种病虽然对猫咪的健康无碍，但在猫展上被认为是一种缺陷。

吞食羊毛症　暹罗猫患这种病的情况通常比其他种类的猫更为普遍，任何一块丢在屋里的布上面都有可能有它咀嚼而留下来的大洞。暹罗猫的这种行为被认为与情绪紧张有关。

黏多糖病（MPS） 是暹罗猫患的一种罕见的发育性疾病，诱发侏儒症、骨骼和关节疾病，面部和舌头发育畸形、眼角膜的模糊不清。临床症状在幼猫长到2～4个月大时开始显现出来，患此病的猫通常3岁之前就会死掉。

心脏病 是暹罗猫经常患的一种遗传性疾病，影响心脏膜瓣或心肌。有些患此病的猫到老龄的时候才显现出症状。

三、日本截尾猫

（一）日本截尾猫概况

日本截尾猫（Japanese Bobtail）起源于日本，也叫花猫或短尾花猫。几个世纪以来，日本几乎是一个与世隔绝的国家，直到第二次世界大战后，日本截尾猫才由日本传到美国，在美国得到了精心的培育和改良，终于成为现在的品种。起初日本截尾猫为黑色，后来逐渐有白色和红色出现。如果天生就是红、白、黑三色，则被认为是幸运的象征（即所谓招财猫），这种猫纯白背景色上有粗龟壳纹印迹。而且日本截尾猫坐着的时候往往要抬起一只前爪，据说这种姿势代表吉祥如意，所以深受日本人民的喜爱，有很多家庭饲养，三色猫也常在一些国家的文艺作品和绘画中出现。1963年，日本截尾猫在美国首次参加了猫展，但在欧洲饲养的不多。曾于1971年获得了美国猫爱好者协会的暂时认可，但是在英国尚未得到公认。日本截尾猫的主要特征是尾巴短而弯曲，尾端毛特别浓密，类似兔子的尾巴。休息时，尾巴经常弯曲贴近身体，行走时，尾巴则是竖立的。

日本截尾猫的身体中等大小，肌肉发达，头部呈三角形，耳朵宽而直立，脸部呈圆形、颧骨特别高，眼睛呈椭圆形并凹陷，长长的鼻子，常被描述为“日本型”。日本截尾猫感情丰富，对人友善，独立、好奇、活泼可爱，动作优美敏捷，感情丰富，忠诚，叫声柔媚清脆，使人感到亲切动听。贪玩的日本截尾猫需要大量的玩具和运动，不能整天单独留在家里。和孩子相处得很好，但对其他猫、狗的态度不怎么友好。日本截尾猫喜欢游泳，同时是一个优秀的猎手，经过训练可衔回小猎物。公寓和室外生活都能很好的适应。很少脱毛，每周只需梳理一次毛发即可，非常适宜家庭饲养。

（二）日本截尾猫形态特征（图3－7）

图3－7 日本截尾猫形态

头部：长而尖，成等边三角形，颧骨高而明显，眼睛下方有轻微的凹陷，吻部和脸颊分界，长而清晰的鼻子，髭毛垫明显。

身体：中等大小，修长，肌肉发达，但不显笨重。

耳朵：宽而直立，间距大，安静时稍向前倾。

眼睛：大而呈椭圆形，侧看明显倾斜。

四肢：腿修长，但不纤细或虚弱，后腿明显比前腿长。爪呈椭圆形。

尾巴：尾的最大长度为8～10cm，尽量伸展状态可达10～13cm。尾端更长更厚的毛发使尾呈绒球状。

被毛：柔软、丝质但没有真正的底层绒毛。有两个变种：半长毛或长毛。三色（红、白黑）和双色（红、白）图案为佳。

四、卡尔特猫

（一）卡尔特猫概况

卡尔特猫（Chartreux）原产法国，据说是由法国卡尔特派的修道院僧侣培育出来的品种。在法国，虽然会捉老鼠的猫咪很受农家欢迎，但人们喜爱卡尔特猫闪亮的被毛，所以并没有将其作为猎鼠猫，反而经常被人们宠养着，直到1970年左右，它的血统才流传到美国。

卡尔特猫身体健壮，忍耐力很强，独立性强，能适应各种不同的环境。性格温顺，非常机灵乖巧、有教养。易与人亲近，虽然对陌生人会有戒备心，但不会攻击人，如果你能温柔地对待它，会很快地与你亲近起来。所有猫的优秀性情，甚至狗的优点都可在它身上看到。

（二）卡尔特猫形态特征（图3-8）

图3-8 卡尔特猫形态

卡尔特猫体型稍胖，毛色为蓝灰色，这是卡尔特猫最大的特色。它那一身蓝灰色的弹性被毛，既厚又柔软，并且闪耀美丽光泽，极具魅力，属于皮毛略长的短毛种猫。头稍大呈圆形，配上一对鼓鼓的双颊，金黄色的眼睛圆大明亮，表情丰富，看起来颇为聪明可爱。

头部：圆形，两颊饱满，上下颌突出，嘴唇为黑色。

耳朵：耳位较高。

眼睛：圆，颜色金黄、橘红或铜黄色。

四肢：粗壮，肌肉发达。

被毛：浓密，光滑，酷似水貂皮。

五、缅甸猫

（一）缅甸猫概况

缅甸猫（Burmese）源于缅甸，但今天的品种则可追溯到1930年。当时美国约瑟夫·托普森博士从缅甸带回一只栗色母猫，由于当时在美国找不到同品种的公猫，所以只好让它和暹罗猫交配，继而又在哈佛大学研究室中，有计划地进行一系列的近亲繁殖，最后培育成今天的缅甸猫。1936年，被养猫协会承认，并制定出相应的标准。

缅甸猫是在欧美非常流行的猫种，它的主要特征就是细长的四肢，且前肢比后肢短，以及一双金黄色的眼睛。就其体型来说，缅甸猫的体重显得偏重，而它短短的被毛如缎子般光滑，所以通常被形容为“包在丝绸里的砖”。

缅甸猫以圆著称，无论头部正面还是侧面，从头到尾都是圆头圆脑，浑圆丰腴。缅甸猫有一双大大的、富有表情的眼睛，显得既天真无邪又充满诱惑，它们的目光是它们的“武器”，用一双若有所求的大眼睛望着你，令你无法抗拒，然后它就能得到自己想要的东西。主人一旦开始喂养它就再也无法抗拒它的魅力。缅甸猫较早熟，长到约5个月就开始发情，7个月就可交配产仔。缅甸猫寿命较长，一般为16～18岁，有的甚至更长。

缅甸猫性格温柔，活泼好动，叫声轻柔，富于表情，勇敢，聪颖，爱撒娇。缅甸猫非常依赖人，喜欢与人接触，它的个性有些像狗，喜欢跟在人的后面，接受人的爱抚，它们喜欢躺在主人温暖的腿上或被子里，或躺在主人的身上，能持续跟人玩几个小时；非常容易训练。

（二）缅甸猫的形态特征（图3-9）

身体：中等身形，肌肉发达，身体结实；胸部宽阔丰厚，四肢与身体成比例。

头部：不论从正面或侧面观看，头部均呈圆形，下巴结实浑圆。

耳朵：根部宽阔，耳尖浑圆，耳位稍偏下，耳朵外侧轮廓线为脸部延伸。

眼睛：又大又圆，间距较宽，颜色由黄色至金黄色，越浓厚越光亮越佳。

四肢：足部呈圆形，前肢各有5趾，后肢则有4趾。

尾部：尾直，属中等长度，逐渐向末端变细，末端呈圆形。

被毛：短密，具有丝绸般的光泽。

（三）缅甸猫的毛色

棕色、黑紫色为最基本的毛色，另外还有红色、奶油色、蓝色、巧克力色、紫色等毛

图3-9　缅甸猫形态

色。其中以全身呈黑貂棕褐色为最理想。

巧克力色猫　整个身体颜色是深褐色，下半身的颜色比较淡。色度相当均匀，没有任何斑纹。另外，面部和耳朵颜色比其他部分稍微深些。

蓝色猫　缅甸猫的蓝颜色其实是一种柔和的暗银灰色，或者说是"独特的银色"。脚、脸和耳朵上银色光泽最为明显。背部和尾巴上的颜色可以略为深一些。

棕色猫　成猫应该有着很深的海豹褐色，身体下方颜色略深一点。泰国早在好几个世纪前就有了这种类似的猫种，而西方国家一直到19世纪30年代才开始培育这个品种。

褐色玳瑁猫　外形是最重要的特征，褐色与红色夹杂的被毛，没有宽条纹。和其他玳瑁猫一样，几乎全是母猫，因为培养出来的公猫均无法生育。

棕色玳瑁猫　典型的缅甸猫，有时称为"普通玳瑁猫"，和其他缅甸猫一样，缺少黑色素。因为其颜色由棕色和红色结合而成，故属于特殊的玳瑁斑纹。头部非常特别，评审时，外形往往比颜色和斑纹更重要。

淡紫色玳瑁猫　身体下方颜色比背部略浅些，零星的白毛并非大的瑕疵，但是若有白色斑块则被视为严重缺陷。被毛具有天然的光泽，这种光泽突现了缅甸猫优美的体形。颜色应该是淡紫色和乳黄色的结合，因此，它有另一个名称"淡紫乳黄色猫"，被毛上不能有任何宽条纹。但颜色可以有相当大的变化。与其他玳瑁猫一样，颜色深浅的差异使得被毛看上去好像是由多种不同颜色组成似的。

（四）缅甸猫的已知疾病

缅甸猫很少生病，但也有一些典型的缺陷。

尾骨弯曲症　一块尾骨弯曲的度数最高达90°，缅甸猫患这种病的概率好像比其他种类的猫都要多。病骨通常在尾梢上，但实际可能在尾上的任何一个部位上出现。这种病虽然对猫咪的健康无碍，但在猫展上被认为是一种缺陷。

颅骨发育异常 是遗传性发育畸形，这种病第一次出现在 20 世纪 70 年代，常常导致患病的缅甸猫死亡。

平胸症 幼猫患此病，病因是肺受到心脏的挤压，引起病猫呼吸困难和心脏功能衰竭。这种病可以遗传，症状通常在幼猫长到 2～6 周龄时就表现出来。

六、英国短毛猫

（一）英国短毛猫概况

英国短毛猫（British Short Hair）是一种历史悠久的品种。这一品种可能是由两千年前罗马殖民者带入不列颠群岛的家猫进化而来。它们看上去像是猫和玩具熊的混血动物，圆圆的惹人喜爱。但是它们大概也是最善于捕猎的猫类之一，被英国人公认为是“捕鼠能手”。虽然英国短毛猫厚厚的毛，壮实硕大的外表以及缺少外来血统使它们在猫展上的受欢迎程度受到限制，但它们的基因可以从世界各地大量被当作宠物的非纯种短毛猫的身上找到。在早期，单一颜色的猫比有花纹的猫更受欢迎，其中倍受赞赏的是蓝灰色猫，有时它被认为是英国蓝猫的惟一品种。第二次世界大战结束后，英国短毛猫的培育计划再度展开，英国短毛猫和波斯猫杂交，以进一步塑造其形象，并丰富被毛色彩。该品种的新品种多彩斑点 1980 年被 CFA 承认。经过了多年的繁殖控制，才得以培育出今天所见到的英国短毛猫。现在英国短毛猫已广为全球的爱猫组织所承认。

英国短毛猫的被毛细密，使它们得以抵御英国严寒的冬季和低矮灌木丛的伤害。由此可知，它们一身的短毛足够给它们提供温暖和保护。英国短毛猫的毛色在英国官方数据中有 17 种之多。其中有些毛色因为甚受欢迎，几乎可以独立成为一个品种。目前，在英国引以为傲的毛色是蓝色，而另一个亦颇受欢迎的毛色为法国蓝色。英国短毛猫中也有虎斑纹的品种，但很多时候被认为是另外一个独立的品种。

与东方猫相比，英国短毛猫的体型短胖，体格强壮，肌肉发达，体重也更重，成年公猫比母猫体型大很多，重量可达 6.5～7.5kg，有的甚至可达 9kg 以上。并且性格更安静，喜欢与人亲昵，叫声轻而甜美，深受人们喜爱。它精力充沛，贪玩而且非常有爱心，易于适应城市或乡村的生活。英国短毛猫是主人的良伴，它们独立之余，仍热爱家中的每一位成员。英国短毛猫和其他的猫、狗也相处和谐。英国短毛猫的发育相对较晚，要到 2～3 岁时才完全成熟。它的毛很容易梳理，主人每天都应该梳理它的毛，特别是在脱毛季节。

（二）英国短毛猫的形态特征（图 3－10）

身体：中等到大型，紧凑，浑然一体，胸、肩、臀均宽，肌肉发达。

头部：头宽、圆而大，满月脸颊，凸出的吻部，鼻子短，宽而直，微微凹陷。下巴坚固，和鼻子构成垂线。

耳朵：大小中等，基部宽，耳尖圆形，间距适中。

眼睛：大而圆，间距大，颜色和被毛颜色相协调为佳（古铜色，金色，蓝色，绿色，蓝绿色，双色眼）。

颈部：颈短粗，肌肉发达。

图 3－10　英国短毛猫形态

四肢：腿短而有力，骨骼强壮，肌肉发达，圆形爪。

尾巴：长度为身长的2/3，基部粗大，从基部到圆形尾尖呈逐渐变细趋势。

被毛：毛型短而密，质地暗。

（三）英国短毛猫的毛色

毛色品种很多，但在所有品种中，以纯色的品种较受欢迎；而在纯色品种中，又以蓝色的品种最受欢迎。目前，一只纯种的蓝色英国短毛猫的价格高达几千元人民币。

主要毛色有：

橙眼白色猫　眼睛颜色可从深金色到橙色及铜色不等。橙眼白猫比橙眼黑猫更受欢迎。

蓝眼白色猫　第一只蓝眼白色英国短毛猫出现于 1980 年，常常成为展示会上的优胜者。除眼睛颜色外，在其他方面与别的白色英国短毛猫相同。

怪眼白色猫　一只橙眼一只蓝眼，怪眼白色英国短毛猫是从橙眼英国短毛猫的繁殖计划中培育而成的。

蓝色猫　蓝色英国短毛猫有典型的圆脸，尤其在幼猫时。没有阉割的公猫在成长过程中会长出特别的颈垂肉。

蓝白色猫　培育蓝白英国短毛猫的目的是想改良成白色被毛占 1/3，而其余为匀称的纯蓝色。理想的蓝白英国短毛猫颜色应分布于头、眼、背及体侧，身体下方是白色。

玳瑁色和白色猫　带有斑点，因此与玳瑁猫不同。这种古老的猫在英国原称为“印花白猫”，在美国称“花斑猫”。被毛上有三种颜色，分布于身体各处，任何一种颜色都应很明显。

蓝乳色猫　因为培育蓝乳色猫的目的是要获得乳黄色和蓝色均匀结合的猫，所以被毛上的任何一种颜色都不能呈碎片状。

玳瑁色短毛猫　黑白和淡红色及浅红色毛结合在一起形成玳瑁壳色，窝仔中颜色最深的幼猫通常会长成颜色最佳的成猫。

银色斑点猫　斑点猫中最受欢迎的猫之一，被毛上银色的体毛与深黑色斑纹形成十分强烈的对比。斑点必须清晰，不能相互搀杂。

暗灰黑色猫 银色的底层被毛和外层毛形成对比，产生一种奇特的闪烁效果。坐着不动时和纯黑色短毛猫没有区别，但行走时，明显可见银色底层被毛，效果绝妙。

蓝色标准虎斑猫 标准虎斑花纹的猫头可见“M”形斑纹，较深色的两条纹延伸至双肩，构成蝴蝶形状，一条完整的线纹沿背而下延伸至尾部，两肋腹上各有较深色的细环纹围绕，尾尖是深色。

红色标准虎斑猫 斑纹必须清晰，完全对称。任何白色痕迹都是严重缺陷。标准虎纹和鱼骨状虎斑的区别在于斑纹花样不同。标准虎斑花纹呈漩涡状，但鱼骨状虎斑呈纵条纹沿身体而下。

（四）英国短毛猫的已知疾病

英国短毛猫除了耳聋这种白猫常患的遗传病之外，很少患特别的疾病。

七、美国短毛猫

（一）美国短毛猫概况

美国短毛猫（American Short Hair）是最早被人们所承认的美国猫种，与英国以及欧洲短毛猫非常相似，并且在各自的发源地同样受到欢迎。与英国短毛猫相比，脸形和嘴稍长，没有英国短毛猫的脸圆，身体略大，条纹色较多。美国短毛猫据说起源于1620年的英国殖民时期，来自欧洲的清教徒带着猫咪，搭乘着“五月花”号船，渡过海洋来到美国，在船上，这些猫咪发挥天生本领，捕捉专吃船上食粮和散播疾病的老鼠，所以这些美国短毛猫的祖先又被称为船上的“工作猫”。这些猫与本地纯种猫杂交形成了新的猫种，最初被称为短毛猫，后来又被称为家用短毛猫。CFA于1906年，正式发出官方认证给此种猫，也是CFA最早认证的5种猫种之一。在20世纪初，由于有一些外国品种猫被介绍到美国，美国短毛猫的土生血统便开始被削弱，美国养猫者和猫展裁判更喜欢外形好看的本地长毛猫。直到1965年一只银白色斑纹短毛猫赢得了年度猫的称号后，这种猫的名字被改为美国短毛猫，这个新的名字停止了人们对美国短毛猫及其他短毛猫的混淆。

美国短毛猫大约有80种以上的毛色和外观。从褐虎斑到反光的蓝色眼睛，从银色斑纹到闪动的白色棉质光泽，有着多种不同的颜色。在美国短毛猫中，银虎斑猫是最受欢迎的，其中最有名的是，额头有M字及肩膀有蝴蝶花样、背部有三条斑纹、侧腹有靶子花样的古典虎斑。这种相貌堂堂、仪表出众的外表及色泽，颇为符合美国雄伟的自然环境。

美国短毛猫为人所熟悉是因为它长寿、强壮和健康。一般来说，美国短毛猫的寿命可达15～20年之久，每年只需体检一次即可。而由幼猫完全长成为成猫则需要3～4年的时间。雄猫的体型明显比雌猫大，雄猫的体重在6～8kg，而雌猫体重则在4.5～6.5kg。料理简便，每周梳理一次即可，但在脱毛季节，应每天梳理一次。

美国短毛猫遗传了其祖先的健壮、勇敢和吃苦耐劳，它们的性格温和，不会因为环境或心情的改变而改变。美国短毛猫有着独立、开朗、乐观、积极的个性，好奇心强，喜欢尝试新奇事物，并且善于捕鼠，适应性强。它们总是充满耐性、和蔼可亲，不会乱发脾气，不喜欢乱吵乱叫，十分适合有小孩子的家庭饲养。它们自身的抵抗力很强，很少生病，是花费医疗费用最少的猫。

同样，美国短毛猫也是十分聪明的猫种，它们虽然不会表演高空接球之类的小把戏，但主人可以教会它们答应自己的名字和远离沙发等家具。你会发现一只居家的美国短毛猫更乐于躺在你的腿上，享受你的爱抚。它们会很珍惜自己的玩具，尤其是主人不在的时候，它们会发明多种不同的玩法，使自己不感到孤单。美国短毛猫很乐于跟其他的动物相处，当中也包括鸟和狗。

（二）美国短毛猫的形态特征（图3－11）

图3－11　美国短毛猫形态

身体：结实有力，骨骼粗大，肌肉发达，肩膀，胸部，后臀及腿部发育良好，背部宽阔扁平。雄性猫要比雌性猫体型大，身长略长于其高度，侧面看，身体可分成三等分。

头部：宽而呈椭圆形状，双颊丰满，方正、牢固的下巴，颌部有力。公猫必然是双下巴。额头“M”字花纹。由头顶至颈项，形成凸形且平滑的线条，从正面看，头顶平缓，两耳之间并没有明显的隆起。

耳朵：大小中等，耳尖较圆，基部宽阔。

眼睛：圆，较大，双眼距离应至少有一只眼睛的宽度，眼梢外侧微微上扬，上眼睑像半粒杏仁，下眼睑则形成圆形曲线，眼睛明亮清晰，眼神机警，眼睛颜色随被毛颜色而不同。

鼻子：中等长度，长度与宽度相同，从侧面看，向内弯的鼻梁从前额伸延至鼻尖。

四肢：腿结实，爪呈圆形，有着厚厚的肉垫。

尾巴：中等长度，基部粗，往尖部逐渐变细，尾尖呈圆形，尾部的位置与背部几乎成一条直线。

被毛：短且厚，质地生硬，被毛浓密，以抵御水气、寒冷和表皮损伤。

(三) 美国短毛猫的毛色

毛色超过一百种，银虎斑是最为人熟悉的美国短毛猫颜色。它的形象经常在电视和杂志广告中出现，是美国最受欢迎的十个纯种猫之一。主要毛色有：

黑色猫 脸形不太圆，鼻子稍长，整体外观上略大于欧洲短毛猫。

怪眼白色猫 白色美国短毛猫可以培育出3种，只有眼睛的颜色不同而已，然而蓝眼睛会造成耳聋，聋耳和蓝眼位于同一边。

红色标准虎斑猫 这种颜色的美国短毛猫往往比同色的英国短毛猫略大，红色猫一直很受欢迎。从上往下看，肩部斑纹形状应更像蝴蝶，蝶翼斑纹轮廓清晰。自"蝴蝶"中心位置有一条深色线延伸至尾部，两侧各有一条较深条纹，条纹和线纹之间的底色较浅。

银白色标准虎斑猫 底色是迷人的银白色，斑纹颜色是深黑色，相互衬托。1965年，一只银白色虎斑猫获得当年"美国猫"称号后，整个品种由"短毛家猫"改称"美国短毛猫"。

红白色梵型虎斑猫 "梵"的名称，源于带有同样图案的土耳其梵猫。虽然外形和其他美国短毛猫没有区别，但斑纹图案却别具一格。体毛颜色主要是白色。较深颜色部位和虎斑斑纹局限于头部、腿部和尾部。

乳黄色骨状虎斑猫 被毛底色浅乳黄色，斑纹是暗黄色。鱼骨状虎斑因其在野猫身上也有，有时称"自然"或"野生"图案。

蓝色鱼骨状虎斑猫 斑纹图案应对称。和标准虎斑猫一样，身体下方有斑点；斑纹优良的猫颈部和上半胸部上有许多道较深色环纹。鱼骨状线纹数量应多，但不应该相互搭接。底色浅并延伸至嘴唇和下巴，鼻子和掌垫是淡雅的玫瑰红色。

蓝乳黄色猫 玳瑁色猫的淡化形式，有时称"蓝色玳瑁色猫"。和其他玳瑁色猫一样，基本上只有母猫。身上不应有任何虎斑。吻部必须呈方形，鼻梁凹陷。鼻子分别有蓝色、粉红色或兼有这两种颜色。

渐层巧克力色猫 渐层巧克力色猫底色呈浅白色，毛尖上带有巧克力色，各种深浅不一的层次遍布身体。渐层最深的是背部，侧腹渐层较浅，身体下方是白色。

八、俄国短毛猫

(一) 俄国短毛猫概况

俄国短毛猫（Russian Blue）原称"阿契安吉蓝猫"（Archangel Blues），原产于俄罗斯北部的白海沿岸或斯堪的纳维亚地区，早在17世纪从俄罗斯的港口被带到英国。俄国短毛猫外表既高贵又美丽，被许多猫咪爱好者们认为是最好的家庭宠物猫，又有"短毛种之贵族"和"冬之精"的美誉。二次世界大战以后，俄国短毛猫的数量急剧减少。为保存这个品种，培育者用蓝色重点色暹罗猫来与之进行杂交，这样所获得的猫外形更具异国情调。近年来培育者已努力使其恢复独特的传统外貌。它们早期在展示会上和英国短毛猫作同类型展出，后者往往获胜。但1912年起，俄国短毛猫被单独分组，称作“外来种蓝猫”。近年，已培育出此品种的黑白猫，主要是在澳大利亚和新西兰。

俄国短毛猫基本上算是一种“外来”或东方类型的猫种。它的体格比较柔软，骨骼结构小，身材细长，腿也很长。与其他种类的短毛猫相比，俄国短毛猫头部比较长，并呈楔子状，耳朵根部较宽，并且大而尖。全身的被毛短而密集，并呈直立状。传统的俄国短毛猫的毛色为蓝色，上面有一层银白色光泽。

俄国短毛猫生性温和、稳重，安静害羞，怕生，不愿外出。动作灵巧、敏捷，身体强健，特别耐寒。叫声非常轻柔甜美，感情丰富而温顺，能与家中其他宠物和平共处，易于饲养。脚掌小而圆，走路像是用脚尖在走。对主人非常信任，喜欢取悦主人，是极受欢迎的家庭宠物。

（二）俄国短毛猫的形态特征（图3-12）

图3-12 俄国短毛猫形态

身体：身材苗条，颈部细长。

头部：头宽脸尖细，呈楔形，胡子很长；耳宽大。

眼睛：除幼猫外，眼睛呈杏仁形，为翡翠绿色。

四肢：细长，后腿比前腿稍长，趾小而圆。

尾巴：尾长度适中，到尾梢逐渐变细，毛也不像身体上的毛那么厚。

被毛：全身浓密而柔软的厚绒毛卷曲，为双层毛，触之有天鹅绒般柔滑感觉，并闪烁着一种银蓝色光泽。

九、埃及猫

（一）埃及猫概况

埃及猫（Egypt）又称埃及神猫。埃及猫原产于埃及，可能是世界上最早出现的家猫。埃及金字塔里的墓葬画以及许多其他种类的雕刻和绘画中都可以看到这种引人注目的斑点猫的形象。在古埃及，猫是神的化身，人们对猫非常崇拜，死后要厚葬。因为古埃及人饲养这些猫是为了防止老鼠对谷仓的破坏，以保护粮食，粮食是古埃及文明赖以生存的基础。由于古埃及的衰落导致了埃及猫的地位也随之动摇，直至公元4世纪康士坦丁统治时期，埃及猫才又开始被人们饲养。埃及猫形成固定品种起源于20世纪地中海地区的一位王妃，她将一只从开罗引进的猫与一只意大利猫杂交产子。后来，该猫的后代被带到美国繁衍，并于次年在美国注册和首次参展，受到美国家庭的普遍欢迎。

埃及猫据说是惟一一种自然形成的斑点猫。其他斑点猫，例如东方斑点斑纹猫是通过选择性繁殖而被培育出来的。后者常常被人们与埃及猫混淆。埃及猫据说是所有种类的家猫中奔跑速度最快的一种，最高速度可达每小时58km，最高可从地面跳到2m的高处，再加上身上有斑点，使之看起来就像一只微型猎豹。

埃及猫性格聪明、对人友善，活泼顽皮，记忆力好，叫声轻细、优美，但较为敏感，胆小脆弱，对陌生人有戒心，能适应公寓生活，但不能忍受孤独。埃及猫毛色呈银白、青铜、暗灰黑等色，带有匀称斑点，毛细密柔滑、富有弹性。该猫体型中等，长有一对大而尖的耳朵，头部有典型的“M”形斑纹，眼睛呈绿色。毛很容易梳理，只需每周一次为其梳理毛发。

劣种埃及猫圆头且短，耳朵较小，嘴尖，体态颇胖。如尾巴扭曲严重，多趾，身上有白色斑点者为劣品。

（二）埃及猫的形态特征（图3－13）

图3－13　埃及猫形态

身体：身材中等，体形优美，尤其颈、肩部肌肉最为发达。

头部：头部为中等大小，稍带圆的楔形，额部至鼻梁微隆起，额、颊、侧脸丰满，吻部不短也不突出，鼻的长和宽相等，公猫下颚发达。

耳朵：中到大，间距大，基部宽，耳端稍尖并前倾，耳内侧长有饰毛，并向外侧卷曲伸出。

眼睛：眼大，杏仁形，眼梢稍上吊，既不圆也不是东方型眼，眼色淡绿色、玻璃绿或栗绿色。

颈部：颈部弯曲，肌肉发达。

四肢：较长，肩高而成角形，肌肉强健，趾呈小卵圆形，后腿长于前肢。

尾巴：尾基部粗，尾端稍细。

被毛：被毛细密柔软、光滑而富有光泽。最大特征是全身各部分有各式各样的斑纹。典型的埃及猫额头有“M”形花纹，脸颊上有眼线框，颈部花纹呈细线状，肩部条纹较宽，肩部以后呈斑点状，喉部有断成两半的项链花纹，躯体色斑无规则分布，尾毛颜色较深，尾部有环纹；四肢有横条形花纹，爪上有不连续的环纹。

（三）埃及猫的毛色

银色猫　体形介于矮胖的美国短毛猫和苗条的东方品种猫之间。头部是略圆的楔形，吻部不应成尖形。

青铜色猫　斑点为圆形，均匀的分布在全身。身体下方还有称为“马甲扣”的斑点。幼猫刚生下时身上的斑点通常不太清晰。

暗灰黑色猫　椭圆形大眼睛呈倾斜状。眼睛需要较长时间才能变成绿色，老龄时会变成浅绿色。

十、东方短毛猫

（一）东方短毛猫概况

东方短毛猫（Oriental Short Hair）是由暹罗猫和其他品种的短毛猫进行杂交选育形成的。1970年，在美国、英国得到公认，多次获得美国猫展的最高荣誉，体型类似暹罗猫。它们共同的特征有躯干纤细并柔软，头部呈楔形，眼睛稍稍歪斜，性格比较合群。除了毛色之外，这些猫标准都相同，东方短毛猫的毛色可多达50种颜色。

东方短毛猫活泼好动，好奇心强，外向、骄傲，令人琢磨不透。好交际，不喜欢孤独，喜欢攀高跳远与人嬉戏，对主人忠心耿耿。另外还喜欢撒娇，性格类似于它的祖先暹罗猫，感情丰富，占有欲强，嫉妒心强。它不能忍受冷漠态度，所以如果主人冷落它的话，不但会吃醋有时还会发脾气。尽管东方短毛猫的外表看上去很脆弱，但它们往往很长寿，比一般家猫更高产。雌猫性成熟早，而且频繁发情，尽管如此，也最好不要让它们在9月龄前繁殖。

（二）东方短毛猫的形态特征（图3－14）

身体：修长纤细，呈管状，腹部狭窄，骨骼细致，肌肉坚实。

头部：长型，可以用一个等边三角形来框定，侧面轮廓为直线条，从侧面轮廓看，头骨微微鼓出，吻部细小而形状精致，鼻长而直，下巴中等大小。

耳朵：大，间距宽，基部宽，耳尖呈三角形。

眼睛：大小中等，杏仁型，眼梢明显的倾斜。两眼间距为一眼的宽度。除了该品种的

图 3-14　东方短毛猫形态

白色个体眼色为蓝色，其他个体眼色为祖母绿。红色或奶油色被毛的个体可以有黄色或古铜色的眼睛。

颈部：修长。

四肢：腿修长，和身体成比例，前腿略比后腿短，骨骼细致，爪小而呈椭圆形。

尾巴：修长，基部也纤细，向尖部逐渐变细。

被毛：短，浓密，细腻，丝质，平滑。

（三）东方短毛猫的毛色

外来乳黄色猫　被毛是淡乳黄色，身上几乎没有虎斑。

外来淡紫色猫　幼猫被毛和尾上可能有虎斑，但不久后便会消失。夏季时，成猫腹上可能会有些淡淡的斑纹，但秋季脱毛时斑纹会消失。被毛上如有蓝色或淡褐色系被视为严重缺陷。

外来红猫　红色系应是鲜艳、深度均匀的暖红色。被毛上有任何白毛被视为严重缺陷。

红白猫　全身各部位比例适当，体态均匀，头部呈三角形。

外来肉桂色猫　颜色应是单一的黄褐色，没有一点白色。眼睛必须是鲜绿色。

外来蓝猫　必须是纯天蓝色且没有任何白色，眼睛是绿色而无斑点。

淡褐色银色虎斑猫　身体颜色由冷色调的带蓝色淡褐色和较浅的带蓝色淡褐色结合而成。上半胸部有一两道项圈纹，头、腿和尾上有带蓝色的淡褐色虎斑条纹。

肉桂色玳瑁猫　由肉桂色东方猫的暖色调肉桂色与深红或浅红结合，或同时与这两种红色结合。被毛上不应有白色毛或任何虎斑。

巧克力色玳瑁猫　基本上是巧克力色，夹带暗红色或浅红色斑纹，或间有这两种颜色的红色斑纹。虽然不一定有红色面斑，但有这种面斑更好。

巧克力色斑点猫　斑点颜色是浓艳的褐色，若色调浅些会更好。在青铜的底色衬托下斑点必须非常醒目，而且是间隔均匀的圆形。

淡紫色标准虎斑猫　淡紫色虎斑衬托于冷色调与米色的底色之上，必须轮廓清晰。身体下方应该颜色较浅，并带有淡紫色斑点，两肩上的斑纹呈蝴蝶形，而胁腹上的斑纹是牡蛎形，并呈环形围绕。

暗灰黑和白色猫　底层被毛是纯白色，而顶层被毛的毛尖色很深，因此看上去像是黑白双色猫。黑色和白色斑块的分布每只猫都不一样。

巧克力色标准虎斑猫　标准虎斑纹是巧克力色，在青铜色斑纹毛色的底色上特别明显；眼睛是绿色。

十一、阿比西尼亚猫

（一）阿比西尼亚猫概况

阿比西尼亚猫（Abyssinian）是古埃及被崇拜为“神圣之物”的古埃及猫的后裔。在保存下来的古埃及神猫的木乃伊中，有一种血红色的猫与它十分相像，因此，许多人认为它是古埃及神猫的直系后代。由于它的整体外形、毛色、直立耳均同非洲山猫接近，亦有人认为它源于非洲山猫。

大约在1860年古埃及猫被一位英国军官从阿比西尼亚（今埃塞俄比亚）带回英国，经过许多养猫爱好者精心培育完善，使其迅速传播开来，但直到1929年才建立了此类猫的品种标准，即而成立了阿比西尼亚猫爱好者俱乐部。由于第二次世界大战以及1960年和1970年猫白血病的大流行，几乎使此猫在英国绝迹。后来又从国外引进，经过精心培育，形成了今天的阿比西尼亚猫。

改良过的阿比西尼亚猫，身体修长，四肢高而细，尾长而尖，头部略尖，眼睛大而圆，为金黄色、绿色或淡褐色，耳朵大且直立，耳内长毛。毛短，毛色漂亮，最常见的毛色是黄褐色，间有黑色杂毛。被毛细密，绒毛层较发达，富有弹性。这种猫喜欢独居，善爬树，体态轻盈，性情温和，而且活泼开朗，叫声小而悦耳。喜欢生活在比较宽敞的环境，不愿被限制在窄小的地方。很通人性，是非常理想的伴侣。值得一提的是，阿比西尼亚猫的那宛如小狮子般的外表使它显得更加可爱。无论你住在公寓还是家属楼都可以放心的饲养这种猫。

（二）阿比西尼亚猫的形态特征（图3－15）

图3－15　阿比西尼亚猫形态

阿比西尼亚猫身躯柔软灵活，其外表与暹罗猫有些许类似，但是整个体态要比暹罗猫来得丰腴一些，阿比西尼亚猫有着楔形的脸蛋、大而尖的耳朵、呈杏仁状的双眼，眼睛的颜色为琥珀色、浅褐色或是绿色，眼睛的周围并有一圈深色的色环，像是画了眼线一般。

阿比西尼亚猫属于中等体态的猫，在北美洲及欧洲各有不同的体型发展，如在北美洲发展的阿比西尼亚猫头形较圆，而欧洲的品种其吻部则较为细尖。

（三）阿比西尼亚猫毛色

阿比西尼亚猫的毛色并非单一毛色，它们每一根毛都具有两到三个色带，使得其被毛出现相当美丽的明暗光泽变化，它们的毛质非常细致柔软，虽然是短毛猫种，但是中等长度的毛发摸起来相当柔顺，其额头则有“M”字形的斑纹装饰之。

十二、曼克斯猫

（一）曼克斯猫概况

曼克斯猫（Manx）属短毛品种猫。形状特别，没有尾巴，故又叫无尾猫。曼克斯猫又称曼岛猫、海曼岛猫、曼库斯猫、曼岛无尾猫。该猫最显著的特征就是无尾或短尾，其次是圆头、圆嘴、圆眼、圆耳。该猫由于四肢发达，步法奇特如兔子跳跃，故又有兔猫之称。曼岛猫，原产于英国和北爱尔兰之间的曼岛，大约有100多年的历史。早在1901年在英国就有了曼岛猫俱乐部，据说当时的国王爱德华七世就养了几只曼岛猫。有关曼岛猫的起源有众多美丽的传说。相传创世纪时，由于洪水袭击，诺亚带了许多动物上了方舟进行逃避，匆忙之中在关上方舟的门时，不小心把猫尾巴夹掉了。有的传说描述，1588年，西班牙无敌舰队的一只船于曼岛附近沉没，船上几只猫逃上曼岛成为曼岛猫的祖先。又有的说是爱尔兰人侵者喜用猫尾做头饰，结果使大量的猫尾巴被砍掉了，母猫为防止小猫惨遭毒手而把小猫的尾巴一点一点地咬掉。也有说母猫为防止小猫过肥而将其尾巴咬掉。从这些传说中，可见人们的宠爱之心。曼岛居民也为能有如此受世人宠爱的猫感到无比骄傲，为此特意在硬币上铸上曼岛猫的形象。用现代的观点来看，无尾是由于遗传突变所造成的。

（二）曼克斯猫特征（图3－16）

图3－16 曼克斯猫形态

曼克斯猫身材短小，前肢小，后肢发达，臀部比肩部高，头方而宽，眼呈棕色，全身被毛紧密，毛色有青紫蓝色、红色、褐色和淡紫色。曼克斯猫聪明伶俐，易于训练，性情温顺，善爬树。由于其形状特别，很受欢迎。但曼克斯猫分布并不普遍，比较难得。主要原因是其繁殖能力低，一窝产崽2～3只，而且成活率低。

躯体：身材短小，肌腱发达，颈粗腰短，胸宽深，背短，从肩部到臀部明显呈拱形，尾高于肩部，腰腹肌肉丰满，臀部圆满，整个体形浑圆似桶形。

头部：头盖圆，颊部丰满，口吻圆满，鼻长中等，鼻梁塌。

耳朵：耳大小中等，基部宽，耳端浑圆，两耳间距宽，饰毛少。

眼睛：眼睛大而圆，眼梢稍吊。

四肢：四肢骨骼强壮，前肢短，后肢长，大腿肌肉厚实，腰比肩高。趾圆形，结实有力。

尾巴：尾有四种类型：第一类为完全无尾，只是在生长尾巴的部位有一点褶。第二类为只有短短的尾椎，外观上形成一个突起。第三类为尾很短小，常常是弯曲的，扭来扭去。第四类为尾长接近正常。尾巴为以上四类的均可注册，但参展的只能是完全无尾者。

被毛：被毛为双层被毛，毛短而密，富有弹性，上毛硬而有光泽，下毛厚而柔软如棉。

（三）曼克斯猫的毛色

毛色有单色、双色、斑纹、混合色等色系。其中以青、蓝、紫、红、褐色多见。

十三、异国短毛猫

（一）异国短毛猫概述

异国短毛猫（exotic、Exotic Short Hair（TICA））起源于美国。1960年左右，美国的育种专家将美国短毛猫和波斯猫杂交以期改进美国猫的被毛颜色并增加其体重，就这样诞生了绰号为“加菲猫”的异国短毛猫。这是一种短毛波斯猫，它在1966年被CFA承认为新品种。在育种初期，它曾与俄罗斯蓝猫及缅甸猫杂交过，但1987年以来，该品种的允许杂交品种被限定为波斯猫一种。FIFE在1986年承认了异国短毛猫。这个品种在美国已经非常普遍，现在欧洲也逐渐风行起来。吉姆戴维斯（Jim Davis）所创的好吃、爱睡觉、爱捉弄人的大肥猫“加菲”的原型就是一只红虎斑异国短毛猫。异国短毛猫容易照料，一般情况下每周梳理一次毛发，所以称它为“穿着睡衣的波斯猫。”特别适合喜爱波斯猫又懒得打理长毛的人饲养。异国短毛猫体重3～6.5kg，大小中等，四肢短。性情温顺安静，不爱吵闹，喜欢注视主人却不会前去骚扰，大多数时间会自寻乐趣。但略比波斯猫活泼且聪明伶俐，好奇贪玩，拥有强烈的好奇心，能马上适应新环境，能和其他猫及狗友好相处。感情丰富，不喜欢孤独，需要主人的关爱。身体结实，不易患病，成熟期晚，为3岁左右。具备多种颜色及图案，包括纯色、烟色、斑纹、双色及重点色等，它泪腺发达，眼睛应每日清洁。

（二）异国短毛猫的形态特征（图3－17）

图3－17　异国短毛猫形态

身体：大小中等，矮胖型，贴地；胸宽，肩部魁梧；骨骼粗大，肌肉有力。

头部：圆而大，头骨非常宽，前额圆形；脸颊丰满，呈圆形；吻部短，宽而呈圆形。

鼻子：短而宽，有明显的鼻断；宽而大张的鼻孔使气息顺畅。

耳朵：小，耳尖圆，基部张口不大；间距大，耳内有毛。

眼睛：大而圆，间距大；颜色多为金色到古铜色，和被毛色相呼应：淡紫色和金色被毛配绿眼；白色和重点色被毛配蓝色眼。

颈部：短而粗。

尾巴：短而粗，低垂；尾尖圆形。

四肢：直而短粗的腿，爪大而呈圆形；趾间有毛为佳。

被毛：短，但略长于其他短毛猫品种；浓密，绒毛状，直立。

评分标准：

头40分，头型、大小5分，鼻子5分，颊5分，颚5分，耳5分，眼睛的形状5分，眼睛的颜色5分，身体及尾部20分，体形5分，大小5分，骨骼5分，尾长5分，被毛25分，颜色5分，状态10分。

十四、斯芬克斯猫

（一）斯芬克斯猫概述

斯芬克斯猫（Sphynx）1969年诞生在加拿大的多伦多市。由于此种猫主要是绒毛、局部有少量真毛，所以也称无毛猫。欧洲和北美的猫种繁育者们曾用了30多年来将无毛猫繁育成普通被毛的猫，然后再将它们繁育回无毛猫。这种选择繁育的目的是要使此猫种含有多种基因和品种活力。这样就可以使此品种具有更大的活力并且存在很少的健康方面和基因方面的问题。

因为无毛属于隐性基因，所以无毛猫之间只有互相交配，才能够保证后代无毛。加拿大无毛猫在1998年2月被CFA接受其品种注册，并允许参加混种猫比赛。加拿大无毛猫已经培育出所有猫的颜色，这些颜色全显现在皮肤上，但眼睛颜色必须与体色相称。

（二）形态特征（图3－18）

图3－18　斯芬克斯猫形态

头：中等大小，棱角分明，微微呈三角形；长大于宽；前额扁平；颧骨高起；鼻短而突出，或微有终止；吻部非常浑圆，宽，短；有明显的髭毛分界；下巴有力，髭毛稀疏，短或没有。

耳：非常大，基部非常宽；耳内完全无毛；耳背允许有些许绒毛。

眼：大而呈柠檬状，上眼梢斜向耳，间距宽；颜色和被毛呼应。

颈：长，弯曲，肌肉发达，雄猫的颈部尤其有力。

身体：大小中等；胸部非常宽，呈桶状。腹部浑圆。脊背有力。骨骼细致，肌肉发达。

腿和爪：腿长和身体成比例，前腿稍弯曲，并略短于后腿；骨骼中等大小；肌肉坚实发达；爪大小中等，呈椭圆形，趾长，足垫很厚。

尾：适度长，纤细，鞭形尾，也称“老鼠尾”；尾尖可能有一簇毛发。

被毛：皮肤显得无毛，质地似羚羊皮；头部、身体和腿皮肤褶皱；其他部位皮肤紧绷；被毛仅限覆盖身体大部分的细腻绒毛；脸部、爪、尾和睾丸有少量毛发；因此，“无毛猫”也名不符实，因此应划入短毛猫类。

（石锐）

第三节　长毛猫

长毛猫的被毛非常浓密，甚至使猫的体型扩大1倍。由于控制长毛生长的基因是隐性基因，所以可能出现短毛猫交配生出长毛猫的情况。长毛猫在温暖的季节会大量脱毛，而使外貌发生很大的变化。对长毛猫的起源有几种看法。有些人认为这些猫是欧洲野猫中一种中长毛猫的后代。另一些人认为，这些猫是在严寒气候条件下演变来的。因为在严寒的气候条件下，猫需要长的被毛。但是目前普遍公认的看法是，长毛猫或许起源于自然的变种，而且由于最初的长毛猫产于与外界隔绝的山区，所以这项新特征是经过异种交配才得以保存下来的。

一、挪威森林猫

（一）挪威森林猫概况

挪威森林猫（Norwegian Forest Cat）的祖先栖息在挪威森林中，是斯堪的纳维亚半岛上特有的猫种。它的来源笼罩着神秘的气氛，在挪威神话和19世纪中期神话故事里都提到过这种猫。如传说女神弗露依亚经常乘一辆车出游，拉车的就是两只挪威森林猫。挪威森林猫可能是几世纪前进入欧洲的短毛猫和小亚细亚的长毛猫的杂交后代。在北欧斯堪的纳维亚地区，冬季异常寒冷，因此它长有比其他猫更厚密的被毛和强壮的体格。它的被毛是无与伦比的浓密、厚实，底层绒毛可以有效地抵御严寒，外层的长毛含有一定油性，长长的双层被毛可以防水不怕雨、雪的侵袭，淋了一场大雨后，只需15min就可以晾干。挪威森林猫机警，勇敢而又谨慎，奔跑速度极快，堪称是优秀的猎手。行走时颈毛和尾毛飘逸，非常美丽。

挪威森林猫外型很威武，外观与缅因猫相似。从20世纪30年代开始，育种家们对这个品种进行改良。70年代后，人们对此猫的兴趣日益增加，挪威人把它当作大自然的活的纪念碑加以保护。而今它已经被欧洲的几乎所有猫展所接受。

挪威森林猫性格内向，独立性强，机灵警觉，喜欢冒险，善爬树攀岩；因此不适宜长期饲养在室内，最好饲养在有庭院和环境比较宽敞的家庭。

（二）挪威森林猫的形态特征（图3－19）

图3－19　挪威森林猫形态

身体：体长适中，体格强健，骨骼粗壮，肌肉发达；颈粗短，胸宽大，腰粗壮。

头部：头大，略呈等边三角形。

耳朵：耳直立，耳端浑圆，耳内长有饰毛。

眼睛：大，杏仁形，眼梢稍吊，眼色绿色或金黄色。

鼻子：颧骨高、鼻梁直，鼻端微翘。

四肢：四肢有力，后肢稍长，并且后肢上被毛密生，像穿了一条灯笼裤般。

尾：尾长而浓密，若梳理得宜的话，毛发可伸展开达直径36cm或更多。

被毛：浓密厚实，外层毛光滑，含油量高，底层毛柔软，抗寒性能好；长而随风飘动的毛，柔软如丝质般，脖子上的被毛像围了围巾一样，长而且浓密，由纯白色到深炭黑色，可以是任何的图案及颜色配搭，但却没有重点色。淡色的猫有着较厚的底毛，而深色的猫却有着较薄的底毛，因为它们可以吸收阳光来保暖。

（三）挪威森林猫的毛色

毛的颜色及图案很多元化，有些颜色更是会随季节的转变而由淡变深。

主要毛色有：

黑和白色猫 体格健壮，身体大，肌肉发达。头形是等边三角形；侧看时头形长而直。

蓝色虎斑和白色猫 白色毛局限于胸和脚掌上；如果猫的颜色不同，被毛毛型也会略有不同，虎斑猫的被毛往往最厚密。

蓝色玳瑁图案的暗灰色和白色猫 鼻子最好挺直，但有时可能会略弯曲。

二、缅因库恩猫

（一）缅因库恩猫概况

缅因库恩猫（Maine Coon），又称缅因猫，是北美最古老的自然形成的猫品种，因产于美国东海岸缅因州而得名。由于缅因库恩猫的毛色带有深色的花斑，拖一条蓬松的尾巴，和浣熊极为相似，故又称缅因浣熊猫。多数人认为缅因库恩猫是由安哥拉猫和短毛猫杂交而来的。缅因库恩猫的历史悠久，其起源可追溯到1850年，当时的缅因州贸易繁盛，世界各地的船只云集此港，各种猫种也随之带到此地。在这些猫种自然杂交中，最能适应缅因州的严寒气候，以及适宜于当地人们生活习性的长毛品种幸而生存，成为今日缅因库恩猫的祖先。缅因库恩猫也由此而具有顽强勇敢，克服恶劣气候能力强，毛厚而长的特征。1895年，缅因库恩猫便在猫展上夺冠。虽然缅因库恩猫曾经因为波斯猫、暹罗猫的出现而失宠，在猫展中消失了一段颇长的时间，但现今这美丽的猫种又活跃于各大小猫展了。缅因库恩猫被毛厚密，以尾和腹部最长，肩部最短，颈部毛长而蓬松，有时可见条状或块状的斑点。缅因库恩猫体格强壮，在猫类中亦属巨者，属大体型的品种，其体重与其他猫相比是超重量级的，最重者可达18kg，一般公猫为7kg以上，母猫也达6kg。缅因库恩猫的毛色非常多，有红色、棕褐色等，以棕褐色最为常见。没有巧克力色重点色、淡紫色重点色或暹罗色重点色类型的毛色。

缅因库恩猫性格倔强，勇敢机灵，抗病力强，特别耐寒，捕鼠能力强，许多人用它作看门猫，但城市公寓却不适宜其生活。缅因库恩猫喜欢独处并且睡觉的习惯与众不同，因为以前常被带着出海在船上捕鼠，因此养成了习惯睡在家中某个角落或某个似乎感觉不是很舒适的地方。但是缅因库恩猫能与人很好相处，叫声轻柔，非常动听。由于体型硕大，缅因库恩猫生长速度较慢，有时要到4岁才能完全成熟。每窝产仔2～4只。

（二）缅因库恩猫的形态特征（图3－20）

身体：身材高大，骨骼结实健壮，肌肉发达，胸宽厚、呈长方形。

头部：头宽大而圆，颧骨高，鼻梁长，没有鼻节，口吻方形、紧凑，咬合力强，齿为

图 3－20　缅因库恩猫形态

剪式咬合。

耳朵：耳大而尖，耳基部宽，两耳间距宽，耳内有长饰毛，并与体长毛相称。

眼睛：眼睛大、椭圆形，眼角稍吊，眼色有绿色、金黄色、紫铜色等数种。

四肢：四肢长度中等，与身体比例协调；趾圆大、有饰毛覆盖。

尾巴：尾长，尾端细，尾毛蓬松，被毛密生、有深色花斑。

被毛：光滑有层次，长而柔软，如丝绸般光滑而富有弹性，底层的绒毛细软，尾部、腹部的被毛最长且下垂，前胸的毛几乎都是短毛，肩部的被毛最短，尾部的毛飘垂；颈部有毛领圈。

(三) 缅因库恩猫的毛色

毛色以单色、条纹色、混合色系为主，共约30种毛色。其中以红色、棕褐色、巧克力色、银白色为多见，有时尚可见到条状或块状的斑点。主要毛色有：

金眼白色猫　与体形相比头显得较小，成猫有颈垂肉，头形稍宽，耳朵大而突起。

黑色猫　被毛纯黑色，掌垫、鼻和眼圈也是纯黑色。

蓝白色猫　属典型的缅因猫体形，脸上和身体下方应有白毛，白毛区占身体的1/3，白毛区和蓝毛区轮廓清晰最好。

银色虎斑猫　基色是银色，身上有浓而清晰的黑色虎斑。

乳黄银色虎斑猫　基色是银色，衬托出深乳黄色虎斑。掌垫和鼻子是粉红色。

棕色标准虎斑猫　底色应是暖色调的紫铜色，带有与之形成对比的黑色虎斑。标准型虎斑猫身上的虎斑应成块状，颜色一致，鼻子是砖红色。

棕色虎斑和白色猫　体毛主色调是棕色，带有清晰的虎斑。白色只出现在身体下方和脚上。

玳瑁色虎斑和白色猫　底色是暖色调的紫铜色斑纹毛色，夹杂较深的红色毛和黑色斑纹。白毛分布不太均匀，最理想的应只分布于脸、胸、腹以及腿下部。

银色玳瑁虎斑猫　和银色虎斑猫的区别在于身上有红色和乳黄色的斑块。银色的底色衬托出深黑色且轮廓鲜明的虎斑。

（四）缅因库恩猫的疾病

髋骨发育不良症　髋骨发育不良时髋骨关节先天性发育畸形。大腿骨有些变形，骨盆上的骨臼比正常情况更浅。这种病可能发生在一只或同时两只髋关节上，在严重的病例中，等到猫长大成年后它的跛足情况已非常严重。诊断方法是照 X 光片。

心脏病　病因是心肌功能失常，主要是心脏膜瓣的功能失常，用听诊器可以听到心脏杂音，严重的病例会导致心脏衰竭。

三、波斯猫

（一）波斯猫概况

波斯猫（Presian）起源于波斯和伊朗。根据有关资料介绍，波斯猫是在 16 世纪左右由喜马拉雅猫和安哥拉猫杂交，经过多年的提纯繁殖而培育出来的。波斯猫有一张讨人喜爱的面庞，长而华丽的被毛，优雅的举止，故有“猫中王子”、“王妃”之称，是世界上爱猫者最喜欢的一种纯种猫，占有极其重要的地位。实际上，在很多人的意念中波斯猫成了纯种猫的代名词。

波斯猫的体形特征主要是头大而圆，面宽，一对圆而小的耳朵微微前倾，鼻子又短又扁，有很深的鼻断，使得波斯猫的面部从侧面看，成一个平面；颈部短。躯干不长，却很宽，从肩部至臀部呈方形；尾短圆，四肢粗短，爪子大，显得结实强壮，给人以坚实而有力的感觉；一对眼睛又大又圆，尤其是全白色波斯猫的“鸳鸯眼”——一只为蓝色，另一只为黄色，更有特色，因此常常被认为是自然美的象征。在欧洲和美国，最早的波斯长毛猫是白色的，这些猫的眼睛通常是蓝色的。不幸的是，白色长毛猫独特的蓝眼常和耳聋有关，至今还无法消除这种缺点。所有的白色波斯猫出生时都是蓝眼，因此早期很难区别哪些以后可能会有残疾。橙眼猫是后来用蓝色、乳白色和黑色波斯猫交配培育成的。

波斯猫有一身飘逸华丽的毛发，被毛长而密，有很多种颜色，其中较原始的毛色是白色、蓝色和黑色，近年来又出现了很多种毛色，大致可分为 5 个类型：全一色、渐变色、烟色、斑纹和多色。全一色型的波斯猫有白色、黑色、蓝红色和奶油色等，其中以红色的品种尤为名贵。渐变色型的波斯猫，有灰鼠色、渐变银色、贝雕色等。这个类型的猫毛尖与毛根的颜色不一样：灰鼠色和银色类的猫，其毛尖是黑色的，而毛根是白色的；贝雕色类的猫，白毛上有红色或奶油色的毛尖；烟色型的波斯猫，毛根是白色的，而上层绒毛是浓黑色、蓝色或红色的。当猫呈静止状态时，看上去像是单色的，而一旦开始运动，下层的白色便清晰可见了。斑纹型的波斯猫一直最受人欢迎，皮毛的颜色有银色、棕色、红色、奶油色、蓝色和贝雕色等。多色型的波斯猫包括玳瑁猫、三花猫、蓝奶油色猫等，它们均是雌猫。此外还有双色猫，有的是黑色和白色，有的是蓝色和白色，有的则是红色和白色等。

波斯猫每窝产仔2～3只，幼仔刚出生时毛短，6周后长毛才开始长出，经两次换毛后才能长出长毛。波斯猫在2岁时成年，性成熟晚，生育能力不强，生产困难。由于它们的毛长而密，所以夏季不喜欢被人抱在怀里，而喜欢独自躺卧在地板上。不喜欢跳跃、攀爬，慵懒而惯于久坐的波斯猫非常适合公寓生活。它天资聪明，反应灵敏，性格温顺，举止文雅，善解人意，少动好静，感情非常丰富，又依恋主人，所以容易和其他的猫、狗和孩子友好相处。它的叫声小，尖细优美，圆润动听的叫声能使听者心情愉快。爱撒娇，天生一副娇生惯养之态。

波斯猫因为容易脱毛，而且腹部绒毛容易纠缠打结，藏污纳垢，滋生细菌，所以每日梳理和每月定时洗澡对它很重要。波斯猫每年春、夏两季脱毛。

（二）波斯猫的形态特征（图3－21）

图3－21　波斯猫形态

身体：中到大型，粗短，强壮；宽而厚的胸部，肩和臀等宽；宽而短的背部；腹部短；骨骼短而粗壮；肌肉紧实而发达。

头部：圆，庞大的半球形，非常宽，头骨圆形；前额浑圆；圆而丰满的脸颊；有力而突出的颧骨；短而宽的鼻，有时翻翘；眼睛之间有明显的中断；吻部短而宽；下巴丰满，有力而发达。

耳朵：以小型为佳，耳端呈圆形，耳微前倾，耳根处敞开不多，两耳间距宽，耳内绒毛丰富；耳朵位于头盖较低处。

眼睛：大而圆，较突出，两眼间距适中，基本保持一只眼睛的距离。眼睛的颜色由毛色而定，一般有蓝色、绿色、古铜色、金色、琥珀色、怪眼（两只眼睛具有不同颜色，即鸳鸯眼）。鸳鸯眼波斯猫的毛色常为白色；绿色、琥珀色及金色眼睛的猫，一般属于银灰毛色系；颜色越纯、越深越好，并且以两只眼睛的颜色均匀为佳。

颈：短，有力，肌肉发达。

四肢：短而有力，前后肢同高，前腿笔直着地；骨骼强壮，肌肉发达；爪呈圆形，宽而有力，趾间有长毛。

尾：短，但和身体成比例；覆盖了丰厚的毛发，呈大尾状；行走时，尾悬在沿背线的下方，但不拖地。

被毛：长，特别浓密，由细而软、富有光泽的底毛和较长且厚的外毛组成，覆盖全身；发质非常细腻。

（三）波斯猫的毛色

橙眼白猫 纯白色，被毛长而厚密，体形颇大，侧看呈明显矮胖状。幼猫头上偶尔会有少许深色斑纹，但会逐渐消失。

蓝眼白猫 白色长毛猫出生时都是蓝眼，在早期很难区别哪些以后可能会有残疾。

怪眼白色猫 眼睛的颜色为特有的深色调，被毛纯白色。

乳黄色猫 浅或深度中等的乳黄色较受人喜爱，底层毛中应无白色。幼猫的虎斑斑纹会逐渐消失。

红色猫 鲜艳的深红色很受欢迎，没有明显的白色毛，幼猫通常有虎斑，但在成长过程中会逐渐消失。

蓝色猫 幼猫通常带有虎斑，斑纹最明显的幼猫，会长成最好的成猫。

黑猫 最重要的是毛的色彩，应无渐变色，斑纹或白毛。幼猫可能带有灰色或铁锈色，但在约 8 个月龄时应渐渐消失。

乳黄色和白色猫 乳黄色的深度应是浅色或中等，白毛区占被毛的 1/3 到 1/2。

红白猫 红毛区应是鲜艳的深红色，白毛区是纯白色而非米色。外貌和其他的波斯猫没有区别。

蓝白猫 公猫可能长得结实，母猫略小点，被毛上不应有虎斑斑纹。茂密的毛在肩部的周围和两前腿间形成毛领圈。

黑白猫 和其他双色猫一样，最好的猫斑纹图案应对称，脸上有白色斑纹，外形和其他波斯长毛猫没有区别。

蓝乳黄色猫 在不同的国家有不同的颜色构成。英国的标准是两种颜色均匀的结合；而在北美，人们喜欢蓝色和乳黄色成块状的结合。

暗蓝灰色玳瑁色猫 毛尖颜色为蓝色，有轮廓分明的乳黄色斑块。底层被毛必须越白越好，但颜色的深度并不重要。鼻肤可能是粉红色或蓝色，也可能是这两种颜色的混合色。

玳瑁白色猫 1/3 到 1/2 的被毛是轮廓分明的白色毛块，有色毛区不能有白色。

玳瑁色白色梵猫 属于三色猫，基色为黑色和红色。现在此种三色猫越来越多。

淡紫色虎斑猫 底色为带虎斑的米色，有浓密、轮廓分明的淡紫色斑纹。身体两侧斑纹以及顺背部而下的条纹都应很明显。

蓝色虎斑猫 深蓝色斑纹和浅蓝色底色形成极完美的对比。

红色虎斑猫 基色是鲜红色，还带些较深的虎斑。

银色虎斑猫 基色为白色，带有深黑色斑纹，黑白两色形成鲜明对比。被毛中不能有白色或棕色毛。

棕色标准虎斑猫 被毛基色为深貂皮色，带有纯黑色斑纹。眼睛应是橘色或古铜色，没有绿色边缘。鼻部应是砖红色，掌垫为黑色或棕色。

玳瑁色虎斑猫 虎斑是黑色，体毛基色为铜棕色，玳瑁色也清晰可见，掌垫是红色或黑色。

金色波斯猫 底层被毛为杏黄色到金色。头、背、肋腹和尾的毛尖为灰黄深褐色或黑色，腿上颜色可能变浅，掌垫的颜色为灰黄深褐色或黑色。

（四）波斯猫的疾病

毛打结　病因在于忽视了日常对猫毛的梳整，波斯猫身上既厚又呈丝状的毛，特别是尾根部和腹部更加是如此。从毛囊上脱落的毛发被新生的毛发阻滞在原处，这些缠绕在一起的毛发会因为猫舔毛时流出的唾液而混合在一起。这是因为猫咪会尽力舔该处以弄掉落发。这种情况常常需要专业人员来处理。

泪溢（眼角上总是有分泌物）　在平脸波斯猫中非常普遍。原因是泪管部分或完全堵塞。眼泪从眼睛的内角一直源源不断地顺着面部流淌下来，使患猫的皮毛上留下湿渍。给患猫进行精心洗浴，并清洁眼睛将有助于缓解病情。

渐进性视网膜萎缩症　是眼睛视网膜的渐进性衰退，这种病能导致完全失明。据认为是遗传性疾病，没有治愈方法。

耳聋　发生在所有携带控制白毛生长基因的品种上，特别是眼睛为蓝色的情况，没有治愈方法。

肾病　是波斯猫患的一种遗传病，能被检测出来。

隐睾症（睾丸没有被提到正常的位置）　是雄性波斯猫常患的一种病。该病会遗传下去，因此病猫在发育成熟前就应该做绝育手术。

四、土耳其安哥拉猫

（一）土耳其安哥拉猫概况

土耳其安哥拉猫（Turkish Angora）是欧洲猫中最古老的长毛猫的一种，发源于土耳其位于欧洲部分的安卡拉。这种猫16世纪被引入法国并在随后被引入英国。现主要分布在土耳，其他地方已很少看到。土耳其安哥拉猫原称安哥拉猫，白色是传统色。然而，这个名称先后被用来称呼此品种中用东方猫培育出的改良品种，因而造成一些混淆。现今已将这个品种的本土猫称为土耳其安哥拉猫。只有那些祖先源出于土耳其的土耳其安哥拉猫才会被美国CFA认可及接受注册。

所有土耳其安哥拉猫最初都因其优雅、丝状、有光泽的白毛而著称，因此有些育猫者坚持认为，这样的猫才是真正的土耳其安哥拉猫。由于这种猫的毛是单层而不是双层的，因此不大容易打结，具有丝毛状光泽。摸上去柔软、细腻。除了在尾、颈部、下巴以及后腿上的毛常常卷曲起来，全身大部分部位都很平坦。

土耳其安哥拉猫给人的总体印象是一种具有优雅体态和平滑动感之美的猫。它聪明伶俐，热情贪玩，性情温顺，和其他猫、狗都能友好相处。它适应性极好，甚至可以和主人一同出游。土耳其安哥拉猫天性好水，喜欢在浴池里或小溪中游泳，而且是个好猎手。该品种的猫强壮、敏捷，具有运动天赋。它身型修长，体态优美，躯干和尾巴都很长，尾巴逐渐变细，背部起伏较大，四肢高而细，耳大，大大的眼睛呈杏形，微微的斜向上，眼睛有多种颜色，包括绿色、橙色、蓝色或鸳鸯色等。蓝眼睛的猫中很可能出现聋子。

（二）土耳其安哥拉猫的形态特征（图3－22）

图3－22 土耳其安哥拉猫形态

头部：小到中等大小，呈楔形，适度扁平的头骨；成熟公猫允许有双重下巴；吻部略圆而显得长，没有髭毛中断，坚固而略圆的下巴和鼻子形成了垂线。

耳朵：大，尖，耳根宽，位置高，耳内有绒毛。

眼睛：大，杏仁形，眼梢稍微上提，任何与被毛和谐的颜色都可以接受。

颈部：适度长，纤细而优雅；颈部周围有较长的“长领圈”。

身体：长而灵敏，肌肉发达，胸部狭窄，臀部略高于肩，骨骼细致。

四肢：腿长而细，后腿较前腿长；小而椭圆形的爪，趾间有绒毛。

尾：尾似长满丰满羽毛，长，同身体成比例。

被毛：中等长度，细腻，手感丝质，无底层绒毛，颈部和腿后部毛更长，腹部毛发微卷，1岁时该品种的颈部毛发才完全发育好。

美国CFA对土耳其安哥拉猫的评分标准如下：

头部40分

头形及侧面15分

耳朵（大小－5分；位置－10分）15分

眼睛大小，形状及位置10分

身体35分

大小及骨骼10分

躯干，包括颈部15分

腿及尾巴5分

肌肉5分

整体协调10分

被毛10分

毛色5分

（三）土耳其安哥拉猫的毛色

毛色有纯色、斑纹、烟色和双色等，但白色仍然是最受欢迎的颜色。

毛色主要如下：

白色猫 与安哥拉猫相比，土耳其安哥拉猫的头更圆，更短，且整体外形不太像东方猫，耳朵也不太突起。白色猫眼睛颜色不一，蓝眼睛的猫中很可能出现聋子。

黑色猫 色泽是纯深黑色，被毛上没有任何铁锈似的棕色，零星的白毛被视为严重的缺陷。

蓝乳色猫 被毛颜色中的蓝色浓度由浅到中等不一，乳黄色也是如此。

乳黄色标准虎斑猫 身上较浅的乳黄色以及琥珀色眼睛更为人所喜欢。头相当小，身体下方的软毛略呈波浪形。

乳黄色和白色标准虎斑猫 被毛中的乳黄色毛区和白色毛区，都应醒目清晰。深乳黄色斑和较浅的乳黄色形成对比。

蓝色鱼骨状虎斑猫 最好是浅带蓝的颜色，并与较深的蓝色虎斑形成鲜明的对比。主要特征是自脊柱处开始，沿体侧而下有数条细线纹。

（四）土耳其安哥拉猫的疾病

尾骨弯曲 尾骨中的一节发生异常，通常出现在尾末梢。一块尾骨歪斜的度数最大为90°。

耳聋 常常发生在蓝眼或者双眼异色的白色土耳其安哥拉猫身上。这种病与遗传相关，患此病的猫不应该被用于繁殖。

五、巴厘岛猫

（一）巴厘岛猫概况

巴厘岛猫（Balinese）并非来源于热带岛屿巴厘岛，而是在美国被培育出来的，为暹罗猫的长毛突变种。这种猫优雅的体态促使最初育猫者将其命名为巴厘岛，名称来源于印度尼西亚巴厘岛优美的舞蹈家。

巴厘岛猫与长毛暹罗猫极其相似，与波斯猫相比，明显地属于暹罗猫型。巴厘岛猫是一种体态优雅，毛长适中的猫，具有很多暹罗猫的特点。它具有暹罗猫的毛色、优雅以及性格。虽然巴厘岛猫起初是一种长毛类猫，但现在更确切地被称为半长毛猫。这是因为在繁育计划中大量使用短毛暹罗猫的缘故。巴厘岛猫的毛不像波斯猫那么厚并且有两层，它的毛较平缓并紧贴在身上，而且长毛仅限于这种猫的后半身。从远处看巴厘岛猫就像是一只尾较厚的暹罗猫。巴厘岛猫培育的标准，接近于20世纪50～60年代的暹罗猫外形标准，而巴厘岛猫正是此期间被培育出来的。巴厘岛猫的头部呈楔形，既不圆也不尖，楔形边角形成一种比较直的轮廓，颈部长，且优雅好看。深色面孔上有一双宝石蓝眼睛，使其与暹罗猫及其杂交猫品种区分开来。耳朵既大又尖，包含在楔形里，耳朵上也可能长有一撮一撮的毛。尾很长，逐渐变细，但很蓬松。

巴厘岛猫外向，活跃，生机勃勃，好奇，贪玩，但比其近亲暹罗猫更为温顺，叫声也更轻柔、稳重。该品种的猫喜好与人为伴，不喜欢孤独，对主人非常忠心，需要得到主人足够的爱和感情投入。另外，巴厘岛猫还喜好别的活跃的猫或狗的陪伴。巴厘岛猫好捕猫，庭院比较适合它。巴厘岛猫的被毛料理简便，不大脱毛，每周梳理一次毛发即可。

（二）巴厘岛猫的形态特征（图3－23）

图3－23 巴厘岛猫形态

身体：长，纤细，呈流线型，骨骼细致，肌肉结实。

头部：中等大小，长而呈三角形，带直线轮廓，头骨稍凸或扁平，吻部细腻，没有鼻或髭毛边界，鼻梁长而直，下巴中等尺寸。

耳朵：大而尖，基部宽，间距大，耳内毛发丰富。

眼睛：大小中等，杏仁形，吊眼梢，蓝宝石色。

颈：长，细，优雅。

四肢：腿长而纤细，长度与身体比例适中，小而呈椭圆形的爪，趾间有毛。

尾：长而细，从基部到尾尖逐渐变细，有饰毛，下垂。

被毛：中长，丝质，柔软有光泽，无低毛，身体、腹部和尾部被毛较长。

（三）巴厘岛猫的毛色

毛色与暹罗猫相似，体毛为单色毛，而在脸、耳、四肢、尾部有重点色。重点色和身体色之间要求有强烈的对比，重点色必须一致，幼猫出生时为全白，1岁时成年猫的颜色才稳定下来。

海豹重点色猫 重点色的颜色必须是均匀的单一色，也就是和鼻、趾垫颜色相称的暗海豹巧克力。背部是浅黄褐色，身体两侧是暖色调的乳色，身体下方颜色更淡。

蓝色重点色猫 身体是淡蓝白的冰川色，在背部处较深，重点色应是和掌垫、鼻子颜色相称的石蓝色。

巧克力重点色猫 象牙色身体与暖色调的乳褐重点色形成对比，鼻子和趾垫是带肉桂的粉色系。

海豹色玳瑁重点色猫 身体颜色和重点色上的海豹色相称，背部是浅黄褐色，身体其他部分是暖色调的色，重点色为深海豹巧克力，并带有深浅不同的各种红色碎片。

巧克力玳瑁重点色猫 被毛紧贴身体，无密生的底层被毛。仔猫的被毛比成猫的短，有些猫耳内有丛集毛，最好没有“毛领圈”。

红色虎斑重点色猫 身体基色是乳白色，重点色上的颜色介于橙色和红色之间，与蓝眼睛形成对比，头、腿、尾上的虎斑斑纹必须清晰可见。

（四）巴厘岛猫的疾病

斜视病（斗鸡眼） 可能会影响一只或同时两只眼睛，但不一定会显著伤害视力。没有有效的外科手术或者其他种类的治疗方法，但通常被猫展看作是一种缺陷。由于这种疾病具有遗传性，因此病猫不应该被用于繁殖。

尾骨弯曲症 一块尾骨弯曲的度数最高达到90°，巴厘岛猫经常会患有这种疾病。病骨常常出现在尾梢上，但实际可能在尾上的任何一个部位上出现。这种病虽然对猫咪的健康没有大的妨碍，但病猫不会被猫展所接受。

六、伯曼猫

（一）伯曼猫概况

伯曼猫（Birman）的身世很具有传奇色彩。传说伯曼猫颜色的来源是这样的：这种美丽的猫起源于缅甸的寺庙。寺庙的守护神是一只金黄眼睛的白色长毛猫，而庙宇的尊贵女神 Tsun-Kyan-Kse 的眼睛则是深蓝色。在主持去世的时候，白色长毛猫踏在主持的身上并面向尊贵女神，在这时候，白猫的毛盖上一层金色，眼睛变成蓝色，面、脚及尾都变成泥土颜色，但踏在主人身上的四只脚却保持原有的白色。

据现代历史记载，一对伯曼猫首次于 1919 年从缅甸运到法国，在运送途中，雄猫死去，只剩下母猫及其腹中幼猫，从此伯曼猫在欧洲不断发展，于 1925 年在法国被确认。但在二次大战期间，全欧洲的伯曼猫只剩余两只。为了挽救这个濒危的品种，繁殖学家唯有用异种杂交方法，重新建立这个品种。自此以后，一般伯曼猫的注册必须最少有五代的纯种血统。伯曼猫于 1966 年被英国确认，而 CFA 则于 1967 年承认该品种。

伯曼猫体型较长，眼睛是圆而大，呈蓝色；身上被毛主要是浅金黄色或浅灰色，重点色在脸、耳、腿、尾等部分，与暹罗猫相似，呈咖啡色或深灰色；但四脚的白手套标记则是伯曼猫的独特之处。一双得天独厚的蓝宝石眸子，四只像戴上雪白手套的脚掌，再加上扑朔迷离的身世，使被称为“缅甸圣猫“的伯曼猫展现出独特的气质。

伯曼猫性格聪明温柔，非常友善，活泼好玩，喜欢亲近人，与其他猫也能很好相处。

（二）伯曼猫的形态特征（图 3－24）

躯体：体型中至大型，骨骼强壮，胸深宽，腰宽，背平直，腹短圆，腿短体长。

头部：头宽而圆，头前部向后方倾斜，稍缓慢下降，略呈鹰钩鼻状。面颊肌肉发达，呈圆形。脸面毛短，但颊外侧毛长，胡须密。

耳朵：耳朵大而向前竖立，耳端稍浑圆，两耳尖间距宽，两耳根部间距适中，面颊和耳朵都呈现颇具特征的“V”字形，与头部轮廓十分协调。

图3－24 伯曼猫形态

眼睛：眼睛大而圆，两眼间距稍宽，眼色为深绿色或宝石蓝色。

四肢：粗短，骨骼发达，肌肉结实、有力，前肢直立。

趾：趾大而圆，握力大，爪短有力。

尾：尾长中等，与身体协调，尾毛浓密。

被毛：毛长而厚密，毛质如丝，细密而富有光泽，颈部饰毛长，但肩胛部被毛短，胸部至下腹部被毛略呈波纹状，腹部被毛允许少量卷曲。

(三) 伯曼猫的毛色

体毛应是无条纹的单色，但在海豹色斑点、蓝色斑点中允许少量深色，体毛与斑点反差越明显越好，脸、耳、四肢、尾的斑点以同一色为最佳，斑点毛尖不能混入白色，四爪应为白色。伯曼猫体毛多为金黄色或银白色，斑点为海豹色斑点、蓝色斑点、巧克力色斑点、紫丁香色斑点等。

主要毛色有：

乳黄重点色猫　身体不是纯白，略带点金色，重点色为乳黄色。成猫整个面部都有颜色。

红色重点色猫　身体为乳黄色，常常略带金色，衬托出鼻子、耳朵和腿上属暖色调的橘红色。

淡紫重点色猫　非纯白色的体色和重点色上柔和的淡红灰色形成对比。

蓝点色重点色猫　略带蓝色的白色体色衬托出蓝色的重点色。

海豹色重点色猫　背部金光闪闪，尤其是公猫。身体的底色是清晰的灰褐色，衬托出深海豹褐色的重点色和四肢下端典型的白色斑纹，鼻子也必须是深海豹褐色。

巧克力重点色猫　重点色是奶油巧克力色。衬于象牙色体色上。前额较扁，侧看鼻子上有凹陷，外形和其他伯曼猫没有区别，眼睛的蓝色越深越好，鼻肤应是巧克力色。

海豹玳瑁重点色猫　身体是淡黄褐色，并在背部或体侧逐渐变成暖色调的棕色或红色。

海豹玳瑁虎斑重点色猫　淡黄褐色的体色程度不等地在背部和侧腹上交织成较为明显的棕色，或融合成红色。重点色是海豹褐色。

蓝色虎斑重点色猫　蓝色重点色的底色是米黄的斑纹的毛色，而身体的颜色是带蓝色的白色。尾上深浅环纹相间的猫较受欢迎，但这些环纹可能只出现在尾底面。

海豹虎斑重点色猫　虎斑重点色伯曼猫后腿“防护套”以上的斑纹颜色为单一色。在这种猫身上，浅米黄色的体色带金黄色，与重点色上的海豹褐色斑纹形成对比。

（四）伯曼猫的疾病

伯曼猫很少患病，但存在着一些典型缺陷。

皮状囊肿 是一种眼部组织发育缺陷，看上去好像是眼睛表面长有一个肿块，通常在靠外的侧眼角。这个肿块是由纤维性组织构成，里面常有毛发突出来，使猫咪感到不舒服。通常做外科手术能治愈这种疾病。

胸骨突起 病因使软骨非正常突起，能发生在胸骨的两端。有资料认为这种病是遗传性的。

疝气 是腹部脂肪从连接幼猫脐带那一点上肌肉壁中向外突起，有些病例是遗传所致，但多数病例可能是在怀孕或生产时偶然发生，病情程度大小不等。

七、布偶猫

（一）布偶猫概况

布偶猫（Ragdoll）的原产地是美国，又称布拉多尔猫，是猫中体型和体重最大的一种猫。祖先为白色长毛猫与伯曼猫，于1960年开始繁育，1965年，在美国获得认可。布偶猫全身特别松弛柔软，像软绵绵的布偶一样，性格温顺而恬静，对人非常友善，忍耐性强。人们之所以认为布偶猫缺乏疼痛感，是因为最早的布偶猫是由一只在路上遭车祸后的白色长毛猫生下的。由于对疼痛的忍受性相当强，非常能容忍孩子的玩弄，所以得名布偶猫，是非常理想的家庭宠物。但对疼痛所具有的忍耐力，也使得它的伤害会被忽略。

该猫体型大，身体长、肌肉发达、胸部宽、颈粗而短，发育期长，幼猫要3年左右才能完全发育成熟。其特征是头大而呈楔形，头顶扁平，眼睛为深蓝色，吻部呈圆形，短鼻子上略有凹陷，有的脸上有“V”形斑纹，颈部被毛较长。布偶猫的被毛色不多，通常以海豹重点色和三色或双色为主。

布偶猫恬静温顺的性情、使之成为令人愉悦的伴侣。它不能忍受喧闹，爱交际，和其他猫和狗相处甚好。感情丰富，有爱心，喜欢有人陪伴，不喜欢孤独。所以忙碌的上班族不适合养此品种。布偶猫一般喜欢在平地活动，不热衷于上蹿下跳，非常适合公寓生活。需要经常进行毛发梳理。

（二）布偶猫的形态特征（图3－25）

身体：大型，长，体格健壮；宽而发达的胸部，重而结实的后身，骨骼中等大小。

头部：头宽，大小中等，微呈楔形，线条浑圆；两耳之间的头骨平坦，前额微呈圆形，长度适宜，吻部发达，鼻子微有中断，下巴发达，与上唇和鼻子呈一条直线。

耳朵：大小中等，基部宽，间距大，耳尖圆形且微微向前倾。

眼睛：大而呈椭圆形，眼梢微微上扬；蓝颜色浓艳为佳，颜色和被毛相呼应。

四肢：腿长适度，骨骼大小中等，后腿微微长于前腿；爪大而呈圆形，紧凑，趾间有成簇的毛发。

图3-25　布偶猫形态

尾：长，和身体成比例，基部颇粗，向尖部逐渐变细；覆盖有丰富的长绒毛。

被毛：半长，柔软，丝质，不打结，平伏于身体表面，运动时毛发聚集成束状，领圈毛的容量非常大。

（三）布偶猫的毛色

有4种颜色图案：双色、梵色、手套和重点色。

主要毛色有：

海豹重点色猫　头大而呈楔形，头顶扁平，吻部呈圆形；短鼻子上略有凹陷，颈部被毛长，看上去像“围兜”；被毛冬季较长，夏季脱落；母猫体型比公猫小，颜色也较浅；有着经典的暹罗猫的图案，像暹罗猫一样在脸部、腿部、尾巴和耳朵处有重点色。

戴“手套”的蓝色猫　和重点色猫相似，以前脚掌上的“手套”著名。两只“手套”大小相似，且不超出腿和脚掌形成的角度；向后腿上白色靴子向上延伸至后脚踝关节，整个身体下方由下巴至尾部也是白色。

海豹双色猫　四只爪子、腹部、胸部和脸上倒“V”字的部分都是白色的，背部也可能会有一两片白色的斑纹；只有它们的尾巴、耳朵和“V”字斑纹以外的部分才会显示出较深的颜色。

（四）布偶猫的疾病

布偶猫不会患什么特殊的疾病；但由于这种猫体型较大并且不大活跃，因而很容易变肥胖，避免饲喂过饱。

八、美国卷耳猫

（一）美国卷耳猫概况

第一只美国卷耳猫（American Curl）于1981年在美国的加州被发现，直至1986年美国CFA正式承认该品种，在1993年3月的美国猫展中，得到首个奖项。美国卷耳猫有长毛和短毛之分。但在美国CFA的比赛中，无论是长毛或短毛均归纳于长毛组。

美国卷耳猫成年体重约5～6kg，中等身材，体形均匀；头部稍呈椭圆形，鼻子长而挺直，没有鼻节；卷耳猫天生聪明，温纯可爱，再加上一对特别的耳朵，令人一见钟情。刚出生的卷耳猫耳朵都是直的，直至出生后2～10日，才会开始向后卷起，直至4个月后才算定形。耳朵翻起的角度最少有90°，但又不能超过180°；耳朵看似软软的，折向后方，实质摸起来很坚硬。除了独特的外貌，卷耳猫的另一吸引人之处，就是其好奇和缠人的性格。它喜欢坐在人的大腿上让人抚摩。卷耳猫很容易适应新的环境，一点也不怕陌生人。无论是长毛或短毛的卷耳猫，身上都有一层柔软的毛发，长毛品种的尾巴长有特别长而柔软的毛发。由于卷耳猫的毛层较少，所以毛发很容易打理，平均一个月为它们洗一次澡及清理耳朵便可以了。

除了可以跟纯种的卷耳猫配种之外，美国卷毛猫也可与一些近似卷耳猫的非纯种直耳家猫配种，为的是提高其身体素质。

（二）美国卷耳猫的形态特征（图3－26）

图3－26　美国卷耳猫形态

头部：呈中等圆形，鼻梁至额头位置呈拱形，双耳间至颈项间的线条平顺。

耳朵：双耳卷曲成90°角，末端呈圆形，耳朵四周长满装饰毛。

眼睛：呈椭圆形状，颜色清晰、亮丽；除了蓝眼睛须符合特定被毛颜色级别外，其他的颜色均没有特别规定。

四肢：中等长度，与身躯成比例；在前或后观察时，四肢呈笔直整齐排列；爪结实浑圆。

尾巴：柔韧有弹性，有绒毛，底部宽阔而末端的毛较身体更为长而浓密。

被毛：分长毛及短毛。长毛卷耳猫的手感会较纤细及有丝质感觉，但底毛极少，尾巴被毛丰满而成羽毛状；短毛卷耳猫的手感软滑及有弹性，但没有长毛般浓密感觉；尾巴被毛长度与身躯被毛相同。

（三）美国卷耳猫的毛色

CFA 认可的美国卷耳猫的毛色多达 70 种，其中包括：白色、黑色、蓝色、红色、淡紫色、银虎斑、红虎斑、蓝虎斑、双色、巧克力色等。

九、喜马拉雅猫

（一）喜马拉雅猫概况

喜马拉雅猫（Himalayan）是 1929 年由暹罗猫、伯曼猫和波斯猫杂交选育而成。首先用暹罗猫和波斯猫进行杂交。其后代经过多年的繁育得出了一批拥有长毛和重点色图案的猫。这些重点色的长毛猫随后与波斯猫交配，其后代之间再进行交配。这样经过许多年的时间，获得了有很多波斯猫基本特征并有重点色的猫。这就是喜马拉雅猫。它的脸部与波斯猫极为相似：头大，脸宽，鼻短，圆圆的脸颊和下颚，耳小而圆，大而圆的眼睛。眼睛是蓝色的，而且越蓝越好。四肢粗短，就是在脸、耳、尾、四肢等部位毛色较深。这样喜马拉雅猫既拥有类似暹罗猫的斑点，又拥有波斯猫的蓝眼睛，所以称它为重点色波斯猫。就因如此，最初不认为其是一个独立的品种，而是波斯猫的一个分支。1957 年，CFA 年度大会上才确认了其品种。喜马拉雅猫既有泰国猫的典型毛色，又有波斯猫特有的长毛。被毛致密、柔软如丝、有弹性。被毛有色点，色度深浅对比明显。雄猫 18 月龄左右性成熟，雌猫要早得多。每窝产 2～3 只仔猫，小猫刚出生被毛较短，几乎是全白色，爪垫、鼻、耳朵皆是粉红色，6 月龄以后才长成渐进毛色。喜马拉雅这个名字来自于喜玛拉雅兔，因为两者的毛色、长相相似，而与喜玛拉雅山无关。

喜马拉雅猫的性格也融合了波斯猫的轻柔和妩媚，暹罗猫的聪明和文雅，它性格温和，聪明可爱，叫声悦耳动听，通常对主人十分忠诚，常像狗一样寸步不离。热情大方，顽皮可爱，容易饲养。

（二）喜马拉雅猫的形态特征（图 3－27）

图 3－27 喜马拉雅猫形态

头部：头宽大而圆，前额圆，两颊丰满浑圆，鼻短扁而下塌。

耳朵：尖而小呈圆弧形，耳基部不宽，两耳间距宽，耳中长有饰毛。

眼睛：眼睛大而圆，稍突出，两眼间距略宽，眼睛为蓝色；非蓝眼睛者为劣品。

四肢：四肢粗短而直，骨胳强壮，脚爪大而圆，有力。

尾：尾粗短，但与身体比例协调；行走时能降至背线下，但不拖地。

被毛：被毛长而密生，立起而非紧贴于体表；毛质柔软如丝、富有光泽；被毛由上、下两层毛构成；颈背饰毛丰富，形成褶边；尾毛丰富。

（三）喜马拉雅猫的毛色

毛色分为九种：海豹色重点色、巧克力色重点色、蓝色重点色、淡紫色重点色、红色重点色、乳黄色重点色、玳瑁色重点色、蓝色－乳黄色重点色、淡紫－乳黄色重点色。

1957 年，CFA 承认海豹色、蓝色、巧克力和淡紫重点色的喜马拉雅猫。1964 年，增加了火焰重点和玳瑁重点色，1972 年，增加了蓝乳色，1979 年，增加了乳黄色，1982 年，增加了山猫重点色。虽然海豹色、蓝色、巧克力和淡紫色最早被承认，但是巧克力和淡紫重点色直到最近才变得更有竞争力。

（杨宗泽）

复习思考题

1. 猫有哪些生活习性？
2. 试述波斯猫的形态特征。

第四章　观赏鸟

第一节　鸟的概述

鸟的种类和数量繁多，全世界约有 9 000 多种，我国拥有近 1 200 种，是世界上鸟类资源最丰富的国家之一。目前，我国能够笼养供观赏的鸟类已有百余种，主要是雀形目，此外还有鹦形目、鸽形目、鸡形目、雁形目等。

自古以来鸟类就深受人们喜爱，它们为大自然增添了生机和诗情画意，“莺歌燕舞”已成为人们歌颂美好生活的比喻。饲养观赏鸟在我国已有悠久的历史，在《诗经》、《尔雅》、《山海经》、《禽经》等书中都有关于鸟类的生活习性、饲养管理等方面的记载。两千年前成书的《札记》中亦有“鹦鹉能言不能飞”的记载。周代人们已经开始养鹦鹉，汉代已经养信鸽，唐代已经养黄鹂，宋时除大量养鸽以外，玩养百灵、画眉也很盛行。明清之际，富裕之家一般都喜养鸟，以此为生活增添新的情趣。康熙年间，热河地区更把相思鸟作为贡品上献朝廷，可见当时养鸟已经相当普遍。

公元 754 年，李白游黄山时曾即兴写下了“请以双白璧，买君双白鹇。白鹇白如锦，白雪耻容颜。照影玉潭里，刷毛琪树间。夜栖寒月静，朝步落花间。我愿得此鸟，玩之坐碧山。胡公能辍赠，笼寄里人还”的诗句，将白鹇鸟的生活习性描写得淋漓尽致，可见那时的古人已对观赏鸟颇有了解了。

观赏鸟优美的体态、绚丽多彩的羽饰和婉转动听的歌喉，给人轻松愉快、赏心悦目之感。如在栽培有各种花卉的庭院里或是视野开阔的阳台上挂上一二笼观赏鸟，会令人心旷神怡，更可以陶冶情操、延年益寿，给生活凭添一份乐趣。饲养、繁殖观赏鸟投资少，收益大，是很好的家庭饲养业。另外，观赏鸟对环境中的有害物质比较敏感，黄雀、相思、绣眼尤其如此。当空气中含有有毒气体时，人尚未察觉到，鸟就会有反应，会表现出焦躁不安、低头耷尾。

（李术）

第二节　鸟的生物学特性

一、鸟体外貌部位名称

鸟是一类适应在空中飞行而特化了的高等脊椎动物，是由爬行动物演化而来。特征是全身披有羽毛，体呈流线型，前肢变成翅膀，后肢形成双脚，趾端有爪。鸟体的外貌形态是识别鸟类的主要依据，全身分头、颈、躯干、尾和四肢五部分。

1. 头部

额：头的最前部，与上喙相连。

头顶：紧接额后，头的正中部。

枕：前连头顶，后接颈项。

眼：位于头两侧的中央，可以通过眼中虹彩的颜色区分鸟的类别。

眼先：眼与喙角之间。

颊：下喙基部下方，喉部前下方。

鼻孔：位于上喙近基。

喙：在头的正前方，由角质构成，是摄取食物的主要器官。

耳：在眼的后方，外覆有耳羽，耳羽的颜色是区分鸟类的重要特征之一。

2. 颈部

前颈：颈部的前面，其前上方称喉。

后颈：颈部的背面，分为上颈和下颈。

侧颈：颈部的两侧。

3. 躯干部

背部：前连后颈，后连腰部。

腰：位于背的后方，尾的前方。

肩部：两翅的基部，背的两侧称肩，两肩之间称为肩间部。

胸：前起后颈的下方，后止于胸骨末端；鸟类的胸肌特别发达。

腹部：前接胸部，后止于泄殖腔孔。

胁部：又称体侧，位于背的两侧。

4. 尾部

尾部：由尾羽和尾部覆羽构成，在飞行中起到舵的作用。

尾羽：分中央尾羽和外侧尾羽，位于中央的一对称为中央尾羽，其余的称为外侧尾羽。

5. 四肢

翼：鸟的前肢变成翼，又称翅膀。鸟翼的形状大小，往往因飞翔力的不同而异，主要是由飞羽构成，在飞行中起桨的作用。

初级飞羽：位于翼的外侧，附着于腕骨、掌骨和指骨部。

次级飞羽：位于初级飞羽的内侧，附着于尺骨部。

三级飞羽：飞羽最内侧的一列，也附着于尺骨部。

覆羽：指覆盖于飞羽基部的羽毛；在飞羽表面的称上覆羽，在里面的称下覆羽；上下覆羽依据相应的飞羽位置，分为初级覆羽和次级覆羽；次级覆羽还有大覆羽、中覆羽、小覆羽之分。

脚：鸟后肢的强弱长短各有不同，依次分为大腿、小腿、跖和趾四部分；涉禽的后肢大都较长，陆鸟或游禽较短；飞翔力不强的鸟类后肢都发达，如雉类；飞翔力强的鸟类后肢大都细弱，如家燕、雨燕等。

大腿：脚的最上部，常被羽毛覆盖，外表不易见到。

小腿：大腿部下方。

跖：又称胫，部分鸟有胫羽和矩。

趾：大多数鸟是四趾，偶有三趾和两趾；四趾鸟中大多三趾在前，一趾在后，如画眉、百灵、云雀等鸟；也有的两趾在前两趾在后，如鹦鹉等攀禽；水禽趾间由蹼相连。

二、观赏鸟的食性

观赏鸟按生活习性、分类特征和观赏目的不同可分为各种类群，但为了饲养管理的方便，行家们通常按照观赏鸟的生活习性和食性的不同，将其分为硬食鸟、软食鸟和生食鸟三类。

硬食鸟：这类鸟的喙多成坚实的圆锥状，圆钝短粗而厚实，喙峰不明显，也有部分鸟上喙尖端呈钩状。硬食鸟以各种植物种子为主要食物，采食时，常咬开坚硬的种子外壳取种仁，一般不将种子整粒吞食；硬食鸟饲养较容易，初学者多养此类鸟；常见的有金丝雀、云雀、蜡嘴雀、黄雀、百灵、虎皮鹦鹉、绯胸鹦鹉、十姐妹、金山珍珠鸡、灰文鸟等。

软食鸟：这类鸟喙型大多为细长型，有的弯曲，有的尖直，有的较软。它们以昆虫、浆果为主食，有些鸟也采食植物种子，但常整粒吞食而不剥壳；软食鸟饲养较困难，特别是刚捕捉的生鸟，通常需要有一定的经验才能养好；常见的有八哥、画眉、绣眼鸟、红嘴相思鸟、黄鹂、鹩哥、戴胜、三宝鸟等。

生食鸟：这类鸟喙型多样，有的喙大而强，钩曲而尖锐，上喙尖端有缺刻，如雀鹰等；有的喙长而直，如蓝翡翠；还有的喙长而弯曲。它们以鱼肉为主要食物，在饲养时也不能用其他饲料代替。这类鸟耐饥饿能力强，但因其主食为鱼肉，粪便多而臭，饲养时应特别注意清洁卫生，不宜饲养太多。

三、观赏鸟的繁殖习性

各种鸟的性成熟年龄差异很大。一般小型鸟为8～12月，中型鸟约2年左右，大型鸟至少要3年以上。在人工饲养条件下，由于环境因素和饲养条件的改善，其性成熟年龄有提早的趋势。

观赏鸟大多数在春季繁殖。繁殖过程可分为求偶配对、营巢产蛋、孵化和育雏等阶段。

1. 求偶配对

求偶是发情的表现，求偶行为大多发自雄鸟，求偶形式也多种多样。求偶时多数雄鸟声音有所变化，或高亢豪放，或婉转清扬；有些雄鸟则以羽色取悦于对方；有些鸟则表现出飞鸣、伸颈、突胸等特殊的动作，有时还不免发生争斗。

在雄鸟的追求下，雌鸟动情中意后，两鸟或同鸣共舞，或交喙相吻，或互相为对方梳理羽毛，反复几次后，两鸟即行交配。对大多数观赏鸟来讲，没有固定的终生配偶。

2. 营巢产蛋

鸟巢是鸟产蛋、孵化、育雏的场所。绝大多数鸟类都单独营巢，每一对鸟占据一个巢区。有一些鸟是结群营巢的，如鸥、雨燕等。还有一类鸟，它们的巢区之间没有严格的界限，可自由的飞越各个巢区的上空，如鸠鸽类。筑巢一般是由雌鸟承担的，如山雀等；还有雌雄鸟协作筑巢的，如家燕、黄鹂等；也有专门由雄鸟筑巢的，如黄莺等。不同种类鸟的巢型、大小、结构、建巢材料及安置处所都不一样。常见的鸟巢有以树枝、杂草、树叶铺垫，筑于地面或草丛中的地面巢；有浮于水面、用水草制成的水面浮巢；还有以树枝、草茎、羽毛等编制而成的编制巢。编制巢又包括杯状巢、台巢和吊巢等几种。饲养观赏鸟时，人工鸟巢建造的适宜可刺激鸟的发情和产蛋。

雌鸟在鸟巢筑好后几天就开始产蛋。鸟类的产蛋数差异很大，最少的每窝一个，多者达每窝 26 个，通常每窝 4～8 个。每种鸟的产蛋数与食物、气候条件有关。产蛋间隔时间也不相同。在人工饲养时，可以采用供给充分营养、创造适宜环境的办法使能够人工孵化、育雏的鸟产更多的蛋。

3. 孵化

鸟的孵化大多数由雌鸟来承担，只有少数种类由雄鸟承担，极个别由其他鸟承担，如杜鹃自己不会筑巢、孵蛋，会将蛋产在其他鸟的巢中，让其他的鸟做代育保姆。一般来说，两性羽色区别不太明显的鸟雌雄都参加孵化；而两性羽色有区别的，大多数由羽色较淡的鸟孵蛋。

鸟类的孵化期长短不一，一般小型鸟 13～15 天，中型鸟 21～28 天，大型鸟更长些（如雀鹰 31 天，鸵鸟 42 天）。同一种鸟因气候环境条件的差异，孵化期也略有变化。

4. 育雏哺育

鸟类按其发育类型可分为早成鸟和晚成鸟。早成鸟一出壳就能随亲觅食，又称离巢鸟，多生活于地面或水面。晚成鸟出壳时，几乎全身没有羽毛，不能行走，必须留在巢内由亲鸟哺喂，故又称留巢鸟。留巢鸟留巢时间约与孵化期相同或略长，笼养时留巢时间比野生时长。

鸟类抚育幼雏是一种复杂的行为。亲鸟喂养雏鸟，并不是由雌雄鸟平均承担的。早成鸟的抚育由孵蛋的亲鸟承担，晚成鸟则不同，一般是由雌鸟孵蛋，雄鸟育雏，如山雀，最初由雄鸟带回食物喂雏，有时还要兼喂养留在巢中抱孵的雌鸟，3～5 天后，靠雌雄亲鸟一起哺育雏鸟。如果由双亲孵蛋，则共同育雏。晚成鸟哺喂雏鸟的食物不外乎以下三类：嗉囊分泌的乳糜和经嗉囊软化的食物、腺胃内的食物、小昆虫及幼虫。捕食昆虫的鸟类，在喂食时大都由亲鸟衔取食物，直接喂入雏鸟口中；捕食肉类的鸟，则把大块肉撕碎，然后喂养雏鸟。

四、观赏鸟的生理特性

鸟类由爬行动物进化而来，是适于飞翔生活的一支比较高级的脊椎动物。在长期进化的过程中，获得了一系列适于飞翔的特征。身体呈流线型，全身被羽，这是鸟类独具的特征。鸟羽在飞翔、防止热能的散失、保持体温恒定等方面都有重要的作用。鸟羽有脱落的现象，鸟类的换羽，大都在春、秋两季进行。一般说来，鸟羽的色泽、密度等可随性别、季节、环境和年龄的不同而有差异。鸟类新陈代谢比较旺盛，肾脏比较发达，排泄能力较强。无膀胱，输尿管直接开口于泄殖腔，所以尿常与粪便混合排出体外。鸟类的尿同爬行动物一样，主要由尿酸组成，尿内的水分经过泄殖腔时，又被重新吸收，因此，鸟类的尿液比较浓。

（李术）

第三节 鸽的鉴赏

一、概述

鸽子属鸟纲，鸽形目，鸠鸽科，鸽属。鸽子亦称家鸽、鹁鸽。早在几万年以前出现的野生原鸽就是鸽子的祖先。它们在岩洞峭壁上筑巢、栖息、繁衍。由于其归巢能力很强，同时又具有野外的觅食能力，人们有意识的将其驯化为家鸽。史料记载，5 000 年以前，埃及和希腊人就根据其特点，把野鸽驯化成家鸽。继而，埃及人又用鸽子传递书信。

我国是养鸽古国，秦汉时期，宫廷和民间都开始醉心于养鸽，张骞在边关为了向汉武帝表忠心，就用鸽子将书信送回京城。隋唐时期，已经开始用鸽子通信了，唐朝宰相张九龄就有“飞奴传书”的故事。明代《鸽经》已把鸽子从花色品种上分为百余种。尤其到了清末民初，无论达官显贵、八旗子弟，还是走卒贩夫、顽童老翁，豢鸽放飞者大有人在，少则畜养一二十只，亦有多至数百只者。这时的养鸽者非常喜爱给鸽佩哨（给鸽尾带上哨子），人们不仅可以看到鸽子在蓝天上翻飞，而且还能享受到美妙的天空雅乐。

1. 鸽的外貌

鸽在外貌上大体可以分为头、颈、体躯、翼、脚和尾羽等几部分。

头部 鸽的头不大，呈圆形，额宽；头的正前方是喙，由角质构成，短、微弯，是争斗、啄食和哺育雏鸽的器官；上下喙的交界处为嘴角；有经验的人可以根据嘴角的厚薄确定鸽的年龄和育雏情况；年龄越大嘴角越厚；嘴角的上方为鼻瘤，随着年龄的增加而增大；鸽眼位于脸部的中央，左右对称，周围为眼睑，眼睑上方没有皮肤的部分是眼环；耳孔位于眼后，是听觉和平衡的重要器官，上有羽毛覆盖。

颈部 具有短而灵活的颈，可以使头部自由的转动。

体躯 主要由胸、背、腰、腹几部分组成。

胸部 位于颈部的下端，是心脏和肺脏的所在，有强健的胸肌和坚硬的胸骨保护。

背部 在两翼的中间，宽而直。

腰部 在背部的后面，发达有力；末端有尾脂腺，其分泌物能保护羽毛，增强羽毛的防水能力。

腹部 位于腰部的下面，容纳着消化器官和生殖器官，末端有泄殖腔。

翼部 即鸽子的前肢，是飞翔的工具，有着强健有力的肌肉。

脚部 由胫、趾、爪组成。胫上有鳞片状物，是皮肤的衍生物，随着年龄的增大，鳞片状物也随着角质化，由此可以鉴定鸽龄的大小；下面是趾，爪为趾的最前端角质化物。

羽毛 是皮肤的衍生物，由角质组成；按照构造和机能可以分为正羽、绒羽、线羽、纤羽、粉羽；鸽子的羽毛在皮肤上不是均匀着生的，有一定的着生区，着生羽毛的区域称为羽区，不着生的部分称为裸区；鸽子的羽毛颜色多种多样，一般可以分为灰色、黑色、红色、白色、雨点、花、白条等七种颜色。

2. 鸽子的生活习性

（1）鸽子白天活动活跃，晚上安静栖息，但经训练的信鸽可夜间飞行。

（2）鸽子无胆囊，一般以植物性食料为主，主要有玉米、麦子、豆类、谷等。一般没有吃熟食的习惯。

（3）反应机敏，对外来的刺激反应十分敏感，所以易受惊扰。在家养的条件下，如果鸽的巢箱设置不当，经常受到鼠、猫等兽害的侵扰，鸽便不会再回巢。

（4）记忆力强，对饲料、饲料管理程序、环境条件、呼叫信号等能形成一定的习惯，所以饲养管理鸽时应予以注意。

（5）有强烈的归巢性，不愿在生疏地方逗留或栖息，往往出生地就是它们一生生活的地方。

（6）单配特点，鸽成熟后对配偶有选择性，配对后感情专一，“一夫一妻”制。

（7）公母鸽有同心协力的精神，雌雄亲鸽共同营巢、孵卵和育雏。

（8）鸽属晚成鸟，刚出壳后，眼睛不能睁开，需亲鸽喂养约30天才独立生活。

二、竞翔鸽

亦称“赛鸽”。专用于竞翔比赛的鸽子（图4－1）。人们为了夺取比赛的胜利，各自在繁殖、饲养和训练上潜心研究探索，不断设法改进，终于培育成了赛鸽这一个新的品种。传统的赛鸽品种有戴笠鸽、中国蓝鸽、中国粉灰鸽、红血蓝眼鸽、中国枭、竞翔贺姆鸽、安特卫普鸽、烈日鸽、美国飞行鸽等。挑选赛鸽的标准为骨骼发达而有力，羽毛紧密坚挺而富光泽，肌肤结实而有弹性；翅翼宽大，眼睛色彩明亮，更重要的是血统优良。中短程速度鸽和超远程耐力鸽又各具特点。

图4－1　竞翔鸽

1. 鸽舍

鸽舍就如同人的家一样，有一个温暖的家，出外的鸽子才会按时回来。合适的鸽舍，不论大小，一般都是由铁丝网、到达台、门瓣和巢箱等几部分组成。

到达台　鸽子在外面活动一段时间以后，累了或者是饿了，飞回来，首先要到到达台，如果没有这种设置，鸽子就很难进入鸽笼。台的大小视鸽子的多少而定，一般需要长90cm，宽25cm。位于鸽舍的正前方。到达台应建牢固。

出入口　出入口用铝条作成一个门帘，即门瓣。以方便鸽子可以自由进入。具体做法是：用长25～35cm的铝丝，一边有小圆环，用一铁条穿过后固定在门口或窗口。其宽度一般为20cm，门瓣的下端，应比出入口的下端长1cm左右。这样鸽子只可以进而不可以自由出去。

巢箱　这是鸽子休息的地方，所以务必宽敞一些，一般（40～50）cm×（40～50）cm。在巢箱的中央可以用隔板隔开，设两个巢盆，便于孵化和哺雏。一般一对一箱，并固定地点和位置。

2. 饲料

饲料的种类有主食类，包括玉米、高粱、大麦、糙米、稻谷、豆类、火麻仁、葵花籽、芝麻、花生仁等和各种维生素；副食包括青绿饲料、矿物质和水，这些都是鸽子成长所必需的。

【几种饲料配方】

①稻谷40%，豌豆30%，玉米20%，小麦10%；

②稻谷50%，豌豆25%，玉米20%，火麻仁5%。

另外，保健砂被称为养鸽的秘密武器，可见它的妙用。下面介绍几种常用保健砂的配方：

①蚝壳粉35%，骨粉16%，石膏3%，中砂40%，木炭末2%，明矾1%，红铁氧1%，甘草1%，龙胆草1%；

②蚝壳粉20%，骨粉5%，中砂40%，木炭末4.5%，陈石灰6%，黄泥20%，甘草0.2%，龙胆草0.3%，食盐4%。

3. 管理注意事项

每天进行饲喂、放飞鸽子、清扫鸽舍，这是养鸽者毋需质疑的日常必修课。养鸽是很系统的工程，一年四季都有不同的注意事项。

春季　春天是生物萌发时期，要对鸽舍进行一次消毒，四周用石灰水洗刷一遍，门窗要作些修缮并油漆，以防虫蛀。出入口和各种设施都要作一次检查，板缝和角落都要用热水加清洁剂洗擦干净。春季也是育雏、训放、竞翔的旺季。最好在春天开始时，给全棚鸽子驱一次虫。

夏季　夏季雨水多，细菌和昆虫极易繁殖，鸽舍防潮是管理中的一个重点，否则粪便容易发酵，散发腐气，对鸽子健康极为不利。因此，打扫棚舍必须比平时更勤，更彻底。待盛夏来临时，对鸽舍要做好防暑降温，例如加盖遮阳物。

秋季　秋季蚊子肆虐，要认真驱杀，不使它们传染鸽病。鸽舍周围倘有积水要及时清除，不使蚊子滋生。秋季又是鸽子一年一度的换羽期，要适当调整一下饲料配比，增加一些矿物质饲料，供给足够的营养，以弥补过多的消耗，促使换羽正常进行。而且秋季又是赛事安排较多的季节，要精心选好参赛鸽，并加强护理，做好赛前准备。

冬季　鸽子在冬天容易感冒。一鸽感冒会迅速传遍全棚，有很大的威胁性。所以要在饲料中适当增加一些富含脂肪的食物，如花生、芝麻、菜籽、向日葵籽等。但作为主食仍应是玉米。鸽舍要加强保暖措施，特别是晚上，窗户要关紧，铁丝网门要张挂布帘。冬季的运动量应相对减少，除每天定时绕棚训飞外，停止一切短途训练和比赛，以免过多消耗鸽体热量。

4. 赏玩技巧

赛鸽是一种高尚的活动，古今中外的养赛鸽者无不用尽心血、技巧、药物，祈求所养的爱鸽飞翔速度能够更快、距离更远。它的获胜决不是碰运气，必须靠饲养者的经验、管理、训练。总之，赛鸽获胜的机会是可遇也可求，因此，参加竞赛的鸽子愈来愈多，创造的成绩也愈加优异。鸽子的获胜，本身的血统是不可否认的一项重要因素，但也赖于人们养鸽知识的提高，并一再的改良鸽系。

然而除去以上这些因素以外，鸽友们在比赛中，总结出一些宝贵的经验，可以起到一定的指导作用，下面是一些鸽友赛前经常使用的方法。

（1）疑忌法：此法适用于已经配对，又占有巢房的竞赛鸽。在雄鸽出赛前几天，每逢入夜时分，将另外一羽雄鸽偷偷的潜放于其巢房内。在使用此方法时，舍内不要开灯。到第二天清晨，雄鸽发现巢房有第三者侵入夺巢情形，必定奋勇驱出第三者，以确保其雌鸽与雏鸽或蛋卵的安全。假如这第三者也奋战时，就将它迁出，通常是第三者立即逃跑。这样每晚不断，直到交鸽时为止，先将出赛之雄鸽囚于笼内，再进行一次在光天化日之下夺巢剧，然后送去参加竞赛，放飞时雄鸽已受疑忌心理所驱使，自然拼老命赶回来。

（2）分离法：这种方法目前使用的人很多。在竞赛前一周将已配对成婚的两羽竞赛鸽，雌雄分巢饲养，在交鸽前两天给它们夫妻小聚一会。最长不超过一个小时。然后再行分离，直到交鸽前一小时开始饲食，喂饱后再让它们相亲十分钟，不要让其交配为佳。然后雌雄分隔。

（3）新居法：当一对热恋的参赛鸽，正值于甜言蜜语之中时，常常会找一个清静的舍内墙角，“呼呼”的叫着。在比赛前两天，如舍内有空巢房，便将这对情侣送进，它们必定很高兴去住。由于新居的舒适，无形中可增进其速度。

（4）雏鸽欲出法：就是让一对参赛鸽孵卵，而后用假蛋换去真蛋供它孵，直到竞赛交鸽时，正好是十六、十七、十八、十九天。在交鸽前半天，也是雌雄鸽换孵前后，将假蛋取出，换上两个或一个刚要破壳而出的真蛋，让雌雄鸽都能意识到幼雏将出，在竞赛中自然勇冠群雄奔回巢房。如果一时找不到这种将破壳而出的蛋，在假蛋中放一两只小昆虫也可以。当小昆虫在假蛋中受鸽子的孵蛋温度影响，就会蠕蠕而动，即可达到预期的效果。

还有许多经验，由于篇幅所限就不一一详述了，当然最好的、最适合的方法是要自己慢慢摸索的。

三、玩赏鸽

玩赏鸽，顾名思义，它们是专供人们玩赏的。全世界多达600余种。我国玩赏鸽品种繁多，约有200余种，自成体系，为世界所公认。

1. 分类

（1）羽装类：以奇丽的羽装、羽色及奇特的体态，供人观赏。如扇尾鸽、毛领鸽、球胸鸽、毛脚鸽、装胸鸽、巫山积雪、十二玉栏杆、坤星、鹤秀、玉带围、平分春色等。

（2）体态类：以某一部位长相特殊取悦于人。如大鼻鸽、五红鸽等。

（3）表演类：以各式奇特的技巧表演而引人入胜。如翻跳鸽、小青猫等。

（4）鸣叫类：是以各种有趣的鸣声供人聆听。有的粗似洪钟，有的细如碎语，虽不及画眉、百灵之婉转，却也别有一番情趣。关于这类鸽子，美国学者冀力作过专门研究，并著有《鸽与鸠的鸣声研究》一书。

（5）点缀类：点缀风景、增添祥和气氛，供游客观赏。如广场鸽、街鸽和堂鸽之类。

2. 鸽舍和鸽具

玩赏鸽的鸽舍应尽量保持通风良好和阳光充足，并且最好是外型优美的鸽舍，具有好的观赏窗口和漂亮的站立支架，有户外运动的场地及起落架，具体做法同竞翔鸽。

食槽 上部封顶，中部有许多食孔的木制饲料箱，因为这种食箱可以防止鸽粪落入槽内，避免污染食物以至滋生病菌使鸽生病，而且木质箱的韧性能有助于鸽子啄食硬壳类食物。

饮水器 目前鸽市上已有专为鸽子饮水使用的塑料水壶。

巢盆 鸽子成熟快而且繁殖能力很强，应准备好产蛋用的孵钵，一般选择用稻草编的比较有弹性而且透气保温的。现在鸽市上还有一种塑料巢盆。

浴盆 鸽子喜欢洗澡，浴盆是必不可少的，一般用木质和塑料盆即可，就鸽子的数量来选择盆的大小，水位一般在7～12cm即可。

3. 饲料

饲料与竞翔鸽的基本相同，分为能量饲料、蛋白质饲料、矿物饲料、维生素饲料、绿色饲料等。最好是按不同季节加以喂食。如配种季节应喂一些油菜籽、火麻仁、稻谷、玉米为主的能量饲料，在断乳期应多喂蛋白质、矿物质和维生素饲料，换羽期则要补充蛋白质和矿物质饲料，冬季多补充能量饲料如玉米、小麦、高粱等。

4. 管理注意事项

驯养观赏鸽的主要原因是它的体态奇异、羽色俊美。饲养过程中要特别注意勤打扫鸽舍和驱虫。另外，可以利用鸽子好浴的特点，经常给它洗澡，它的羽色会更加华美迷人。四季管理同竞翔鸽。

（王敏）

第四节 其他观赏鸟的鉴赏

一、画眉

画眉属雀形目，鹟科，画眉亚科。俗称客画眉、虎鸦、金画眉，是我国鸣禽类观赏鸟中的佼佼者，素以鸟类著名“男高音”而盛名。鸣声音调高亢激越，悠扬婉转动听，尤其是它那不停息地长时间歌唱的本领，再加上一双逗人的白眉格外讨人喜欢（图4－2）。

图 4-2 画眉形态

广泛分布于甘肃东部、陕西南部、湖北、安徽、江苏以及四川、云南以东的华南大陆和台湾、海南岛。只要是有养鸟者的存在，北到黑龙江，南到海南岛，东到台湾，西到新疆，都会看到画眉鸟美丽的身影。

体长 21～25cm。雌雄同色，上体橄榄褐色，头和上背具褐色纹，眼圈白、眼上方有清晰的白色眉纹，下体棕黄色，腹中夹灰色。一般栖居在山丘灌丛和村落附近，或城郊的灌丛、竹林或庭院中。喜欢单独生活，但是在秋冬可见集结小群活动。机敏胆怯、好隐匿。常立树梢枝杈间鸣啭，引颈高歌，音韵多变、委婉动听，还善仿其他的鸟鸣声、兽叫声和虫鸣，在 2～7 月间，喜欢在傍晚鸣唱。

画眉鸟在 4～7 月繁殖，营巢于地面草丛中、茂密树林和小树上。巢呈杯状或碟状，由树叶、草等构成，内铺以细草、松针、须根之类。每年产卵 2 巢，每巢 3～5 枚卵；卵一般为椭圆形，呈宝石蓝绿色或玉蓝色。为我国特产鸟。

1. 笼具

刚买回来的新画眉以画眉笼饲养较好，养熟的老画眉可换养画眉高笼，但都应用黑布做一件笼罩，套在鸟笼外面，以免受惊扰而撞伤。喂养画眉鸟，最好每天清晨把鸟笼挂在树上，掀开笼罩，让它在新鲜空气中尽情啼鸣，否则不易养好。画眉大多身体强壮，好斗而且善斗，决不可把两只雄鸟同笼饲养，否则会打伤致残或死亡。笼子有板笼和亮笼两种，板笼呈四方形，用竹片或木块封住一部分，主要用于饲养未驯服的画眉。亮笼有圆筒形、馒头形、六角形等。笼顶有平、拱之分，顶的中央用板封闭，一般笼高为 33cm，底部直径为 33cm，笼底栅状，离底部 10cm 处置 2cm 的砂棒一根，笼条要粗。

2. 食性及饲料

属于软食鸟。野生时食性杂，但食虫较多，主食蝗虫、金龟、椿象、天社蛾等昆虫、幼虫及卵，冬季吃一定数量的植物种子及果实，所摄取的营养主要是动物性蛋白质。用鸟笼饲养后，无法全部用昆虫来喂养它，必须改变其食性，但又不能违背它们的基本要求。粉料是喂软食鸟的主要饲料，用富含植物性蛋白质的豆类，再加少量含动物性蛋白质的鱼粉、蚕蛹粉、熟蛋替代。平时喂鸡蛋小米或鸡蛋大米，鸡蛋的比例应稍大（每斤米用 4 个鸡蛋），经常喂些面粉虫、皮虫、蝗虫、蚱蜢或鲜的牛羊肉末、水果等。面粉虫、蝗虫等活的动物饲料宜用手拿着喂，每天 10 条即可。牛羊肉放入食槽内，水果切成适口块放入食槽中，或者是大块任其自啄。经长期饲养实践证明，只要调配得适当，是可以改变食虫鸟的食性而不影响其健康的。

3. 管理注意事项

画眉需要经常到郊外或公园去遛。遛时罩上笼套，笼底去掉托粪板。遛鸟不但可以使鸟兴奋，还可增加腿的力量，并使鸟叫的声音很“冲”。

画眉喜欢水浴，除严冬和换羽期外，宜每天水浴一次。可用专门水浴笼或笼内放水盘，水的深度不得超过鸟的跗蹠部。初次水浴的鸟不要强迫或用水喷，应使其逐渐习惯，以免受惊，形成“仰头”毛病。

画眉的食、水每天或隔日换一次，保持清洁，水罐中的水不宜添得过满，防止鸟自行洗浴，“呛”坏歌喉而变得嘶哑。每周清刷笼底2～3次。

画眉“嘴”很灵，善模仿，鸣声十分悦耳，但时间久了会忘掉，尤其是经过换羽期。“叫口”排列顺序也不像百灵那样稳定，即所谓“活口”，所以叫口顺序要求不严。平常应把笼挂起，不宜置地面，高度以鸟与人眼齐为宜，这样可防止仰头。笼套是否打开，应视画眉是否驯熟而定。喂食、水时先给以信号，避免突然惊吓。

另外，不要轻易用手抓鸟，不得已时，可在黄昏或晚上灯下捕捉。嘴过长时，应换新的黏砂或亮开笼底放在土地上任其啄磨。亦有把花生米或葵花籽仁、粗砂粒混装在“食槽”中让鸟啄磨的。

4. 赏玩技巧

画眉是我国特产的、驰名中外的笼养鸟，饲养历史悠久，因此，人们积累了丰富的经验，有整套饲养、驯练和调教方法。

画眉有“齐毛”（出壳20天左右）、“朴毛”（出壳约一个半月）和“伏毛”（出壳3个月左右）几个阶段，饲养“伏毛”画眉，调教成绩最佳，这时体质健壮，适应能力强，野性不大，而且开始鸣叫。具体的年龄状况要根据月份加以分析，再结合它的毛、足、嘴、眼砂等判断。野生的成年画眉虽然可以笼养，但较难驯熟，而且往往在驯化过程中易出毛病，所以最好选择当年的幼鸟驯养。

画眉产于南方，由于气候关系，南方饲养的画眉在健康状况、寿命等方面都优于北方。对姿态的要求，一般是不趴笼底、不钻栖杠、不仰头，鸣叫时抓栖杠有力，身体竖立，尾勾杠，雄姿英发。羽色有青、黄、红之分。羽毛紧贴身体、尾呈棒锤状的较好，也有喜欢体侧羽毛长的，即所谓“胆毛长”。还有人根据眼睛的色彩分级，有天白、大青、小青、菜籽黄、红泡等。

画眉是除信鸽以外惟一要重视眼的鸟，对眼的选择大概可以分为三个方面，即颜色、砂的粒度、水气。颜色可以分为白、黄、红、绿、灰、蓝等六个色系，当然中间也有许多过渡色及深浅之分。粒度以粗为好。“水气”是指眼内的干湿度，观察时，要感到比较干燥，不要眼泪汪汪。

画眉鸟雌雄叫声明显不同，但外形却很难区分，故有“画眉不叫，神仙都不知道”的说法。雄鸟嘴粗壮、嘴峰较圆、鼻孔长、嘴须外展，身体羽毛羽干纹细而色浅，后趾垫大、爪粗，排便时“分裆”。有这样一句顺口溜可作为选择一只好画眉的标准：“嘴如钉、眉如线、身似葫芦、尾似箭、顶毛薄、眼水透、腿如牛筋能打斗”。

二、百灵

百灵属雀形目，百灵科。分布于内蒙古、河北和青海。全国各地均有饲养。为传统的鸣鸟。别名为蒙古百灵、口百灵、蒙古鹨。

百灵体长约18cm，重约30g。雄鸟额部、头顶及后颈部均为栗红色，眼前、眼周及眉纹为棕白色，左右两侧眉纹延伸至枕部相接为棕色，背、腰栗褐色，翅羽黑褐色，尾羽栗褐色，最外侧尾羽色淡近于白色，额、喉白色，上胸左右侧各有一黑色条斑，于上胸部相接，下体大部羽色棕白。雌鸟羽色接近雄鸟，但头顶和颈部栗红色较少，羽色略近棕黄色，上体栗色较淡，近于淡褐色，上胸左右两侧黑色条斑不明显。嘴壳土黄色，足趾肉粉色，爪褐色。后爪长于一般鸟类的后爪，并向后方直伸（图4－3)。

图4－3　百灵形态

百灵栖息于广阔草原上，高飞时如云雀一般，直冲入云，在地面亦善奔驰，常站高土岗或沙丘上鸣啭不休。在阳光充足的正午，则边沙浴边鸣叫。冬季天气酷冷时，常大群短距离南迁至河北省北部。巢由草根、细茎等盘成，常在地面凹处或草丛间，表面多有杂草掩蔽。5～6月间产卵，卵呈白色或黄白色，表面光滑具褐色细斑。

1. 笼具

百灵鸟栖居草原和沙漠等开阔地，常在沙丘、土岗或者空中鸣啭。这种特性决定了需要专用的百灵笼。竹制大圆形高笼，顶有平拱之分。百灵鸟笼的大小因养鸟者的爱好不同而不一，大型笼高1m以上，小型笼高30～40cm。在笼底设有底板，内铺河沙，供鸟沙浴和盛粪。在近底部留一小孔，食缸挂在笼外孔下。笼内不设栖木，仅在中央设一高台，供百灵歌舞。

百灵鸟笼的大小，笼条间距应依据鸟体的大小而调整。另外，需有布制笼套。

2. 饲料

属于软食鸟。食物主要是杂草和其他野生植物的种子，兼食部分昆虫，像蝗虫、蚱蜢等。

百灵成鸟各地饲料不同，有的喂谷、黍、苏子或苎麻等的种子，有的喂鸡用混合粉料和熟鸡蛋。幼鸟需人工填喂，把绿豆面或豌豆面、熟鸡蛋或鸭蛋黄、玉米面三者以5：3：2的比例搓匀，或者只将绿豆面和鸡蛋黄分别蒸熟，按1：(2～3) 混合，加水和成面团，用手捻成两头尖的长条，拔弄鸟嘴或以声音引诱鸟张嘴，蘸水填入。幼鸟数量多时，一定要逐个填喂，以免有的幼鸟吃不上食。每天填喂5～8次，不给水也不喂菜，待鸟能自己啄食后，把拌好的饲料放入食槽内任其啄食，仍不给水，但可喂切碎的马齿苋菜。当体型、羽色近似成鸟时，方可喂给干饲料和饮水。

从营养、卫生、节约考虑，喂补充“添加剂”的鸡蛋小米较好，换羽期再经常喂些面粉虫、蝗虫、蚱蜢、叶菜等就能养得很好。

3. 管理注意事项

百灵鸟笼的食水罐宜深不宜大，多为半圆柱或倒棱锥形。平的一面紧贴笼的底圈，隔1～2日添换一次食水。笼底沙土要细匀，保持清洁、干燥，夏季每周清换1～2次，平时可用铁丝或竹棍将粪便夹出。一般不用罩笼套，但在遛鸟时或让它学别的鸟鸣叫时需要罩上。为使百灵鸟晚上灯下鸣叫，白天应罩上。夏季南方蚊虫多，夜间也须罩上，以防蚊叮。

百灵鸟是寒带鸟，故鸟笼悬挂处应通风、凉爽，严禁在太阳底下暴晒。但是对水浴和遛鸟的要求不高。为了驯熟，昆虫幼虫、蝗虫、蚱蜢等动物性饵料应用手拿着喂。为培养百灵上台歌唱的习惯，可在鸣台外边围一硬纸壳圈，稍高于笼的底圈，并常用夹粪棍捅其脚让它上台，或者常在鸣台上喂“活食”。

4. 赏玩技巧

百灵科的鸟大多羽衣朴素、善鸣啭和模仿声音。百灵、沙百灵、角百灵、凤头百灵等属的鸟是广为人们喜爱的笼鸟。比较普遍的是云雀（俗称云燕、鱼鳞燕、叫天子），我国南北方都有饲养。最著名的是蒙古百灵，它体型大，羽色较美丽，叫声宏亮而善模仿。

百灵鸟学习鸣叫，养鸟者常称之为“靠口”。要得到优美的舞姿和动听的歌声，需从幼鸟开始饲养，成鸟难以驯顺和调教。从幼鸟中挑选雄鸟是比较困难的，需要仔细观察、综合判断。如百灵，在第一次幼羽时期可选择嘴粗壮、尖端稍钩、嘴裂（角）深、头大额宽、眼睛大有眼神、翅上鳞状斑大而清晰、叫声尖的鸟。第二次幼羽时期已近似成鸟，要着重选择上胸黑色带斑发达、头及身体羽色鲜艳、斑纹清楚、后趾爪长而平直的鸟。每年春天是百灵发情的季节，这时它最爱鸣叫，而且声音也比较动听。“靠口”一般要6～10个月，如要学会鸡叫等套数需要的时间更长。培养百灵鸟鸣叫是很费功夫的，幼鸟绒羽一掉完，雄鸟喉部就常鼓动，发出细小的嘀咕声（俗称“拉锁”），此时就该让它学叫。百灵鸟的各种鸣声都是学来的，应该多创造一些机会，让幼鸟经常听到一些优美的鸟鸣声。用驯成功的老鸟“带”最省事，也可到自然界去“呷”或请“教师鸟”。有的用放录音的方法，但有时声音失真，还须到野外或由其他鸟矫正。据说训练有素的百灵鸟，可以学会13种不同动物的声音。

在选购幼百灵时，除注意选择雄鸟外，还要看其精神状态和体质，是否戗毛（团毛）。用手摸一摸胸部肌肉的厚度，看是否“亏膘”，肛门有无便污，尾脂腺（俗称“尖”）是否完整。

三、绣眼

属雀形目，绣眼鸟科，绣眼属。国内可见的主要有灰腹绣眼、暗绿绣眼、红肋绣眼和非洲绣眼四种。其中灰腹绣眼在我国比较少，大家都喜欢养暗绿绣眼。暗绿绣眼在我国主要分布在华东地区，华北、西北、西南的部分地区以及台湾省和海南岛。红肋绣眼主要分布在东北地区。灰腹绣眼分布在西藏、四川、云南的部分地区。在每年的迁徙季节里同一地区也会发现不同种类的绣眼。目前我国还没发现过野生非洲绣眼的存在。绣眼是非常受人喜爱的小鸟，叫声优美，姿态也很美丽（图4－4）。

红肋绣眼，体长大约12cm，上体鲜亮绿橄榄色，具有非常明显的白色眼圈和黄色的喉及臀部，雄鸟两胁栗色，腹乳白，雌鸟及幼鸟的颜色比较浅。暗绿绣眼体长大约10cm，上体鲜亮绿橄榄色，具有非常明显的白色眼圈和黄色的喉及臀部；胸及两胁灰，腹灰白。

图4-4 绣眼形态

1. 用具

和其他几种鸟笼相比，绣眼鸟笼是工艺、装饰、配置等都特别精美的一种，这大概源于大家对这种鸟的喜爱吧。一般的鸟市所售的小型鸟笼即能适用。选用较小的鸟笼饲养，可以刺激绣眼经常啼叫。

绣眼极喜水浴，温暖季节每天一次，所以要准备绣眼专用水缸。

2. 饲料

属于软食鸟。自然环境中，绣眼是以昆虫为主食的动物，不易确保饵食的正常供应，但由于其作为宠物饲养的历史非常悠久，故总结出人工代用饲料。这种人工饲料是由大豆、稻米等植物种子磨碎，配上动物型的贝壳粉所作成的粉料。

喂食时，加入少量的水，搅拌后喂给鸟儿食用。每日喂食2～3次。绣眼鸟的消化能力很强，消化过程迅速，摄入的食物2h就能消化完毕，排出体外。因此，饲料和饮水决不能间断。这些主食的营养已很充足，若能喂食一些面包虫等，鸟儿必将非常欢喜。另外，蔬菜、瓜果以及人工栽培的牧草或野菜，这些饲料富含维生素，柔嫩多汁、适口性好，可以促进消化、增进食欲，也是不可缺少的饲料。

另外可以添加色素饲料和蜂蜜。色素饲料可增强羽色，主要成分是胡萝卜素和叶黄素。在换羽期间补充胡萝卜等含色素丰富的饲料可使毛色艳丽，如常食烤甘薯的鸟，羽毛丰润，颜色靓丽。绣眼极爱吸食蜂蜜，一方面可以提高鸟的食欲，另一方面可以驱暑、清热、解毒、缓解大量采食昆虫后所带来的毒性。但是喂蜜量要适当，不可以蜜代食。每天的饲喂量每只鸟以不多于1g为宜。

绣眼常用饲料配方

项目	青年鸟生长期		成年鸟维持期	
	配方一（%）	配方二（%）	配方一（%）	配方二（%）
熟玉米粉	75	77	78	80
熟黄豆粉/绿豆粉	24	14	21	13
昆虫粉/肉末/鱼粉	\	8	\	6

续表

项目	青年鸟生长期		成年鸟维持期	
	配方一（%）	配方二（%）	配方一（%）	配方二（%）
花粉	0.5	\	0.5	0.5
食盐	0.2	0.2	0.2	0.2
添加剂	0.3	0.3	0.3	0.3

3. 管理注意事项

绣眼刚购入时应该放在暗笼中饲养，如果没有暗笼可以在亮笼外罩上深色的笼布，笼内放有食缸和水罐。然后，将鸟笼放在人走动较少及无嘈杂的安静环境中饲养。待鸟情绪渐渐稳定下来后移到亮笼或撤去笼布。野外捕到的，一开始不能马上改变饲料品种，应该尽可能满足它的食性。当鸟儿逐渐适应了新的环境之后，逐渐减少昆虫的用量，增加人工饲料的用量。并慢慢过渡到上述的饲养方式。

自然界中的绣眼，一旦被关入狭小的笼子里，刚开始由于生活环境的突然改变，鸟儿会很不习惯。只有通过多到户外遛鸟，让它多接触大自然，多呼吸新鲜空气，才可以稳定鸟儿的情绪，让它逐渐适应笼中的生活。

此外，通过遛鸟还可以锻炼鸟的胆量，增加与主人接触的机会，并在不断的接触中建立感情。一般情况下，经过一段时间的服笼养护，绣眼鸟不但会忘记过去的野外生活，而且能够安于现状，胆子也大起来了，不论在何时何地，绣眼都会欢乐无比，鸣声不绝。

冬季随着气温的降低，平时应加强蛋白质、脂肪饲料的供应。天气晴好时就应让鸟儿晒太阳，气温高时注意最好让太阳光斜着照，不要把鸟儿正对太阳。水浴一般一周2～4次，水温20℃左右。水浴结束最好罩上笼布，放在太阳下晒晒，让羽毛尽快干。

4. 赏玩技巧

绣眼鸟鸣声如细语绵绵，鸣叫的姿态可能是许多人看重的一条。双足伸直、挺胸抬头、双翅轻微下垂、头随着鸣叫的内容轻微的摆动——这是很好的红肋绣眼的鸣叫姿势。为大多数养鸟人所认同。

绣眼鸟也有优美的气质。身材硕长、项区明显、眼圈宽大、肩窄胸平，羽毛有绿、黄、白、黑四色，绿色中镶嵌了鹅黄的喉区，亮白色的眼圈，乳白色的肚腹，紫红色的两胁，加上玛瑙色的嘴和爪，给人以柔和、协调的感觉。

但是长的好看的鸟很难叫的好，叫的好的鸟又很难长的好看，这就需要进行取舍了。

5. 疾病防治

早春的气候多变，早晚温差大，无论是水浴、日光浴还是遛鸟都要考虑到鸟对气温的适应能力，让鸟逐步适应早春的气候，避免生病。傍晚要注意给鸟儿罩上笼布放在室内，防止着凉。春季也是绣眼疾病多发的季节，在此期间除要加强日常管理，注意饮食和环境卫生外，还要经常观察鸟的活动情况和粪便形状，若发现异常情况要即时找出原因，立即采取措施。

夏季是绣眼繁殖、换羽的关键时期，也是鸟儿一生之中最繁忙的季节。因此，对绣眼要格外的精心照料，尤其是在饮食和饮水上要特别注意。要做到水、食（尽量用干粉料）天天换，蔬菜瓜果及时换，以免变质，诱发胃肠道疾病。

四、伯劳

属雀形目，伯劳科。主要有棕背伯劳、红尾伯劳、虎纹伯劳、灰背伯劳等。

棕背伯劳，俗称马波落、马白翎。体长约26cm，尾长13～14cm；翼有白斑，头顶灰色，前额黑色，腰、背及体侧红褐色，颏、喉、胸及腹中心部位白色（图4－5）。

红尾伯劳，别名土虎伯劳、花虎伯劳、小伯劳。体长约19.5cm；上体大部灰褐，下体棕白，均无杂斑，嘴黑色，尖端有钩，头侧有宽的黑色眼纹，尾羽棕红色；5～7月间繁殖，每巢产卵4～6枚；卵呈乳白色，密布灰蓝和黄褐色斑点。

灰背伯劳，别名寒露儿。分布于东北、华北、内蒙古、新疆等地。体长约23cm，上体均褐灰色；尾上复羽灰色，尾羽黑色，两翼黑褐色；眼先灰黑色，眼上有一狭的黄白色眉斑；下体由颏至腹部为淡褐色，尾下复羽污白色；肋部和腋羽污灰色，肋部羽具黑褐色波状斑纹。

图4－5 伯劳形态

伯劳是一种形单影只的鸟，在森林、浅丘、平坝、园林和田野里都可看见它单独活动的身影，只在繁殖季节才可以看到它们成双成对。春、夏、秋三季，在它活动区域内的“至高点”上，我们都可以听见它那优美而仿真的鸣叫声，特别在秋季，秋高气爽，艳阳高照，此时的伯劳鸟正是舒心大叫的日子。直到11月中旬以后，才听不到它们的大叫声。8、9月换毛停叫，9月下旬是它的“高歌期”。

1. 用具

饲养伯劳一般用弓形架，食、水罐各一枚，位于架下端托板两端。鸟由脖锁拴在中间，脖线长短要适中，拉直时鸟头部恰能够着吃食、饮水，脖锁不宜过长，否则鸟会因缠绕而被勒死。

2. 饲料

属于软食鸟。可以用绿豆面、玉米面、熟鸡蛋黄、淡水鱼粉或蚕蛹粉按5∶2∶2∶1

比例混匀喂幼鸟，饲料面（豆面、玉米面）应尽量地细，因为粗的渣子在伯劳胃中会揉成团而被吐出，使鸟逐渐消瘦。因为伯劳无消化纤维素的能力，因此，饲料中最好有鲜肉。

伯劳饲料的制法和饲喂方法：

肉泥（牛肉、猪肉、黄鳝均可）40%～50%。

小鸟饲料：骨粉、维生素、矿物质等适量，用水调拌成泥状，挑来喂食即可，每天4～5次，晚上也要喂1～2次。在人工喂食期间一般是可以不喂水的，稀食中的水就够了。

3. 管理注意事项

根据伯劳野外栖息的特点，鸟架宜挂在室内的高处。由于伯劳多吃软食，粪便稀，日常管理要特别注意食、水卫生。上午和下午各喂一次，就是“认”干粉料之后，每天还要喂一次湿料，最好加点鲜肉。活的昆虫及幼虫可用手拿着喂。

伯劳凶猛、嘴钩曲锐利，初期用肉诱食和日常捕捉时要小心，以免被咬伤。初期在架上饲养，鸟不适应，总想飞逃，容易吊死。通常先用直架饲养，至鸟习惯架上生活后再改用弓架。

伯劳怕冷，冬季室内饲养，室温应在10℃以上。

4. 赏玩技巧

伯劳学叫声学的很像，鹰、猫、狗、公鸡、母鸡、小鸡的叫声自不用说，汽车声、手机铃声、电话铃声它都可以学的以假乱真。一只调教有方的成年伯劳鸟，无论在架上还是在笼里，只要主人手一招，它就会伸直腰、伸长脖子，将身子与脚交成直角，头向上，嘴朝天，一边扭动脖子一边鸣叫起来。如果要用文字来形容的话，“撒娇”二字较为准确。

“多功能性”是伯劳的又一个特点，它可以作为“猎鸟”去抓小鸟。

五、黄鹂

属黄鹂科，黄鹂属，又名黄鸟、黄莺、黑枕黄鹂、鸧鹒、金衣公子。广泛分布于我国东北、华北、四川等地。

体长约25cm，体色鲜黄，嘴粗红色，枕部黑羽毛深。雄鸟羽色金黄有光，雌鸟羽色黄中带绿，这是鉴别雌雄的主要标志之一。头部两侧有通过眼周直达枕部的黑纹，翼和尾的中央呈黑色（图4－6）。幼鸟头部无黑，腹部有黑色条纹，直到第三年才逐渐消失。

图4－6 黄鹂形态

1. 用具

对于刚捉的黄鹂为了保护它的翅膀不致受到损伤，一般用板笼饲养。板笼的尺寸一般为25 cm×20 cm×15cm，制作时只有正面用能透光的竹栅，其他几面用木板钉成，底为亮底，但有托粪板遮光。当黄鹂适应新环境后，可将黄鹂移至自制的90 cm×60 cm×60 cm的中型方笼或八哥铁丝笼中饲养。

2. 饲料

属于软食鸟。由于新捉来的鸟很难适应人工饲料，需要先用昆虫和混合饲料饲喂，容易成活。混合饲料是用熟蛋黄、碎肉、碎虫、豆粉、钙片粉混合拌匀，用这种混合饲料喂雏鸟4～6个月，新羽长成，羽色艳丽。

人工饲养黄鹂的主食饲料有肉类（如牛肉、瘦猪肉、鱼肉）、昆虫（如面包虫）、面食（玉米粉、豆粉）、熟蛋黄及西瓜、苹果等。供应的肉食要切成细丝，并拌入少量的维生素B_1。为了保持黄鹂羽色艳丽，还要喂给一定量的色素饲料。

3. 管理注意事项

在板笼中饲养时，黄鹂有可能拒食。可用活昆虫诱食，如诱食不成功，就要采取填食了。填食的方法是左手握住鸟体，右手食指和母指拿肉条逗引鸟，待鸟张嘴时，将肉条迅速填入鸟的嘴里，使其吞咽下去。如果鸟不张嘴，可用右手拇指及食指将鸟嘴拨开填入肉条即可。填喂时需要谨慎操作，不可操之过急。每日填喂4次，每次填食后让鸟饮水。填食后再诱食，诱食的方法是将玉米面100g，豆饼面50g，搓碎的熟鸡蛋1个，制成稀粥状，倒入食罐内，粥的表面再放几条活昆虫，并将笼内的水罐取出，减少填食的次数。当鸟饥饿干渴时，就到食罐去啄食，经观察鸟可以自己吃食，吃饱后，就应停止填食。

日常要注意清洁卫生，每天应更换一次食、水，每周洗刷笼底和托粪板1～2次，以防污染鸟的羽毛和足趾，夏季要防止饲料发霉变质，特别是水果等不能留在笼中隔夜。换羽期要增加蛋白质饲料和维生素。冬季在北方饲养需在室内过冬，室温应在10℃以上为宜。

4. 赏玩技巧

黄鹂鸟以其色、形、姿、音等多方面的感受，来打动爱鸟者的心灵。

在我们能看见的笼养鸟中，至今还没有哪种鸟可以与黄鹂相媲美。金黄的颜色、修长的身体、优美的尾羽，我们不禁感叹造物者的神奇。黄鹂的鸣叫也别有一番韵味，是来自广阔山林的一种回应声，是一种蕴含情感交流的亲切呼唤。

要养好成年黄鹂必须要有两个字：“爱、恒”。每天在手上3～4h是不算多的，如果你有时间的话，每天上午将它放在站子上，拿在手里，抚摸它，玩它到中午，下午进笼，如此循环往复，大约要一个月。然后将它上到架子上，每天提一会，同时在提它时给它喂虫，让它明白，有人在才有好吃的。这个过程大约需要两个月。第一年大多是不开叫的，要到第二年才有可能开叫。

六、石燕（红尾水鸲）

属鸫亚科，水鸲属，俗称石燕（图4-7）。体长约14cm，雌雄异色；雄鸟腰、臀及尾栗褐色，其余部位深青石兰色；雌鸟上体灰色，眼圈色浅，下体白灰色羽缘成鳞状斑纹，臀、腰及外侧尾羽基部白色，尾余部黑色，两翼黑色，覆羽及三级飞羽羽端具狭窄白色；雌雄两性均具明显的不停弹尾动作；幼鸟灰色上体具白色点斑，嘴黑色，足褐色。繁殖期在4～7月，巢筑于溪流河川岸边的天然洞穴或树洞中，极为隐蔽；每窝卵3～5枚，浅蓝绿色，具紫色斑。

图4-7 石燕形态

分布于巴基斯坦、喜马拉雅山脉至中国（包括海南岛和台湾）及印度支那北部。是常见的垂直性迁移候鸟，于海拔1 000～4 300m的湍急溪流及清澈河流，可看到它的身影。亚种 *fuliginosus* 分布于西藏南部、海南岛及华南大部，北至青海、甘肃、河南及山东。单独或成对。

1. 用具

石燕笼是既不同于金翅笼，也不同于云雀笼的一种专用笼。除靛颏笼外，几乎所有的鸟笼都是高与宽相同的，这样的鸟笼看起来感到稳定。石燕笼高大于宽，看起来高而轻飘。底径26cm的笼，高可达35cm。笼内也很特殊，没有桥子，一般是用一个较云雀台要小的高台，笼底又有底丝，有的还设计了水门，有的没有水门。于是，石燕笼就成为一个“四不像”，不是养沙雀子而有台，有台而又有底丝，台也不是标准意义上的“凤凰台”，而是圆台，或者做成一个半圆形的“蘑菇台”，台柱也不是直的，多数的笼中这台柱是用带有一点根雕艺术的树根做成。正是这种四不像的鸟笼成了石燕的专用笼具。

2. 饲料

野生主食昆虫，其种类有甲虫、椿象、蝶、蝇及蚁类，也食植物种子和果实。从幼雏到成鸟，它都是比较好养的笼鸟之一，饲料配方并不复杂，笼养期比较长，约为五年。

3. 管理注意事项

这种鸟不脏鸟笼，除了要洗澡外，管理上没有其他笼鸟复杂。石燕的一个特色是好斗，最好不要将两只雄鸟放于一个笼里。石燕的窝雏鸟是同一种颜色的，要注意区分雌雄，雄鸟的翅外缘带有一点极淡的蓝色，雌鸟的这里只是一片浅褐色。

4. 赏玩技巧

石燕一般是从窝雏养大的，大都可以和人亲近，你一伸手它就会飞起来啄，将手伸进笼中它就会站于手上，这种“亲和性”在笼鸟中是不多见的。

由于它的好斗特点，“石燕打架比赛”这种新玩法呼之欲出。

七、金丝雀

属雀形目，雀科。又名芙蓉鸟、白玉、白燕、玉鸟，个别地方称“燕子”。原产于大西洋的加那利、马狄拿和南部非洲。为国外引进品种。体长约10cm，比麻雀瘦。野生品种的羽毛为黄绿色，有暗纹。经人工培育出现了黄色、白色、绿色等。国内饲养的金丝雀，一般体长12～14cm，体色有黄色、白色、橘红色、古铜色等，其中以白羽毛、红眼睛者为最名贵。我国金丝雀素有“山东种”与“扬州种”之分，前者较后者肥大（图4－8），羽色淡，鸣声清脆悠长，所以人们多喜爱饲养。亦有变异品种如褐色、灰色等。黄色金丝雀的数量较多，其他颜色的比较少。由于金丝雀的外观美丽，叫声悦耳，所以世界各地都有饲养。

图4－8　金丝雀形态

1. 用具

金丝雀一般单只饲养，听其鸣叫可用造型优美的观赏笼，饲养金丝雀的笼子应该宽大，易于活动。平时雌雄分养，每笼只养1只。

8、9月间开始合笼饲养，让它们筑巢繁殖。一般用大小规格为45cm×30cm×30cm的方形笼，最好背后用三合板固定来保暖，底部加托板，以便清洗、消毒灭菌。笼中放栖杠2根。在笼上方一角放繁殖巢，繁殖巢为草或麻绳编制的碗状巢，巢中放干净的垫草或棉花。笼中放浅一些的食槽、水槽和装砂槽。

2. 饲料

金丝雀在平时饲喂时，必须雌雄单笼饲喂，金丝雀的饲料有小米、谷子、黄豆面、玉米面、窝窝头、狗尾粟、切碎的菜叶等。用谷子喂养时，先把谷子用水湿润，隔水蒸熟。此外，还要每天喂一小片嫩菜叶，如鲜嫩白菜、鲜苦菜等。金丝雀特别喜欢苦菜，该菜不仅能防治其腹泻，而且还能为其提供维生素。在繁殖及换羽期间，可喂些熟鸡蛋。

3. 管理注意事项

金丝鸟是为数不多的，能够在人工条件下饲养的观赏鸟之一，素为养鸟爱好者喜爱。

刚出壳的雏鸟全身裸露无毛，眼睛紧闭，十分怕冷，所以应适当调节室内温度，保持在25℃左右，以防小鸟在雌鸟离巢进食时受寒，也可在巢边安放白炽灯照明，光照强度以15 瓦为宜。饲料一般用煮熟的鸡蛋 2 只，取其蛋黄，用少量温开水调稀，加入适量炒熟的玉米面（或不带奶油的蛋糕）拌匀，放入食槽中。

另外，最好还要供应充足的白苏子和浸泡半小时以上的新鲜青菜，以油菜为佳。人工饲喂雏鸟要掌握好固定的时间，一般 1～2h 饲喂 1 次。方法是取 1 枚宽 0.5cm、长 10cm 的小竹签，前端圆形且光滑，挑起配好的软食，软食中加入少量的青菜末和钙片粉末，开始时小鸟不张嘴，可用小竹签把嘴翘开填喂，以嗉囊鼓起为宜，直至小鸟可以自行啄食为止。

在 11 月份至次年 6 月份为金丝雀的发情期，一雌一雄或二雌一雄、三雌一雄配对，因为金丝雀发情期对配偶有选择性。当雌雄合笼后（最好先把雄鸟放进繁殖笼中，当雄鸟熟悉环境后再放入雌鸟），饲料以鸡蛋小米为主。最初几天，雌雄鸟角逐、格斗，一般过几天后，两鸟开始交配，交配成功的雄鸟会站在栖杠上，羽毛蓬起，发出“唧、唧、唧”的鸣声，而雌鸟会两翅颤动相和。一般 1 次交尾后可使雌鸟所产的蛋全部受精。如果 3～5 天后，雌雄鸟仍然拼死相搏，说明两者不合，应重新选择配偶。

到 7 月份，金丝雀的繁殖期结束，进入换羽期，此时要加强卫生、营养等方面的管理，如设蚊帐保护种鸟。多喂新鲜蔬菜，加煮熟的鸡蛋（切半）。若换羽期间，要使金丝雀长出红色羽毛来，可加喂增色饲料，如切碎的胡萝卜、红色的青椒等，金丝雀吃了含有红色素的饲料后，红色素可在体内沉积，使羽毛慢慢变红，增加其观赏价值和经济价值。

金丝雀最喜欢水浴，每天的中午（气候条件允许条件下），找一稍大一点但不要深的水槽，加温水放入笼中，待其洗浴完毕拿开。

金丝雀的管理。食罐和水罐要天天刷洗，天天换水，栖杠 3 天 1 次，清除笼底粪便 1 周 2～3 次。金丝雀如果长时间受到阳光照射，会使羽毛退色。所以每天在柔和的阳光下晒 1h。当雀在栖架上站立不稳时，就说明该给金丝雀修趾甲了，避免其因趾甲太长而刺破蛋壳。

4. 赏玩技巧

初养者应选择价格较低，且易饲养繁殖的黄黑眼品种，若需要繁殖较多的良种金丝雀，如卷毛、辣椒红等，因其抱性较差，一般也应多养几只雌性的黄黑眼（山东/扬州金丝雀）作为保姆鸟为其代孵。

金丝雀鸣声响脆，非常优美，还能模仿其他鸟的叫声。不同的金丝雀的鸣声不同，“山东种”的鸣声较为短促的“叽叽叽，家家家”；“扬州种”的鸣叫声与山东种相似，但声音较为柔软；“萝娜种”鸣声为“吉立吉立”、“觉郁觉郁”或“举举举”。山东种金丝雀，体质较为粗壮，羽色一般为淡黄色和白色两种，鸣叫声响亮曲折，比扬州种响亮。最名贵的品种是山东种，肉色嘴、脚，白色或淡黄色羽毛。

任何金丝雀鸣叫的结尾都应是低声，若尾声是“呷呷呷”则是属于品质不佳。金丝雀除了善鸣以外，还有一定的表演能力。

5. 疾病防治

金丝雀的身体娇弱，宜多运动。但是金丝雀较易饲养管理，抗病力较强，只要定期给鸟舍及笼具消毒，一般不易得病。消毒方法一般用高锰酸钾溶液浸泡托板，用福尔马林、来苏儿等喷洒消毒地面。鸟舍要求安装换气扇，且光线充足。

八、黄雀

属雀形目，雀科，金翅属。俗称黄鸟、金雀、芦花黄雀、金奖等。体长约11～12cm。大体呈绿黄色，具褐黑色羽干纹，翅有鲜黄色花斑；雄鸟头顶大部黑色，颏部及喉中央呈黑色；雌鸟色暗而多纵纹，顶冠和颏无黑色（图4－9）；幼鸟似雌鸟但是褐色较重，翼斑多橘黄色；嘴形尖直，嘴偏粉色，足近黑色。

图4－9　黄雀形态

在山区、平原均可见到。多见于山区松树、杉树等针叶树的枝头上，平原则多栖柳树、榆树、白杨等树冠，常结群活动，数量在30只左右。北方饲养较多，人们训练它叼物等技巧，是一种有悠久饲养历史的鸟。每巢产蛋4～6枚，蛋呈浅蓝色底，上面点缀杂色斑点。

1. 用具

饲养雄黄雀，要用专门的黄雀笼。黄雀笼有多种多样，但比较讲究的是漆竹圆笼，为封闭底，内铺薄布垫，因为其主食粉料或干粉料，粪便少而干，不易污湿笼底。设有较高底圈，防止粒料壳乱飞以及鸟糟踏食物。为教以技艺，或做“囿子”。

饲养雌黄雀主要训练叼物，可架杆饲养，栓脖锁。

2. 饲料

以植物的种子为食，如赤杨、桦木、榆树、松树及裸子植物的果实、种子及嫩芽，作物和蓟草、中葵、茵草等杂草种子。也吃少量昆虫，有“螳螂捕蝉，黄雀在后”的故事为证。

在家养情况下喜欢吃苏子、花生、核桃、葵花籽等油料作物种子，为了不至于过肥，在训练时作为奖励用。平时喂食谷子、黍子、稗子等，并经常喂一些蔬菜和砂粒。要保证食水充足、新鲜。

3. 管理注意事项

每周清理1～2次笼子，食物与水要充足。饲养地方应光线充足，在秋、冬、春三季要常让黄雀晒太阳，但避免暴晒，夏季需将笼子挂在凉爽的地方。

换羽期多给叶菜、补充些苏子，黄雀羽毛换得快，“开叫”早，羽毛闪银灰色光，显得十分漂亮。

4. 赏玩技巧

黄雀性情活跃，叫时昂首挺胸，姿态优美。除换羽期外，整天鸣叫，每年歌唱可长达8个月。一般认为，嘴尖细、身腰长、尾长的健美且善鸣叫的较好。也有的依下体羽色选择，有青色、白色、黄色之分。还有人喜欢红脚（俗称“红爪”）或头、颈、胸染红的。

黄雀的鸣叫，在北京地区讲究“三口”。即喜鹊、红吱和油葫芦的鸣叫声，而且没有“杂口”。调教的方法有两种：一是用老黄雀带，一是用“原声”让它学。前者比较简单，就是要有“师爷鸟”来带。后者就是在它的学口期，每天清晨提它到有喜鹊或红吱的地方去，让它天天听，要不了多久，它也就学会了。在训练时严禁其他杂音，只有出现所学声音时再打开笼罩。

让它学“油葫芦”的声音是很趣的一种方法：一口大缸，在下面放上这种虫，上面放上处于学口期的黄雀，再在上面用板盖住。一般一周左右就可以学会。

黄雀是初学养鸟和训鸟者的选择。容易学会其他鸟的叫声和做一些叼物技巧。一般选择嘴尖、腰长、尾长而善鸣的雄鸟饲养。

至于黄雀的技艺，主要有“叫远”、“撞钟”、“抽签”（过去算命先生常用）等简单动作，全是用苏子引诱形成的简单条件反射。

九、寿带

属雀形目，俗称紫带长、白带长、长尾巴练、长尾鹟、一枝花等。有白、栗两种色型(图4－10)。

图4－10 寿带形态

寿带鸟羽毛十分鲜艳。野生鸟常生活在我国的东部和中部地区森林中，有“绿林一枝花”的美誉。雄鸟体长约30cm，头、颈和羽冠均具深蓝色辉光，身体其余部分为白色而具黑色羽干纹；中央尾羽长达体躯的数倍，形似绶带。雌鸟约18cm，鸟羽冠较成年雄鸟短，尾羽也短，头、颈、羽冠黑色具蓝色辉光，其余羽色近似雄鸟，为赭色；眼暗褐色，喙钴蓝色，爪铅褐色。青年鸟背部为栗色带紫，胸腹部灰白色，尾部栗红色。雄鸟中央一对尾羽长达躯体的4～5倍，像一条长长的飘带，甚为透明。飞行时张翼展尾，十分瑰丽。是著名的观赏鸟。每年5～7月繁殖，此时雄鸟能发出嘹亮的鸣声。配对后的寿带鸟成双成对飞翔于丛林间，从不分离，人们将其比喻为鸟中的梁山伯和祝英台。

繁殖期在5～7月，筑圆锥形巢于大树的枝桠处。每巢产卵3～4枚，卵壳乳白色，并有紫灰色斑。

1. 用具

应饲养在较为宽大鸟笼，等投好食物之后将它们放于大笼之内，以适应其飞舞，十分值得欣赏。

冬天如有空调，温度在18～25℃，大笼内也是可以过冬的。

2. 饲料

寿带鸟是最难饲养的笼鸟之一。寿带鸟主要以昆虫为食，且主要是活的昆虫，包括飞行中的蛾类和蝇类，这在笼养情况下很难满足，因此，多在捕获后1～3d内死亡。寿带的饲料应以生肉末、黄鹂混合粉料及面粉虫为主食。植物性食物仅占全部食量的不足1%。

3. 管理注意事项

新捕获的寿带鸟，首先要进行诱食。结扎其双翅，用绳索系其颈部，置于支架上。最初以长镊子夹取活动的蛾类或蝇类等昆虫，在其嘴前方晃动诱食，同时以生肉末及少量的黄鹂混合粉料用水调成粥状，不时将此粥样饲料或其汁液涂抹于其嘴边，此时因性急躁而口干欲饮水，故很易吸食这些饲料汁液。

经人工耐心诱食，便可开始进食少量人工饲料，而耐过最初驯养诱食阶段，但必须在其自动啄食后，方可停止人工诱食和涂抹人工饲料。

不能笼养，一般用架养法较好，架养时用最好用脖锁套颈。

4. 赏玩技巧

寿带鸟是著名的观赏鸟，美丽的身姿和艳丽的羽毛等都给人以美的享受。但是人工饲养比较麻烦，只有捕到刚出壳不久的雏鸟进行人工驯养，才比较容易成功。虽然养鸟爱好者们想方设法饲养，但是到目前为止，饲养供观赏时间均不足一年。

十、鹦鹉

鹦鹉属鹦形目，鹦鹉科，是玩鸟家族中最为普遍的一类。全世界大约有700多种鹦鹉。目前，较为普遍的笼养鹦鹉主要有绯胸鹦鹉、虎皮鹦鹉、牡丹鹦鹉、吸花蜜鹦鹉、金刚鹦鹉等品种。

大绯胸鹦鹉：别名四川鹦鹉、大鹦哥、大紫胸鹦鹉，属于鹦鹉科。体长约43cm，头胸紫蓝灰色，具宽的黑色髭纹；上体绿色，前额、眼先黑色，头顶和耳羽蓝沾紫色，翅绿色，翅下覆羽葡萄红色；尾呈楔状，蓝绿色，尾下覆羽、腿羽黄绿色；下体除喉部有宽阔黑斑外，余部多为紫色，胸部紫红色（图4－11）；嘴雄鸟红色，雌鸟黑色，雄鸟眼周及额沾淡绿色，狭窄的黑色额带延伸成线形，中央尾羽渐变为偏蓝色，颈和胸的上部及上腹部葡萄紫色，雌鸟嘴全黑，前顶冠无蓝色，雄鸟上嘴红色，下嘴黑色，足灰色。

栖息于山地常绿阔叶林、混交林、针叶林及沟谷地；善飞翔和攀援，喜群居；以坚果、浆果、玉米、稻谷等为主食；6～7月份繁殖，筑巢于树洞及石缝中，每窝产卵3～6枚；为西藏、四川、云南留鸟。大绯胸鹦鹉分布区狭窄，数量已十分稀少，属于国家二级保护动物，应严加保护。

图4－11　大绯胸鹦鹉形态

虎皮鹦鹉：俗称娇凤、阿苏儿、虎皮等。原产于澳洲。体长约20cm；头顶较圆平，嘴壳甚强大，粗壮，上嘴弯曲成钩状，嘴基具蜡膜；体羽色彩艳丽多变，常见色有黄、绿、蓝、白、蓝绿、浅黄等色，因头、颈及背部的羽色中多具有黑色或暗褐色横纹，而得名虎皮鹦鹉（图4－12）；腿短，足为对趾型，二三趾向前，一四趾向后，适宜在枝头攀缘；更适宜握物和取食；尾型尖长，中央尾羽延长如箭；有不同羽色类型；成鸟雌雄区别在于蜡膜的色彩，雄性蜡膜呈青蓝色，雌鸟蜡膜为肉褐色，成鸟蜡膜及嘴壳基部较为枯燥，无光泽；足趾浅肉色。

图4－12　虎皮鹦鹉形态

牡丹鹦鹉：俗称情侣鹦鹉，原产于非洲。我国常见的有黑头牡丹鹦鹉和棕头牡丹鹦鹉两种。体长14～15cm，头部颜色有红色、棕色、黑色、白色等不同类型，体色有绿色、黄色、蓝色等，嘴红色，眼圈白色，足灰色。

1. 用具

饲养鹦鹉的笼具分以下几种：

（1）饲养笼：由铁丝网或铁条织成，其大小为高40cm，宽35cm，长45cm，铁笼必须留有两个开口，一个开口可做安放人工鸟巢的巢眼，另一开口为抓鸟、添食、添水用。箱笼的下层为活动的抽屉，一般用铁皮制作而成，可以前后移动，并可拉出。此箱放沙可用来装粪便，或让鸟吃沙以增强消化能力。

（2）观赏笼：作为休闲观赏鸟可用小型电镀的金属笼饲养，笼内设置有栖杠、吊环，供鹦鹉玩耍。

（3）串笼：让鸟洗澡，或将鸟提出运走，先从大笼里提出，放在小笼里，这种小笼就是串笼。也由铁丝网制成，但体积小，长×宽×高为16cm×12cm×14cm，可装2～4只。用来配对、观察、隔离都可。

（4）运输笼：少量运输1～2对鸟，可用铁丝或有机玻璃板（上面打孔）制成的运输笼来运输。夏秋用铁丝笼，冬天用有机玻璃笼。

（5）人工巢箱：用来孵化小鸟、产蛋的场所。牡丹鹦鹉的人工巢箱长宽高之比为30∶20∶22，其巢孔直径6cm，内有两层，中间有一隔板，隔板上开一孔径也为6cm，使鸟从上层可入下层，下层内铺锯末，锯末要干燥，不带木屑，利于产蛋和孵化。人工巢箱用木板钉成，木板厚度1.5cm即可。

2. 饲料

鹦鹉饲料大致可以分为主食饲料、辅助饲料、保健饲料、特殊饲料、矿物质饲料及昆虫类饲料。用谷子、秕子、稻米、黍子、绿豆、黄豆、玉米、高粱等，或者是它们的加工品作为主食饲料。辅助饲料是维持鸟类健康的饲料，如苏子、菜子、麻子等，添喂辅助饲料必须注意适量，进行搭配使用。此外，鹦鹉类的鸟还可以喂松子、花生米、核桃仁，以补充对油脂的需求。

3. 管理注意事项

要注意温度。室外进行日光浴时间不宜过长，应选择上午斜射的日光进行日光浴；天气冷时，须将鸟笼放进箱笼或用笼衣包裹度夜，不要将鸟笼悬挂在空中受风；夏季要注意通风，尤其是坐巢（亲鸟在内孵卵）的鸟，不能使它受热，否则会中暑死亡；对母性特别好的亲鸟，要经常驱使它离巢，让雏鸟发散些聚集的热量，否则其生长发育往往受到影响。

四川鹦鹉（大绯胸鹦鹉）采用金属管制作的鸟架饲养，主要饲料是中型鹦鹉食，青菜、水果也常喂。

牡丹鹦鹉的饲料是稻谷、谷子、粟子、小米等，为增加饲料的营养成分，还要加喂10%的麻子或葵花籽、牡蛎粉、青菜和水果。日常可把稗子、稻谷、谷子按3∶2∶2的比例混合饲喂。

虎皮鹦鹉饲养容易，管理粗放，耐粗饲料，体质强壮，不易生病，且容易繁殖。人工饲养常用金属笼具或粗竹笼（虎皮鹦鹉上嘴具钩，强壮有力，喜欢啃咬木质），有时也用鸟架。常喂以虎皮鹦鹉食、少量青菜、苹果和熟石灰。一对虎皮鹦鹉每天约食25g主食，在孵化期和育雏期，每天加喂5g蛋拌炒米或油料种子。虎皮鹦鹉耐寒性强，但生活温度不能低于5℃。虎皮鹦鹉不需遛鸟，不喜水浴，天热时可喷雾淋浴。日常管理同其他鸟。虎皮鹦鹉繁殖高峰期可达3～4年，以后繁殖率逐渐下降，为了对种鸟群进行提纯复壮，应不断更新种鸟。

4. 赏玩技巧

鹦鹉是鸟类当中最善于模仿的鸟之一，它可以学会很多技巧。

（1）训练技艺：首先要驯熟，与养鸟人亲密无间，对周围的人无恐惧心理，无生疏感，无跑飞现象。在这样的基础上驯鸣唱，排技艺，看飞舞。凡是训练技艺的鸟，每天的傍晚饲喂一定要充足。使之保证夜间正常休息和第二天的常规训练。

（2）学语鸣唱：许多人玩赏鹦鹉就是因为它会学人说话。学舌的鹦鹉从手玩的雄鸟中挑选，从出壳后两个月开始训练，进行定区、定时、定环境的连续不间断的训练。前提是无惊扰、无杂音、安静场所、鸟本身要无病。采用方法是重复多遍驯教法和单音节、少语句不间断法。以清晨或傍晚时间为佳；以单笼，单架驯养为佳；以录音或教师鸟教为佳。在几率上，中大型鹦鹉或九官鸟学会讲话的几率虽比一般小型鹦鹉高很多，但其实像虎皮鹦鹉就有很高的语言模仿能力。想让鹦鹉说话的诀窍，当然最重要的是常跟它讲话，其次就是声调清晰（女声调较高比较好学），还有单只饲养效果也会比较好。让鸟学会说话需要付出很多的时间，还要有耐心，才能成功。

（3）放飞：放飞是观赏鹦鹉鸟学习多种技艺的基本训练，只有在鸟笼放出后不逃为原则，也可教授技艺，飞鸟训练鸟整天处于半饥饿状态，使鸟时刻有求食愿望。这样训练技艺和放飞方可保证成功。处于半饥饿状态或饥饿状态的鸟，在训练时和求食迫切的时刻，驯鸟人应把食物置于盘上或手中，口中同时发出诱食声或手舞小红旗，用以形成条件反射。引诱被驯飞的鸟到手上捉食或飞回笼中。经过反复、多次训练使鸟对手掌感到亲切，实际上是以食物引诱其发挥作用，驯飞距离不断加长。

（4）接物：鹦鹉在特定训练后，即可放飞，放飞后可让其顺利回笼、上架、上手。接物方法很多，高空接物、放远接物、开箱取物等。

（5）衔物、穿小冰鞋、骑自行车等：这些训练可以多样化，可以根据不同需要设立不同项目如骑小自行车、走钢丝、开小火车、滑冰、投篮球、捉实物、捕捉鸟等也使人们大开眼界。

（王敏）

复习思考题

试述观赏鸟的生活习性，并描述鸽的鉴赏要点。

第五章　宠物鱼

第一节　金鱼

一、金鱼的历史

金鱼古称“金则”，谐音为“金玉”或“金余”，象征着和平、幸福、富丽、快乐、名贵。金鱼以其斑斓的色彩与婀娜多姿的“舞态”受到了中外各界朋友的喜爱。古时，它在婚礼上是最受欢迎的礼物，也是馈赠亲朋好友的佳品。1954 年，周恩来总理祝贺印度总理尼赫鲁 65 岁寿辰时，特地送去 200 尾名贵金鱼，深受尼赫鲁的欢迎，至今在国际上仍被传作佳话。

中国不仅是金鱼养殖的发源地，也是金鱼的故乡。据史料记载，金鱼的始祖就是土生土长的鲫鱼，庐山西林寺据说是最早见到红黄色鲫鱼的地方，所以，中国金鱼的祖先可能就起源在那里。自古以来，民间便有饲养金鱼的传统和习俗，世界各国的金鱼都来自中国，金鱼早已在世界各地扎下了根。日本最早有中国传入金鱼的记录时间大约是在 1502 年，17 世纪末传入英国，18 世纪中叶，金鱼就已经传遍了欧洲各个国家，18 世纪后期，金鱼又传入了美洲，为我国人民与世界各国的文化交流做出了巨大的贡献。在此期间，世界各国的金鱼爱好者对金鱼的选种、选育起了重要的作用，从而形成了种类繁多的金鱼品种，目前，经记载的大约有 300 多个品种。尤其是日本养鱼爱好者所作的贡献最为突出，经过他们长期的不断努力，培育出了众多有别于中国风格的和金、琉金、地金、朱文锦、秋锦、江户锦、荷兰狮子头等品种，形成别具一格的日本金鱼，使日本和中国一起成为世界上两个主要养殖金鱼的国家。

观赏金鱼是一种雅趣，“千姿百态添情趣，一缸金鱼满堂春”，人们在茶余饭后立缸一隅，观赏体态玲珑、游姿优美、性情温和的金鱼，确实令人心旷神怡。久而久之，可促使人体内去甲肾上腺素分泌，改善精神状态、促进大脑与身体各部分之间的协调，保持心理平衡，增进身心健康。

二、金鱼的习性

1. 金鱼的食性

金鱼刚从卵中孵化出来时，是不吃食物的，靠吸收腹部的卵黄囊中的营养维持生存。

经2～3天，卵黄囊中的营养被消耗殆尽，金鱼就需要从外界环境中获取食物，以维持生长、发育、繁殖等生命活动。金鱼属杂食性，多种藻类、水草、浮萍、植物种子、米饭粒、面包屑等植物性饵料，以及浮游动物、水蚯蚓、鱼虾碎肉、动物内脏等动物性饵料，金鱼均可摄食。金鱼上、下颌内没有牙齿，但在咽喉部的咽骨上生有齿，称咽喉齿，可与其枕骨下方的咽磨配合，压碎切断或磨细比较坚硬的食物，如植物种子和大型浮游动物的外壳等。

金鱼的鳃耙大而阔，随食物一起进入口腔的水，便可经过鳃耙由鳃孔排出体外，食物则被鳃耙滤取下来，经咽喉齿磨碎，送入肠管被消化吸收。植物性食物有较丰富的纤维质，需在肠管中停留较长时间，才能被消化，所以金鱼的肠管较长。

仔鱼与成年金鱼具有不同的食性。卵黄囊刚刚消失，开始从外界摄取食物的仔鱼，全长只有1cm多，不但体小、口裂小，新形成的消化系统也很娇嫩，只能以轮虫、草履虫等小型相当柔软的浮游动物为食。这类小型浮游动物可以人工培育，也可以在冲洗从自然坑塘中捞来的红鱼时获得，因为天然坑塘中，都有这些小型浮游动物存在，往往和红鱼一起被捞了回来。把冲洗过红鱼的水再用细密白布过滤，很容易滤取。如果无法获得这类小型浮游动物，也可以用煮熟的鸡蛋黄或鸭蛋黄研成细末待用。

从卵黄囊营养到小型浮游动物营养，再过渡到杂食性营养的食性转化时期，与饵料质量的好坏、所投食物得法与否等息息相关，对金鱼的成活率高低和能否培育出上等金鱼的关系很大。近年来，各种人工合成饵料的出现，给金鱼开辟了丰富的饵料资源，为家庭养鱼提供了极大的方便。

2. 金鱼的成长

水是鱼类赖以生存的生活环境。水的密度比空气大，生活在水中的鱼类不必像陆生动物那样，需要消耗很多能量用于维持身体平衡。鱼类又是变温动物，在一定范围内，体温可以随水温的变化而进行调节，不需要消耗很多能量用于维持体温。从这个意义上说，鱼类从外界摄取的食物营养，可较多地用于身体的生长发育，金鱼的成长潜力因此很大。一般来说，在放养密度小、饵料充足和温度较高的水域里，金鱼生长会较快，反之，则生长缓慢。

金鱼生长的快慢和寿命长短有着千丝万缕的联系。在良好的生活条件下，一般金鱼的寿命可长达18年之久，名贵金鱼容易衰退，寿命要短一些。在同种金鱼中，稀养的、投饵充足的、体形较小的个体，对饲养过程中可能遇到的不良刺激的抵抗力也小一些。因此，家庭养鱼，切忌投饵过多。

3. 金鱼的发育

金鱼的生长发育速度十分迅速，一般来说，经过半年就性成熟，可以繁殖后代了。影响金鱼发育的快慢、性功能成熟早晚的三个主要因素是营养、水温和季节。欲使金鱼发育良好，必须围绕这三个因素多做工作。

4. 金鱼对水温、水质和光照的要求

金鱼的身体是一个恒温表，即随时可以将体温调节到与环境相同温度的恒定位置。当水温升高或者降低时，很快通过鱼体皮肤中的微血管和鳃血管将这一变化传布全身，使鱼体温度随之发生相应的变化。但是任何一种鱼类对水温的适应性都是有限度的，不同种鱼有不同的适应范围。一般认为金鱼生活的最适水温是20℃左右，在32～35℃的水温范围内也能生存。如果水温突然升降的幅度超过7～8℃，金鱼就很容易患病，甚至死亡，因此，要求饲养成鱼水温的温差不超过4℃，幼鱼不超过2℃。在养殖过程中，室外养殖时气温的突然变化或为金鱼池（缸、盆）换水时应特别注意这一点。水质的优劣对金鱼影响较大，一般选择天然的泉水和井水为佳，但是通常达不到这种要求，只能采用自来水进行喂养。由于自来水中添加了氯气等消毒剂，这些化学物质对金鱼有不良的作用，所以要对其进行晾晒，以消除其不良影响。若有条件使用井水时，要注意水温是否适宜。

金鱼适宜在含氧5.5mg/L的水中生活，池水的含氧量必须达到3mg/L以上才能适应金鱼的正常生存，当水中溶氧降低到1mg/L时，金鱼即窒息死亡。虽然天然水一般含氧8～12mg/L，但是值得注意的是，在适温范围内随着水温的升高，溶解氧含量下降，而金鱼的新陈代谢随之旺盛，需氧量也随之增加，同时，池中其他浮游生物耗氧量和气温变化等因素对池水溶氧量也有影响，因此，在饲养金鱼时特别是珍贵品种，应全面考虑各种因素以确定适当的放养密度，增加饲养的成活率。鱼体大则放养尾数要少，水温低则放养尾数可稍多。一龄金鱼每厘米身长需水150ml，二龄金鱼为800ml，三龄金鱼则需1 500ml，可按此推算。家庭玻璃缸不宜饲养身长超过8cm的金鱼。

金鱼群居性强，喜欢成群游动，喜欢在亮与暗交替的安静环境中生活，因此，保持饲养环境的安静是有一定必要性的。

另外，温度的高低和光照时间的长短对金鱼性腺分泌激素有影响，对金鱼的繁殖有重要意义。据观测，金鱼在春季25℃时光照10h即产卵，黑暗的夜里不产卵，光照在17h时会造成其生长发育不正常。

三、金鱼的主要品种及其特征

金鱼是我国特产的观赏鱼类，金鱼品种形成的途径大致通过两个方面：一是由于鱼体受环境等因素的影响而产生的突变，人们认为其异样变化，具有观赏价值而有意识地一代一代保留下来，并定型为新品种，如最早出现的龙睛和无背鳍的蛋种鱼；二是人们有意识地取其优势进行人工杂交，使其按照人们的意志产生变异，并定向为新品种，如珍珠龙睛就是用珍珠鱼和龙睛鱼杂交产生的新一代而被定名的新品种。数百年来其分类和命名在人工选育的历史上尚无统一的依据，名称也极为混乱，同一品种可以有三个以上的名称，在不同城市有不同的名称，在不同的国家名称也大相径庭。这样就造成了金鱼分类不规范，给育种工作带来较大的影响。较为常见的分类方法主要有以下几种：两类分法，分为龙种金鱼和蛋种金鱼两大类；三类分法，分为龙种金鱼、文种金鱼和蛋种金鱼；四类分法，分为龙种金鱼、文种金鱼、蛋种金鱼和草种金鱼。本书依据李璞1959年和张绍华1981年的分类方法，将金鱼按四类分法进行介绍。

1. 草种金鱼

草种金鱼是金鱼中最古老的一个品种，也是最接近其原始祖先——金鲫的种类。由于体质强壮，适应能力强，容易饲养，成为目前大面积观赏水体中的主要金鱼品种。

本品种体形特征与普通鲫鱼非常相似，整个身体呈纺锤形，体躯狭长而侧扁，头部扁尖，眼较小具背鳍，尾鳍呈叉形单叶。根据尾鳍形状的不同，草种金鱼有长尾和短尾之分，短尾称“草金鱼”，长尾称“长尾草金鱼”或“燕尾”，也称“彗星”，其英文名称为 comet。

草种金鱼颜色繁多，色彩艳丽，形成了众多不同的种类。例如红（包括橙红）、黄（包括金黄）、白、紫、红白花、红黑花、红黑白花、五花等，也有红顶、翻鳃、透明鳞等种类。现将草种金鱼的主要品种介绍如下：

（1）金鲫：身体侧扁，呈纺锤形，尾鳍较短，单叶呈凹尾形；全身均为橙红色，是最古老的金鱼品种。

（2）草金鱼：直接起源于金鲫，体侧扁，呈纺锤形，尾鳍较长，双叶或三叶不分开，呈燕尾形或菱角形（即三尾）；全身均为红色。

（3）红白花草金鱼：身体侧扁，呈纺锤形，尾鳍较短，单叶呈凹尾形；头部和身体上红、白色兼有。

2. 文种金鱼

文种鱼又称文种，其体形近似“文”字形，故而得名。文种金鱼的体形稍短缩而略圆，眼球正常，头或小或宽，背鳍发达，尾鳍延伸，分为四叶或更多。体色多为红色、紫色、蓝色或红白花斑。代表品种有文鱼、帽子金鱼和珍珠金鱼等，其变种有帽子翻鳃、帽子绒球、红龙睛珍珠、红珍珠翻鳃水泡等。现将文种金鱼的主要品种介绍如下：

（1）文鱼：金鱼中的古老品种，直接起源于草金鱼。其特征是头部略尖，腹部膨大，体躯略短，体表鳞片正常，背鳍高耸，尾鳍长大。由于文鱼的观赏效果远不及龙睛、水泡眼和帽子等品种，故在国内饲养和展览中已很少见。其代表品种为红文鱼，现已极为少见。

（2）帽子金鱼：亦称高头，体短且圆，头宽，头顶上生长着肉瘤堆，似草莓状。从其肉瘤堆的生长部位和发达程度来分，又可分为狮子头型和鹅头型。前者肉瘤堆生长的范围大，除头的顶部外，还下延至两侧颊颚部；后者的肉瘤则仅在头的顶部，形似鹅头。依其体色来划分，又可分为红帽子、紫帽子、蓝帽子、黄帽子、红白色帽子、紫蓝花帽子、五花帽子、软鳞红白花帽子等类型。

（3）珍珠：又叫珠鳞，因其头尖而腹部膨大、体短而圆、形似橄榄、鳞呈珍珠形而得名。分为球型和橄榄型两大类，亦有大尾与短尾之分。其中球型珍珠最具特色，头小而尖，各鳍均短小，鱼体近似球形，是比较珍贵的品种之一。常见的有红珍珠、紫珍珠、墨珍珠、黄珍珠、白珍珠、蓝珍珠、红白花珍珠和五花珍珠等。

3. 龙种金鱼

龙种金鱼是现代金鱼的代表品种，也是主要品种。主要特征是体短，头平而宽，尾鳍四叶，眼球膨大而突出于眼眶之外，似龙眼，故得名龙睛。鳞圆而大，臀鳍和尾鳍都成双而伸长，胸鳍呈三角形，背鳍高耸。按尾鳍形态可分为蝶尾、凤尾和扇尾龙睛等；按体色分为红龙睛、墨龙睛、蓝龙睛、紫龙睛、朱砂眼龙睛、红白花龙睛、红墨花龙睛、紫蓝花龙睛、喜鹊花龙睛、红头龙睛、五花龙睛等。

（1）红龙睛：全身通红，具有龙种鱼的特征，是龙种鱼中最普通的品种。

（2）墨龙睛：通身乌黑，背部尤其显著，有“黑牡丹”和“混江龙”之称。好的品种体色为乌黑闪光，像黑绒墨缎。

（3）蝶尾龙睛：具有龙睛鱼的特征，尾部形似蝴蝶。

（4）紫龙睛：整个鱼体呈紫铜色，饲养得好的，还能发出耀眼的紫铜色金属光泽，是较为珍贵的品种。

（5）蓝龙睛：有浅蓝、深蓝之分，游动时锦鳞闪闪，姿态恬静、优美，惹人喜爱。

（6）五花龙睛：是由透明鳞类的金鱼与各色龙睛鱼杂交而形成的品种。大部分为透明鳞片，小部分为普通鳞，呈五色斑点，所形成的图案光彩夺目，游动时犹如飘动的彩绸。基色为蓝色的品种最为珍贵。

（7）紫蓝花龙睛：是以紫龙睛和蓝龙睛杂交而形成的品种，以蓝色为底色且镶有不规则的褐色斑，纹素而不淡，颇具风格。

（8）十二红龙睛：身躯银白色，独以四叶尾鳍、两片胸鳍、两片腹鳍、两个眼球和背鳍、吻等十二处呈红色而得名。其色白得洁净，红得艳丽，观赏性极佳，是比较珍贵的品种。

（9）喜鹊花龙睛：以蓝色为基色，头、吻、眼球、尾鳍则均为蓝中透黑，腹部银白鲜亮，酷似喜鹊的颜色。姿态俊俏动人，在饲养过程中易褪色，故以其色泽稳定者为上品。

（10）熊猫金鱼：是由墨蝶尾培育而成的，具龙种鱼之特征。身体较短而圆，尾鳍蝴蝶状，除腹部和两侧各有一块银白色斑块外，头、眼、胸鳍、背鳍、腹鳍、臀鳍均为黑色，有的眼睛周围还有道白圈，黑白分明，酷似熊猫。姿态憨厚而端庄，招人喜爱。

（11）透明鳞龙睛：背鳍鳞片透明，颜色多为红色和白色。

（12）龙睛球：具龙睛和绒球的双重特征。鼻中隔特别发达，凸出于鼻孔之外，形成两个肉瓣似的绒球，在游动时左右摆动，十分动人。龙睛球根据其体色可以分为红龙睛球、墨龙睛球、紫龙睛球、蓝龙睛球、紫蓝花龙睛球、红白花龙睛球、喜鹊花龙睛球、朱球墨龙睛等品种。

（13）四球龙睛：具有龙睛球的特征，只是鼻中隔变异为4个球凸出于鼻孔之外，由此得名。其体色与绒球的颜色可以相同但也有不一致的。

（14）红头龙睛：身躯洁白如银，唯有其头顶部朱红如血，红、白鲜艳悦目，背鳍高耸，尾长而大。游动时姿态柔软，飘忽而美丽。

（15）龙睛高头：又称龙睛帽子。两眼之间的头顶部分生长有肉瘤堆，似草莓状，以肉瘤发达厚实、位置端正为上品。依据其体色可以分为紫龙睛高头、蓝龙睛高头、红龙睛高头、白龙睛高头、红白花龙睛高头、紫蓝花龙睛高头、墨红花龙睛高头、朱砂眼龙睛高头等。

（16）红头龙睛高头：其特征基本同红头龙睛，是红头龙睛头部变异的品种，头部肉瘤堆呈红色，体呈白色。

（17）红龙睛虎头：其特征基本上与红龙睛高头相同，只是其头部之肉瘤发达，除头部被肉瘤包裹着外，还下延向两侧之颊颚，致使口也被包裹而显得有些凹陷。

（18）红龙睛狮头：其特征基本同红龙睛虎头，只是肉瘤更为发达，隆起得更为突出。

（19）墨龙睛狮头：其特征同红龙睛狮头，只是全身乌黑似缎，被视为珍品。

（20）龙睛翻鳃：具有龙睛鱼特征，只是鳃盖向外翻转，部分鳃丝露出。根据其体色，可以分为红龙睛翻鳃、墨龙睛翻鳃、蓝龙睛翻鳃、五花龙睛翻鳃等。

（21）龙睛球翻鳃：是龙睛翻鳃的变异品种，即除具有龙睛翻鳃的特征外，鼻中隔变异呈绒球状，凸出于鼻孔之外。根据其体色可以分为红龙睛球翻鳃、紫龙睛球翻鳃、蓝龙睛球翻鳃、墨龙睛球翻鳃、五花龙睛球翻鳃等。

（22）望天鱼：是龙睛鱼的变异品种。眼球向上转90°角，瞳孔朝上，背鳍消失，眼圈晶亮。观鱼时，有先见其光之妙。根据其体色可以分为红望天、蓝望天、红白花望天、朱鳍白望天等。

（23）望天球：是望天鱼的变异种，主要特征是鼻中隔变异呈绒球状，凸出于鼻孔外面而得名。依据其体色可以分为红望天球和五花望天球等。

（24）红龙背：无背鳍，瞳孔侧向鳃盖、头部、鼻均正常。头、体均为红色。

（25）红龙背球：鼻中隔变异呈绒球状，凸出于鼻孔以外，其余的特征同红龙背。

（26）红头龙睛：高头翻鳃有背鳍、鼻、鳞片，正常鳃盖向外翻转，部分鳃丝裸露在外，头上具有肉瘤堆，呈草莓状，色红，鱼体银白色。

（27）红龙睛：高头翻鳃，具龙睛高头特征，鳃盖向外翻转部分鳃丝外露，头体均为红色。

（28）红龙睛高头球翻鳃：具有红龙睛高头的翻鳃特征，鼻中隔变异呈绒球状，凸出于鼻孔之外。

4. 蛋种鱼

头钝，体短而肥，呈卵圆形，主要特征是绝大多数无背鳍，有成双的尾鳍和臀鳍，鳍的长短和形状差异较大。一般丹凤、翻鳃、红头等的鳍条较大，绒球、水泡、虎头等的鳍短小而圆，但个别的品种例外，如大尾虎头等鱼的尾鳍的长度往往超过体长。蛋种鱼的品种极多。

（1）红蛋：为蛋种鱼中极早的品种，各鳍包含尾鳍在内均十分短小，色正红，体质最强。

（2）蛋球：又名绒球蛋，体稍长，头顶鼻膜发达，形成双绒球，以球大、结实滚圆者为上品。常见的品种有红蛋球、蓝蛋球、花蛋球和铁蛋球等。

（3）凤蛋：与红蛋极相似，但尾鳍长而薄，比较有名的如蓝蛋凤（蓝丹凤），尾薄如纸，游动时，似轻纱飞舞，姿态万千。蛋凤在体色上变化极多，其中尤以素蓝花色更为雅致名贵。过去出现过十个名种，分别为蛋凤、蓝蛋凤、花蛋凤、彩色蛋凤、素色蛋凤、青蛋凤、银色蛋凤、铁色蛋凤、玻璃蛋凤、玻璃花蛋凤。

（4）宝石眼：色体鳞片透明，不具色彩，全身呈肉色，这是由于真皮血色素透过细片渗出形成。眼球包括虹彩均呈深蓝色，与普通的红色或黑色的完全不同，好似一粒珍贵的蓝宝石。

（5）元宝红：全身银白，可反光，唯头顶有红色斑块，形状弯曲，宛如一只元宝，故得此名。选择时，对色块的要求不但形状要酷似元宝，而且色泽也应鲜红，所以选种较为困难。

（6）裙边红：鱼体如普通蛋种，呈银白色，鳍呈红色，似镶边的裙衫。由于红色仅限于鳍基为止，故极其稀少。

（7）齐鳃红：是红头种的品种，红色仅到鳃盖为止，人工选种亦不容易。

（8）粉面：与齐鳃红相反，全身红色，头部至鳃盖呈白色。

（9）隐砂红：粗看与红头相似，全身白底带红。但这种红色不仅限于背脊，接近尾胴部的色泽从前向后逐渐变淡，外观似由鳞片下渗出，如同撒布的朱砂末，多的地方色浓，少的地方色淡，非常具有特色。

(10) 宝石印：为粉面中的变种，顶部有白色斑块，而且方正有如玉印。

(11) 翻鳃：与龙种中的翻鳃近似。选择时，鳃盖翻转的程度必须左右一致。普通的多为红色，过去曾有“蛋种翻鳃”和“水池翻鳃”之说。

(12) 狮子滚绣球：系人工选育的品种。普通蛋球均有同等大小的两个绒球，若采用人工控制的方法，抑制其中一个的发育，就会促使另一个代偿发育。游动时，左右摆动，酷似狮子舞绣球，逗人喜爱。

(13) 水泡眼：在金鱼中极为名贵，也最受人喜爱。形状与一般蛋种相似，只有腹部的构造较为特殊。在眼球下生有一个半透明泡泡，泡内充满液体，故名水池。

四、金鱼的繁殖方式

金鱼繁殖季节集中在4～5月份，春寒时则繁殖迟，春暖时则繁殖较早。雌性金鱼孵出一年后达到性成熟，进入繁殖期。亲鱼最好选择2～3龄，体态适中的优良个体，还要具有健康无病、体态优美、活动力强等特点。1对种鱼一年可繁殖1万～2万尾鱼苗。

金鱼的产卵期因各地的气候不同而异，华南地区在春节前后即开始排卵，华东地区多在清明前后，长江以北则延迟到谷雨左右。金鱼在产卵期体色异常鲜丽，精神饱满，各鳍都伸展开，游动非常活跃。此时，雌鱼腹部增大，呈短圆形，雄鱼的胸鳍和鳃盖上逐渐出现凸起的追星（即白色小颗粒）。接近产卵时，雌鱼与雄鱼在水中异常活跃，不断相互追逐，甚至会跃出水面。通常会有2～3尾雄鱼连续追逐雌鱼，俗称为“追尾”。这些都是产卵的征兆，必须做好产卵的准备工作。为防止亲鱼在追逐过程中伤害到雌鱼的腹部，同时也是为了增加受精率，一般将亲鱼事先选配好，有条件的可以将不同对的亲鱼分开喂养。亲鱼产卵后，应尽快将亲鱼转移到别的地方饲养，要注意加大亲鱼饲料中的营养成分，使其尽快恢复体质，同时，将受精的鱼卵进行人工孵化。

五、金鱼的性别鉴定

鉴别雄雌金鱼的方法有如下几种：

（一）看体型

雄性金鱼通常体细长，腹部突出不明显，从背部观察尾柄较粗。雌性金鱼体短而圆，腹部比较膨大并突出一些，从背部看雌鱼的尾柄较细。

（二）看体色

同一品种的金鱼，雄性色泽比较鲜艳，颜色较深，到了秋季鳃盖下部和尾上鳍上略带淡黄色。雌性金鱼色彩较淡较浅，到了秋季鳃盖下部和尾鳍是纯白色。

（三）看胸鳍

观看同一品种、大小和年龄的金鱼，雄性的尾鳍、胸鳍、背鳍长一些，而雌性的尾鳍、胸鳍、背鳍略短些。龙眼雄金鱼的胸鳍刺硬，且有些弯曲，雌鱼的胸鳍是平直的。

（四）看追星

雄金鱼在繁殖季节，有十分明显的第二副性征的标志，鳃盖及胸鳍的第一根鳍条出现很多白色的小突起，称为“追星”。追星的出现表示生殖腺已经成熟。

（五）看游态

雄性金鱼胸鳍较长，游泳速度快，对外界刺激的反应也比较灵敏。在生殖季节，凡是游泳活泼、主动追逐其他鱼的，一定是雄鱼。

（六）看腹部

在非繁殖季节，雄鱼的腹部硬，雌鱼腹部软。到了春季繁殖期，雌鱼泄殖孔附近的腹部变得特别松软，雄鱼仍然是硬的。

（七）看泄殖孔

观察金鱼的泄殖孔形态是识别雌雄最可靠的方法。雄性金鱼泄殖孔较小、较长，如针状，泄殖孔凹陷，或者是平的；雌性金鱼泄殖孔略大且圆，外凸明显。

六、金鱼的挑选和选购技巧

1. 外部特征

品质较好的金鱼，应该具备发育良好，体形正常，身体各个部位生长协调、端正匀称，品种特征非常明显等特点。可从头部、鳍、眼、鳞片、鼻孔特化等外部特征区别品质的优劣。

(1) 头部特征：头部一般分为正常头型（平头型）、鹅头型、虎头型和狮头型。若为正常头型金鱼，应端正且左右对称，例如平头型的草金鱼，头部较小，略呈三角形，头部长度与全身之比为1∶5，头部光滑平坦，不能长任何凸起的肉瘤。若为鹅头型金鱼，其头部则较大，略呈长方形，有肉瘤生长，但只在头的顶部丰满发达者为上品，面积太大或偏生者为次品。若为虎头型金鱼，其头部发达的肉瘤应延至颊颚，但其覆盖的肉瘤比鹅头型的要薄且平滑。若为狮头型金鱼，头部应大而圆，其头部长度与身体全长之比约为1∶3，且头部肉瘤特别发达，头顶部和两侧颊颚的表皮上都应该生长着肉瘤，形似草莓。无论是鹅头型、虎头型还是狮头型金鱼，其肉瘤增生物应丰满发达，越发达越好，且位置合适，一般在头顶正中，鹅头型金鱼头顶上的肉瘤厚厚凸起，而两侧鳃盖上薄而平滑者为佳品。虎头型金鱼头顶肉瘤呈方块状，肉瘤上“王”字形凹纹隐约可见，显得威武雄壮，视为佳品。狮头型金鱼头顶和两侧鳃盖上的肉瘤都是厚厚凸起，有时甚至将眼睛遮住，但只要对称，仍为佳品。

(2) 眼睛：分为正常眼型（如草金鱼）、龙睛眼型、水泡眼型、望天眼型（又称朝天眼）、蛤蟆头眼型（又称蛙眼、小水泡眼）。各种龙睛的眼球要突出于眼眶之外，并且左右对称，眼应大而圆，以似算盘珠状突出眼眶、左右对称为最佳，以似苹果眼次之，以圆锥形眼最次。水泡眼应大而圆且匀称，水泡柔软透明，左右对称无任何倾斜者为佳品，水泡小、左右不对称者为次品。望天眼的眼球应突出眼眶骨，大而圆，向头顶部平翻90°，朝向天空，眼圈圆润闪光，且左右对称者为佳品，若眼球向前或向后倾斜，或左右斜下，或单眼朝天者，或眼圈不亮者均为次品。蛤蟆头眼，头形似蛙，眼球正常，只是眼中的半透明液体较少，小于水泡眼，一般只要左右对称即不失为佳品。

（3）鳞片：金鱼的鳞片分为正常鳞、透明鳞和珍珠鳞。若为正常鳞片，应无损伤，不残缺，排列紧密而整齐。透明鳞应是“看似无鳞实有鳞”，体表鳞片光滑而明亮，无色素沉集，看起来犹如一层玻璃，基本看不见鳞片分布。珍珠鳞鳞片应粒粒向外凸起，排列整齐，且粒粒清晰，色泽明亮，分布在全身者为上品，若珠鳞不整齐，且有鳞片脱落者为次品。

（4）绒球（鼻隔膜特化）：其鼻隔膜发达的肉叶长成球形，球体致密而圆大，且左右对称，当鱼游动时绒球略有摆动，像花束装饰在头部，非常雅致，视为上品；球体小、左右匀称者次之；球体疏松、大小不一者为次品；另外紧球要求紧贴鼻孔，松球犹如蛟龙吐珠，不过绒球很难保证左右对称，因为当食物缺乏时，金鱼互相会吃掉对方的绒球，这就是“绒球”难养并且比较珍贵之所在。

（5）鳃盖：分为正常鳃盖和翻鳃两种。正常鳃盖要求闭合自如，左右对称；翻鳃鱼左右两个鳃盖的后部由后缘向外翻转，鳃瓣鳃丝裸露明显者为佳品，如左右翻转不对称，或一侧翻鳃一侧不翻鳃的，都是次品。

（6）鳍：①背鳍：文种鱼应具有完整无残缺的背鳍，且以高而长者为佳品；如为蛋种鱼，则不应有背鳍，背脊应光滑平坦，无残缺，也无突起，身躯端正左右对称者为佳品；蛋种金鱼背鳍若长有残鳍、结疤，俗称“扛枪带刺”，这是一种“返祖现象”，也是蛋种金鱼的大忌。②尾鳍：尾鳍分为单尾、双尾（4尾）、3尾（上单下双）、垂尾、扇尾（展开尾）、蝶尾（尾展开且往上翘）、长尾、中长尾和短尾。尾鳍的长短随品种而异，一般认为，展开的双尾、且左右对称、无残缺者为最好；不对称、卷曲或缺损者为次品。对文种金鱼而言，要求尾鳍长度要更长些，其长度超过躯干长度者为佳品；而蛋种金鱼，尾鳍小而短者较佳。③胸鳍、腹鳍：对金鱼而言，其胸、腹鳍的变异不大，一般只有长短之分，要求左右对称，无缺损即可。④臀鳍：金鱼的臀鳍有单臀、双臀、上单下双、残臀和无臀之分，所有臀鳍都要求左右对称，以双臀为上品，以残臀和无臀为次品。

（7）体型和体长：一般认为，体型圆凸且短的金鱼为佳品，体型细长的为次品。

2. *色彩*

色彩的好坏是选择金鱼的重要指标之一。一般而言，色泽艳丽，色彩鲜明，颜色要纯正。单色鱼要色纯而无瑕斑，双色鱼要色块相间、杂而不乱。全身红色的品种，以从头至尾全身通红似火为上品，红黄色或黄色的次之。黑色鱼要乌黑如墨，以永不退色的为好。黑色金鱼常有退色现象，饲养一段时间后，由黑色变为半黑半红的红黑花或是身体已经退为橙红色而鳍边缘仍呈黑色，看起来似乎很美，其实不久也会变成全红色。蓝色、紫色鱼颜色比较稳定，很少退色。五花鱼要求五花要齐全。各类红头金鱼要求以全身纯白，仅头部为红色且端正对称者为上品。从变色的早晚来看，一般认为，脱色较早的金鱼质量较好；反之，脱色较晚，尽管体型优美，也是次品，应及时淘汰，更不能留种。

3. *游动姿态*

金鱼的游姿也是鉴赏的重要指标之一。选好理想的品种和体形以后，需要有充裕的时间观察金鱼。观赏金鱼以雍容华贵、雅艳并收、翩翩起舞、姿容秀美为好，尤其以起落稳重、平直、无俯仰奔窜的金鱼为上品。如果鱼体发暗、痴呆、沉底，游动时不自如、晃头、身上有点状或块状白膜、体表有外伤或鳞片大面积脱落等异常现象，则为有病的征兆，应引起注意。

4. 健康状况

选择的金鱼是否健康，须把握以下几点：①首先挑选肥壮的鱼，淘汰瘦弱的鱼。肥壮的鱼说明其摄食正常，无肠炎等疾病，瘦弱的鱼表明其摄食能力差，营养不良或者已经患病；②挑选游动有力的鱼，淘汰游动无力或停在那里不游动的鱼。反应灵敏，游动有力，说明其觅食能力和躲避敌害能力较强，也是健康的标志，游动时有气无力，表现出疲倦的样子，说明体质差，有可能是饥饿或疾病所致；③挑选色泽鲜艳，鳞片、鳍条完整的鱼，淘汰身体上有伤或有缺损的鱼。身体上带伤的鱼或鳞片不完整、鳍条有损伤的鱼，买回去后很容易感染疾病死亡；④挑选正在游动觅食的鱼，淘汰对食物无动于衷的鱼。看见食物能很快朝着食物游去，并且摄食正常，说明该鱼比较健康，若对食物没有反应的鱼，千万不要选购，否则，即使再漂亮也会染病死亡；⑤不要挑选浮头的鱼。当卖鱼者盛鱼的容器中水体缺氧时，体质差的鱼往往先出现浮头症状，因此，要挑选不浮头的鱼为好。

初养金鱼者，应选择体质健壮，觅食能力强，抗病、耐低氧等对不良环境有较强的抵抗力、容易饲养的品种，如龙睛鱼、鹤顶红等，同时这些鱼种体态也较为美观，颜色比较丰富，挑选余地较大。

七、金鱼的饲养管理与运输

金鱼是低等变温动物，它的生存需要清新的水环境、充足的氧气、适宜的水温范围、适当的活动范围等饲养条件。

饲养经济价值和观赏价值均较高的观赏金鱼，需要养殖者掌握相应的投饵原则、方法以及换水、添水等日常管理技巧，还要在各个饲养管理环节中认真把握。在金鱼养殖过程中的操作技术可以用“仔细、轻缓、谨慎、小心”八个字来概括。只有掌握了养鱼操作技术的要点，才不会碰伤鱼体，也就不会有损于金鱼的形态美，特别是一些珍贵品种，如珠鳞、绒球等碰掉后就不能再生，如果水泡碰坏，虽可设法恢复，但技术难度较大，不易掌握，且极易导致泡体变小或左右不对称，从而大大降低鱼的观赏价值。此外，碰伤鱼体还易感染疾病而引起死亡。

当金鱼从一个地方转移到另一个地方，就需要经过运输。如果两地距离不太远，1～2h 能到达目的地，可用刷洗干净的鱼虫桶装运，也可用较大的塑料袋装运。如用塑料袋装运，袋内装少量的水（约占总体积的 1/3），留一定量的空气，扎紧袋口，装入平整的厚纸箱内，以便搬运。如果金鱼数量较多，路途又远，运输时间又长，最好采用尼龙袋充氧密封后启运。到达运输地以后，不能立即将金鱼放入养殖池中，应该让其有一个适应水温的过程，防止水温的剧烈变化给金鱼带来不良的影响。

八、金鱼的疾病

引起金鱼患病的因素有多种，如天气的突然变化、水温的不稳定、水质的腐败、寄生虫、细菌和其他微生物的感染、体表外伤等。金鱼常见疾病如下：

（一）鱼瘟

鱼瘟是金鱼春季的一种疾病，常因金鱼冬伏少动，光照不足等因素引起金鱼体质衰弱，精神不振等症状。到黄梅季节，其发病症状表现为呼吸困难，严重的可导致金鱼死亡。

（二）白云病

是由寄生在鱼体上的口丝虫或鞭毛虫、斜管虫引起的一种疾病。其体表各处附有一层白色的薄雾状物质，这是寄生虫迅速繁殖、刺激寄生处的上皮细胞所引起的皮肤分泌物增多的结果。

（三）腐皮病

这是金鱼的常见疾病，主要流行于夏秋季。金鱼患部红肿，表皮腐烂，像打上的红印记，多出现在金鱼腹部两侧，一般是鱼体受伤后被细菌感染所致。

（四）烂尾病

该病是由黏球菌感染引起，一年四季均可发生。病鱼尾鳍扫帚状腐烂。

（五）白点病（小爪虫病）

该病是由小爪虫寄生在鱼体上所造成。小爪虫的繁殖温度为3～25℃，适宜繁殖温度是14～17℃。发病时，病鱼体表、鳃丝出现白点状囊泡，传染很快。多发生在春季秋季，病鱼表现极不活泼，经常滞留在水面上。

（六）水霉病（肤霉病、白毛病）

该病的发生主要是饲养过程中和在捞鱼时碰伤鱼体或由寄生虫破坏鱼皮肤，使水霉菌侵入伤口寄生。一年四季均可发病，尤其在梅雨季节多见。水霉菌侵入伤口后，初期症状不明显，当肉眼能看到时，菌丝已向外大量繁殖，病鱼体表可见白色绒状的菌丝（白毛）。金鱼染上此病后，焦躁不安、游动失常、行动缓慢、食欲减退、皮肤黏液增多。严重时，鱼体长满白毛，以致死亡。

（七）竖鳞病（松鳞病）

该病是由于水质恶化，鱼体伤口感染一种水型点状极毛杆菌所致。病鱼鳞片局部或全身向外张开竖起，游动迟缓，有时腹部水肿，严重时2～3天便死亡。

（八）气泡病（焦尾病）

该病是由于水中溶解气体过多而引起的，主要危害幼鱼。鱼鳍吸附许多大小不同的小气泡并使该部位发红、糜烂，影响鱼游泳及鱼体平衡。

（九）鱼虱病

由肉眼可见的形似臭虫的鱼虱侵入金鱼鱼体和鳃寄生引起的。一年四季均可发生，每年6～8月最为流行。鱼虱利用口刺和大颚刺伤和撕破鱼体组织，吸食鱼血，使鱼体消瘦并集群在水面或养鱼容器的边角处，逐渐死亡。有的病鱼由于鱼虱用口刺吸血时分泌的毒液的刺激，使病鱼极度不安、狂游、跳跃。该病可以引起金鱼死亡。

金鱼的疾病种类繁多，病因复杂，虽有各种药物和手段可以治疗鱼病，但治病不如防病。有些病即便治愈，鱼体的观赏价值也大打折扣。所以在饲养的过程中，防病重于治病，平时要加强鱼病防治工作，加强消毒工作和日常的饲养管理工作。使用药物防治鱼病时，还必须正确地掌握各种药物性能和使用方法，按照规定的剂量对症下药。施药后，要加强观察，发现问题及时采取有效措施，以防发生药害或贻误治疗。

（王京崇，倪士明）

第二节 海水观赏鱼

海水观赏鱼主要来自于印度洋、太平洋中的珊瑚礁水域，品种很多，体型怪异，体表色彩特别鲜艳、花纹丰富，善于藏匿，具有一种原始古朴神秘的自然美。常见产区有菲律宾、中国台湾和南海、日本、澳大利亚、夏威夷群岛、印度、红海、非洲东海岸等。热带海水观赏鱼分布极广，它们生活在广阔无垠的海洋中，许多海域人迹罕至，还有许多未被人类发现的品种。热带海水观赏鱼是全世界最有发展潜力和前途的观赏鱼类，代表了未来观赏鱼的发展趋势。热带海水观赏鱼由30多科组成，较常见的品种有雀鲷科、蝶鱼科、棘蝶鱼科、虾虎鱼科、隆头鱼科等，著名品种有女王神仙、皇后神仙、皇帝神仙、红小丑、蓝魔鬼等。许多品种都有自我保护的本性，有些体表生有假眼，有的尾柄生有利刃，有的棘条坚硬有毒，有的体内可分泌毒汁，有的体色可任意变化，有的体形善于模仿，林林总总，千奇百怪，充分展现了大自然的神奇魅力。

一、海水观赏鱼的常见品种

1. 雀鲷科

全世界的雀鲷种类多达200种以上，在分类学上，小丑鱼也属于雀鲷科。在自然界中为了避免受到大鱼的攻击，雀鲷通常在浅礁洄游，一旦感觉到危险，就会迅速躲入珊瑚林中。人工饲养时，最好在水族箱中设置珊瑚，不论是遭遇危险，还是夜晚休息时，雀鲷均会躲进掩蔽所中，并改变身体的颜色。雀鲷的斗争性强，饲养雀鲷无论是与其他鱼一起或是同种一起饲养，必须经常清点数量，以免死在岩石或珊瑚中而未能察觉，影响了水族箱的水质。此科的常见品种有：

（1）小丑鱼

是属于雀鲷科海葵亚科的鱼类，在成熟的过程中有性转变的现象，在族群中雌性为优势种。在产卵期，公鱼和母鱼有护巢、护卵的领域行为。小丑鱼身体表面拥有特殊的体表黏液，可保护它不受海葵的影响而安全自在地生活于其间。因为海葵的保护，使小丑鱼免受其他大鱼的攻击，同时海葵吃剩的食物也可供给小丑鱼，还可利用海葵的触手丛安心地筑巢、产卵。对海葵而言，可借着小丑鱼的自由进出，吸引其他的鱼类靠近，增加捕食的机会，小丑鱼亦可除去海葵的坏死组织及寄生虫，游动可减少残屑沉淀至海葵丛中。小丑鱼也可以借着身体在海葵触手间的摩擦，除去身体上的寄生虫或霉菌等。由这些现象，我们即可知为何它们是海洋中互利共生的代表。当然，小丑鱼在没有海葵的环境下依然可以生存，只不过缺少保护罢了。

①红小丑

学名：*amphiprion frenatus*

产地：印度洋、西太平洋的礁岩海域。

体征：体长10～12cm，椭圆形；色彩十分艳丽，体色有鲜红、紫红、紫黑等，眼睛后方有一条银白色环带，似一个发光的项圈。

习性：饲养水温26～27℃，海水比重1.022～1.023，海水pH值8.0～8.5之间，水硬度7°～8°DH。饵料有丰年虾、海藻、切碎的鱼肉、颗粒饲料、海水鱼等。水质要求澄清，在水族箱中有地域感。它们经常躲在珊瑚丛或海葵中，是海水无脊椎动物造景时的首选鱼种，也是目前可进行人工繁殖的少数品种之一，很受人们喜爱。

②公子小丑

学名：*amphiprion ocellaris*

产地：中国南海、菲律宾、西太平洋的礁岩海域。

体征：体长10～12cm，椭圆形；体色橘黄，三条黑边白斑纹垂直通过鱼体（图5-1），中间那块白斑沿中轴向前空出；所有鳍均为圆形，与鱼体同色。轮廓为黑色，眼睛亦为黑色，头短而粗。

习性：饲养水温26～27℃，海水比重1.022～1.023，海水pH值8.0～8.5之间，海水硬度7°～8°DH。饵料有丰年虾、海藻、切碎的鱼肉、颗粒饲料等。它喜欢躲在海葵中，借海葵多刺的细胞保护自己，与海葵形成共生关系，还会在自已所选的地域内驱逐其他鱼。食性为杂食，在鱼缸中层和底层游动，性情温和有领地观念。

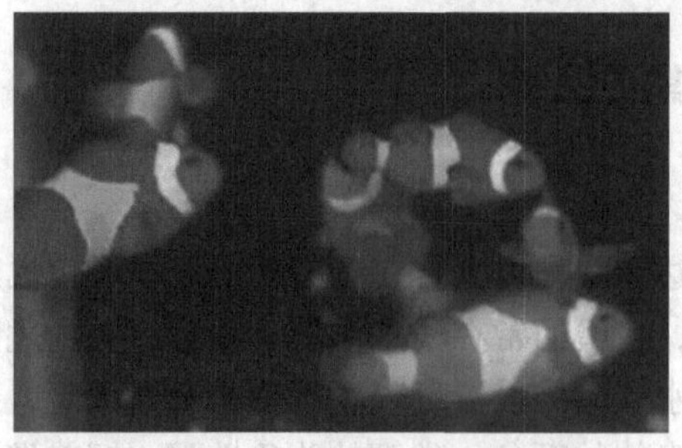

图5-1　公子小丑形态

（2）黄肚蓝魔鬼

学名：*pomacentrus coelestis*

别名：变色雀鲷

产地：分布于中国南海、中国台湾和印度洋、太平洋的珊瑚礁水域。

体征：体长10～12cm，椭圆形；体色天蓝，嘴部有蓝色或黑色花纹，胸鳍下方的腹部一直到尾柄上方都是鲜黄色，尾鳍、臀鳍鲜黄色，鳍边缘白色，鱼体蓝黄相衬，非常漂亮（图5－2）。

习性：饲养水温26～27℃，海水比重1.022～1.023，海水pH值8.0～8.5之间，水硬度7°～9°DH。饵料有海藻、丰年虾、冰冻的鱼肉、海水鱼颗粒饲料等，多饲养在有珊瑚、海葵的水族箱中。

图5－2　黄肚蓝魔鬼形态

（3）三点白

学名：*dascyllus trimaculayus*

产地：印度洋、太平洋、红海的珊瑚礁海鱼和日本、中国南海、中国台湾等地。

体征：体长10～15cm，椭圆形；全身浓黑色，各鳍黑色，背鳍前方有一个白点，体侧各有一个银白色圆点，共三个白点而得名（图5－3）。

习性：饲养水温26～27℃，海水比重1.022～1.023，海水pH值8.0～8.5之间，水硬度7°～9°DH。饵料有海藻、丰年虾、鱼虫、海水鱼颗粒饲料等，在水族箱中经常啄食岩石和缸壁上的青苔，可饲养在有珊瑚、海葵的水族箱中。

图5－3　三点白形态

(4) 蓝魔鬼

学名：*chrysiptera cyaned*

产地：中国南海、中国台湾和太平洋的珊瑚礁水域。

体征：体长5～6cm，椭圆形；体呈湛蓝色，全身泛着神秘的蓝色，两眼之间有一条黑色短带，各鳍呈天蓝色有黑边，多饲养在有五彩的珊瑚等无脊椎动物的水族箱中，是很受欢迎的品种（图5-4）。

习性：饲养水温26～27℃，海水比重1.022～1.023，海水pH值8.0～8.5之间，水硬度7°～9°DH。饵料有海藻、丰年虾、鱼虫、海水鱼颗粒饲料等。水质要求澄清，比较容易饲养。

图5-4 蓝魔鬼形态

(5) 黑双带小丑

学名：*amphiprion sebae*

产地：印度洋中的珊瑚礁海域。

体征：体长10～15cm，椭圆形；全身紫黑色，体侧在眼睛后、背鳍中间、尾柄处有三条银白色垂直环带，嘴部银白色，经眼睛有一条黑带（图5-5）。

习性：饲养水温26～27℃，海水比重1.022～1.023，海水pH值8.0～8.5之间，水硬度7°～9°DH。水质要求澄清，饵料有丰年虾、鱼虫、切碎的鱼虾肉、海水鱼颗粒饲料等。喜欢躲在花朵般的海葵触手中。

图5-5 黑双带小丑形态

(6) 咖啡小丑

学名：*amphiprion perideraion*

产地：菲律宾、中国台湾、太平洋的珊瑚礁海域。

体征：体长5～8cm，椭圆形；全身浅棕色，眼睛后方有一条白色环带，犹若套在脖子上的银圈；嘴银白色，从嘴沿着背部到尾柄连同背鳍都是银白色（图5-6）。

习性：饲养水温26～27℃，海水比重1.022～1.023，海水pH值8.0～8.5之间，水硬度7°～8°DH。饵料有藻类、鱼虫、丰年虾、海水鱼颗粒饲料等。喜欢栖息在海葵或珊瑚丛中。

图5-6 咖啡小丑形态

(7) 白额倒吊

学名：*acanhurus glaucopareius*

产地：太平洋的珊瑚礁海域。

体征：体长15～20cm，蛋圆形；体色灰褐色，背鳍、臀鳍由下往上有黄色、黑色和银白色边缘，尾柄鲜黄色，尾鳍银白色有黄色花斑，腹鳍黑色有白边，胸鳍基部黄色；头三角形，嘴角前突，眼睛位于头部上方，眼睛到嘴部有一块银白色斑，故名白额（图5-7）。

习性：饲养水温27～28℃，海水比重1.022～1.023，海水pH值8.0～8.5之间，水硬度7°～9°DH。饵料有冰冻鱼肉、海藻、海水鱼颗粒饲料等，也可经常投喂一些烫熟切碎的菠菜叶或青菜叶。

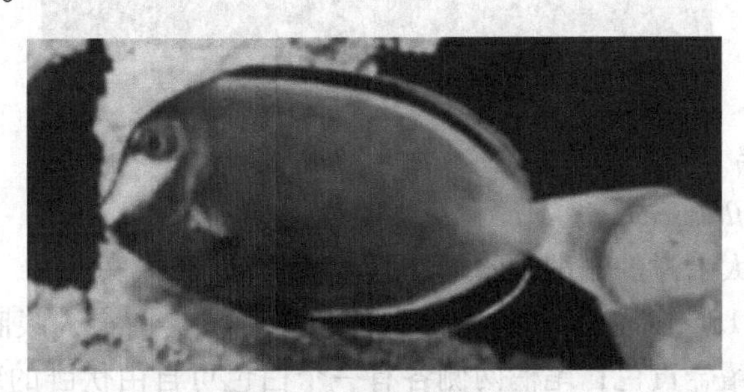

图5-7 白额倒吊形态

(8) 长嘴倒吊

学名：*zebrasoma rostratum*

产地：太平洋的珊瑚礁海域。

体征：体长20～22cm，蛋圆形；头三角形，嘴尖往前突出，眼睛位于头部上方，背鳍、臀鳍宽大；全身黑色，唯尾柄两侧各有一个白色刺尾钩（图5－8）。

习性：饲养水温27～28℃，海水比重1.022～1.023，海水pH值8.0～8.5之间，水硬度7°～9°DH。饵料有鱼肉、海藻、冰冻虾仁、海水鱼颗粒饲料、切碎的菜叶等。水质要求澄清，每月可更换1/5的海水，饲养容易。

图5－8　长嘴倒吊形态

（9）粉蓝倒吊

学名：*acanhurus leucosternon*

产地：印度洋的珊瑚礁海域。

体征：体长18～20cm，椭圆形，尾鳍叉形；全身粉蓝色或浅蓝色，背鳍浅蓝色或鲜黄色，臀鳍浅蓝色，体侧有数条暗灰色垂直环带，头部三角形，眼睛靠近头顶，尾柄两侧各有一个浅白色或浅黄色刺尾钩（图5－8），鱼体体色时深时浅（图5－9）。

习性：饲养水温27～28℃，海水比重1.022～1.023，海水pH值8.0～8.5之间，水硬度7°～9°DH。饵料有海藻、冰冻鱼肉虾肉、海水鱼颗粒饲料、切碎的菜叶等。

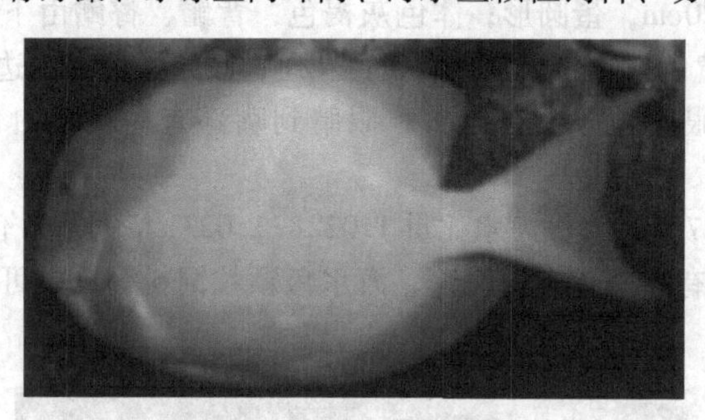

图5－9　粉蓝倒吊形态

（10）黄三角倒吊

学名：*zebrasoma flavescens*

产地：印度洋、太平洋的珊瑚礁水域和夏威夷群岛。

体征：体长10～15cm，蛋圆形侧扁；头三角形，嘴尖前突，眼睛位于头顶，身体前端高；体色金黄，各鳍金黄色；尾柄两侧各有一个白色可自由伏卧的刺尾钩，这是粗皮鲷科的特征（图5－10）。

习性：饲养水温27～28℃，海水比重1.022～1.023，海水pH值8.0～8.5之间，水硬度7°～9°DH。饵料以植物性饵料为主，可将涂有液态饵料的石块风干后投入水族箱中，或将表面生有藻类的石块投入，任其自由啄食。

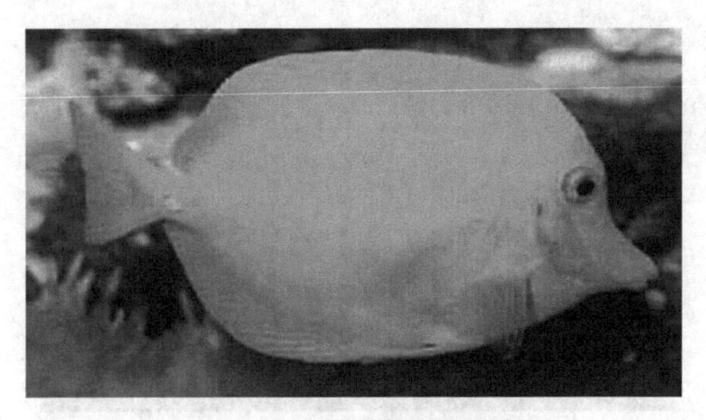

图5-10　黄三角倒吊形态

2. 蝶鱼科

(1) 黄火箭

学名：*forcipiger flavissimus*

产地：中国南海、中国台湾和印度洋、太平洋的珊瑚礁海域。

体征：体长20～25cm，头部三角形，嘴呈管状向前突出，眼睛到头顶呈灰褐色，眼睛到腹鳍呈银白色，眼睛藏在黑带中并向嘴部延伸。体色鲜黄，尾鳍银白色，其余各鳍鲜黄色，臀鳍末端靠近尾柄处有一个黑色圆斑，俗称“假眼”（图5-11）。

习性：饲养水温27～28℃，海水比重1.022～1.023，海水pH值8.0～8.5，水色要求澄清、水质要求稳定。饵料有藻类、软珊瑚、水蚯蚓、红虫、颗粒饲料等，不可与珊瑚等无脊椎动物混养。

图5-11　黄火箭形态

(2) 红海黄金蝶

学名：*chaetodon semilarvatus*

产地：红海的珊瑚礁海域。

体征：体长15～20cm，卵圆形侧扁；头三角形，嘴尖前突。眼睛靠近头前方。眼睛和鳃盖附近有一个黑斑，全身金黄色，体侧有数十条暗红色的垂直环带（图5-12）。

习性：饲养水温27～28℃，海水比重1.030，海水pH值8.0～8.5，海水中亚硝酸盐含量低于0.3mg/L，海水中含铁量0.05～0.1mg/L。饵料有冰冻鱼肉、贝肉、蟹肉、水蚯蚓、海水鱼颗粒饲料等，喜欢啄食软珊瑚等无脊椎动物，水质要求稳定。

图 5-12　红海黄金蝶形态

(3) 黑白关刀

学名：*heniochus acumainatus*

别名：头巾鲽鱼

产地：印度洋、红海的珊瑚礁水域。

体征：体长20～25cm，体扁呈圆盘形。嘴尖，头三角形，两眼间有一条黑带。背鳍第一棘条尖长且银白色，第二背鳍金黄色，尾鳍金黄色。全身银白色，背鳍前端到胸鳍腹鳍有一条黑色环带，第一背鳍后到臀鳍末端有一条黑色环带，鱼体黑白分明，非常漂亮（图5-13）。

习性：饲养水温27～28℃，海水比重1.022～1.023，海水pH值8.0～8.5。饵料有鱼肉、虾肉、蟹类、贝类、水蚯蚓、海水鱼颗粒饲料等，喜欢啄食软珊瑚、海绵等无脊椎动物。

图 5-13　黑白关刀形态

(4) 虎皮鲽

学名：*chaetodon punctatofasciatus*

产地：分布于太平洋的珊瑚礁海域。

体征：体长10～15cm，椭圆形；头部三角形，眼睛位于身体前端；背鳍、臀鳍有黄色边缘，尾柄粉红色，尾鳍黄色有一条黑带；体色金黄色，体侧各有7～8条暗黑色垂直横带，腹部有细碎的黑点（图5-14）。

习性：饲养水温27～28℃，海水比重1.022～1.023，海水pH值8.0～8.5，海水硬度7°～9°DH，海水中亚硝酸盐含量低于0.3mg/L。饵料有藻类、冰冻鱼虾蟹肉、水蚯蚓、海水鱼颗粒饲料等，喜欢啄食软珊瑚、海绵等无脊椎动物。

图 5 – 14 虎皮蝶形态

（5）霞蝶

学名：*hemitaurichthys polylepis*

产地：分布于中国台湾、太平洋珊瑚礁海域。

体征：体长 15～20cm，卵圆形侧扁；体银白色，背鳍、臀鳍鲜黄色，头部三角形呈灰黑色，胸鳍到背部有一个三角形黄斑（图 5 – 15）。

习性：饲养水温 27～28℃，海水比重 1.022～1.023，海水 pH 值 8.0～8.5，海水中亚硝酸盐含量低于 0.05～0.1mg/L，水质要求稳定。饵料有水蚯蚓、红虫、切碎的鱼肉、海水鱼颗粒饲料等，可将涂有液态饵料的石块风干后，放入水中任其吸食。不可和无脊椎动物混养。

图 5 – 15 霞蝶形态

（6）红尾珍珠蝶

学名：*chaetodon reticulatus*

产地：分布于印度洋、太平洋等珊瑚礁海域。

体征：体长 15～20cm，圆盘形；头嘴前突，眼睛有一条黑色环带，嘴唇白色；体色灰黑色，全身密密麻麻有规则地排列着许多珠状白点，背鳍边缘黄色，尾鳍红色或有黄色横带（图 5 – 16）。

习性：饲养水温 27～28℃，海水比重 1.022～1.023，海水 pH 值 8.0～8.5，海水硬度 7°～9°DH。饵料有冰冻鱼肉、水蚯蚓、海水鱼颗粒饲料等，喜欢啄食软珊瑚、海绵等，因此，不可和无脊椎动物混养。

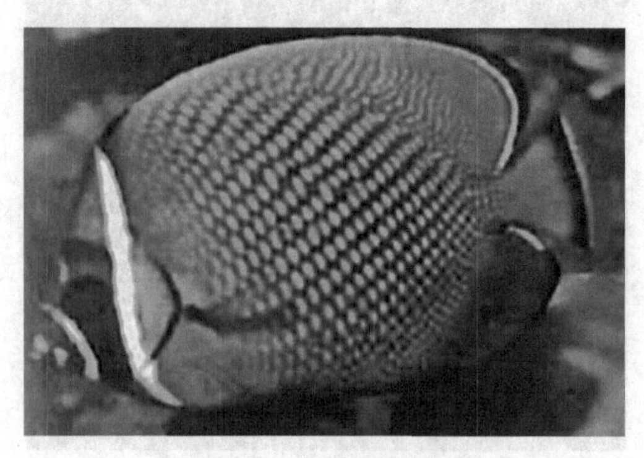

图 5－16　红尾珍珠蝶形态

（7）三间火箭蝶

学名：*chelmon rostratus*

产地：分布于中国台湾、菲律宾、中国南海、太平洋的珊瑚礁海域。

体征：体长 15～20cm；体银白色，尾柄有一个黑点，背鳍末端有一个黑色眼点（图 5－17）。

习性：饲养水温 27～28℃，海水比重 1.022～1.023，海水 pH 值 8.0～8.5，海水硬度 7°～9°DH，海水中亚硝酸盐含量低于 0.3mg/L。饵料有冰冻鱼肉、虾肉、蟹肉、水蚯蚓、海水鱼颗粒饲料等，喜欢啄食软珊瑚。

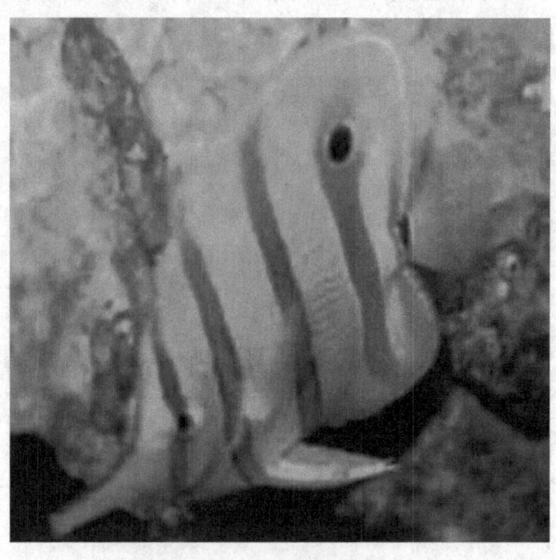

图 5－17　三间火箭蝶形态

（8）冬瓜蝶

学名：*chaetodon trifascistus*

产地：分布于印度洋、太平洋、中国台湾等珊瑚礁海域。

体征：体长 15～18cm，卵圆形侧扁；头部三角形；眼睛靠近身体前方，眼睛有一条黑色环带，尾柄上方有一个黑斑；全身金黄色，体侧有数十条蓝黑色的纵条纹，好似西瓜皮的斑纹；尾鳍白色有一条黑带，臀鳍黑色（图 5－18）。

习性：饲养水温27～28℃，海水比重1.022～1.023，海水pH值8.0～8.5，海水硬度7°～9°DH，海水中亚硝酸盐含量低于0.3mg/L。饵料有冰冻虾肉、鱼类、海水鱼颗粒饲料等。

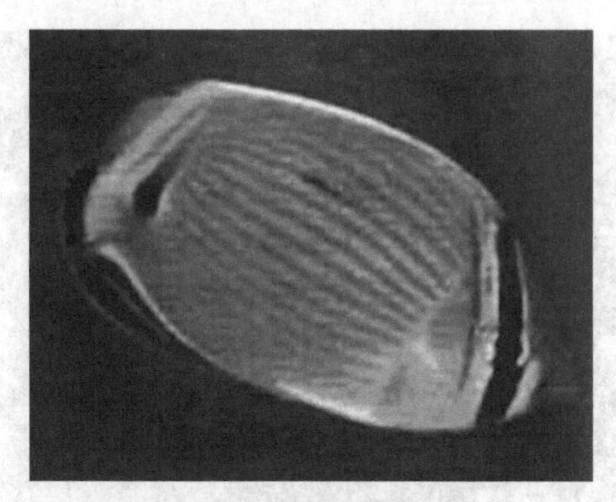

图5－18 冬瓜蝶形态

（9）一点蝶

学名：*chaetodon speculum*

又名：泪珠蝶、黄镜斑蝶

产地：分布于印度洋，太平洋的珊瑚礁海域和中国台湾、日本、中国南海及菲律宾等地。

体征：体长10～15cm，卵圆形侧扁；头部三角形，嘴尖，眼睛位于身体前端；眼睛有一条黑带，背部中央有一个椭圆形黑斑，体色金黄，各鳍金黄色（图5－19）。

习性：饲养水温27～28℃，海水比重1.022～1.023，海水pH值8.0～8.5，海水硬度7°～9°DH，海水中亚硝酸盐含量低于0.3mg/L。饵料有冰冻虾肉、水蚯蚓、海水鱼颗粒饲料等，喜欢啄食软珊瑚等无脊椎动物。

图5－19 一点蝶形态

（10）月光蝶

学名：*chaetodon ehippium*

产地：分布于印度洋、太平洋的珊瑚礁海域。

体征：体长15～20cm，卵圆形侧扁；头部三角形，眼睛有一条黑带，位于身体前方；下颚金黄色，臀鳍银白色有黄边，尾鳍上下叶边缘粉红色，尾柄粉红色，背鳍末端粉红色，背部后半部分有一个椭圆形的有白色边缘的黑斑，格外显眼，体色金黄色，腹部有数条浅蓝色纵条纹（图5－20）。

习性：饲养水温27～28℃，海水比重1.022～1.023，海水pH值8.0～8.5。饵料有冰冻鱼虾蟹肉、海水鱼颗粒饲料等，喜欢啄食软珊瑚等无脊椎动物。

图5－20　月光蝶形态

3. 虾虎鱼科

(1) 雷达

学名：*nemateleotris magnifica*

产地：印度洋、太平洋的珊瑚礁海域。

体征：体长7～9cm，圆筒形；眼睛紧靠身体前端，背鳍一分为二；第一背鳍的棘条高耸挺拔，像一根天线似的耸立在鱼背上；第二背鳍和臀鳍上下对称；鱼体前半身银白色，后半身粉红色，尾鳍紫红色（图5－21）。

习性：饲养水温27～28℃，海水比重1.002～1.023，海水pH值8.0～8.5，海水硬度7°～9°DH。饵料有丰年虾、鱼虫、海水鱼颗粒饲料等。

图5－21　雷达形态

(2) 草莓

学名：*pseudochromis porphyreus*

产地：中国南海、中国台湾、菲律宾、太平洋的珊瑚礁海域。

体征：体长5～6cm，全身紫色，尾鳍紫色，其余各鳍透明无色；眼睛紧靠身体前端（图5－22）。

习性：饲养水温27～28℃，海水比重1.022～1.023，海水pH值8.0～8.5，海水硬度7°～9°DH。饵料有丰年虾、鱼虫、切碎的鱼肉、贝肉、蛤蜊肉、海水鱼颗粒饲料等，可与活珊瑚、海葵等无脊椎动物混养。

图5－22 草莓形态

（3）喷射机

学名：*ptereleotris evides*

产地：印度洋、太平洋的珊瑚礁海域。

体征：体长7～9cm，圆筒形；眼睛紧靠身体前端，背鳍分为两个，第一背鳍低矮，第二背鳍和臀鳍上下对称；鱼体前半身浅蓝色，后半身蓝黑色，尾鳍上下叶有黑边（图5－23）。

习性：饲养水温27～28℃，海水比重1.022～1.023，海水pH值8.0～8.5，海水硬度7°～9°DH。饵料有丰年虾、鱼虫、海水鱼颗粒饲料等，喜欢躲在岩缝中。幼鱼和成鱼体色有差异。

图5－23 喷射机形态

（4）双色草莓

学名：*pseudochromis paccagnella*

别名：假紫天堂

产地：中国南海、菲律宾、印度洋、太平洋的珊瑚礁海域。

体征：体长4～5cm，眼睛蓝色，靠近身体前端；尾鳍鲜黄色，其余各鳍透明无色；

鱼体前半身紫色，后半身鲜黄色，紫黄相衬，非常美丽（图5-24）。

习性：饲养水温27～28℃，海水比重1.022～1.023，海水pH值8.0～8.5，海水硬度7°～9°DH。饵料有丰年虾、鱼虫、海水鱼颗粒饲料等，可与活珊瑚等无脊椎动物混养。

图5-24 双色草莓形态

（5）花虾虎鱼

学名：*paraperce punctulata*

产地：中国台湾。

特征：体长4～8cm，身上布满黑色横纹（图5-25）。

习性：饲养水温24～27℃，海水比重1.020～1.025，海水pH值8.1～8.4。能不断地在底面爬行捡吃剩饵，在水族箱中是很好的“清道夫”。

图5-25 花虾虎鱼形态

4. 隆头鱼科

（1）红横带龙

学名：*choerodon fasciata*

别名：蕃王

产地：中国南海、中国台湾和菲律宾、太平洋珊瑚礁海域。

体征：体长25～30cm；眼睛红色，头部有蓝色花纹；体表银白色，从嘴部到尾柄有8～9条红棕色垂直环带；臀鳍紫红色，背鳍银白色，鳍体色在成长过程中会有所变化（图5-26）。

习性：饲养水温27～28℃，海水比重1.022～1.023，海水pH值8.0～8.5，海水硬度7°～9°DH。饲料有冰冻鱼虾肉、水蚯蚓、海水鱼颗粒饲料等。

图 5-26 红横带龙形态

(2) 红龙

学名：*coris gaimard*

产地：中国南海、中国台湾、菲律宾、印度洋、太平洋的珊瑚礁海域。

体征：体长 25～30cm，幼鱼体色鲜红，头部和背部有 5～6 个银白色圆斑；成鱼体色呈褐色，体表密布许多蓝色圆点，尾鳍金黄色，头部有绿色花纹（图 5-27）。

习性：饲养水温 27～28℃，海水比重 1.002～1.023，海水 pH 值 8.0～8.5，海水硬度 7°～9°DH。其饵料有水蚯蚓、红虫、冰冻鱼虾蟹肉等。当受惊吓时，就会潜入沙中。成鱼性别有自动转换的生理特点。

图 5-27 红龙形态

(3) 古巴三色龙

学名：*bodianus pulchellus*

别名：古巴猪鱼、红西班牙鱼

产地：加勒比海、大西洋的珊瑚礁海域。

体征：体长 15～20cm，鱼体红色，眼睛下方有一条白色纵条纹直达尾部，眼睛有一条浅红色条纹；背部末端、尾柄和尾鳍鲜黄色，尾鳍下叶边缘红色，胸鳍、腹鳍、臀鳍红色（图 5-28）。

习性：饲养水温 27～28℃，海水比重 1.002～1.023，海水 pH 值 8.0～8.5，海水硬度 7°～9°DH。饵料有冰冻鱼虾肉、水蚯蚓、海水鱼颗粒饲料等。有潜入沙中过夜的习惯。

图 5－28　古巴三色龙形态

(4) 黄点龙

学名：*bodianus diana*

产地：印度洋、太平洋的珊瑚礁海域。

体征：体长 20～25cm，头小嘴尖，眼鲜红色，靠近身体前端；头部棕色，身体黄褐色，背鳍下方有 4 个白色圆点，尾柄上方有细碎的黑点，腹鳍有大黑斑，臀鳍有 2 个黑斑；幼鱼咖啡色，体表有数十个大的银白色圆斑，各鳍都有大的黑色圆斑（图 5－29）。

习性：饲养水温 27～28℃，海水比重 1.002～1.023，海水 pH 值 8.0～8.5，海水硬度 7°～9°DH。饵料有冰冻鱼虾蟹肉、水蚯蚓等。有潜入沙中躲藏的习惯。

图 5－29　黄点龙形态

(5) 尖嘴青龙

学名：*gomphosus varius*

产地：印度洋、太平洋的珊瑚礁海域。

体征：体长 25～30cm，嘴呈管状往前突出，体灰绿色，鳃盖后方胸鳍处有一条白色短带，尾鳍蓝色（图 5－30）。鱼体在幼鱼期和成年期体色不断变化。

习性：饲养水温27～28℃，海水比重1.002～1.023，海水pH值8.0～8.5，海水硬度7°～9°DH。饵料有冰冻鱼肉、水蚯蚓、红虫、海水鱼颗粒饲料等。

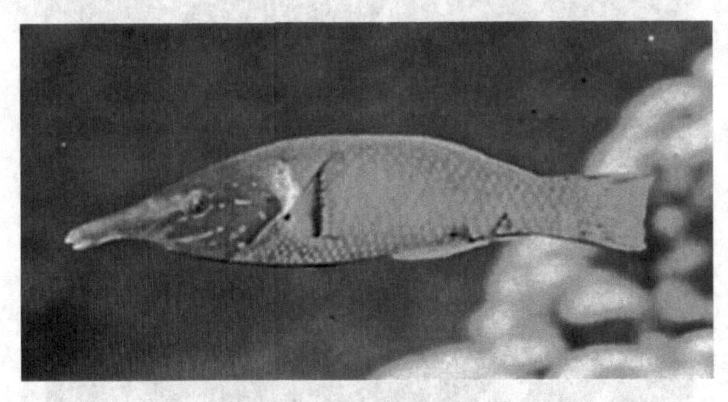

图5-30 尖嘴青龙形态

（6）粉红龙

学名：*pseudocoris yamashiroi*

产地：分布于中国台湾、太平洋的珊瑚礁海域。

体征：体长20～30cm，椭圆形；粉红色，背部黄绿色，腹部银白色，头部有蓝色花纹，体侧有数十条黑色的白纵条纹（图5-31）；幼鱼和成鱼体色有差异。

习性：饲养水温27～28℃，海水比重1.002～1.023，海水pH值8.0～8.5，海水硬度7°～9°DH。饵料有冰冻鱼虾肉、丰年虾、水蚯蚓、海水鱼颗粒饲料等。性胆怯，易饲养。

图5-31 粉红龙形态

5. 棘鲽鱼科

（1）法国神仙

学名：*pomacanthus paru*

产地：加勒比海、太平洋珊瑚礁海域。

体征：体长30～40cm，卵圆形；体灰黑色，体表密布黄色圆点；嘴唇鲜黄色，眼睛后有一条黄色环带，背鳍前到臀鳍前端及背鳍中间到臀鳍中间各有一条黄色环带，尾柄有一条黄色环带（图5-32），长大后，体表的黄色环带会自行消失。

习性：饲养水温27～28℃，海水比重1.022～1.023，海水pH值8.0～8.5，海水硬度7°～9°DH，饲料有冰冻鱼虾蟹肉、贝肉、海水鱼颗粒饲料等，喜欢啄食岩上的藻类、软珊瑚。

图 5－32　法国神仙形态

(2) 金圈神仙

学名：*pomacanthus zonipectus*

产地：菲鲁宾、太平洋的珊瑚礁海域。

体征：体长 30～40cm，卵圆形侧扁；全身黑蓝色，从头到尾柄有 15～20 条波形花纹，花纹末梢延长到臀鳍和背鳍边缘，花纹以鲜黄色和浅蓝色相间排列；从尾柄角度看，鱼体上的波纹似水中的波状涟漪，波光闪闪，非常美丽（图 5－33）。

习性：饲养水温 27～28℃，海水比重 1.002～1.023，海水 pH 值 8.0～8.5，海水硬度 7°～9°DH。饲料有切碎的鱼肉、水蚯蚓、海水鱼颗粒饲料等。水质要求稳定。

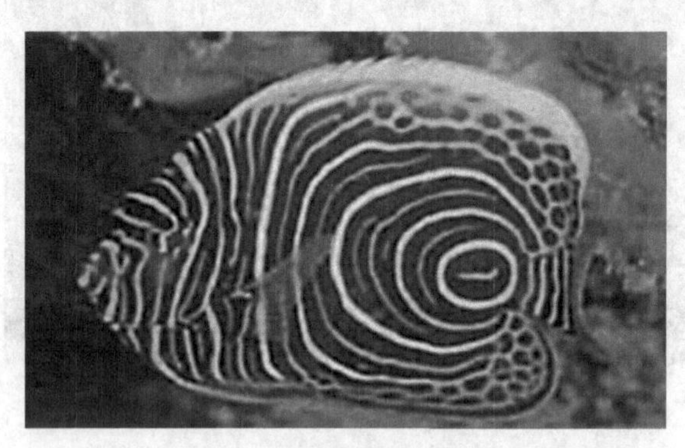

图 5－33　金圈神仙形态

(3) 女王神仙

学名：*holacanthus ciliaris*

产地：太平洋珊瑚礁海域。

体征：体长 20～25cm，卵圆形侧扁；体金黄色，全身密布网格状有蓝色边缘的珠状黄点，背鳍前有一个蓝色边缘的黑斑，鳃盖上有蓝点，眼睛周围蓝色，尾鳍鲜黄色，胸鳍基部有蓝色和黑色斑；背鳍、臀鳍末梢尖长直达尾鳍末端（图 5－34）。

习性：饲养水温 27～28℃，海水比重 1.022～1.023，海水 pH 值 8.0～8.5，海水硬度 7°～9°DH，海水中亚硝酸盐含量低于 0.3mg/L。饵料有海藻、冰冻鱼虾肉、海水鱼颗粒饲料等，喜食软珊瑚等无脊椎动物。

图 5-34 女王神仙形态

（4）神仙鱼（皇后神仙）

学名：*pomacanthus imperator*

产地：分布于印度洋、太平洋的珊瑚礁海域。

体征：体长 30～38cm，卵圆形；嘴部乳白色，两眼间有一条黑色环带，胸部黑色；体金黄色，全身布满蓝色纵条纹，臀鳍上有蓝色花纹；鱼体金碧辉煌，是热带观赏鱼中著名品种之一（图 5-35）。

习性：饲养水温 27～28℃，海水比重 1.022～1.023，海水 pH 值 8.0～8.5，海水硬度 7°～9°DH，海水中亚硝酸盐低于 0.3mg/L。饲料有海藻、冰冻鱼虾蟹肉、喜欢啄食软珊瑚等无脊椎动物。

图 5-35 神仙鱼形态

（5）黄新娘

学名：*centropyge heraldi*

产地：分布于太平洋的珊瑚礁海域。

体征：体长 10～12cm，椭圆形；全身金黄色，各鳍鲜黄色（图 5-36）。

习性：饲养水温 27～28℃，海水比重 1.022～1.023，海水 pH 值 8.0～8.5，海水硬度 7°～9°DH，海水中亚硝酸盐低于 0.3mg/L，海水中含铁量是 0.05～0.1mg/L。其饲料有海藻、鱼虫、切碎的鱼虾肉、海水鱼颗粒饲料等，喜欢啄食岩上的藻类、软珊瑚。

图 5-36　黄新娘形态

(6) 蓝面神仙

学名：*euxiphipops xanthometapon*

产地：分布于印度洋、太平洋珊瑚礁海域。

体征：体长 30～40cm，椭圆形；体金黄色，体表密布蓝色圆点；两眼之间有一条黄色带，脸部和鳃盖密布蓝色花纹；背鳍末端有一黑色圆斑，俗称“假眼”；各鳍金黄色有蓝边。胸部金黄色（图 5-37）。

习性：饲养水温 27～28℃，海水比重 1.022～1.023，海水 pH 值 8.0～8.5，海水硬度 7°～9°DH，海水中亚硝酸盐低于 0.3mg/L。饲料有冰冻鱼肉、藻类、海水鱼颗粒饲料等，喜欢啄食岩上的藻类、软珊瑚、海绵等。

图 5-37　蓝面神仙形态

(7) 皇帝神仙

学名：*pygoplites diacanthus*

产地：分布于印度洋、太平洋珊瑚礁海域。

体征：体长 25～30cm，椭圆形；体金黄色，体侧有 9～10 条有棕色边缘的银白色环带，眼睛后各有一条蓝色环带；尾鳍金黄色，背鳍天蓝色有蓝色波状花纹；胸部灰色，胸鳍、腹鳍黄色（图 5-38）。

习性：饲养水温 27～28℃，海水比重 1.022～1.023，海水 pH 值 8.0～8.5，海水硬度 7°～8°DH。饲料有冰冻鱼虾蟹肉、海水鱼科饲料、水蚯蚓等，不可和软珊瑚、海葵等无脊椎动物混养。

图 5-38　皇帝神仙形态

(8) 六间神仙

学名：*euxiphipops sexstriatus*

产地：分布于印度洋珊瑚礁海域。

体征：体长 30～40cm，卵圆形侧扁；头部三角形黑色，眼睛后有一条银白色环带；体金黄色，体表密布浅蓝或浅黑色圆点，体侧有 5～6 条暗黑色垂直环带；背鳍、臀鳍、尾鳍上有天蓝色花纹（图 5-39）。

习性：饲养水温 27～28℃，海水比重 1.022～1.023，海水 pH 值 8.0～8.5，海水硬度 7°～9°DH，海水中亚硝酸盐含量低于 0.3mg/L。饵料有冰冻鱼虾蟹肉、水蚯蚓、红虫、海水鱼颗粒饲料等，也可将附生藻类的石块放入任其啄食，一般不和无脊椎动物混养。

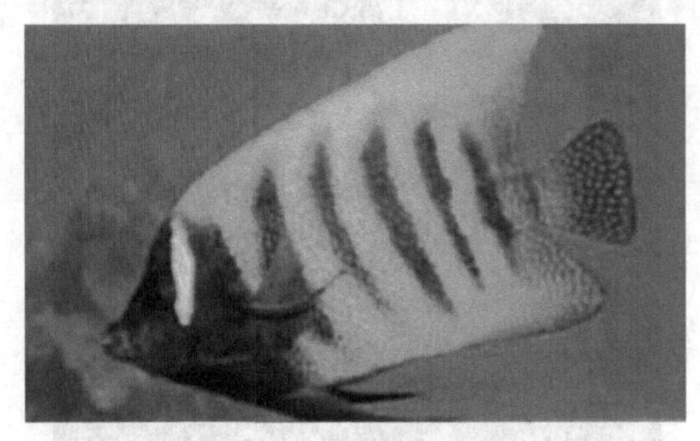

图 5-39　六间神仙形态

(9) 马鞍神仙

学名：*euxiphipops navarchus*

产地：分布于菲律宾、太平洋的珊瑚礁海域。

体征：体长 20～25cm，椭圆形；嘴蓝色，脸颊鲜黄色，眼睛下方有一条蓝色环带，头顶浅蓝色，鳃盖后有一条蓝色条纹；体金黄色，体表密布黑色珠点；尾柄有一个蓝边的黑斑，它和头顶、腹部的黑斑相连，形成“凹”字形，似马鞍而得名；背鳍、尾鳍金黄色，胸鳍、腹鳍、臀鳍蓝黑色（图 5-40）。

习性：饲养水温 27～28℃，海水比重 1.022～1.023，海水 pH 值 8.0～8.5，海水硬度 7°～9°DH，海水中亚硝酸盐含量低于 0.3 mg/L。饵料有海藻、冰冻鱼虾肉、海水鱼颗粒饲料等，喜欢啄食软珊瑚、海绵等。

图 5－40　马鞍神仙形态

(10) 大西洋神仙

学名：*pomacanthus arcuatus*

又名：灰神仙

产地：分布于大西洋、加勒比海的珊瑚礁海域。

体征：体长 25～30cm，卵圆形；全身灰白色，体表密布黑色珠点；嘴白色，眼睛有一条暗黑色的环带，眼睛后有一条白色环带，体侧有一条浅白色环带；背鳍、臀鳍末梢尖长，尾鳍黑色有白边（图 5－41）。

习性：饲养水温 27～28℃，海水比重 1.022～1.023，海水 pH 值 8.0～8.5，海水硬度 7°～9°DH。饵料有冰冻鱼虾蟹肉、藻类、海水鱼颗粒饲料等，喜啄食岩石上的藻类。

图 5－41　大西洋神仙形态

(11) 黄背蓝肚神仙

学名：*centropyge acanthops*

产地：分布于大西洋的珊瑚礁海域。

体征：体长 15～20cm，椭圆形；体色深蓝色，唯头部和背部鲜黄色，背鳍末端天蓝色，尾鳍淡蓝或淡黄色，胸鳍、腹鳍、臀鳍天蓝色，眼睛周围有一个蓝色光环，在天蓝色的鱼体上，鲜黄色的背部格外显眼，犹如一个刚从黑夜中升起的弯弯的月牙，非常美丽（图 5－42）。

习性：饲养水温 27～28℃，海水比重 1.022～1.023，海水 pH 值 8.0～8.5，海水硬

度 7°～9°DH。饵料有冰冻鱼虾肉、海藻、海水鱼颗粒饲料等。

图 5－42 黄背蓝肚神仙形态

（12）红闪电神仙

学名：*centropyge ferrugatus*

又名：红闪电

产地：分布于大西洋的珊瑚礁海域。

体征：体长 8～10cm，椭圆形；眼睛靠近身体前方，头部粉红色，身体鲜红色，体表密布黑色圆点，背鳍、臀鳍浅黑色（图 5－43）。

习性：饲养水温 27～28℃，海水比重 1.022～1.023，海水 pH 值 8.0～8.5，海水硬度 7°～9°DH。饵料有冰冻虾蟹肉、水蚯蚓、海水鱼颗粒饲料等，也可将附生藻类的石块投入水中，任其啄食。

图 5－43 红闪电神仙形态

二、海水观赏鱼的饲养管理

海水观赏鱼对饲养管理的要求较高，特别是海水观赏鱼中的鲽科鱼类、棘鲽科鱼类对水质的硬度、水的循环过滤流量、光照和水温的调节以及饵料品种的选择与需求要求很高，必须认真对待。

1. 饲喂

海水观赏鱼从野生的海洋环境中被移入水族箱中，需要有一个适应的过程，所需时间长短不一，短者需要月余，长者需要数月。当海水鱼一旦适应了水族箱中的生活环境，就可以引诱它们摄食饵料。其最初的开食时间较长，短者周余，长者月余。一般应选择其熟悉的海洋中的活饵来诱发食欲，以后逐渐过渡到投喂海洋中的死亡食物，再过渡到人工配合饵料或当地来源较广泛的食物。这样，海水观赏鱼就会逐渐适应水族箱中的生活环境。

（1）饵料的种类：海水观赏鱼的饵料可分为植物性饵料、动物性饵料和人工配合饵料。考虑到海水观赏鱼的适口性，其饵料多以卤水性饵料为主，它可以是海洋中的活饵，或是冰冻的海洋鱼类等。植物性饵料有海藻、海菜或陆地上的青菜等，纯粹以植物性饵料为主的海水鱼品种并不多。动物性饵料有小鱼、小虾、牛肉、牛心、鸡心、冰冻的鱼虾肉或海洋中的甲壳类动物，以及血虫、水蚤、水蚯蚓、孑孓等，其中冰冻的饵料需加工切碎后再喂，以动物性饵料为主的海水鱼品种较多，如鸳鸯炮弹、珍珠狗头、海马、人字鲽、月光鲽等。人工配合饵料有高蛋白营养麦片、汉堡、粗颗粒饵料等。

（2）投饵：海水观赏鱼的投饵应以少量多餐、适量投喂为原则。投饵量一般是同等大小淡水鱼类的1/3，每天投饵次数为1～2次。对于肉食性海水鱼类，投饵量可参照同等大小的淡水鱼类的1/3～1/2，以在1～2min内食完为限，每天上午喂一次即可。杂食性海水鱼类，可投喂水蚤、血虫、丰年虾、鱼屑等，也可投喂人工配合饵料，饵料品种要定期更换。素食性海水鱼类，多以海藻为主食，也可投喂切碎的青菜等，投喂量以在半分钟内食完为好，每天投喂1～2次。此外，水族箱中置放的软体动物（如气泡珊瑚、枝状珊瑚、海星、海参、海螺等），其饵料可选用鱼虫、蛤蜊肉汁等，每周适量投喂2～3次。也可在水族箱中培养黄藻、蓝藻、褐藻等，均可作为软体动物的饵料。

2. 水质调控

高盐度鱼类（如海水观赏鱼类、珊瑚、海葵等无脊椎动物）对海水的水质要求较高，海水盐度在30%左右，海水密度在1.022～1.023。低盐度鱼类（如石斑鱼、花斑海鳗、花斑虎鲨、海龟、玳瑁等），要求海水盐度在20%左右，海水密度在1.017～1.020，人工海水可采用人工海水盐配制。低盐度鱼类（东方暗色河鲀、绿河鲀、金鼓、绿鼓等）喜生活在半卤半淡的水质中。它们中有些品种亲鱼在淡水中繁殖，盐卤水中生长；有些品种亲鱼在盐卤水中繁殖，但幼鱼是淡水中生长的。

水质调控应注意以下几方面：

（1）定期轮换水流方向：海水观赏鱼一向生活在流动的活水中，即习惯了海水的潮起潮落的水流环境。它们饲养在水族箱后，为了模仿海中的水流环境，可在水族箱的两侧各安装一台内循环过滤泵，使水族箱中的水呈循环流动状态。或用两台潜水泵安装在水族箱的两侧，每隔6h启动一台潜水泵，同时关闭另一台潜水泵，这样水族箱中的水每6h变换一次方向。

（2）生物过滤系统的培养：生物过滤系统是指利用水中的硝化细菌，将海水中所含的有害的氨、亚硝酸盐转化为无害的无机氨和水。在水族箱中，生物过滤系统主要是由高效能的生物过滤球组成。生物过滤球是一种中空的、表面积很大的硬质塑料球体，可以容纳数目可观的硝化细菌，并在上面生长繁殖，当海水流过时，水中的有机物就会被吸附，并进而转化成无害的硝酸盐，当硝化细菌的数量足够多时，生物过滤球就会变为黑色球体，海水中的氨、亚硝酸盐则降到最低水平。生物过滤系统的培养有一定时间，在最初的4～6周，由于生物过滤球上硝化细菌数量太少，还不足以稳定海水水质，这时为了尽快启动生物过滤系统，可在生化过滤箱中添加活硝化细菌作种并添加液态肥料或有机物残屑，也可放一尾死鱼等来作为硝化细菌的营养液。当硝化细菌数量足够多时，其净化稳定水质的功能就明显地呈现出来，水族箱中的生物过滤系统硝化功能才算正常运转。生物过滤系统一旦正常运转后，海水中的有机物（如剩余饵料、鱼的排泄物等）都会被分解消化，使水质达到一种高性能的生态平衡，对海水鱼类的正常生存极为有益。安装了生物过滤系统的海水鱼水族箱，应尽量不要向其中泼洒药物（如硫酸铜、抗生素等），以免影响生物过滤系统的正常运行。

（3）水质保养：海水鱼的饲养水温一般维持在26～32℃，珊瑚、海葵等无脊椎动物的饲养水温应维持在26～30℃，因此，水温多控制在28℃左右，对鱼类、无脊椎动物饲养均有利。若水温高于30℃以上，海葵、太阳花、气泡珊瑚等容易萎缩，水中的氧气含量会下降，有毒物质含量会上升，可见水族箱水温的稳定是确保海水鱼健康的关键。海水的pH值介于8.0～8.4，日常饲养中水的pH值控制在8.2～8.4，当pH值超过8.4时，应及时用CO_2扩散器向海水中缓慢补充CO_2，使水中的化学物质通过CO_2碳的散发挥发掉，使水的pH值恢复，此外，也可用米醋溶液予以调节。若水的pH值低于8.0时，可及时用小苏打溶液进行调整。海水的硬度应维持在7°～9°DH，当硬度降到5°DH以下时，应及时地调高硬度。水质硬度的降低表明海水的缓冲能力变弱，直接影响到海水pH值稳定，导致海水水质的不稳定。海水中的无脊椎动物，如珊瑚可以吸收水中的碳酸盐，使海水的硬度逐渐降低，因此，在饲养无脊椎动物的水族箱中，若出现水质硬度经常降低的现象，可采用CO_2扩散器向海水中缓缓补充CO_2，既作为无脊椎动物的营养，也可有效稳定水质的硬度。海水中的微量元素铁的含量应控制在0.05～0.10mg/L，当水中铁含量过低时，应及时补充液态铁，微量元素铁参与海水中无脊椎动物的新陈代谢活动，可以保持鱼类色泽的艳丽。海水中氨、亚硝酸盐的含量应控制在近乎无的状态。若海水中的氨、亚硝酸盐出现了微小的含量，表明水族箱中生物过滤系统负担过重，不能有效地硝化和分解海水中的氨和亚硝酸盐，这时应及时更换部分饲水，并减少投饵量。

3. 日常观察

（1）恐惧感观察：海水观赏鱼饲养于狭小的水族箱内，由于品种不同、习性差异，加上饲养密度较高，易使鱼产生恐惧感，导致相互之间的斗殴、撕咬，甚至发生凶猛鱼吃斯文鱼的现象，故必须细心观察，以便尽早发现问题，及时采取妥善的防范措施。

（2）食欲观察：可在投饵时观察食欲状况，如发现离群食欲减退或拒食的鱼，应及时找出原因，加以解决。

（3）夜间观察：夜暮降临后，海水观赏鱼都有各自的栖息领地，有的隐藏于岩石洞穴中，有的隐藏于斧劈珊瑚中，有的横卧于珊瑚砂上，但当开启灯光后，鱼群则活跃起来，如果发现有异常现象，应采取相应的处理措施。

（4）粪便观察：海水观赏鱼每天排粪1～2次，粪便颜色和形态因品种不同而异，有的品种（如粉蓝倒吊、人字鲽、红小丑等）粪便呈白色液状，有的品种（如珍珠狗头、皇后神仙等）的粪便呈碎屑状，有的品种（如花斑海鳗等）的粪便呈颗粒状，一般每天应5次观察粪便的状况是否正常，及时解决发现的问题。

4. 水族箱的清洁卫生

水族箱内的海水在使用前是洁净透明的，但在饲养一段时间后，由于鱼类的排泄物会使蓝藻类大量繁殖，水族箱的内壁或底会滋生一层蓝色或褐色的藻类，随着海水的老化以及藻类繁衍的日趋旺盛，仅靠生物过滤系统的作用已远不能达到根除藻类的效果，从而影响了水族箱的观赏效果。因此，要定期对缸底置景物、玻璃缸内外壁、珊瑚砂等进行清洗，并通过光照和投饵量的调控来控制藻类的繁衍速度及鱼类的排泄物。

三、海水观赏鱼的常见疾病

由于一些在淡水中生活的病原体在海水中无法生活，观赏鱼所患疾病的种类比淡水观赏鱼类少，海水观赏鱼的常见疾病及治疗方法如下：

1. 隐核虫病

隐核虫病又名海水鱼白点病，是海水观赏鱼养殖中最常见的疾病，病原体为刺激隐核虫。在病鱼的体表、头、鳍、鳃、口腔、角膜等处都可见呈小白点虫体，病情严重时，体表皮肤有点状充血，鳃和体表黏液增多，形成一层白色薄膜，食欲不振，游泳无力，呼吸困难，最终窒息而死。

治疗方法：

(1) 用250mg/kg 福尔马林药浴 1h，每天 1 次，连续 3 天，以后隔天 1 次，共药浴 5～7 次；

(2) 用 1mg/kg 硫酸铜溶液药浴 1h，药浴次数和天数与福尔马林相同；

(3) 用淡水浸洗 3min。

2. 淀粉卵鞭虫病

淀粉卵鞭虫病又名淀粉卵甲藻病，病原体为眼点淀粉卵鞭虫。病鱼鳃盖、体表和鳍等处有许多小白点，呼吸加快，不规则，口不能闭合，有时喷水，游泳无力，有时在鱼缸内的石块上摩擦身体。

治疗方法：

(1) 用淡水浸洗 3～6min，隔 2～3 天后再重复一次；

(2) 用 10～12mg/kg 硫酸铜溶液药浴 10～15min，每天 1 次，连续 2～3 天。

3. 黏孢子虫病

病原体为黏孢子虫类，病鱼的症状因虫的种类不同而异。组织寄生种类可形成肉眼可见的白色包囊。腔道寄生种类严重感染时，胆囊膨大而充血，胆管发炎，孢子阻塞胆管。脑部寄生种类可使鱼体色发黑，身体瘦弱。该病目前无好的治疗方法，以预防为主。

4. 车轮虫病

病原体为车轮虫。少量寄生时，无明显症状。严重感染时鳃部黏液增多，体色暗淡，失去光泽，食欲不振，甚至停食，呼吸困难，衰竭而死。

治疗方法：

(1) 用淡水浸洗 5～10min；

(2) 用 120mg/kg 福尔马林溶液药浴时，每天 1 次，连续 2～3 天。

5. 鱼虱病

病原体为鱼虱。当寄生数量少时，无明显症状。当大量寄生，体色发黑，活力减弱，焦躁不安在水中乱游，体表和鳃黏液增多，寄生处发炎。

治疗方法：

（1）用淡水浸洗 3～10min；

（2）用 0.1～0.3mg/kg 晶体敌百虫溶液，药浴 3～7 天。

6. 鱵病

病原体为鱵。主要症状同鱼虱病，治疗方法亦同鱼虱病。

7. 分枝杆菌病

病原体为海分枝杆菌和偶发分枝杆菌。病鱼内脏有许多淡黄褐色小点，有时也出现在鳃、皮肤、眼部和肌肉等处。目前尚无有效的治疗方法，应以预防为主。

8. 淋巴囊肿病

病原体为淋巴囊肿病毒。病鱼的体表、鳍和眼球表面小疱状肿胀物，严重时密布全身，呈砂纸状。解剖病鱼，鳃、咽喉及内脏也可出现。目前尚无有效的治疗方法，应以预防为主。

9. 弧菌病

病原体为鳗弧菌和哈维氏弧菌等。发病初期体表局部褪色或出血，鱼鳞脱落形成溃疡，有的肛门或眼球突出，眼内出血或眼球变成白浊色，肝、脾、肾等内脏出血或淤血，肠道发炎充血，肠内有黄色黏液。治疗时应用金霉素、土霉素、四环素等抗菌素，每天根据鱼体重 30～70mg/kg 制成药饵，连续投喂 5～7 天，也可用上述抗菌素 10～20mg/kg 药浴 2h，连续数天。

10. 烂鳍病

病原体为弧菌属细菌，烂鳍病在海水观赏鱼中极易发生，虽不致死，但因鱼鳍腐烂，残缺不全，故严重影响观赏效果。

治疗方法：

（1）用 20mg/kg 金霉素溶液药浴 2～3h，连续数天；

（2）应用 0.5～1mg/kg 硫酸铜溶液药浴 2～3h，连续 7 天。

在采用以上方法治疗鱼病的同时，一定要彻底换水并对无病鱼、鱼缸及养殖用具进行消毒。

（王京崇，倪士明）

第三节 热带淡水观赏鱼

热带鱼，顾名思义是指栖息于热带或亚热带的鱼，其中观赏鱼有数千种。一般狭隘概念上的热带鱼，是指栖息于热带地方的淡水水域（河川和湖沼）的淡水鱼，它和栖息于珊瑚礁的海水鱼是有区别的。热带淡水鱼的主要产地，分布在近赤道的南美亚马逊河流域、非洲、印度、东南亚、澳大利亚等地。栖息于广大范围的热带鱼，具有代表性的鱼类有鳉科、鲤鱼科、慈鲷科、斗鱼科等，它们大部分都姿态优美、色彩鲜艳、能变形，且生活习性有趣，令人喜爱饲养。近年来珍奇鱼很流行，尤其是鲶鱼的同类最受欢迎，这些鱼来自东南亚、非洲、美洲大陆，不断地有珍贵品种出现。

热带淡水鱼的常见品种

1. 鳉科

鳉鱼原产地为美洲，因被广泛饲养和繁殖，产生许多美丽的变种，目前，世界各地都有其身影。鳉鱼有卵胎生鳉鱼和卵生鳉鱼两科，小型鱼居多，喜欢弱碱性水质，容易饲养。

(1) 孔雀鱼

学名：*poecilia reticulate*

别名：百万鱼，彩虹鱼

原产地：圭亚那、委内瑞拉、巴西等。

体征：体长4～5cm，体圆筒形，有着极为美丽的花尾巴。雄鱼体色艳丽，有红、橙、黄、绿、青、蓝、紫等色；尾鳍上有1～3行排列整齐，大小一致的黑色圆斑点或是一个彩色大圆斑。雌鱼体色较雄鱼单调逊色，但尾鳍呈鲜艳的蓝、黄、淡绿、淡蓝色，并散布着大小不等的黑斑点（图5-44）。孔雀鱼在改良的方向上，绝大部分以色彩或尾鳍、背鳍的形状为目标。

代表品种：蛇皮孔雀，红、黑、紫袍孔雀等。

习性：此鱼活泼可爱，极易饲养；对水质要求不严，水温只要不低于15℃就可以生长良好；杂食性，从不择食，各种人工饲料都能饲喂，小鱼主要摄食浮游生物。

繁殖：繁殖非常容易，但繁殖时注意纯种交配，可按1尾雄鱼配4尾雌鱼的方式混养，追逐交配。当雌鱼腹部膨胀，肛门上的透明部分呈黑色时，把雌鱼移至孵化箱内产仔。雌鱼每次可产仔50～100尾，幼鱼产出后就会游动和觅食，雌鱼每月可产仔一次。小鱼经2～3个月生长就能达到性成熟，开始繁殖活动，一般寿命约2年，是换代频繁的品种。

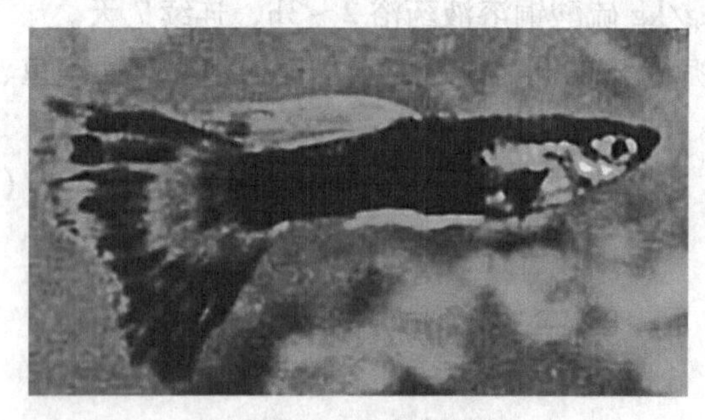

图5-44 孔雀鱼形态

(2) 剑尾鱼

学名：*xiphophorus helleri*

原产地：墨西哥、危地马拉。

体征：体长10～12cm，体似纺锤形，自然界中的原始种体色呈浅蓝绿色。雄鱼尾鳍下缘延伸出一针状鳍条，故称剑尾，雌鱼则无剑尾。剑尾鱼是水族箱中不可缺少的品种，通过人工育种，其体色更加丰富，有红、白、蓝色（图5-45，图5-46）等。

代表品种：红剑、青剑、白剑、黑鳍红剑等。

习性：它与孔雀鱼都是胎生鱼类，是最易饲养和繁殖的，也是初次饲养热带鱼的入门品种。剑尾鱼性情温和，适于和其他的小型鱼混养。喜摄食水蚤，也接受人工饲料。适宜硬水，pH 值 7.0～7.5，水温 20～28℃。

繁殖：幼鱼长到 6～8 月龄即可达性成熟，亲鱼有吞噬幼仔的习性，所以应有繁殖分隔措施。另一特点是该鱼的性转化，大约有一半雌鱼产卵后会变成雄鱼。

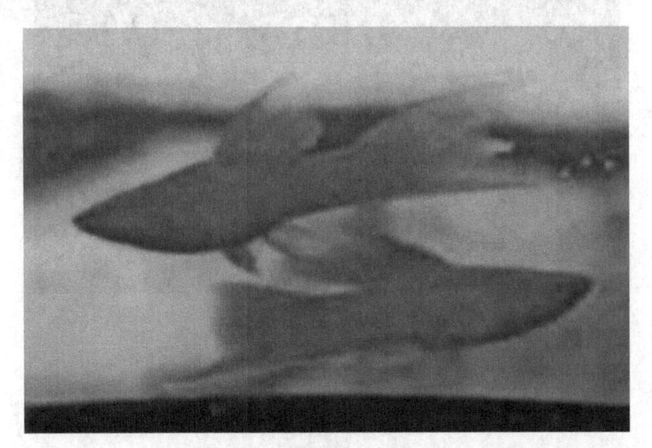

图 5－45　剑尾鱼（红剑）形态

图 5－46　剑尾鱼（青剑）形态

（3）月光鱼

学名：*xiphophporus maculatus*

别名：新月鱼、阔尾鳉鱼、满鱼、月鱼

原产地：墨西哥、危地马拉。

体征：成年雄鱼体长 4～5cm，雌鱼可达 5～6cm。体短小而侧扁，头吻部尖小，尾部宽阔，胸腹部较圆厚，尾鳍外缘浅弧形，背鳍稍偏后与腹鳍、臀鳍对称。此鱼原种的体色为褐色或黑色，体侧有零星的蓝色斑点，因尾柄处有一块新月形黑斑纹而得名（图 5－47）。

代表品种：红月光、蓝月光、黄月光、黑尾月光、金头蓝月光、三色月光等等。红月光全身通红，金头蓝月光通身湛蓝，只有头顶是金黄色，黑尾红月光体腹红色而尾鳍黑色，三色月光体表银白色，并缀有红、黄、蓝等色斑。

习性：饲养水温 18～24℃，喜弱碱性水质。饵料以鱼虫为主。月光鱼性温和，易饲养。

繁殖：繁殖水温24～27℃，6月龄可达到性成熟，雌鱼临产前腹部有一明显的胎斑，每次产仔20～50尾，每月产仔一次。月光鱼是属于杂交变异的品种，能与剑尾鱼杂交，经人工优选培育，至今已在体色和鳍色上产生许多不同的色彩，非常美丽。

图5－47　月光鱼形态

2. 拟鲤科

(1) 玻璃虹

学名：*moenkhausia melogramma*

别名：红光灯鱼、玻璃霓虹灯鱼

原产地：南美洲亚马逊河流域、圭亚那等地。

体征：体呈纺锤形，侧扁，体长4～5cm；眼大，眼虹膜红色映蓝色光；背鳍高，三角形，位于背部中央，臀鳍窄长，尾鳍叉形；体色浅黄铜色，背部较深，腹部浅，渐渐变白，体两侧各有1条从眼部延伸到尾柄的鲜红色线；背鳍上有红色花纹，其余各鳍均透明；在光线照射下，整条鱼呈现玻璃似的明亮和闪烁（图5－48）。

习性：饲养水温22～27℃，水质喜微酸性软水，饵料以小型鱼虫为主。

繁殖：繁殖水温27～28℃，雌雄较难区分；雄鱼体瘦小，雌鱼腹部膨大，属水草卵生石鱼类，雌鱼每次产卵50～100粒。

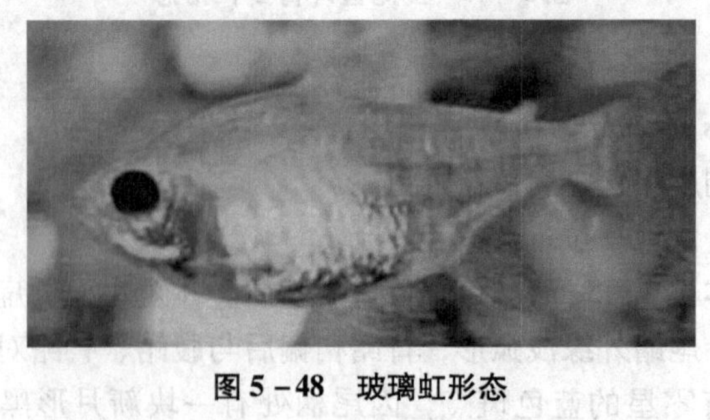

图5－48　玻璃虹形态

(2) 红绿灯

学名：*hyphessobrycon innesi*

别名：霓虹灯、红莲灯

原产地：亚马逊河流域。

体征：体娇小，仅4cm；全身笼罩着青绿色光彩，从头部到尾部有一条明亮的蓝绿色带；体后半部蓝绿色带下方还有一条红色带，腹部蓝白色，红色带和蓝色带贯穿全身，光彩夺目（图5－49）。在不同的光线下或不同的环境中，其色带的颜色时浅时深。

习性：饲养水温22～24℃，喜微酸性软水，饵料以鱼虫为主。

繁殖：繁殖水温25～26℃，繁殖用水要求较高。亲鱼性成熟年龄6～8个月。

图5－49　红绿灯形态

（3）食人鲳

学名：*serrasalmus nattereri*

别名：红肚食人鲳

原产地：亚马逊河、圭亚那、委内瑞拉等。

体征：体长20～30cm，卵圆形侧扁；全身灰绿色，腹部大片红色，臀鳍鲜红色；体格健壮，下颌发达有刺，有锐利的牙齿，掠食迅速，以凶猛闻名，在原产地又有食人鱼之称（图5－50）。

习性：饲养水温20～26℃，水质要求不严格，饲养容易。饵料有鱼虫、水蚯蚓、小活鱼、鱼肉、虾肉等。

繁殖：繁殖水温26～27℃，亲鱼性成熟年龄18个月；雄鱼体色鲜艳，个体较小；雌鱼体色浅淡，个体较大，属水草卵石生鱼类。雌鱼每次产卵2 000～4 000粒。

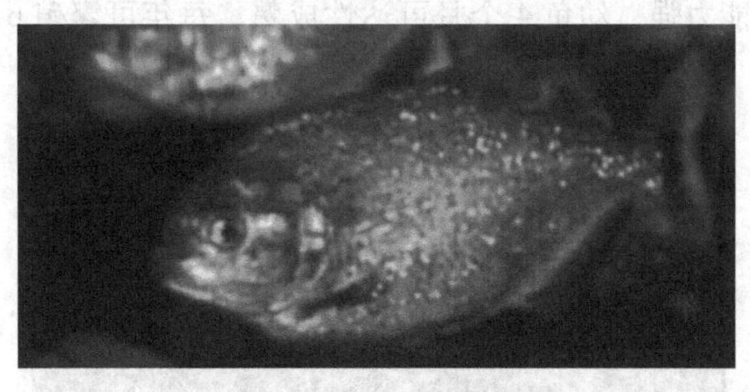

图5－50　食人鲳形态

（4）银屏灯

学名：*moenkhausia sanctaefilomenae*

别名：银瓶鱼

原产地：南美洲亚马逊河、圭亚那等地。

体征：体长5～7cm，纺锤形；银灰色，鳞片边缘黑色；眼上部有鲜红色斑，虹膜上生有红色反光点，尾鳍基部有一黑色宽横带纹（图5-51）。

习性：饲养水温22～25℃，喜弱酸性软水，常在水族箱中上层活动。

繁殖：繁殖水温26～28℃，亲鱼性成熟年龄6个月；雌雄较难区分，雄鱼瘦小，雌鱼略丰满，属水草卵石生鱼类，雌鱼每次产卵300～500粒，受精卵约经36h孵化为仔鱼。

图5-51　银屏灯形态

3. 鲤鱼科

全世界各地均有分布，种类繁多，该科鱼体型大小有异，颜色鲜艳美丽，在水族箱里也可以繁殖，比较容易饲养。鲤科观赏鱼不一定都是热带鱼，生活在亚热带，温带甚至寒带的也很多。

（1）斑马鱼

学名：*brachydanio rerio*

别名：花条鱼、蓝条鱼

原产地：印度、孟加拉国等。

体征：体长4～6cm，纺锤形；体侧从头到尾有数条银蓝色花纹（图5-52）；雄鱼活泼好动，鱼体狭长，腹部平坦，臀鳍是蓝纹间夹着深黄色的条纹，雌鱼臀鳍的条纹是蓝白相间的。

习性：饲养水温22～23℃，水质要求不高，饵料以鱼虫为主。

繁殖：繁殖水温22～24℃，属水草卵石生鱼类。雌鱼每次产卵300粒左右；性情温和，容易饲养，繁殖能力强；幼鱼4个月可达性成熟，每年可繁殖6～8次，是初学饲养热带鱼的首选品种。

图5-52　斑马鱼形态

（2）红鳍银鲫鱼

学名：*barbodes schwanenfeldi*

别名：红鳍鲫

原产地：泰国、马来西亚、印度尼西亚等。

体征：体长30～35cm，体形侧扁；体色清灰；成鱼体色银白，背鳍、尾鳍鲜红色，背鳍边缘黑色，尾鳍上下边缘黑色（图5－53）。

习性：饲养水温22～28℃，水质要求不严，饵料有鱼虫、红虫、水蚯蚓、黄粉虫等。

繁殖：繁殖水温27～28℃，繁殖方式类似于淡水鲫鱼。

图5－53 红鳍银鲫鱼形态

4. 慈鲷科

本科鱼主要分布在美洲和非洲，大型鱼种较多。该科鱼大部分都性格暴躁，喜欢打斗，排它性强，但对自己的后代却呵护有加，极其慈爱，故称其为慈鲷鱼科。

（1）血鹦鹉

体征：体形似金鱼，体长10～12cm；体幅宽厚，呈椭圆形；幼鱼体色灰白，成鱼体色粉红色或血红色，虽体态臃肿，但满身红艳，讨人喜欢（图5－54）。

习性：饲养水温22～26℃，喜弱酸性的软水。饵料有鱼虫、水蚯蚓、黄粉虫等。

繁殖：亲鱼性成熟年龄6～8个月；雄鱼体色血红，雌鱼体色较淡；花盆卵生，雌鱼每次产卵300～500粒。

图5－54 血鹦鹉形态

（2）马鞍翅

学名：*apistogramma ramirezi*

别名：荷兰凤凰、凤凰鱼、七彩凤凰

原产地：委内瑞拉西部、哥伦比亚境内。

体征：鱼体呈卵形，侧扁，长5～6cm；吻部较钝圆，鳍较宽长，尾鳍截形；雄鱼背鳍似马鞍（图 5－55）；体色基调浅蓝色，从头顶经眼至鳃盖下有一黑色长斑，体侧有 4～5 条宽窄相同的垂直色带，鳃盖和腹部淡黄色，吻部上方橘红色，下方金黄色，鳃盖上有蓝色花纹，各鳍为橘黄色，并有浅绿色色斑。成鱼色彩丰富，闪烁着金属光泽，广受喜爱的南美短鲷的代表种，有“短鲷之王”美誉。雄鱼体色鲜艳，背鳍第一硬鳍较长，背鳍末梢尖长；雌鱼个体略小、体色略逊。

习性：饲养水温 24～27℃，水质是弱酸性软水，饵料有鱼虫、水蚯蚓、红虫等。

繁殖：繁殖水温 27～28℃，亲鱼性成熟半年，鱼自由择偶，以平放的花盆为产巢，雌鱼每次产卵 200～500 粒。

图 5－55　马鞍翅形态

（3）火鹤鱼

学名：*cichlasoma citrinellum*

别名：寿星头、寿星鱼

原产地：中美洲的尼加拉瓜、哥斯达黎加等地。

体征：体长 20～30cm，体形类似金鱼，健壮、体宽、头大，头部生有一突出明显的肉瘤；体粉色，幼鱼体色灰，体表有黑色花纹，成鱼变成火红色，体色多变，时而橘红，时而黄（图 5－56）。

习性：饲养水温 22～28℃，饵料有鱼虫、水蚯蚓、小活鱼等。

繁殖：繁殖水温 27～29℃，水质是弱酸性软水；亲鱼性成熟 6～8 个月，雌鱼每次产卵 200～500 粒，以平滑岩石或大理石板作产巢。

图 5－56　火鹤鱼形态

（4）七彩神仙鱼

学名：*symphysodon*

原产地：南美洲亚马逊河流域。

体征：此鱼鱼体呈圆形，色呈艳蓝色；从鳃盖后端至尾柄基部有8条纵向棕红色的条纹；背鳍和臀鳍均从身体的前部开始一直延伸到尾柄基部。

代表品种：包括尔七彩、棕七彩、蓝七彩、绿七彩及改良品种。有关神仙的新品种层出不穷，也有许多仍未稳定的性状，一般将其分为褐色、棕色、绿色、蓝色及红色五大品系，其中，东南亚的人比较喜欢红色品系的七彩神仙，如“鸽子红”、“珍珠红”、“宝石红”等。七彩神仙鱼被誉为“热带鱼之王”，属于高档品种。

习性：对水质要求甚高，水温25～30℃，水质为弱酸性，溶氧量应达到5mg/L。野生鱼摄食饲料为小鱼虾、水生昆虫幼虫、植物籽、叶等，饲喂用红虫、水蚯蚓、水蚤等活饵料和商品颗粒饲料。

繁殖：成熟期为9～18个月不等，成熟的雌鱼较雄鱼小。性成熟后，雄鱼头部有突，头、脊和腹部的彩纹颜色艳丽，尾鳍、肛门较宽大；七彩神仙鱼在繁殖期，由于体内内分泌的影响，体表分泌黏液增加，形成一层厚厚的高蛋白质黏液膜，可维持7～30天。

5. 斗鱼科

（1）蓝曼龙

学名：*trichogaster trichopterus*

原产地：泰国、马来西亚、印度尼西亚等。

体征：体长10～12cm，椭圆形；天蓝色，体色有时因环境变化而变深或变浅；背鳍修长，各鳍具有蓝白色条纹（图5－57）。

代表品种：金曼龙和蓝三星。

习性：饲养水温22～27℃，水质要求不高。性情温和，可和其他鱼混养。水中缺氧时，可直接露出水面呼吸。饵料有鱼虫、水蚯蚓等。

繁殖：繁殖水温26～27℃。亲鱼性成熟年龄6个月，属泡沫卵生鱼类。雌鱼每次产卵500～1 000粒，间隔产卵时间10～12天。

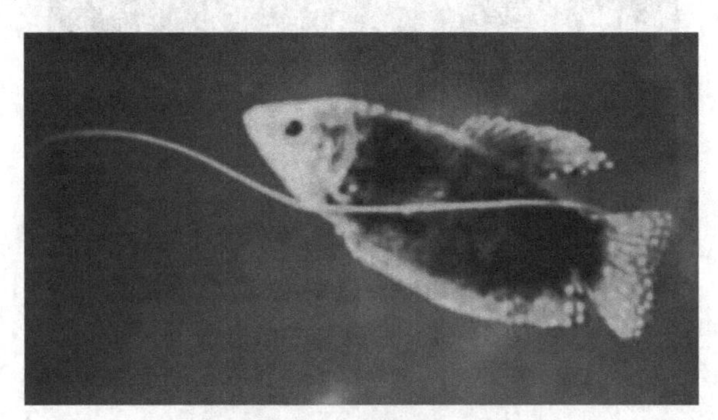

图5－57 蓝曼龙形态

（2）红丽丽

学名：*colisa chuna*

别名：核桃鱼

原产地：印度。

体征：体长5～7cm，椭圆形；体色粉红或紫红；腹鳍变异为两根长长的鳍条（图5－58）。

习性：饲养水温 22～26℃，水质中性。

繁殖：繁殖水温 26～27℃，亲鱼性成熟年龄 6 个月；雄鱼繁殖期间有鲜艳的婚姻色，体色紫红似火，属泡沫卵生鱼类。

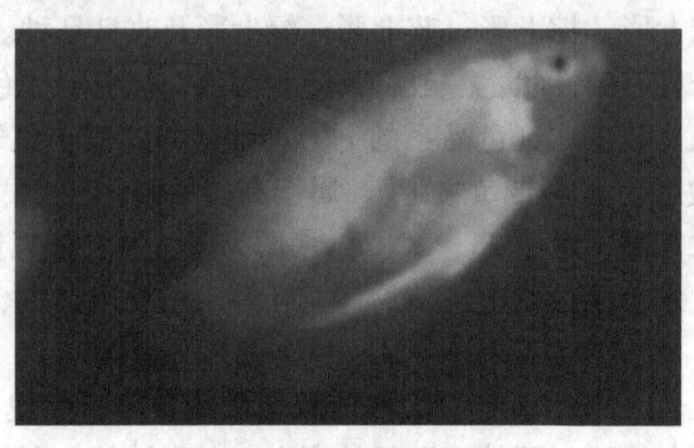

图 5－58　红丽丽形态

（3）珍珠马三甲

学名：*trichogaster ceeri*

别名：珍珠马甲

原产地：泰国、马来西亚、苏门答腊等。

体征：体长 10～13cm，椭圆形；蓝灰色，从吻端到尾部有一条黑色纵条纹，全身布满银色斑点，泛着金属光泽（图 5－59）。

习性：饲养水温 22～26℃，繁殖水温 26～27℃，水质要求不严。

繁殖：亲鱼性成熟年龄 6 个月，雄鱼繁殖期间有鲜艳的婚姻色，下颚鲜红似火；珍珠马甲腹鳍变异为两根长长的丝鳍。属泡沫卵生鱼类，雌鱼每次产卵 500～1 000 粒，间隔 10～12 天产卵一次。

图 5－59　珍珠马三甲形态

（4）接吻鱼

学名：*helostoma temmincki*

别名：桃花鱼、吻嘴鱼

原产地：泰国、马来西亚、印度尼西亚等。

体征：接吻鱼是热带鱼中形体较大的一个品种，一般为 20～30cm；身体形如鸭蛋；通体为粉白色，嘴唇为红色（图 5－60）；雌鱼形体较雄鱼宽而短，身体呈长圆形，头大，嘴大，尤其是嘴唇又厚又大，并有细的锯齿；眼大，有黄色眼圈；背鳍、臀鳍特别长，从鳃盖的后缘起一直延伸到尾柄；胸鳍、腹鳍呈扇形，尾鳍正常。人工饲养时也有青灰色的，为罕见品种。

习性：接吻鱼喜欢栖息于热带河流中，在原产地常被作为一种食用鱼。它宜在26～28℃水温中生长发育。群居性不太明显，游动起来十分缓慢，显得雍容大方，具有迷人的魅力和观赏价值。它在水的各层都喜欢游动，但休息时常常停在鱼缸的底部。接吻鱼的食性较杂，虽然是大型鱼种，但一般对大型水蚤并不感兴趣，而经常是长时间的张开大嘴去"喝"一些小型水蚤才能吃饱，这也是热带鱼的一种特殊的取食方式。在饲养时还喜欢用厚嘴唇吸吮食箱壁和水草上的青苔，所以在养鱼时，常常每箱放一尾接吻鱼做"清缸夫"。

繁殖：多在30～31℃水温中繁殖。雌鱼产卵量较多，产卵前亲鱼吐泡于水面，卵在水面经24h可孵出稚鱼。

图5-60 接吻鱼形态

（王京崇，倪士明）

复习思考题

举例说明金鱼有哪些主要品种。

第六章　其他宠物

第一节　马

古往今来，有许多神话传说、英雄故事、民俗谚语都和马密切相关。天上的星座有人马座，古希腊神话中有传奇制胜的木马计，沙场有纵横驰骋的英雄乌锥、赤兔，格列夫游记中有备受争议的“慧骃国”，诸多的作品都在强调一点：马是具有智慧的动物。在历史的长河中，这种被赋予神圣意义的动物，帮助人们耕种、运输、游猎、探险、娱乐、运动、畜牧，甚至战争。在许多成语中，亦能找到马的踪迹，如老马识途、金戈铁马、路遥知马力、见鞍思马等等。长久以来，马与人形成了一种特殊的关系，既是密不可分的伙伴，更是朋友，现已成为一种新型的宠物。

一、马的生物学特性

1. 马的进化史

马类的发展史迄今为止已超过 6 000 万年。始祖马只有狐狸一般大小，前足有 4 趾，后足 3 趾，这种多趾足适合在草原生活。据推测，始祖马的毛可能有斑纹或条痕，便于隐藏在周围环境中。

到 4 000 万年前，由始祖马演变为“渐新马”（又称中马），它是生活在渐新世的一种森林三趾马。体型已有羊那样大小，前后足都是 3 趾。

约 2 000 万年前时，又演变为“中新马”（又称原马），它是生活在第三纪中新世的一种草原三趾马。这时的马腿较长，只使用中央脚趾。

约 1 000 万年前，从古巴草原演化出的“上新马”，是生活在上新世初期的一种马类。这种马随着环境的变化，出现了与现代马相近的结构。牙齿更为进化，前后足都只有中趾显露，第二和第四趾都相继退化，只剩下肢状的遗迹。上新马是第一个单蹄马科动物，是为了在中新世的无树草原中存活下来而形成的。

大约在 100 万年前出现了卡巴勒斯真马（又称现代马），是马的祖先。在更新世初期迁移到其他大陆，成为一种世界性的马。背部平直，四肢强壮，每只脚都只有一趾，指甲演变成坚硬的蹄。

在 8 000 年前，这些马在美洲灭绝了，直到 16 世纪西班牙的征服者又重新将马引进美洲。

现存的马和不久前才灭绝的马一共有9种，它们可以分成马、驴和斑马三个类群。

马：原分布于欧亚大陆。包括泰斑马（欧洲野马、家马）和普氏马（野马、蒙古野马）两种。

野生的泰斑马已经于1876年灭绝，家马就是它们的后代，现在泰斑马这个名字指的就是家马，目前，北美和澳洲等地还有些野生的马，实际上是家马再次野化的结果。

普氏马发现于1881年，恰好是欧洲野马灭绝后不久，而成为轰动世界的发现，但在1947年从野外捕捉到一匹雌马后，再也没有在野外发现过，现存的所有野马都是20世纪初捕捉到的11匹野马和1947年捕捉到的雌马的后代。

驴：分布于非洲和亚洲。非洲野驴是家驴的祖先。体型小，耳朵大，吃苦耐劳。非洲野驴又分为索马里野驴和努比亚野驴两个亚种，索马里野驴腿上有黑色横纹，努比亚野驴肩上有黑色横纹。

亚洲的野驴现在一般分为两种，产于西藏的为西藏野驴，产于亚洲其他地区的为亚洲野驴。西藏野驴体型更高大，颜色也更深一些。亚洲的野驴体型和马比较相似，最近有些所谓发现野马的报道实际上很可能是野驴。亚洲的野驴虽然比野马和非洲野驴数量略多，但仍然属于极珍贵的物种。

斑马：包括现存的山斑马、普通斑马、细纹斑马和1883年灭绝的斑驴，它们都是非洲的特有动物。

山斑马是斑马中最早被命名的，又称真斑马。山斑马是现存体型最小的马，肩高只有1.2m，耳朵比较大而似驴，喉部有垂肉，身上有特殊的格状花纹。山斑马分布于非洲南部的山区，目前数量稀少，其中的知名亚种可能仅存数十匹。

普通斑马是现存惟一数量较多的野生马类，在非洲的很多地方都能见到，可适应草原、山地和半荒漠等不同的生存环境，在非洲迁徙的大型哺乳动物群中，往往以斑马打头阵。普通斑马分成很多不同亚种，其中知名亚种现在已经灭绝，但是有些亚种目前仍然非常繁盛，不同亚种的花纹和生存环境略有不同。

细纹斑马是斑马中体型最大的一种，肩高可达1.5m。细纹斑马身上的花纹细、多且密，可以说是斑马中最漂亮的一种。细纹斑马分布于索马里、埃塞俄比亚和肯尼亚北部，这种斑马数量较多，但远比普通斑马少。

骡子是杂交品种，是由公驴和母马或公马和母驴杂交育种而成，它的后代分别为马骡和驴骡。驴骡比马骡小而更像马。

马的进化大约有以下几个趋势：体型由小变大，脑容量也变大；腿增长而脚趾数减少，适应开阔草原的奔跑生活；牙齿由低冠变成高冠，食性从食用森林中的嫩叶变成食草。马虽然是现存奇蹄目动物中种类和数量均较多的一类，但和整个奇蹄目一样处于衰落的状态，现在仅存1属8种。

2. 马的类型划分

20世纪初，爱丁堡的J. G. 斯可皮德教授、克拉可的爱德华·斯可科斯和斯图加特的赫尔曼·爱勃哈特等人，对早期马的骨骼构造、牙齿和其他证物进行了仔细研究，在五六千年前，北欧亚大陆的真马按体型可划分为4个亚种：

（1）1型马（森林马）：这种小马被认为来自欧洲西北部，体高在12～12.2hh（hh，称为“手”，马的身高单位。一手就是一个手掌的宽度，后来就以4英寸作为一手标准，相当于10.16厘米。现在国际上也慢慢舍弃以“手”为单位，直接以厘米标示马的身高）之间，轮廓挺直，宽阔的前额和一双小耳朵，它很耐潮湿，能在苛刻的环境下成长。现代类似的品种有埃客斯穆尔马。

（2）2型马（高原马）：这类型来自北欧大陆，体高14～14.2hh。体格结实，外貌粗壮。它有一个很壮实的头和凸出的轮廓，很接近普尔热瓦尔斯基氏马。能耐寒且精力充沛。现代类似的品种有高地小型马。

（3）3型马（草原马）：这类型来自中亚细亚，体高约14.3hh，身体纤瘦，皮毛细致，颈细长、有出色的耳朵、体型修长和具有鹅型的臀部（图6－1）。它很耐热，能在沙漠中生活。

图6－1　草原马

现代类似的品种有阿克哈·塔克马。

（4）4型马（沙漠马）：这类型来自西亚地区，被认为是阿拉伯马的原型。它的体高为10～11hh，体型精细而纤瘦、头小有凹型轮廓。尾根特别高，是沙漠或干旱大草原的马，它很耐热。现代类似的品种有里海马。

依照品种分类，有以下三种：

（1）阿拉伯马：公元7世纪的伊斯兰圣战，对于马类以及人类历史都是很重要的分水岭。当时阿拉伯马到达伊比利亚半岛，随着回教帝国从中国扩展到欧洲，阿拉伯马也分散到全欧洲。

图6－2　阿拉伯马

（2）柏布马：该马是遗传性很强的品种，来自北非的摩洛哥，在公元7世纪由北非进入西班牙，后来入欧洲。

（3）西班牙马：西班牙马曾经是欧洲主要的马，为许多君王和领袖所喜爱。在16世纪初，西班牙马被征服者带到美洲，当时所建立的品种一直繁衍到现在。另外，像西班牙的安达卢西亚马、葡萄牙的卢西塔诺马以及维也纳西班牙马术学校的利皮札马也都是它的后代。

三种马中，阿拉伯马对全世界马品种的培育影响最大，其次是柏布马，再者是西班牙马，其在16～18世纪之间在欧洲占主导地位，并奠定了美洲马的品种基础。

按照马的个性与气质可以分为三类：

（1）热血马：热血马是最有精神、跑得最快的马，通常用来作为赛马。最具代表性的品种有阿拉伯马和英国的纯血马（或叫撒拉布兰道马）。

图6－3　热血马

（2）冷血马：冷血马具有庞大的身躯与骨架，安静、沉稳，通常用来作为工作马。最具代表性的品种有英国苏格兰的克莱兹代尔马、法国的佩尔什马。

（3）温血马：体型、个性与脾气上介于热血马与冷血马之间，是由热血马与冷血马杂交育种出来的品种，通常用来作为骑乘用，马术运动所用的马大多是温血马。最具代表性的品种有德国的荷尔斯泰因马、波兰的特雷克纳马。

图6－4　温血马（塞拉·法兰西马）

按体重分类：

（1）重型马：重型挽马给人的印象是重量加力量。身体很宽，背很阔，有圆形的肩隆，这在某些品种中有利于增加牵引力，肩隆可能比臀部还高一点。身体长满肌肉，特别是在腰和腿上。肩部相对地比较直，以适合于颈套，四肢粗而短。

重型马一般为16～18hh，背部宽并且相当短，肩隆圆而倾向于平坦，后肢短而阔，肌肉特别坚实，胸部非常宽，前腿分得比较开。具有较长的边毛是重型马典型的特征，容易因为沾了湿土而使皮肤受到刺激。具“纯净腿”的品种更适合在泥泞难走的地面工作。

动作：动作短促，能得到最大的拉力。直角形的肩部能使前腿在膝部弯曲，并在脚放下之前可以抬得高一些。

（2）轻型马：轻型马所表现出来的身体结构上的特征使之较适合于骑乘，背部的形状使鞍具容易固定。它的前8根“真”肋骨是平的，所以马鞍可放在斜方肌的后面。它的10根“假”肋圆而富弹性。其肩隆很明显，肩的斜度由颈部和肩隆的结合处开始到前肩为60°。背部不很宽，有明显的肩隆，后肢的比例较长，有利于加速，跗关节大而匀称，离地面较低。脚型很好，结构和大小都符合比例。

动作：膝部很少弯曲或抬起，跨越的步距较大。

（3）小型马：小型马与一般马不同之处在于它有独特的性格和体型。它们的体长大于体高，同时头的长度通常是与肩隆到前肩的尺寸相等，而且也等于由肩隆到臀部的距离。由于早期环境的影响，在行动上也有一点不同之处，一般的马很少有小型马那样稳健的脚步，也没有小型马所具备的自我保护意识。

小型马体高为10～15hh。短而强壮的背部，肩隆有些圆度，头端正、眼距宽，吻部带有锥形，胫骨短，足以支撑身体结构，脚小而硬，经常是蓝色的蹄，厚实的尾巴和鬃毛，可抵御寒冷和潮湿，头较短，耳朵灵活、敏锐、小而尖。

动作：有引人注意的膝部动作，跗关节有很强的柔软性，在前脚触地之前会向前伸展一下，增加了跨步的长度。

3. 马的生理特点

一般来说，“身体的结构”是用来描述马的形状或形态。更专业地说，它是描述骨架结构的状况。身体的结构，主要决定于培育这种马所承担的工作。不论哪种类型，凡是发育良好、比例匀称的马，都能有效地工作，受伤的危险比较小，没有一个单独的部分会由于不均衡或比例失调而过分受力或严重劳损。马由于四肢充分发挥作用，所以平衡能力和运动素质都比较高，发挥潜在的能力也比较大。

马的视野可以达到330°，而两眼视线的重叠部分只有30°，不及食肉动物的三分之一。马在后退时对距离毫无判断能力，马的后踢是因为恐惧，所以人站在一匹马的后面是很危险的。

耳位于头部的最高点，转动角度很大，这表明它的听觉十分发达，马的听觉是对视觉不良的一种补偿。

嗅觉神经非常发达，马主要根据嗅觉信息识别主人、性别。在稍感危险时马会发出“响鼻”。马利用嗅觉摄取体内短缺的物质，群马很少出现营养不良症，也很少误食有毒的草；马喜欢甜味饲料，马往往拒食带酸味的食物，如果饲草腐败，马便拒绝进食。马靠嗅觉可以辨别空气中的水气，从而找到几里以外的水源。马触觉分析能力强，能鉴别相距 3cm 的刺激点。与马接近时，要细心。

马全身分布有痛觉传入神经，或叫痛点。耳、眼、蹄、冠、腹部痛觉敏感。一般来说，马对人有强烈的依恋和信任，可以用温和、安慰的方法使马安静，只有十分必要时人们才对马使用痛觉刺激。

4. 马的生命周期

母马在大约 18 个月到 2 岁之间到发情期，尽管他们直到 3～4 岁才怀孕生产。雄马也是到 3～4 岁才适合繁殖后代，5～6 岁成熟，寿命为 20～30 年或更长一些。马的平均怀孕期是 11 个月多几天。生产后半小时内，小马能站立起来，用鼻子触碰母马吸吮第一次奶。

5. 毛色

马的毛色决定于 39 条个体基因。虽然许多人坚持认为正确的身体结构和动作应该更重要一些，对有些品种来说，毛色是主要的考虑因素。

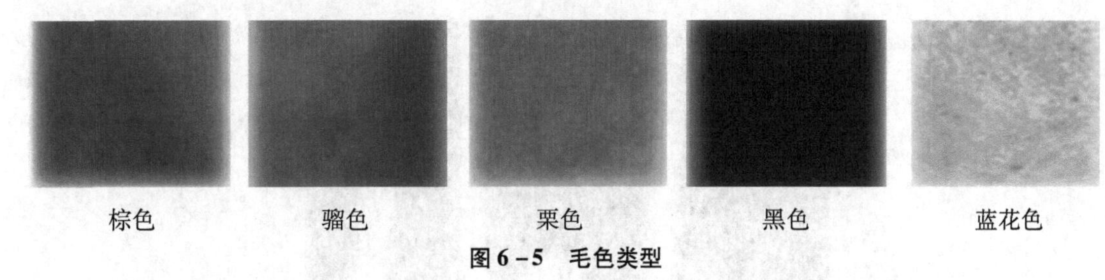

图 6－5 毛色类型

棕色：黑色和棕色，有的为混合色，有黑色的四肢、鬃毛和尾巴。

骝色：红棕色到暗金黄色，有黑色的鬃毛、尾巴和四肢。

栗色：金黄色，“纯”的有略深或略浅的鬃毛和尾巴。

黑色：身体、四肢、鬃毛、尾巴全是黑色。

蓝花色：黑色和黑棕色的身体带白毛，形成带蓝色的色调。

帕洛米色：金色皮毛，像新铸成的金币颜色，白色的鬃毛和尾巴。

骝棕色：主要是棕色，吻部、四肢、鬃毛和尾巴是黑色的。

浅骝色：由黄色和栗色毛所形成的各种深浅骝色。

亮骝色：占多数的红毛形成亮骝色的色调。

红栗色：各种变化的栗色，有时还含有黑色的毛。

红花色：骝色或红褐色的身体带白色的毛，形成带红色的色调。

肝色般的深栗色：深色、肝色的毛，几乎与鸡血石颜色相似。

黄褐色：在黑皮肤上的黄毛，蓝褐色里有灰色或黑色毛。

灰色：黑色皮肤上有白和黑色的毛，随年龄的增长而毛色渐浅。

蚤点色：灰色皮毛，随年龄的增长而出现小黑点。

灰斑色：在灰色毛上的圈形黑毛，随着年龄增加而逐渐消失。

斜斑色：白色或除了黑色以外的其他颜色的不规则大斑块。

派德色：是黑白斑纹的毛色。

6. 标识

在马的脸部、吻部和腿部上的白色斑纹，是一种明显的识别标记。除了一般标识外，在克莱兹代尔马身上，还出现白色的斑块或肉色的标记。

（1）识别用的标识：由鞍座等所造成的白毛，是属于后天性的标记。烙印品牌和冷冻标记是用来防止偷窃的识别方法。冷冻标记是用白毛组成的字母或图形。识别标记也可用烙铁在蹄上，毛发上不规则的漩涡和额前的卷发也是可用来识别的，它们都是永久性的。在四条腿内侧的栗状物，一角质的突出物，就像是马的指纹。每匹马的栗状物各不相同，而且是永久性的，但不作为识别之用。

（2）腿的标识：腿的标识通常是白色的，有4种：①貂皮型，记号围绕在蹄冠上面；②短袜型，白色从脚向膝盖延伸，但未超过关节；③长袜型，白色超过膝关节；④斑马型，是在下肢上有圈形的黑毛，它们是原始的标识，曾经是作为伪装用的。在某些古老的品种可以看见这些斑纹，如高地小型马和挪威峡湾马。在法国拉斯科洞穴中的壁画有这种斑纹的马，特别像高地小型马。

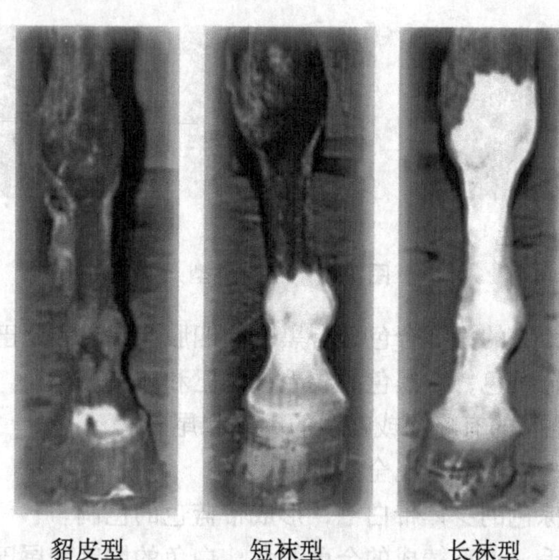

貂皮型　短袜型　长袜型

图6-6　腿的标识

（3）蹄的标识：一般人喜爱暗蓝色角质蹄，认为蓝色角质纹理致密，耐磨。与之相反，白色角质蹄被认为质地软，不经磨。但没有证据证实这种看法。一般带白短袜型或白长袜型斑纹的腿都伴有白色的蹄。阿帕卢萨马和其他花斑马都带有黑白竖条纹的蹄。

蓝蹄　蓝白交错　白蹄

图6-7　蹄的标识

（4）背鬐或鳗条：这种背鬐或鳗条由尾部延伸出来，常伴有穿过肩隆的一条带形。在暗褐色或黄色、蓝色或鼠灰色的皮毛上经常有这种斑纹，有时候在腿上还有斑马型的斑纹。这种背鬐条纹和暗褐色毛色，是冰期前后的原始马种之主要特征。欧洲野马、普尔热瓦尔斯基氏马都是这种毛色。它也会在与它们有很强血统关系的品种中表现出来。西班牙马就有富丽的黄褐色毛，带黑色的鬃毛和一个突出的背鬐条纹。

二、小型马的鉴赏

1. 哥德兰马

瑞典的哥德兰马或斯科格鲁斯小型马，可能是斯堪的纳维亚最古老的品种，保留了很多它的原始特点。由于曾经在波罗的海的哥德兰岛和瑞典洛斯森林的荒野环境中生活过，其适合于温带环境，为温血统。

图 6－8　哥德兰马

育种：小型马发源于哥德兰，从石器时代起，就生活在那里。它们被认为是欧洲野马的后代，但是在 19 世纪，可能阿拉伯马的血统曾经被引种进来，并实施有选择性的育种工作。现在哥德兰小型马也在瑞典培育。

特点：哥德兰马曾经作为一般农庄用的小型马，但是现代的小型马主要是用于骑乘，而且据说是擅长于跳跃和快步竞赛。它在慢步和快步中的动作迅速且积极主动，但是快跑的步态不被喜爱。其后肢的发育较差，后肢缺少骨骼，短颈，肩部虽很强壮，但相对来说比较垂直，骨架较窄，轻型体格，但有很大的耐力。

体高：13～14. 2hh。

2. 胡克尔马

波兰的胡克尔马是工作马中的主要典型。它是在波兰南部和喀尔巴阡山的农业社会中标准的工作马。胡克尔马主要是在农活中作为挽用马，也是崎岖山路中驮运货物的驮马。主要在寒温带生活，为温血统。

育种：这一品种被认为是欧洲野马的后代，这种“原始的”马曾经在波兰存活下来。这种胡克尔马发源于喀尔巴阡山，在该地相似的小型马曾经存在过几千年。在某些阶段，它可能受到东方马的影响，而且现代的小型马经过选择性的培育，已经比过去改进多了。

特点：胡克尔马强壮、顽强、敏感而驯良。胡克尔马具有肢体向下倾斜，下肢强壮和脚耐磨的特点，肩部倾向于垂直，肩隆圆而平，中等大小的头，其身体短而结实，后腿的

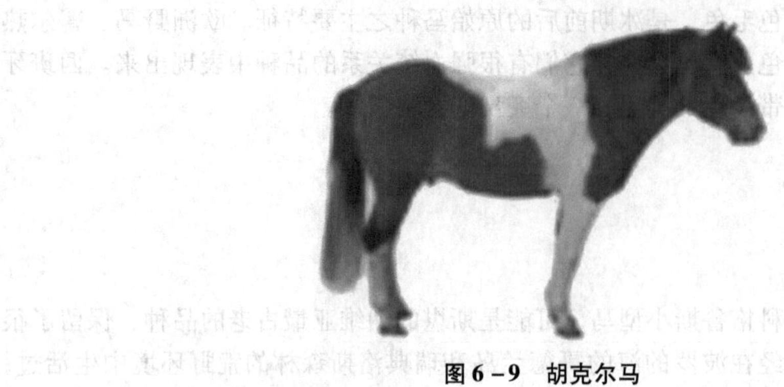

图 6－9　胡克尔马

结构进行了有选择的培育，脚很强壮，步伐稳健。

体高：12.1～13hh。

3. 兰道斯马

兰道斯马原来是半野生的，现已有选择地进行培育，以满足儿童用小型马的需要，它们是在法国小型马俱乐部成立时产生的，也为法国乘用小型马提供了基本的血统。这是一种按照英国乘用小型马的模式而产生的高品质小型马。其主要在寒温带生活，为温血统。

图 6－10　兰道斯马

育种：兰道斯马原来的栖息地为波尔多南部森林密布的朗德省。那里还有一个较大的品种，称为巴尔歇斯马，它居住在沙罗斯平原，两者可能是欧洲野马的后代。在第二次世界大战以后，引入了威尔士 B 型种马和阿拉伯马的血统。

特点：兰道斯马的体型较轻，能吃苦耐劳，易于饲养。它是驯良和聪明的，但身体结构不如它的英国同类。具有高负荷量的肩部，直的背部，后肢不长，而且从臀部向下倾斜。四肢一般较轻，缺少壮硕的骨骼，脚很健壮坚实。

体高：11.3～13.1hh。

4. 高地马

高地马是一个十分古老的品种。早在前冰期已有小型马栖息在苏格兰及附近的群岛上，在法国的拉斯科洞穴壁画上绘出的一些马（1.5 万～2 万年前），十分酷似现代的高地马。其主要在寒温带生活，为温血统。

育种：在 16 世纪初，法国马与当地马杂交育种，在此后的两百年中引进了西班牙的血统。高地马最早的培育家索尔公爵采用东方马的血统，在 19 世纪，一匹叙利亚的阿拉

图 6－11　高地马

伯马在摩尔岛上奠定了卡尔加里的种系。它们也受到克莱兹代尔马的强烈影响。

特点：这种高地马非常地强壮，并有驯良的性格。这个品种的马头部有机敏、和善的表情，眼睛与吻部的距离较短，有宽阔的前额和鼻孔，颈部强壮，但是并不短，肩隆倾向于低一些，背部非常强壮，常有背鬐带，身体大而且结构紧凑，肋骨富有弹性，肚围较深，有好的蹄，脚步稳健，脚上有柔软、如丝般光的边毛。

体高：14. 2hh。

5. 哈克尼小型马

哈克尼小型马是一种真正的小型马，经常仅限于展示会内出现，它优雅的动作也是很令人着迷的，它具有小型马的特点。属于温血统。

图 6－12　哈克尼小型马

育种：在 19 世纪 80 年代，威尔逊以当地的费尔小型马为基础，与威尔士马进行杂交育种，创造了一个出众的品种名为“乔治爵士”的冠军小型种马，它具有名为“弗莱因切尔德”的第一著名赛马的血统。乔治爵士的雌性后代又与它们的种马交配产生了高雅的小型马，能够出色地挽车。它们的体高受到高原地区严冬的限制，独立生活，体质上具备有显著的耐力。

特点：哈克尼小型马在驾车时，有一种自然卓越的高步动作，表现出体格健壮，能吃苦耐劳。头部有特色的小型马头，具有高的颈架、低的肩隆和有力的肩部，很适于挽车用的颈套；背部的长度适中，强壮而宽阔的腰部，大而明显的关节，能做最大弯曲；结实的身体，宽大的胸围，站立时，前腿直而后腿弯，占据较大的地面面积，跗关节很有力量。

哈克尼小型马皮毛细致如丝，在头部表现出高贵的气质，是非常高雅的小型马。

体高：12.2～14hh。

6. 里海马

这是一种体形很小的马，可能是现在最古老的马，它可能是阿拉伯马的祖先。里海马是北路易斯 L. 费罗佐夫人于 1965 年在伊朗的里海岸边发现的。澳大利亚、新西兰和美国均有它们的协会。生活环境是沙漠，属于热血统。

图 6－13　里海马

育种：这一品种可能是 4 型马的祖先，被认为是阿拉伯马的原形，其栖息地在亚洲西部。

特点：里海马的体格特点不同于一般马科动物，它的头盖骨的构造和肩胛骨的形状都不同。其身体窄而轻，具有适合于速度比赛的比例和长度，四肢瘦长，很少有边毛，具有质地很致密的骨骼。这种马能快速赶上更大的马，且跳跃能力强。它的头较短，皮肤很细致，有较长的弧形颈部，肩隆较长且尖，肩部的形状像一般马，而且产生长而低的跨步。上述种种，深受喜爱，尤其是年轻人。

体高：10～12hh。

7. 加利青诺马

墨西哥的加利青诺小型马是西班牙马在美洲传代的又一个例子。它被认为是青年骑士用的“过渡”座骑理想马，它们正处在由乘用小型马转为乘用一般马的过渡时期之中。主要在沙漠、亚热带森林生活，属于温血统。

图 6－14　加利青诺马

育种：加利青诺马发源于西班牙西北部的加利西亚，并以此命名。现代的加利青诺马仍以其迅速的跑步而出名。这些小型马的祖先可能是在19世纪，由西班牙人从伊斯帕尼奥拉岛买来的，又可能是在伊比利半岛上土生土长的索雷亚马和格伦诺马的后代。

特点：端正的头部有出众的特点，聪慧的双眼，大而且相距较宽阔。头部和颈部的结合很优美，没有笨拙的下颚，前部有特殊的凹入胸部，倾向于垂直的肩部，硬而有力的四肢，脚张开，没有脚后跟收缩的征兆，虽然身体结构较轻，背部较窄，但很结实，并不会太长。这种小型马的灵活性和速度，使它普遍作为大农场用和竞赛用的小型马。它也用来挽车作为日常运输之用。

体高：14hh。

三、重型马的鉴赏

1. 北方瑞典马

北方瑞典马较引人注意，是一种结实而又积极相对较小的挽马，大量用于农场中。主要生活在泰加森林，属于冷血统。

育种：主要的种马场在旺根。

特点：其头部较大，耳朵长，头颈部有较多短的鬃毛，肩部倾斜得很好，强而有力，胸围宽大，有很好的圆形臀部，且臀腰部有明显的倾斜；四肢短而强壮，骨骼很结实，它的脚特别强健，是这一品种的特征。这种马以良好的性格、灵活的动作、勇敢有力而著名。

体高：15. 3hh。

2. 日德兰马

日德兰马是丹麦自己培育出来的重型马，主要在城市里一些街道上拖挽酿酒厂的大车。

育种：如同其他重型马一样，由史前时代冷血统的森林马演变而来。主要生活在温带，属于冷血统。

特点：日德兰马是一种中等体型的重型挽马，它动作灵活而迅速。它具有短而厚实的颈部，宽而平的肩隆，宽的胸部和肌肉特别发达且厚实的肩部，深厚的肚围，结实有力的臀腰部，短而相距较近的前腿，都与萨福克矮马相像，而不同在于日德兰马下肢有又粗又浓的边毛。这个品种有驯良、和善的声誉。

体高：15～16hh。

3. 意大利重型马

也被称为意大利农用马，是意大利最平常的马，它被广泛养育于意大利北部与中部，特别在威尼斯附近。主要生活在温带，属于冷血统。

育种：首先引进比利时的布拉班特马与当地马杂交，结果不理想，又与布洛纳斯马和佩尔斯马杂交，最后又与布雷顿·波斯特马杂交，培育出步伐快且体格较小的一个品种。

特点：头部端正，显得机敏而聪慧，肩部发育良好，有挽用型的平行肩隆，胸部很深，前腿分叉分得很好；身体结实而匀称，肚围很深；这种马的缺点是脚比较小且呈盒状。

4. 希尔马

希尔马被认为是最高级的挽用马，在英国特别普遍，且数量还有增加。主要生活在寒温带，属于冷血统。

育种：这个品种是由英格兰中世纪的大马遗传下来的，后来被称为英国马或英国老黑马，它的另一个重要影响因素来自于积极主动的弗里斯马。

特点：希尔马以力量著称，是挽用型马品种中最重的一种，在完全成长以后体重可达1 016～1 219kg。头部具有大而和善的两眼，颈部较长，肩部宽又深，身体短而厚实，具有发达的肌肉，成熟的希尔马其胸围可达1.8～2.4m，四肢的下半部长满了纤细的丝状边毛。

体高：16.2～17.2hh。

5. 克莱兹代尔马

克莱兹代尔马协会于1877年成立于英国，在美国和加拿大短时间内已经稳定的发展起来。克莱兹代尔马出口到许多国家。主要生活在寒温带，属于冷血统。

育种：这种马最初发源于兰开夏的克莱德河谷，在18世纪，由米尔顿伯爵和约翰·帕特森进口了法兰德斯的种马，其后希尔马的血统也被广泛应用，直至19世纪才出现一个全新的挽马品种。

特点：体型较轻一些，步伐积极，头部比多数挽马端正，有一个直线型而略微凸起的轮廓，颈部比希尔马长一些，肩部倾斜度好，确保了高速的特点，肩隆明显比臀部高，有良好的脚。

6. 佩尔什马

这种漂亮又文雅的马有着不少阿拉伯马的血统。这种重型马品种深受赞誉，是因为它的脚上没有边毛，不易得皮肤病，曾大量出口到美国和加拿大。主要生活环境是寒温带，属于冷血统。

特点：肩隆突出，肩部倾斜不像其他品种的挽马，身体宽而结实，有非常深的胸部，肚围也很深，四肢短小而强壮，没有浓密的边毛，脚中等大小。与其他重型马不同的是，这种马动作灵活，并且能吃苦耐劳，平易近人。

体高：16～17.2hh。

（杨宗泽）

第二节　龟

一、龟的生物学特性

1. 龟的身体结构

龟是爬行类动物的一种特化，其外部形态与其他爬行动物有着显著的区别，具有坚硬的外壳，俗称“龟壳”。头、颈、尾、四肢均可缩入甲壳内（平胸龟，海龟类等少数种类的龟例外）。龟的身体可分成头、颈、躯干、四肢及尾五部分。

（1）头部：龟的头部较小，呈三角形。头顶部前端光滑，后部覆以细鳞（平胸龟、海龟的头部覆以大块角质硬壳，陆龟类覆以较大的鳞片）。口开在头的前端，口上有一对外鼻孔，口裂较长，延伸至眼眶端，口裂有角质颚缘，称为“喙”，口内无齿，喙的形状因龟的种类不同而不同，一般为锯齿形、钩形、流线形、“W”形和“∧”形，喙的形状也是鉴别龟的种类的特征之一。眼部位于两颊，眼突出，较小，呈圆形，有上下眼睑。眼后方有圆形鼓膜，因无外耳道，故无外耳。

（2）颈部：头部的后端是颈部，很长，因颈部颈长肌的牵引，头颈部作“S”形弯曲缩入壳中。

（3）躯干部：龟类的躯干部主要是龟壳及少数的皮肤。龟壳比较坚硬、厚实。由背甲、腹甲及甲桥组成，形成“盒式”结构。隆起且高拱的部分称为背甲，平坦的部分称为腹甲，连接背甲、腹甲的部分称为甲桥。龟壳又分为内外两层。外层称为盾片，由表皮的角质层衍化而成，一般由若干块大小不等的盾片相连，每块盾片上均有每年增大与旧层磨蚀的痕迹。内层称骨板，掩藏在盾片的下面，它是由真皮部骨质细胞衍化而来，也是由若干大小不等的骨板组成，每块骨板间依骨缝相连。骨板有扩大增厚的痕迹，却无增长的痕迹。盾片和骨板的排列方式相互交错、互不重叠，因而增加了龟壳的坚固性，用以保护自身扁短的躯体，形成特有的防御方式。龟类没有硬甲保护的皮肤都覆以大小、厚薄不一的角质鳞片，这些鳞片可以不断去旧换新，可以不时蜕换。

（4）四肢：龟的四肢分为前肢、后肢。每肢又由大腿、小腿、掌、爪组成。四肢的形状因长期生活环境的差异而不同。水栖龟类的四肢扁平，体表鳞片细小，较薄；陆栖龟类的四肢粗壮呈圆柱形，体表鳞片粗糙而大；海栖龟类的四肢大呈桨状。前后掌均扁平。指、趾短，指（趾）间具蹼或无蹼。爪强壮，具5爪或4爪。

（5）尾部：大多数龟的尾部细而短，呈圆锥形。少数龟的尾部较长，如平胸龟的尾部覆以环状短鳞片，鳄鱼龟的尾部似鳄鱼的尾。

2. 龟的生活习性

（1）生活环境分类：现存的龟分布在世界上除空中以外的所有地方，无论是江、河、湖泊，还是池塘、沼泽、海洋、陆地，到处都有它们的足迹。按它们的生活环境不同，可分为四种类型：

水栖龟类：四肢扁平，趾与趾之间仅有少量像鸭鹅的掌一样的蹼，它们生活于沼泽、池塘、湖泊等水域。

半水栖龟类：四肢略扁平，趾与趾之间仅有少量的蹼，它们只能生活在浅水域，水的深度不能超过龟自身背甲的高度。

海栖龟类：生活在开阔的海域，其四肢呈桨状，背甲呈流线型，适应于海洋中潜水和快速游泳生活。

陆栖龟类：四肢呈圆柱形，适应于陆地上爬行生活，其背甲高隆，扩大了肺腔，增加了肺的呼吸量，更增加了适应于陆地上的生活能力。它们生活于温暖干燥的地区，如多岩石的斜坡，灌木丛林的地方。

龟的陆栖与水栖是相对的，陆龟也常到浅水水域里饮水、洗澡，但不能下水游泳；水栖龟类也常到陆地休息晒壳、产卵等。有些水栖龟可以在岸上生活4～5天，甚至更长时间。

(2) 休眠：龟是变温动物，它对周围环境温度变化很敏感，当温度降低到一定程度时，龟就会进入休眠状态，以保证生命的维持。通常在10℃左右进入冬眠状态；温度上升达15℃左右部分龟开始活动，有的已能进食。一般把25℃视为龟的摄食、活动正常值，30℃为最佳温度值。

(3) 食性（食物及其加工）：龟的食物多种多样，主要有动物性食物、植物性食物和人工混合食物。

动物性食物：动物性食物主要包括家畜、鱼类、昆虫、软体动物等。小鱼、小虾、泥鳅、猪肉、猪肝、黄粉虫（面包虫）等，因很容易获取，是家庭饲养时养龟者常用的食物。食物须清洗、切碎后方能投喂，无须蒸熟、煮熟。但有些食物必须加工，如给重100g左右的龟投喂小河虾时，应剔除虾头的坚硬部位，连壳一起投喂；投喂蜗牛和田螺时，应将壳敲碎，便于龟撕咬。

植物性食物：以树叶、水果、蔬菜、花草等植物为主。树叶包括槐树、桑树、白杨树、桦树的树叶及葡萄叶等。多数花草的蛋白质含量低，粗纤维含量较高，钙的含量高于磷的含量。所以，花草是陆龟最适宜的食物种类之一，如野艾、蒲公英、芦苇、仙人掌、三叶草、车前草等。家庭饲养条件下，因瓜果蔬菜方便获得，故龟的食物多以瓜果蔬菜为主，但并非任何瓜果蔬菜都适合陆龟。国外有资料说明，陆龟的食物以含高纤维、高钙、低蛋白的植物为主。而大多数蔬菜不能满足这些条件，所以不能随手拿来投喂，最好将瓜果蔬菜作为辅助食物。同时，由于瓜果蔬菜有被农药污染之嫌，投喂前必须剔除腐烂的部分，浸泡洗净后，根据陆龟体型大小，将食物切成形状不一、大小不等的尺寸。通常将圆形的瓜果蔬菜，如番茄、黄瓜、西瓜等切成半圆形、月牙形和片状，若投喂莴笋、胡萝卜、花菜等长条形且硬的食物时，须将食物切成有棱角的形状或丝状，叶类蔬菜，如莴笋叶、荠菜叶和花菜叶等可直接投喂。对体型较大的陆龟无需加工，可直接投喂。

人工混合食物：混合食物是科研人员用鱼粉、矿物质等原料专门研制而成。对龟而言，它营养全面丰富，对饲养者来说，获取容易，所以适当选用人工混合食物有一定的必要性。目前，宠物市场出售的人工混合食物种类多种多样，主要包括水龟食物、陆龟食物、营养食物等。食物的形状以颗粒和长圆条状居多，营养性食物以粉状居多。前者直接投喂，后者须拌和在食物中投喂。

(4) 防御：龟是自然界中最与众不同的类群，对付外来侵略最主要的手段为“龟缩”，即龟的头、四肢、尾均缩入龟壳中，按龟缩程度的大小可分为半龟缩和全龟缩。半龟缩是绝大部分龟逃避灾祸的最基本方式，而全龟缩中有一种特殊的方式即“闭壳”，当龟发生闭壳时，想往龟身上插一根针都困难，因这种龟不像众多栖水龟那样靠骨缝连结背甲间、腹甲的胸盾和腹盾，而是靠韧带连接。当龟缩时，上下壳完全封闭，不留任何一点点皮肉和缝隙，背甲和腹甲形成了一个整体。

除此以外，某些龟在遇到紧急情况时，皮肤上的麝香体还会释放麝香味，雌性眼斑龟身上有狐臭味等协助逃脱敌人的侵害。还有一些尾部上的鳞片可以抽打对方，并辅助用嘴咬的方式攻击敌人。

二、水栖龟类的种类鉴赏

1. 平胸龟

拉丁名：*Platysternon megacephalum*

英文名：big-headed turtle

别 名：鹰嘴龟、大头龟、鹰嘴龙尾龟、三不像或鹦鹉龟。

分 布：国内分布于安徽、福建、广东、云南、贵州、重庆、江苏、湖南、江西、浙江、海南、香港特别行政区；国外分布于泰国、缅甸、越南等。

图 6－15 平胸龟

生活习性及性情：平胸龟是较古老、原始的龟类。虽被发现已有100多年，但人工繁殖较匮乏，目前市场上出售的平胸龟大多来自野外。

平胸龟对温度要求不高，能忍耐低温环境，甚至短时间处于水温0℃以下也不会被冻死。当水环境温度10℃左右时，龟冬眠；水温14℃左右时少活动；最适宜水温为25～28℃；水温32℃以上龟有少食、少动现象。平胸龟喜食动物性饵料，尤喜食活物，如幼金鱼、蚯蚓、蜗牛、蠕虫等。平胸龟生性粗野强悍，常相互撕咬四肢、尾部。若饲养者抓起平胸龟，平胸龟立即张嘴欲咬，但其颈部不能伸缩，故饲养者不易被咬到。平胸龟能借助尾部攀壁爬树，抽打入侵者。

平胸龟分布广，适应能力较强，但它们的野性较大，逃逸性强，人工饲养下总能出乎饲养者的意料而逃脱，故平胸龟宜饲养于面积较大的玻璃缸或四壁光滑的容器中。若容器内壁粗糙，龟借尾部、后肢和利爪的力量，能攀爬容器。平胸龟因具有威武、凶猛的气质，颇受青少年的喜爱。

雌雄鉴别：雌龟尾部较短，泄殖腔孔位于背甲后部边缘之内；雄龟尾部较长，泄殖腔孔位于背甲后部边缘之外。

生殖习性：6～9月产卵，每次1～3枚。卵小，椭圆形，卵长径31～35mm，短径19～20mm，重10～11g。

2. 中华花龟

拉丁名：*Ocadia sinensis*

英文名：Chinese stripe-lnecked turtle

别 名：花龟、草龟、斑龟或珍珠龟。

分　布：国内分布于福建、广东、广西、海南、浙江、江苏、台湾、香港特别行政区；国外分布于越南、老挝。

图 6－16　中华花龟

生活习性及性情：中华花龟幼体缘盾的腹面具黑色斑点，似一粒粒珍珠故又名珍珠龟。在风和日丽的时候，中华花龟特别爱“晒壳”。水温 10℃左右时进入冬眠期；水温 15℃左右时略有爬动；水温 20℃左右能活动、进食；水温 22℃以上活动量、食量增大。食性杂，如植物嫩叶、水竹叶、蛹、双翅目的幼虫等。中华花龟性情和善、胆小，经驯化易接近人。

雌雄鉴别：雌龟较大，泄殖腔孔位于背甲后部边缘内；雄龟较小，尾部粗且长，泄殖腔孔位于背甲后部边缘外。

生殖习性：每年 3～5 月，雌龟体内有成熟卵，每窝 7～17 枚，孵化期 2 个月。中华花龟已能大量人工繁殖，尤其在我国台湾地区人工繁殖量较大。

3. 眼斑龟

拉丁名：*Sacalia bealei*

英文名：eye-spotted turtle

别　名：眼斑水龟。

分　布：国内分布于广东、福建、广西、贵州、海南、江西、安徽、香港特别行政区；国外未见报道。

图 6－17　眼斑龟

生活习性及性情：喜生活在黑暗处，不爱“晒壳”。适宜水温 20～32℃；水温低于

10℃，龟沉入水底冬眠；高于18℃，能少量摄食；水温超过32℃，躲藏在阴暗处，活动少。杂食性，人工饲养条件下，喜食小鱼、虾、昆虫，也食人工混合饲料。性情温和，但龟受惊后，排出尿液的异味和腋下散发出的狐臭味，只有涂抹风油精方能清除。

雌雄鉴别：雄龟眼睛红色，颈部条纹为红色；雌龟眼睛黑色，颈部条纹为黄色。

生殖习性：有关眼斑龟的繁殖习性尚未被人知。

4. 乌龟

拉丁名：*Chinemys reevesii*

英文名：Chinese three-keeled pond turtle

别　名：草龟、香龟、泥龟、臭龟、金龟、长寿龟或金线龟。

分　布：国内除青海、西藏、宁夏、吉林、山西、辽宁、新疆、黑龙江、内蒙古没有发现外，其余各地均有分布；国外分布于日本、朝鲜。

乌龟是中国龟类中分布最广、数量最多的一种。在日常生活中，人们常常把所有的龟类都称为乌龟，其实乌龟是龟类动物中独立的一个种，并非指所有的龟类。乌龟集食用、药用、观赏为一体，深受人们喜爱，现已大量人工繁殖并出口。

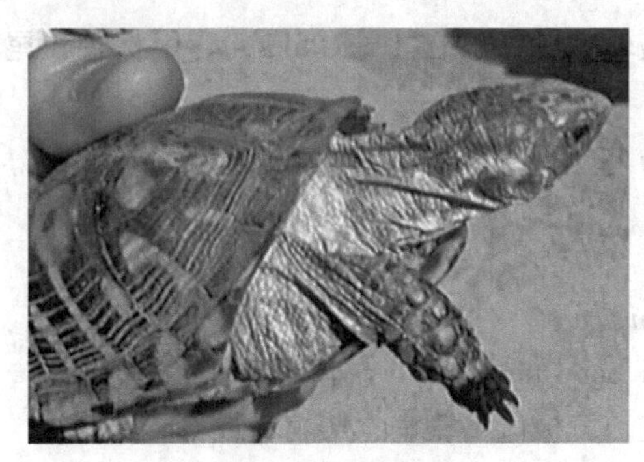

图6-18　乌龟

生活习性及性情：乌龟适应性强，水温10℃左右冬眠，能忍受6个月之久的冬眠期；水温15℃以上能爬动、摄食；18～32℃时活动、摄食最活跃。乌龟食性杂，喜食鱼、虾、螺、瘦猪肉等动物性饵料，饥饿时食瓜果、蔬菜、米饭等。乌龟性情温和，雌龟比雄龟胆小怕人。长期饲养易驯化并具有灵性。

雌雄鉴别：体重100g以下，较难识辨性别。雄龟重150g左右时，头、颈、四肢、尾、背甲、腹甲逐渐变为黑色，龟年龄越大，黑色越深，最终眼睛也变为黑色。成体雄龟体小，体重一般在300g左右，尾粗且长，雌龟头、颈、四肢为灰绿色，眼睛、颈部有黄绿色镶嵌的条纹，背甲棕色，每块盾片间有黄色条纹（有的个体无），腹甲棕色，有大块黑斑，尾短。

生殖习性：每年4～10月为繁殖期，雄龟有腥臭味，雌龟无。每次产卵1～8枚，可分批产卵，产卵前有停食的征兆。孵化期57～75天。

5. 大头乌龟

拉丁名：*Chinemys megalocephala*

英文名：Chinese big-headed pond turtle

别　名：大头龟。

分　布：国内分布于安徽、江苏、湖北、广西；国外尚未见报道。

图 6－19　大头乌龟

生活习性及性情：大头乌龟不惧寒冷，当水温为10℃左右时，即进入冬眠阶段；水温0℃左右，仍能正常冬眠；适宜水温为22℃左右；当水温超过35℃时，龟喜欢钻入沙土或阴凉处休息，食量较小。人工饲养条件下，吃鱼、虾、米饭等食物。大头乌龟比乌龟活跃，易驯化。

雌雄鉴别：雌龟体型较大，一般在1～1.5kg，背甲棕色，尾较短。雄龟体黑色，重40g以上。

生殖习性：大头乌龟的卵长径31.2～38.8mm，短径21.1～22.1mm，卵重10.7～11.6g。

6. 黄喉拟水龟

拉丁名：*Mauremys mutica*

英文名：Asian yellow pond turtle

别　名：石龟、水龟、黄板龟、黄龟、柴棺龟或石金钱。

分　布：国内分布于安徽、福建、江苏、广西、广东、云南、海南、香港特别行政区、台湾；国外分布于日本、越南。

除乌龟外，黄喉拟水龟是我国龟类中分布最广、数量最多的又一常见品种。现已进行人工繁殖。民间将产于中国南部和越南的龟称为越南黄喉拟水龟，简称越南龟或南方龟；产于中国北部的龟则称中国黄喉拟水龟，简称中国龟或北方龟。两者的生长速度不同，越南龟比中国龟快。

图 6－20　黄喉拟水龟

生活习性及性情：白天多在水中嬉戏、觅食。当水温10℃左右时冬眠；水温15℃左右食量减少；水温20℃以上，天气晴朗时，黄喉拟水龟有上岸“晒壳”习性。杂食性，取食范围广，在野外食昆虫、节肢动物、环节动物等，也食泥鳅、田螺、鱼、虾、小麦、稻子、杂草等。人工饲养条件下，食家禽内脏、猪肉、混合饲料等，饥饿状态下食米饭、菜叶等。黄喉拟水龟较乌龟活泼、胆大，不畏人。多数龟（尤其是雄性）能在主人面前爬动，并伸头讨食。若将龟饲养在较大的水缸中，经长时间驯化，主人招手或拍打池边时，龟能迅速游到岸边。

雌雄鉴别：雌龟腹甲平坦，尾较短；雄龟腹甲中央凹陷，年龄越大，凹陷越深，尾较长且粗。

生殖习性：每年4～10月为交配期，5～9月为产卵期，每次产卵1～5枚。卵长径40mm，短径21.5mm，卵重11.9g，孵化期62～75天。稚龟重6.3g左右。

7. 三线闭壳龟

拉丁名：*Cuora trifasciata*

英文名：Chinese three-striped box turtle

别　名：红边龟、红肚龟、断板龟或金钱龟。

分　布：国内分布于福建、广西、广东、海南、香港特别行政区、澳门特别行政区；国外分布于越南。

因背壳上具三条黑色条纹而得名（图6－19）。分海南种和越南种。海南种腹甲黑色，头顶部较黄。越南种腹甲前部为“米”字型，后部为黑色，头部颜色较暗。

图6－21　三线闭壳龟

生活习性及性情：白天躲在洞里，傍晚、夜晚出来活动，有群居的习性。人工饲养条件下其习性已改变，白天活动较多，夜间栖息在水里或是爬上岸。当水温23～28℃时，活动频繁，四处游荡；10℃以下冬眠；15℃左右又苏醒。杂食性，性情温和，反应灵敏，适合驯养。

雌雄鉴别：雌龟背甲较宽，尾细且短，泄殖腔孔距背甲后缘较近；雄龟背甲较宽窄，尾粗且长，泄殖腔孔距背甲后缘较远。

生殖习性：每年4～10月为交配期，5～9月为产卵期，每年产卵1～2次，每次产卵1～7枚。卵长径40～55mm，短径24～33mm，卵重18～35g，孵化期67～90天。

8. 四眼斑龟

拉丁名：*Sacalia quadriocellata*

英文名：four eye-spotted turtle

别　名：六眼龟或四目龟。

分　布：国内分布于广西、广东、海南；国外分布于越南。

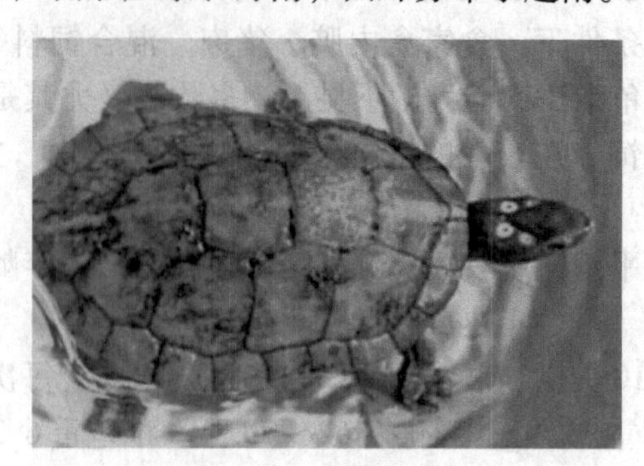

图 6－22　四眼斑龟

生活习性及性情：四眼斑龟生活在水温 25℃时，正常活动、进食，13℃以下冬眠，15℃左右少量活动。杂食性，尤喜动物性饵料，喜欢在安静环境中进食，有争食现象，四眼斑龟胆小、怕惊动，遇惊扰或响动立即穿入水底黑暗处，不适合驯养。

雌雄鉴别：雌龟头顶部为棕色，眼斑为黄色，中央有一黑点，每一对眼斑都前小后大，周围有黑色暗环包围着，颈背部三条纵条纹和颈腹部黄色条纹，繁殖期散发异样臭味。雄龟头顶部为深橄榄色，眼斑为淡橄榄绿色，中央有一黑点，每一对眼斑都有白色环包围着，颈部三条黄色粗纵条纹和颈基部条纹呈橘红色，前肢及颈腹部有橘红色斑点。

生殖习性：每年 5～6 月为产卵期，每次产卵 1～7 枚，有分批产卵的现象。卵长径 40～55mm，短径 24～33mm，卵重 18～35g，孵化期 67～90 天。

三、半水栖龟类

1. 地龟

拉丁名：*Geoemyda spengleri*

英文名：black-breasted leaf turtle

别　名：金龟、十二棱龟或枫叶龟。

分　布：国内主要分布在广西、广东、海南；国外主要分布日本及苏门答腊岛。

尽管地龟是我国二级保护动物，但仍有较多地龟出卖，观赏性高，深受宠物爱好者欢迎。

图 6－23　地龟

生活习性及性情：地龟喜暖怕寒，在气温28℃时适宜，气温20℃左右时能少量摄食，气温低于18℃环境时冬眠。杂食性。性情温和、胆小、怕惊动。

雌雄鉴别：雄龟尾部较长，尾根部粗，泄殖腔孔距背甲后缘较远；雌龟尾较短，泄殖腔孔距背甲后缘较近。

生殖习性：每年7月为繁殖季节，每次产卵1枚。

2. 黄缘盒龟

拉丁名：*Cistoclemmys flavomarinata*

英文名：yellow-margined box turtle

别　名：断板龟、夹蛇龟、夹板龟、黄板龟、食蛇龟或黄缘闭壳龟。

分　布：国内主要分布在安徽、江苏、浙江、广西、广东、福建等地；国外主要分布日本。

图6－24　黄缘盒龟

生活习性及性情：黄缘盒龟不怕寒冷，长时间生活在气温3℃左右的环境中仍能存活，但是环境必须潮湿，否则有脱水死亡的危险。气温在25～34℃左右时能主动摄食，活动频繁，气温18℃时少动，气温降至10℃时开始冬眠。其食性杂。人工养殖一个月后可与主人互动。若对着龟讲话，龟表现出仰望注意倾听的姿势，好似听懂人语，饿时会咬主人手指讨食。幼体的黄缘盒龟体色鲜艳，性情活泼，聪明可爱，非常适宜女孩子饲养。

雌雄鉴别：雌雄龟腹甲均平坦。雌龟背部隆起较小，腹甲后缘略半圆形，尾较短；雄龟背部隆起较高，尾较长，尾基部较粗，泄殖腔孔距背甲后缘较远。

生殖习性：每年4～6月底为交配期，5～9月为繁殖季节，每次产卵2～4枚，可分批产卵。卵呈椭圆形，卵长径40～46mm，短径为20～26mm。

3. 黄额盒龟

拉丁名：*Cistoclemmys galbinifrons*

英文名：indo chinese box turtle

别　名：金头龟、越南黄额盒龟、黄额闭壳龟。

分　布：国内主要分布在广西、广东、福建等地；国外主要分布越南。

生活习性及性情：黄额盒龟喜欢温暖的环境，适宜生活在气温22℃以上的环境中，气温降低时龟少动，在15℃左右停食。杂食性，但以肉食为主。日常活动较少，较难饲养。性情温顺，胆小且害羞。

雌雄鉴别：雌雄龟腹甲均平坦。雌龟背甲较宽，泄殖腔位于背甲后部边缘内，尾较

图 6－25　黄额盒龟

短；雄龟背甲高，尾较长，泄殖腔位于背甲后部边缘外。

生殖习性：每年 6～10 月底为繁殖期，卵呈椭圆形，白色，卵长径 56. 9mm，短径为 29mm。

4. 锯缘东方龟

拉丁名：*Heosemys spinosa*

英文名：spiny turtle

别　名：太阳龟、刺东方龟、多刺龟、蜘蛛巨龟或齿轮龟。

分　布：泰国、缅甸、马来西亚、印度尼西亚。

幼体背甲橘红色，背甲周围边缘布满刺状缘盾，俗称刺龟，又因其背甲周围的刺似太阳，又名太阳龟。成体背甲无缘无刺，背甲颜色随年龄增长变成棕黑色。

图 6－26　锯缘东方龟

生活习性及性情：锯缘东方龟不能长期生活在气温 15℃以下的环境中，在气温 20℃以下的环境中活动开始减弱，气温 25℃左右捕食、活动。杂食性，肉类、蚯蚓、蚂蚱等均可，菜叶也是很好的食物。性格温顺、胆小、较害羞。

雌雄鉴别：雄龟腹甲凹陷，雌龟腹甲平坦。

生殖习性：不详。

5. 锯缘龟

拉丁名：*Pyxidea mouhotii*

英文名：keeled box turtle

别　名：方龟、八角龟或锯缘箱龟。

分 布：国内主要分布在湖南、海南、广西、广东、云南等地；国外主要分布越南、印度。

图 6－27 锯缘龟

生活习性及性情：锯缘龟外壳呈橘黄色，背甲后部边缘为锯齿状，是濒危物种，具一定的观赏价值。喜暖怕寒，气温 25℃时能正常进食、活动，气温 19℃左右时活动减弱，随温度逐渐降低而进入冬眠，冬眠期间环境必须保持湿润。喜食腥味动物，尤喜食活物，如蝗虫、蚯蚓等。性格较鳄龟温顺，较乌龟凶恶。

雌雄鉴别：雌雄龟腹甲均平坦。雌龟眼睛黄棕色，尾部较短，背甲较宽，泄殖腔距背甲后部边缘较近；雄龟眼睛橘红色，尾较长，泄殖腔距背甲后部边缘较长。

生殖习性：不详。

四、陆栖龟类的鉴赏

1. 豹龟

拉丁名：*Geochelone*

英文名：leopard tortoise

别 名：豹纹龟。

分 布：原产非洲东部和南部，许多国家已人工繁殖成功。

豹龟是世界第四大陆龟，在非海岛型陆龟中却是第二大。豹龟生长速度较快，背甲长 70cm 左右。豹龟背甲颜色不同，分为白豹、黑豹。白豹龟背甲以淡黄色为主，有黑色不规则斑块，黑豹龟背甲以黑色为主，有白色或淡黄色不规则斑块。幼龟是其中一种最美丽的龟，每个鳞甲上都有绯黑色及绯红色的圆形斑纹，而在脊椎及肋骨的鳞甲上，有明亮的绯红色分布在鳞甲的中间偏后部位。豹龟经过幼年阶段后，绯红色逐渐褪去，绯黑色逐渐散开，成为越来越小的黑点。但由于豹龟体型较大，不适宜在家里饲养。

生活习性及性情：豹龟喜暖怕寒，喜干怕湿。气温 18℃时少动，气温 20℃左右时能少量摄食，气温 28～32℃最适宜，若长时间（10 天左右）生活于低温（气温 15℃左右）环境中易患病或死亡。食植物性饵料。人工饲养下食生菜叶、胡萝卜、桑叶、荠菜、芹菜叶等，也能食黄粉虫（不宜多食），最好的食物是各种草、一些树叶（桑树叶、槐树叶等）。性情温和，行动缓慢。

雌雄鉴别：雌龟尾较短，腹甲中央平坦；雄龟尾部较长，腹甲中央凹陷。

图 6-28　豹龟

生殖习性：每年 5～10 月为繁殖季节，每次产卵 5～30 枚，卵径 36～40mm，孵化期为 90～120 天。

2. 希腊陆龟

拉丁名：*Testudo graeca*

英文名：spur-thinghed tortoise

别　名：欧洲陆龟或刺股陆龟。

分　布：欧洲西南部、非洲北部。

图 6-29　希腊陆龟

生活习性及性情：生活于干燥、四季分明的地域。气温 22℃时能活动、摄食，气温 18℃左右活动量减少，并逐渐进入冬眠期。人工饲养时，冬眠期勿超过两个月。长期生活于气温 8℃左右环境中，有患病危险。草食性，以植物的花、果实和茎叶为主。性情较活跃，喜爬动。体型较小，适宜家庭饲养。

雌雄鉴别：雄龟腹甲凹陷，尾长且粗，雌龟腹甲平坦。

生殖习性：繁殖季节为 4～7 月，每次产卵 2～7 枚。卵长径 30～42.5mm，短径 24.5～35mm。

3. 印度星龟

拉丁名：*Geochelone elegans*

英文名：Indian star tortoise

别　名：印度斑陆龟。

分　布：印度、巴基斯坦、斯里兰卡。

图 6－30　印度星龟

生活习性及性情：印度星龟背甲具星状花纹，观赏性极强，深受养龟者喜爱。属亚热带龟类，喜暖怕寒，适宜于生活在略湿润的环境当中，适宜气温 25～30℃；气温 20℃以上能爬动，但会出现排稀粪、流鼻液症状。气温 18℃左右活动量减少。食植物如茎叶、瓜果菜叶。喜爬动，易接近人。

雌雄鉴别：雄龟腹甲凹陷，尾长；雌龟腹甲平坦，尾较短。

生殖习性：繁殖季节为 4～11 月，每次产卵 2～10 枚。卵长径 38～52mm，短径 27～39mm。

（王佳丽）

第三节　其他

一、兔的生物学特性及鉴赏

1. 兔的生物学特性

兔子分为两种，一种是我们常见的家兔，另一种是野兔。野生的穴兔，喜欢在地下挖洞居住，后经人们驯化饲养，变成了现在的家兔。

一般养的家兔的体毛为白色、褐色等。耳朵较长，能够灵活地向声源（声音方向）转动，听觉灵敏，而且由于布满毛细血管，竖立时可以散热，紧贴在脊背上时则可以保温。眼睛很大，位于头的两侧，有较大范围的视野，但眼睛间的距离太大，要靠左右移动面部才能看清物体。鼻孔的鼻翼能随呼吸节律开合，嗅觉也很灵敏。嘴的上唇正中裂开成两片，故有“崩嘴”或“豁嘴”之称。两个嘴角向左右生长着辐射状有触觉功能的触须。上颌具有两对前后重叠的门齿，没有犬齿。它的颈短但转动自如，躯干伸屈灵活。四肢强劲，腿肌发达而有力，前腿较短，具五趾，后腿较长，肌肉、筋腱发达强大，具四趾，脚下的毛多而蓬松，适于跳跃、奔跑，疾跑时矫健神速，有如离弦之箭。在奔跑时还能突然止步，急转弯或跑回头路以摆脱追击。它的尾短，仅有 5cm 左右，略呈圆形。

除此之外，兔还有其他一些特性：

图 6－31 白色家兔

（1）夜行性和嗜眠性：野兔身体弱小，御敌能力较差，白天伏于洞中，夜间四处活动和寻找食物，至今家兔仍保留这种习性。据测定，家兔晚上所采的日粮和水占全天的75%左右。家兔在某种条件下很容易进入困倦状态，在此期间痛觉减轻或消失，这种特性称做嗜眠性。

（2）胆小怕惊扰：兔是一种胆小动物，遇敌害时，借助其敏锐的听觉和弓曲的脊背能迅速逃走。在家养的情况下，突然来的声响、生人和陌生动物都会使家兔惊慌。所以白天应保持安静，否则会影响家兔生产。

（3）喜干燥清洁、厌潮湿污秽：这是所有兔的重要习性之一。干燥清洁的环境能保持家兔的健康，而潮湿污秽的环境往往是家兔生病的重要原因。

（4）群居性差：家兔无论公母，同性别的成年兔经常发生争斗和咬伤。

（5）啮齿行为：家兔有如鼠类的啮齿行为。兔大门牙是恒齿，不断生长，需要在采粗食的过程中消磨。

家兔经多年的驯养和品种选育，目前全世界已形成60多个品种，200多个品系。按其经济用途可分为4个类型：毛用兔、肉用兔、皮用兔和皮肉兼用兔。毛用兔代表品种为安哥拉兔；肉用兔的代表品种为新西兰兔、比利时兔、法国公羊兔、德国花巨兔、哈尔滨大白兔、喜马拉雅兔等；皮用兔代表品种有力克斯兔、银狐兔等；皮肉兼用兔代表品种有青紫蓝兔、日本大耳兔、中国本兔、丹麦兔等。

2. 兔的鉴赏

（1）法国安哥拉兔：因其毛细长，有点像安哥拉山羊而取名为安哥拉兔（图6－32）。安哥拉兔有四个品种：英国安哥拉、法国安哥拉、缎毛安哥拉和巨型安哥拉。就像其他品种的安哥拉兔一样，本种同样具有浓密的长毛，但比较不同的是法国安哥拉兔的毛质较硬且厚，且耳朵、眼睛及足部以下都没有长满毛。另外，本种的耳朵较短小，眼睛浑圆。体型较小，胸部略狭，骨骼较细，皮肤稍厚，成年兔体重为2.5～3.5kg，体长为40～44cm，胸围仅29～35cm。

回溯法国安哥拉兔的起源，我们会发现其类似于英国安哥拉兔。有人将土耳其产的安哥拉兔引进法国，经过当地的改良而成为法国安哥拉兔。法国安哥拉兔的个性温和，相当适合与人相处，和英国安哥拉兔一样，同是人气极旺的品种。

图 6－32 法国安哥拉兔

（2）荷兰侏儒兔：1880 年时，英国出现由道奇（Dutch）突变所生下的白毛红目小兔，后来将这个突变种引进德国与野兔交配，进而产下荷兰侏儒兔（图 6－33），并于 1985 年被引进美国。现已是美国兔子繁殖者协会所认定的兔种之一。

图 6－33 荷兰侏儒兔

荷兰侏儒兔是最小型的品种，一般成兔的标准是 1.1kg（赛级 0.9kg），相当迷你可爱。眼睛大、耳朵短小，表情生动活泼，深受兔迷们的喜爱。动作灵活可爱是本种的特征，有些侏儒兔喜欢与人亲近，有些则较喜怒无常，饲主应耐心与其培养感情。本种相当敏感，对于周遭环境及饲主的态度会产生反应，另外，在它们身上将可看到丰富多变的表情。

（3）荷兰垂耳兔：1949～1950 年间，荷兰人将法国垂耳兔与荷兰侏儒兔杂交，产下的个体之后再和英国垂耳兔杂交，经过多次改良，于 1964 年公开发表体重 2 kg 的个体。荷兰垂耳兔在欧洲地区广受欢迎，并于 1976 年引进美国（图 6－34）。

身圆骨重、多毛，体重大约 2～2.5kg，最恰当的体重大约是 1.4kg。它们性情天生温驯，体型超小，很适合做小朋友的宠物。荷兰垂耳兔怕潮湿，喜欢清洁，且讨厌污秽，胆小怕惊，喜欢安静，突然听到声响，就会出现“惊场”现象。

图 6－34　荷兰垂耳兔

（4）洁西伍莉兔：本种是在 1980 年时，由法国安哥拉兔与侏儒兔杂交所繁殖出的新品种，之后经不断地改良，才固定成目前洁西伍莉兔的模样（图 6－35）。本种在 1984 年被美国兔子繁殖者协会发表，1988 年得到认可，命名为“Jersey Wooly”。是最新被认可的品种之一。

图 6－35　洁西伍莉兔

性格温和，习性犹如贵妇人一样高雅，被饲主抱起或是梳理毛发时，不会出现抵抗行为，是非常容易饲养的兔子。成兔体重约 1.6kg（赛级 1.4kg），高度与宽度完全相同，肩宽比臀部宽度稍许狭小，自腰至臀的肌肉肥胖，呈圆形，沿着下颚边缘长有长毛，好似颚须，耳根至眼间的毛比脸部的毛还要长。一般毛的理想长度约 5～8cm 左右，本种兔的毛虽较其他兔种长，但具有不易纠结的特点，使得饲养管理很容易。

（5）道奇兔：据说本种源自于荷兰，属于相当古老的品种之一，1864 年，英国人开始进行有计划的育种。外形亮眼的道奇兔，相信看过的人一定会对它们的印象深刻，本种的特色在于四脚白、脸白（脸部呈倒 V 字型），由鼻子的周围和头部开始到前肢的部分呈白色，白色部分要相当整齐才称得上是高档的道奇兔（图 6－36）。远远看来道奇兔就像是帅气的小绅士，模样相当可爱。成兔一般约 1.6～2.5kg（赛级 2kg），属中型兔，耳朵稍长，体型浑圆。本种活动力十足、好奇心旺盛，个性温驯，喜欢与人亲近。

图 6－36　道奇兔

（6）荷达特兔：本种源自于法国，大约 1912 年被人发现，原称作为“Blanc de hotot”（White of hotot），意指“白色的荷达特”。回溯起荷达特的亲种，有数据显示本种是由巨型纹路兔（Checkered Glant）与其他兔杂交改良而来，在 1978 年被美国兔子繁殖者协会所认定。

成兔体重，雄兔 3.6～4.5kg，雌兔 4.1～4.5kg。躯体短小、肩部至臀部呈圆弧状，头大且耳短，理想的长度约 6cm，四肢短。除了荷达特兔，另外还有不到 1.2kg 的“侏儒荷达特”，与重达 8～11kg 的“巨型荷达特”。本种好奇心旺盛，容易和人相处，属个性相当可爱的品种。荷达特的特色是全身为纯白色，在眼睛部位带有黑眼线，黑白分明的眼线为荷达特的注册商标，就好像熊猫一般，使它们模样讨喜，十分逗趣（图 6－37）。

图 6－37　荷达特兔

二、蚂蚁的生物学特性及鉴赏

1. 蚂蚁的生物学特性

（1）个体的品级和分化：任何一种蚂蚁群体的内部都有三种品级：蚁后（雌蚁）、雄蚁和工蚁。每种品级又有不同的类型，如雌蚁可分为蚁后、准雌蚁；雄蚁可分为有翅和无翅的；工蚁可分为兵蚁、储藏蚁。每种蚁群内品级的个体数量及分化的类型程度受遗传和外界环境两方面的影响。

蚁后：蚁后由交配的雌蚁演化而来。由受精卵发育而成。细胞核内的染色体是成双的双倍体，生活能力很强。蚁后专司产卵，腹部膨大呈囊状，体躯比工蚁大10倍以上。多数蚁种的蚁群内出一只或几只蚁后外，还存在一些准雌蚁，这些雌蚁具有发达的生殖系统，但不产卵。当蚁后死亡或是产卵能力衰退时，这些雌蚁便开始产卵。蚁后一般可活10年。

雄蚁：雄蚁是由受精卵发育而成的。细胞核内染色体是不成双的单倍体。这种个体没有父代基因，生活能力较低。雄蚁分有翅雄蚁和无翅雄蚁，在交配季节，蚁后大量繁殖有翅雄蚁，有翅雄蚁专司与雌蚁交配。

工蚁：工蚁由交配后的雌蚁产下的受精卵发育而成。虽然也是双倍个体，但其生殖系统发育不完善，卵巢退化。工蚁专司各种活动，如捕食、筑巢、哺育幼虫、饲喂蚁后、保卫蚁群、蚁巢迁移等。有许多蚂蚁从工蚁中分化出贮藏蚁。贮藏蚁腹部变成囊状，贮藏甜汁，当外部食物不够时，贮藏蚁分泌甜汁供蚁群的个体食用。

（2）蚁巢及蚁群的温度调节：蚁巢是蚁群栖息的主要场所，也是繁育幼蚁、抵御外界不良环境和敌害的场所。常见的有土巢、悬巢及木巢。

蚁群把巢穴建在地下的土层中，即为土巢。小黄家蚁的土巢分为蚁后室、哺育幼虫室、废物堆积室，在地面有几个出口。地穴的保温性能好，能保护蚁群度过严寒的冬季。主要缺点是易被水淹没、出口容易被堵。地下筑巢可以任意扩大，深度也可达2m以上，把出口放在土堆上部，既防止水淹又防止出口被堵，是较完善的蚁巢。

悬巢是把巢筑树杈上，用树叶或者枯叶、草屑、土粒织成一个袋包。黄猄蚁的工蚁切割柑橘叶，带回筑巢地后，用大龄幼虫吐的丝将叶片黏织起来，一层包一层，中间为蚁后产卵室。鼎突多刺蚁用地面上的草屑、松针、土粒黏连成悬巢。悬巢不易保温，鼎突多刺蚁虽然分布在南亚热带地区，但在较冷的山区，冬季会将巢移到地面过冬。

木巢是北方林区的毛蚁属等种类，利用伐倒的腐木段所营之巢；或者分泌一些物质溶化其木质，形成多层蚁巢。木巢保温性能优于土巢，而且能防水，使蚁群顺利度过寒冷的冬季。

蚁群内的温度随外界气温变化而改变。隔阻条件好的蚁巢，巢内能保持与外界不同的温度差。但是由于蚂蚁自身不能发热，无法主动调节群内的温度。这种被动保温的效果有限，因而大部分蚂蚁种类都只能生存在热带、亚热带地区，而北温带地区几乎没有蚁种。温度的差异，使其由卵到成蚁的发育历期很不稳定，外界气温高发育历期短，气温低发育历期长。

（3）蚁群的信息系统：昆虫学家的研究证明，蚁群主要是通过化学信息素来调节行为的。其中最主要的化学信息素是蚁后及准雌蚁的上颚腺释放的“女王信息素”，又称“女王物质”。这种“女王物质”散发在蚁群内，能够抑制工蚁的卵巢及生殖系统发育，使工蚁专志于除产卵外的一切群内工作。其次是工蚁的上颚腺分泌物，这种分泌物起防卫、报警、召集作用，常与毒液一起从螯针泌出。

除了激素之外，工蚁的动作也可以传递信息，如用触角拍打对方，同时张合上颚将体躯指示一方，即告诉伙伴前方有食物一起去搬取。又如用触角拍打对方而使体躯前后急扭，即告诉伙伴附近有敌害一起去对付。如果较远距离有入侵者，或者进攻其他蚁群，即改用触角接触振动，体躯前后急扭，同时直肠腺放出气味，召集伙伴一起去战斗。

除了动作传递信息外，有的学者还发现工蚁及蚁后能发生一些频率的声波来传递信息。

（4）蚁客与蚁奴：在蚁巢内，常可见栖息着其他种类的昆虫。一般以甲虫类为主，如埋葬虫属、伪步虫属等，这些共同生活在蚁群内的昆虫被称为蚁客。共栖的蚁客，还常以蚁的卵、幼虫为食，蚁客还学习掌握蚁群内化学信息系统，作为蚁群一个成员长期存在。而群内的工蚁也可以从蚁客身体上享受到甜味分泌物。蚁客现象不单出现在蚁巢内，蚁群活动范围的巢外领地内也常与其他昆虫产生互利关系，如蚜虫分泌甜汁供工蚁食用而工蚁又保护蚜虫免受敌害。有些毛毛虫也是通过分泌甜汁来得到工蚁的保护。

蚁奴，即指一种蚂蚁奴役另一种蚂蚁为本群工作或谋取食物的现象。奴役者又称蚁工奴，被奴役者称蚁奴。如我国的卡氏圆颚切叶蚁、奴役铺道蚁利用铺道蚁去偷窃其他蚁群的食物，或者帮助主蚁攻打入侵者等。

许多种类的蚁群都培育着一些菌丝体的菌圃，这些菌圃供蚁群一些营养物质，而又利用蚁群内的粪便等用做菌生长的物质。

蚁群中的蚁客、蚁奴以及与其他种类生物的共生现象是昆虫世界中最有趣味、最奇特的生态现象，也反映蚂蚁和白蚁在进化过程中已有了很高的“智慧”。

2. 宠物蚂蚁鉴赏

猫、狗都是常见宠物，乌龟、四脚蛇也不是稀罕宠物，将蚂蚁作为自己的宠物，或许有人不理解。但蚂蚁确实已经成为一种新兴的宠物，受到大家的喜爱。

蚂蚁是一种神奇的动物，它拥有两个胃和三只眼睛，在地球上一共有 1 万多个种类，它们通过奇特的交流方式以及良好的协作能力，能搬动自己体重 20 倍的东西。

“Antworks”让蚂蚁成为一种新的宠物。在设计新颖制作精良的透明容器里，灌注了蓝色梦幻般的凝胶，它是一种从海草里提炼出的胶状物，可以让人不用怎么操心就可以饲养可爱的小宠物。海蓝色的凝胶提供了蚂蚁维持生命的水和营养物质。因此，人不必喂食，也不必为蚂蚁洗澡，更不用带着这些小可爱去宠物医院。

在工坊里的蚂蚁需要经过入住、适应环境、“推举”工坊头领、开工等阶段。你就可以清楚地观看蚂蚁在这种透明的胶体里挖掘“隧道”（图 6－38）。在蚂蚁挖掘隧道的日子里，你可以亲眼目睹那些许多人从未见到过的情形。蚂蚁工作、交流、休息、哺喂、争执等等都会给你带来意想不到的感受。尤其是工作着的蚂蚁，透过有放大效果的屏幕，蚂蚁的尖爪和身上的绒毛都能看得清清楚楚。

可以捕捉到的蚂蚁，都可以作为宠物饲养。它们来自世界各地，具有不同的个头、颜色和性格。价格也有很大的差异。对于一般人来说，饲养蚂蚁作为宠物，可以观察到一个

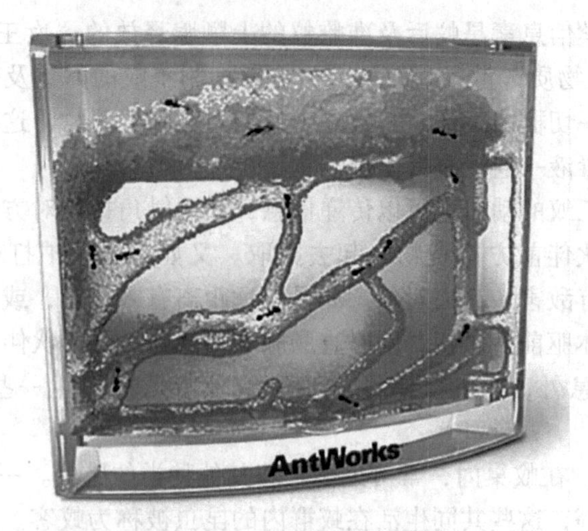

图6-38 蚁群挖掘“隧道”

安静的，远离噪杂的微型社会。

三、蛇的生物学特性及鉴赏

谚语有云“一朝被蛇咬，十年怕草绳”。相信以前提起蛇，大家都会避而远之，或者吃之而后快，不过世间事变幻莫测，现在蛇儿们备受青睐，以快速吞吐的灵敏度、缓缓扭动的妖娟身姿为魅力，成为现时大家可以提着行走于都市中的热销宠物之一。

1. 生物学特性

蛇是一种变温动物。它的体温常是随着四季气温的变化而变化的，体内的代谢率和活动也与体温变化息息相关。体温高时，代谢率高，活动频繁；体温低时，代谢率低，活动减弱。一般地说，从春末到初冬，是蛇类活动的黄金季节，特别是在骄阳似火的夏季和秋高气爽的金秋，蛇类活动最为活跃，经常到处流窜，昼夜寻找食物，俗话说“七横八吊九缠树”，就形象地说明了7、8、9这三个月是蛇类活动的高峰期。但是蛇类喜热也是有一定限度的，尤其是在炎热的酷暑，它们喜欢在树荫、草丛、溪边等阴凉场所生活栖息。从秋季到冬季，随着气温的逐渐下降，蛇体内的代谢随之降低，当它的生理活动减慢到一定水平后，就逐渐进入到“冬眠”期。一般的毒蛇从11月下旬就已经开始不吃不喝、不蜕皮，相继入洞冬眠了，这时它们往往是几十条甚至成百条，群集于高燥处的洞穴里或树洞里蛰伏过冬。待到翌年春暖花开，冰消雪融，才从蛰伏状态中苏醒过来，并重新开始一年新的生活。从入洞到冬眠期大约需要三个月时间，主要依赖于以脂肪形式贮藏在体内的营养物质进行缓慢的补充，来维持其最低限度的生活营养需要。

（1）感觉功能：蛇有和其他动物一样的感觉，像视觉、听觉和嗅觉，但其视力差、听觉迟钝，蛇视力很差，1m以外的物体很难看见。视觉不敏锐，尤其对于静止的物体更是视而不见，只能辨认距离很近的活动的物体。蛇没有外耳和中耳，只有耳柱骨，没有鼓膜、鼓室和耳咽管，所以，蛇不能接受空气传导来的声波。所以人在荒凉草地上劳动或行走时，用棍棒敲打地面或故意加重脚步行走，就能把蛇吓走，这就是“打草能惊蛇”的道理。蛇虽然有细长的舌头，且舌尖非常灵活。可是，蛇舌头上的皮肤组织中没有味蕾，故无味觉功能。

然而，蛇运用自己重要辅助器官——灵敏的嗅觉。它经常把舌头伸出口外，搜集空气中的各种化学物质气味颗粒，并粘附或溶解于湿润的舌面上，再把它运送入位于口腔上的洞穴中，这些洞穴就是雅各布森氏器官，这些器官直接通向大脑。尽管蛇的鼻孔也能嗅到气味，舌头和雅各布森氏器官增强了蛇感知气味的功能。

蟒蛇、蟒属蛇和坑蝰蛇这三种蛇类有一种其他的动物所没有的感觉器官，即热坑，出现在蛇的脸部。每个热坑都很大，并且都带有一个敏感的膜来探明热能。通过这些器官，即使是在伸手不见五指的黑夜，有热坑的蛇类也可以查明温血动物的位置，温血动物正是蛇类的主要食物。还能更进一步，通过比较由位于头部两侧的热坑收到的“信号”，蛇甚至能够正确判断它们与猎物之间的距离，因此能够准确地出击。

（2）捕食：蛇的食物种类极大地取决于它们个头的大小。它们全部都以其他的动物为生，但因为蛇类没有手臂帮助自己抓紧和分割食物，它们必须将食物整个生吞。为了适应这种局限，它们的腭在吞食时能够暂时脱节移位，而且它们的皮肤十分有弹性。

捕食的方法有几种。一些蛇类，特别是那些吃青蛙、鱼、虫和其他小动物的蛇，活吞它们的猎物，它们仅仅是咬住猎物，然后就开始吞咽。蟒蛇和蟒属蛇还有其他种类的蛇紧紧缠住猎物，用它们的身体将猎物缠住好几圈，并且紧紧缠住直到猎物不能呼吸死去为止。它们并不压碎猎物，而是使猎物窒息。四种蛇科的蛇有毒牙，它们可将毒物极大地注入猎物体内。可有效而迅速地杀死它们。

（3）防卫：蛇有许多天敌，它们有几种方法保护自己不被杀死或被吃掉。最有效的方法就是想办法不易被发现。许多蛇有很好的伪装，使它们与周围的环境融合在一起，沙地上的蛇可能是黄色或是棕色的。其他的蛇有非常大的条纹、斑点和线条，用以伪装迷惑天敌；或以身体变化成一些形态去模仿对象，遇到危险时，有些会把身体缩作球状，把头藏在里面。而有的带有非常醒目颜色的条纹，是用以警告或恐吓敌人的。当被敌人发现时，一般采取其他措施，有的会攻击敌人，尽管少数蛇有毒液，其中一些还会嘶嘶作响，并膨胀自己的身体以显得强大、凶猛可怕一些；有少数蛇种会使出装死的模样，会以肚朝向天，张开口部，吐出舌头，还会释放一些难闻的气味；响尾蛇用较奇特的方式即响尾以警告敌人它们是危险的。

（4）繁殖：蛇类是雌雄异体，体内受精，卵生或是卵胎生的动物。自出生后2～3年性成熟。蛇的雌雄在外表上区别不大，较容易区分的是，同种大小的蛇，一般雌蛇的头较小，尾部较短胖，雄蛇头部较大，尾部较尖细。当用两指紧捏住肛孔靠后端时，雌蛇较平凹，雄蛇会从肛孔中露出两根“半阴茎”来，即一对交接器。蛇类在春季或是秋季发情。大多数蛇靠生蛋繁殖。

2. 宠物蛇鉴赏

目前人们作为宠物饲养的蛇有很多种，下面就介绍几种比较具有观赏性，而且容易饲养的蛇类。

（1）红尾蚺

名称：红尾蚺、红尾蟒或巨蚺。

学名：*Boa constrictor ssp.*

原产地：墨西哥，中、南美洲。

体长：一般约2～3m，最大甚至超过5m。

红尾蚺是分布于墨西哥、中美洲及南美洲的代表性大型蛇种。其实，它居住在各种不同的环境中，包括热带密林及无树的草原等，所以应该视它为以地上生活为主的爬虫类，只是它也会爬到树上而已。红尾蚺性情温和，容易与人相处。幼体期间，可饲育在置放栖木的笼子内，长大后不再需要栖木，平时可饲喂小白鼠、小鸡等。

图6－39　红尾蚺蛇

(2) 粟米蛇

名称：粟米蛇或玉米锦蛇。

学名：*Elaphe guttata*

原产地：分布于美国东南部，墨西哥湾沿岸的干燥林地、沼泽、农田等地。

体长：成体有1.0～1.8m。

粟米蛇，被誉为最受欢迎的宠物蛇，颜色多变，性格温顺，而且食性单纯，成体身型适中，在驯养后可轻易拿上手把玩，所以粟米蛇确是很适合当作入门品种饲养，当然要家人接受才好。

图6－40　粟米蛇

(3) 翠青蛇

名称：翠青蛇或青蛇。

学名：*Cyclophiops major*

原产地：分布于我国广东、广西、江苏、安徽、浙江、江西、福建、海南、台湾、河南、湖北、湖南、甘肃、贵州、云南、四川等省（区）。

体长：成体有0.8～1.1m。

头呈椭圆形，略尖，体背鲜绿，腹面淡黄微呈绿色，尾细长。栖息于山区的树林，好躲于茂密之处和竹林，此蛇性温和，一般不咬人，以蚯蚓、蛙类及小昆虫为食。卵生，每次产卵5～12枚。

图6－41 翠青蛇

（4）翡翠树蟒

名称：翡翠树蟒。

学名：*Corallus caninus*

原产地：在新几内亚和周围岛屿，还有澳大利亚昆士兰德最北端。生活于雨林，完全树生。

体长：约1.5m，有时更长。

长相和亚洲产的绿树蟒（Green Tree Python）极近似，成体为翠绿色，但在一岁前为橘红色，头宽阔，尾长，主要为树栖性，必须以较高的饲养箱饲养，并且提供树枝供其攀爬。饲养箱底要放置一水盆，上部装设保温灯，以维持温度梯度和较高湿度。以鸟类和哺乳动物为食，包括蝙蝠。幼蛇还会吃蜥蜴和树蛙，卵生。

图6－42 翡翠树蟒

(5) 牛奶蛇

名称：牛奶蛇。

学名：*Lampropeltis triangulum*

原产地：北美洲，中美洲（美国、加拿大、墨西哥、厄瓜多尔）。栖息于农田，草原，树林和矿脉。

体长：成体有1.0～1.8m。

图6-43　牛奶蛇

(6) 血蟒

名称：血蟒。

学名：*Python curtus*

原产地：马来半岛，婆罗洲，苏门答腊。

体长：不超过2m。

每年约有6万只血蟒由苏门答腊出口，但大多数颜色较深暗，是制作皮件的原料，只有少数颜色较鲜艳的个体被选出当做宠物饲养。血蟒的体型较粗较短，对饲养的空间需求要比同样长度的细蛇类的大。血蟒以小型哺乳动物、鸟类、蜥蜴、蛙类为食。卵生，一次可产20枚卵。

图6-44　血蟒

四、鼠的生物学特性及鉴赏

1. 鼠的生物学特性

（1）生长繁殖：鼠的繁殖力很强。雌鼠怀孕期为21～25天。一般每年繁殖3～7胎，每胎平均生8只仔鼠。初生的幼鼠是盲的，到15天后才睁开眼睛，一个月左右便能出洞活动，经过三个月后性成熟，又能交配生育。成鼠在性兴奋期，大约每隔10天与异性追逐一次，因此，常年可妊娠，妊娠高峰一般为4～6月和9～10月。老鼠的寿命平均为二年六个月。

鼠的繁殖胎数和每胎产仔数也因鼠类的不同而有所差别。沟鼠、黑家鼠、屋顶鼠、小家鼠、田鼠、黑线姬鼠等，条件适宜时，一年四季均可繁殖。沟鼠在北方以4～5月和8～9月为两个繁殖高峰，在南方除冬季气温较低外，高峰不甚明显，它每胎产1～15只，一般6～8只，产后即可再次受孕，生殖力可保持一年半到两年。屋顶鼠繁殖力略逊沟鼠，但它因分布的自然条件好，每年实际繁殖次数可超过北方的沟鼠，它每胎产6～7只。小家鼠春秋季各有一次高峰，每胎2～13只，一般5～6只。而有的野鼠，如黄鼠、旱獭则多是一年繁殖一次。黄鼠一般每胎产5～8只，旱獭一般每胎产4～6只。

（2）鼠的栖息习性：黑家鼠、屋顶鼠一般栖息于建筑物的上层，如天花板、椽瓦间隙、夹墙和其他脆弱的墙壁缝隙等处。沟鼠一般多穴居于建筑物的基部、墙根、沟渠和下水道内。小家鼠的生命力和适应力很强，四处为家，常居于仓库、谷草和柴草堆、办公室抽屉、衣柜和住宅内零乱的杂物中。田鼠和黑线姬鼠则在田野山区掘穴栖息。

（3）鼠的活动习性：鼠日间隐匿在巢穴内，夜间外出活动。以沟鼠为例，一般在夜深人静后和黎明前为两次活动高峰。鼠类行动敏捷，善于攀登（小家鼠、屋顶鼠、黑家鼠），善于跳跃（其高度可达1m），有的还会游泳（沟鼠）。行动时常沿着一定的墙脚、墙根，并以身体接触着墙行走，久而久之，鼠经常经过的路线则形成鼠道。鼠类极喜迁移。缺乏食物或遇到捕杀、深耕细作等，都能迫使它们迁移。但鼠类的迁移有时可以回转，所以，捕鼠时不能因一时鼠的减少而松懈。沟鼠和小家鼠一年有4、5个月在屋外活动，并且家里、野外乱窜。鼠类的迁移，往往把鼠间流行的疾病，从一个地方传播到另一个地方，造成疾病的流行。

（4）鼠的机警性和记忆力：鼠性狡猾，谨慎行事，对一般新的东西几乎都持有狐疑态度。所以，灭鼠时必须事先虚放无毒的诱饵和不起作用的捕鼠器几天，使它习以为常，然后换以有毒的诱饵和起作用的捕鼠器，才能收到效果。鼠类有一定时间的记忆力。有的老鼠被捕鼠器捕打之后，其他的老鼠在它记忆的时间内，就会躲避捕鼠器而不轻易上钩。

（5）鼠的感觉器官：鼠的嗅觉器官很灵敏，只要食物、诱饵、鼠夹等沾有气味，它就不会上钩。鼠的触觉极发达，须、鼻及全身的毛都是触觉器官的一部分，有时触觉器官可辅助嗅觉的不足。鼠的味觉较迟钝，对辣和苦味能接受到某种程度。鼠的视觉不甚发达，毒饵如涂红色或绿色，它并不介意，也无选择能力。

（6）鼠的嗜食习性：鼠类因食物比较复杂，它的食物随处都有，不愁缺乏。如沟鼠比其他家鼠更喜欢吃肉类，其他如猪骨、杂粮、大便、肥皂等也能吃。屋顶鼠喜欢吃素食，主要吃稻谷、麦和杂粮。小家鼠是杂食动物，从粮食到肥皂，衣服都吃，特别喜欢吃小粒谷物、面粉、饼干、植物种子等。田鼠则以吸取幼苗浆汁及谷物为主，是农作物主要害兽之一。

(7) 鼠的啮咬习性：鼠是啮齿动物，它的门齿不断地增长，必须啮咬以磨耗。所以，它喜欢啮咬物件，钻孔作穴。它尤其喜欢啮咬有边缘或有角的地方，所以，墙与墙交界处，以及墙与平顶交界处，最好作成弧形。

(8) 鼠洞：由于鼠的啮咬习性而挖的洞称为虚洞。鼠经常出入的洞称为实洞。

实洞具有下列几个特征：洞口比较光滑，无蜘蛛网，洞口及附近有鼠类爬行的污迹和爪痕，洞口及其附近的跑道上常有新鲜鼠粪，洞内常有破布、碎纸、破棉絮、草屑、麦穗等铺洞底的东西和谷粒、食物残屑等。田鼠的洞穴较典型，洞口有网状跑道，宽约8～12cm。洞口数一般为2～5个，直径3～5cm，洞口有小土堆，土粒大小如黄豆。洞道较复杂有时总长可超过10m。一般地说，对鼠的骚扰越甚，鼠的虚洞也越多。鼠洞也能表明鼠的种类，如沟鼠的洞较大，而小家鼠的洞则较小。

2. 鼠的鉴赏

(1) 龙猫鼠

龙猫英文名称 *Chinchilla*，学名南美洲栗鼠。原产于南美洲安第斯高原地区，属于哺乳纲啮齿目豪猪亚目美洲栗鼠科。因其毛皮具有很高的经济价值，使其遭到大规模捕杀，野生龙猫于20世纪中叶绝迹。1922年，美国人 M. F. Chapman 将8公3母共11只龙猫带回美国加州，逐渐开始大规模人工养殖，现在我们看到的这些龙猫都是人工繁殖的。因其酷似宫崎俊创作的电影《TOTORO》中的卡通龙猫，后被香港人改名叫“龙猫”。

龙猫共有四种，目前我们所看到的龙猫都是 Brevicoudata、Costina、Lanigera 三种混配出来的，很难再找到一只纯种。

图6-45 龙猫鼠

成年雌性龙猫体形较大，一般体重为510～710g，雄性龙猫体重为425～570g。初生龙猫体重一般在45g左右，体长如一次性打火机。龙猫的前肢短小，有五个指头，不善于挖掘，但能拿握东西，因此，可以训练龙猫拿卡片、钢笔等动作。后肢十分强劲有力，善于跳跃，一般都能跳到半米左右的高度。

龙猫鼠是一种非常有个性的小动物。活泼好动，喜欢蹦蹦跳跳，好奇心非常强，笼子边有什么都会喜欢拖到笼子里研究一番。龙猫性情非常温和，不具任何主动攻击性，所以龙猫都是非常胆小的，但它一旦对你信任，会很乐意亲近人。龙猫是少数“有表情”的动物，喜怒哀乐都会表现出来。龙猫也是一种非常需要主人关注的小动物，它们会通过在笼子里制造噪音，或者故意在人伸手可及的地方蹦来蹦去，但人伸手去摸的时候又逃开的方法，来吸引人的注意。

(2) 松鼠

松鼠体形通常中等大小，是寒温带针叶林和混交林中的典型代表动物，四肢强健，趾有锐爪，爪端呈钩状，体重通常在350g左右，雌性个体比雄性个体稍重一些。松鼠体态修长而轻盈，体长为18～26cm，尾长而粗大，尾长为体长的2/3以上，但不及体长。

图6-46 松鼠

松鼠为典型树栖鼠种，栖息于山地针叶林和针叶——阔叶混交林中，以树枝、苔藓和羽毛等为构巢物，在树枝间筑巢。巢呈圆形，出口开于背风面，但也有栖居于树窟内，也有的以旧的大鸟巢加以修补而成。

松鼠以植物性食物为主，主要为落叶松等针叶林的种籽，夏季多取食各种浆果和蘑菇，也取食昆虫及其幼虫、蚁卵、鸟卵及其他动物，在食物缺少的情况下，亦吃树的幼芽。日间活动，清晨最活泼，不冬眠，但冬季活动减少，严冬寒冷之际，很少出窝活动。

松鼠其实不适合家庭饲养，但如果家里有庭院和树木的，倒不妨一试。

(3) 仓鼠

仓鼠除了样子可爱、安静、容易饲养之外，最大的特点就是它们懂得把食物藏在嘴的两边，然后再从自己的“食物仓库”中吐出来，非常有趣。仓鼠也因此得名（图6-47）。

图6-47 仓鼠

目前大家所饲养的仓鼠大多是属于多瓦夫类仓鼠和黄金鼠。黄金鼠（Syrian Hamster）原产于叙利亚、黎巴嫩、以色列，于1983年引入美国后才正式成为宠物。其他多瓦夫类仓鼠中还有坎培尔仓鼠（Dwarf Campbells Russian Hamster），也有叫一线鼠、倭仓鼠、侏儒坎波俄罗斯大颊鼠、坎培尔、坎波，原产于贝加尔湖东部、蒙古和中国黑龙江省、河北省、内蒙古；加卡利亚仓鼠（Dwarf Winter White Russian Hamster）也叫三线鼠、侏儒冬白俄罗斯大颊鼠、冬白、小灰霸、小银狐、银斑、小紫王，原产于哈萨克东部、西伯利亚西南部；罗伯罗夫斯基仓鼠（Roborovski Hamster），又叫罗伯罗夫斯基大颊鼠、老公公鼠，原产于俄罗斯、哈萨克、蒙古西南部等地。

仓鼠最常见的毛色以由脸颊到腹部为白色，背部为褐色的居多，但也有由深浅褐色形成的斑点，毛色多为灰色，而后培育出了金色、花斑色等，甚至是长毛的多样化品种。各种仓鼠长的都很像，只是体型和毛色稍微有一点区别，个性也差不多。其中，罗伯罗夫斯基鼠是多瓦夫类仓鼠中体型最小的，动作快而个性较胆小，成长期背上的毛色会由黑转成茶色。仓鼠是很可爱的宠物之一。

（4）天竺鼠

天竺鼠源自于南美洲，16世纪起，开始经由荷兰引进欧洲，又长得胖胖的像猪，因此称为 Guinea Pig，而中文称之为“荷兰猪”。猜测其最初可能是经由天竺（现今的印度）传进中国，因而称之为“天竺”鼠，也被称为豚鼠、海猪。已知的天竺鼠，短毛种有8种，分别是英国种、冠饰种、亮毛种、荷兰种、喜马拉雅种、阿比西尼亚种、英国卷毛种、杂毛种，长毛种有6种，分别是：银色种、喜乐蒂、冠状、海浪型、Alpaka、Merino。

图6-48　天竺鼠

天竺鼠耳朵大，略往前塌，耳上有很多毛细血管供散热用，听力良好。眼睛的视野良好，可以看的很清楚。鼻子嗅觉灵敏，干燥柔软。有20颗牙齿，嘴部前方上下各有两根长长的牙齿（前齿），长度约有1cm左右，主要用途为咬取/截断食物，亦为打架时的攻击性武器。嘴部后方靠近两颊处上下各有8颗臼齿，主要用途为咀嚼食物用，天竺鼠的牙齿终其一生都会持续成长，故须经常靠啃食纤维质高的食物来防止牙齿的过度生长，当其牙齿过长时，天竺鼠会因无法进食而饿死。天竺鼠的前脚构造与一般啮齿类不同，前脚有四趾，脚底无毛。无法灵活的拿取物品送入口中，也无法垂直攀爬。因草食且食量较多的缘故，肚子较大。后脚有三趾，脚底无毛，后脚的脚间距离较前脚宽。

成鼠身长25～30cm，宠物化后的天竺鼠，不同品种有不同的体型和体重。成鼠公鼠约重0.9～1.2kg，母鼠约0.7～0.9kg（公鼠体型较母鼠大）。平均寿命6～8年，性成熟期，公鼠60天，母鼠30天，公鼠几乎随时都在发情，母鼠约15～20天发情一次，每次发情1～2天。怀孕期，59～72天，平均产仔2～5只。幼鼠离乳期14～28天。

（5）土拨鼠

图 6－49　土拨鼠

土拨鼠，学名 *Marmota monax*，通常被叫做旱獭。土拨鼠平均体重为 4. 5kg，最大可成长至 6. 5kg，身长约为 56cm，可爱的尾巴约占身长的 1/4 左右。

土拨鼠主要分布于北美大草原及加拿大等地区。顾名思义，土拨鼠表示其善于挖掘地洞，通常洞穴都会有两个以上的入口，以策安全。多数都在白天活动，喜群居，善掘土，所挖地道深达数米，内有铺草的居室，非常舒适。它们不贮存食物，而是在夏天往体内贮存脂肪以便冬季在洞内冬眠。土拨鼠也具备游泳及攀爬的能力。

近年来，土拨鼠才以其憨厚的脸庞和可爱的模样重新受到世人的注目与青睐，并得以在国外宠物市场兴起一股饲养风潮。土拨鼠以素食为主，食物大多以蔬菜、苜蓿草、莴苣、苹果、豌豆、玉米及其他蔬果为主，一天最多可以吃上 5kg 的绿色蔬果。土拨鼠最迷人的地方，莫过于那条可爱的尾巴和短短胖胖的手脚了。它的嘴巴前排有一对长长的门牙，呆呆傻傻的模样相当地讨人喜欢。土拨鼠非常机警，不仅经常察看周围情况，还专门有负责放哨的，家庭饲养初期其胆子比较小，最好不要骚扰和惊吓它们。

（王佳丽）

复习思考题

1. 试述马的生理特点。
2. 举例说明水栖龟的种类。

第七章　宠物学概论实训

一、实训的目的与任务

根据宠物医疗专业的教学计划内容，结合本课程专业特点制定本宠物实训内容。其目的和任务是让学生在熟悉宠物学概论理论知识的基础上，掌握不同宠物（犬、猫、鸟、鱼）的品种识别、选择与鉴赏、年龄鉴定、日常保健等实践操作技能，重点是提高对犬和猫的品种识别和鉴赏能力。

二、实训内容和要求

（一）实训内容

1. 犬的品种识别

了解犬的品种分类的基本方法，掌握不同犬品种的突出体貌特征，能正确识别犬的品种并进行分类，进而掌握犬的生活习性等。

2. 犬的年龄鉴定

了解犬的齿式，掌握犬的年龄鉴定方法。

3. 犬的选择及鉴赏

了解犬的选择的基本内容和方法，掌握不同品种犬的鉴赏标准，提高对犬的鉴赏能力。

4. 犬的日常保健技术

掌握犬的洗浴、剪毛、梳理等日常护理和保健的基本方法，并能熟练操作。

5. 猫的品种识别

了解猫的品种分类的基本方法，掌握不同猫品种的突出体貌特征，能正确识别猫的品种并进行分类。

6. 猫的年龄鉴定

了解猫的齿式，掌握猫的年龄鉴定方法。

7. 猫的选择及鉴赏

了解猫的选择的基本内容和方法，掌握不同品种猫的鉴赏标准，提高对猫的鉴赏能力。

8. 猫的日常保健技术

掌握猫的洗浴、剪毛、梳理等日常护理和保健的基本方法，并能熟练操作。

9. 鸟种类的识别

了解鸟的品种分类的基本方法，掌握不同品种鸟的突出体貌特征，能正确识别鸟的品种并进行分类。

10. 鸽的个体选择

了解鸽的选择的基本内容和方法，掌握不同品种鸽的鉴赏标准，提高对鸽的鉴赏能力。

11. 笼鸟的日常保健技术

掌握笼养观赏鸟的日常护理和特殊护理要点，通过理论及实践学习，达到独立操作的目的。

12. 金鱼品种识别及体态变异特征

在掌握金鱼的基本分类方法的基础上，学生利用多媒体、录像带、幻灯片等，掌握不同金鱼品种的突出体貌特征，能正确识别金鱼的品种并进行分类。

13. 金鱼体躯各部位名称及测量

了解金鱼躯体各部位的名称，掌握各部位测量的基本方法。

14. 金鱼的选择与淘汰

了解不同种类金鱼的品种特征，根据金鱼的鳍形特征、色泽掌握优劣金鱼的鉴别技能。

15. 宠物用品

通过观看幻灯片及实物辨认，掌握宠物用品的种类，并能正确选择和使用宠物用品。

（二）实训的要求

1. 突出实践能力

在教学实训中要按实训项目内容进行，注意学生能力的培养和实训项目的实用性，切实把培养学生的实践能力放在突出位置。

2. 实现自主参与能力

在实训中按照学生形成实践能力的客观规律，让学生自主参与实训活动，注重多做并反复练习。

3. 培养兴趣、强化诊断思维

要注意学生的态度、兴趣、习惯、意志等非智力因素的培养，注重学生在实训过程中的主体地位，培养学生的观察能力、分析能力和实践动手能力。

4. 理论联系实际

教师在实训准备时要紧密结合生产实际的应用，对实训目标、实训用品、实训方法和组织过程进行认真设计和准备。

5. 实训结束必须进行实训技能考核

三、实训学时分配

根据宠物临床诊断的实训内容合理安排实训课时，实训学时分配见下表：

序号	实训内容	学时
1	犬的品种识别	2
2	犬的年龄鉴定	2
3	犬的选择及鉴赏	2
4	犬的日常保健技术	2
5	猫的品种识别	2
6	猫的年龄鉴定	2
7	猫的选择及鉴赏	2
8	猫的日常保健技术	2
9	鸟种类的识别	2
10	鸽的个体选择	2
11	笼鸟的日常保健技术	2
12	金鱼品种识别及体态变异特征	2
13	金鱼体躯各部位名称及测量	2
14	金鱼的选择与淘汰	2
15	宠物用品	2
	总　计	30

四、实训技能考核

根据实训的内容，结合本学院的实际情况，选其中任意一项的一个内容进行考核，未列入实训技能考核中的实训内容，在理论考试内容中予以考核。

（一）犬的品种识别

犬的品种识别实训技能考核见下表：

考核内容	评分标准		考核方法	熟练程度	时限
	分值	扣分依据			
犬的品种识别与分类	80	看10个不同犬的品种的图片或幻灯片，每识别错1个品种，扣5分，分类错1个扣3分	单人操作考核	熟练掌握	10min
完成时间	20	根据实际情况，每超时2min扣2分，直至20分			

（二）猫的品种识别

猫的品种识别实训技能考核见下表：

考核内容	评分标准		考核方法	熟练程度	时限
	分值	扣分依据			
猫的品种识别与分类	80	看图片或幻灯片识别10个猫品种，每错1个，扣5分，分类错1个扣3分	单人操作考核	熟练掌握	10min
完成时间	20	根据实际情况，每超时2min扣2分，直至20分			

（三）鸟的品种识别

鸟的品种识别实训技能考核见下表：

考核内容	评分标准		考核方法	熟练程度	时限
	分值	扣分依据			
鸟的品种识别与分类	80	看图片或幻灯片识别10个鸟品种，每错1个，扣5分，分类错1个扣3分	单人操作考核	熟练掌握	10min
完成时间	20	根据实际情况，每超时2min扣2分，直至20分			

（四）金鱼的品种识别

金鱼的品种识别实训技能考核见下表：

考核内容	评分标准		考核方法	熟练程度	时限
	分值	扣分依据			
金鱼的品种识别与分类	80	看图片或幻灯片识别10个金鱼品种，每错1个，扣5分，分类错1个扣3分	单人操作考核	熟练掌握	10min
完成时间	20	根据实际情况，每超时2min扣2分，直至20分			

（五）犬的年龄鉴定

犬的年龄鉴定实训技能考核见下表：

考核内容	评分标准		考核方法	熟练程度	时限
	分值	扣分依据			
犬的齿式	20	口述错误5～20分	单人操作考核	熟练掌握	10min
根据牙齿判断年龄	40	鉴定年龄与实际年龄相差1年以上扣10分			
根据被毛判断年龄	20	鉴定年龄与实际年龄相差2年以上扣10分			
完成时间	20	每超时2min扣2分，直至20分			

（六）犬的洗浴技术

犬的洗浴技术实训技能考核见下表：

考核内容	评分标准		考核方法	熟练程度	时限
	分值	扣分依据			
洗浴的准备	20	操作程序错误扣5～10分，操作方法有误扣5～10分	单人操作考核	熟练掌握	10min
调节水温	10	操作错误扣5～10分			
洗浴的方法	60	操作程序错误扣5～30分，操作方法有误扣5～30分			
完成时间	10	每超时2min扣2分，直至10分			

(七) 犬的被毛梳理技术

犬的被毛梳理实训技能考核见下表:

考核内容	评分标准		考核方法	熟练程度	时限
	分值	扣分依据			
梳理的程序	40	操作程序错误扣5～40分	单人操作考核	熟练掌握	10min
梳理的方法	40	操作方法有误扣5～40分			
完成时间	20	每超时2min扣2分，直至20分			

实训一　犬的品种识别

【实训目的】

在掌握犬的基本分类方法的基础上，学生利用多媒体、录像带、幻灯片等，掌握不同犬品种的突出体貌特征，能正确识别犬的品种并进行分类，进而掌握犬的生活习性等。

【实训内容】

1. 犬的品种分类
2. 犬的品种识别

【实训条件】

动　物：犬

器　材：犬的品种图片、挂图、幻灯片、模型等，幻灯机、投影仪等

【实训方法】

一、犬的品种分类

(一) 自然分类法

自然分类法是指根据繁殖目的、用途，把犬分为捕鸟猎犬、嗅犬、视犬、牧羊犬、警犬、斗犬、雪橇犬和玩赏犬的一种分类方法。

(二) 赛犬分类法

该分类法以传统的分类法为基础，将犬分为工作犬、狩猎犬、枪猎犬、㹴犬、玩赏犬和家庭犬6类。

1. 工作犬

是指从事涉猎以外各种劳动作业，比如负担护卫、导盲、畜牧、侦破等工作的犬。它们一般体型高大，比其他犬机敏、聪明，具有惊人的判断力和独立排除困难的能力。如著名的有德国牧羊犬、苏格兰牧羊犬、澳洲牧羊犬、大丹犬及马士提夫犬等。

2. 狩猎犬

是指用于狩猎作业的犬，又称为“猎犬”。这类犬体型大小不等，但都机警，视觉、

嗅觉敏锐。它们不但能发现猎物的踪迹，并能衔回被击中的猎物，而且具温和、稳健的气质。主要品种有：比格犬、阿富汗猩、挪威猎鹿犬等。

3. 枪猎犬

是指用于猎鸟的犬，多数从狩猎犬演变而来。一般体型较小，性格机警、温顺、友善。它们能从隐藏处逐出鸟供猎人射击，有的更能通过头、身躯和尾巴的连线指示鸟的位置，并具有衔回被击落的猎物的能力。主要品种有波音达犬、金毛猎犬等。

4. 㹴犬

来源于不列颠群岛，专用于驱逐小型的野兽。㹴犬善于挖掘地穴，猎取栖息于土中或洞穴中的野兽，多用于捕獾、狐、水獭、兔、鼠等。㹴犬感觉敏锐、胆大、机敏，行动迅速而富有耐性。㹴犬多属于小型犬，比较著名的有约克夏㹴、亚雷特㹴、西藏㹴、波士顿㹴等。

5. 玩赏犬

是指专门作家庭宠物的小型室内犬，它们在室内玩耍自如，出门可以抱着走。它们体型娇小，容姿优美，逗人喜爱，举止优雅，被毛华美，极具魅力，可增加人们生活的情趣。比较著名的犬种有北京犬、蝴蝶犬、吉娃娃犬、玩具贵宾犬、博美犬等。

6. 家庭犬

是指适于家庭饲养的一类犬。它们对主人忠心耿耿，热情而又任劳任怨地为主人效命，尽管它们不承担狩猎，拉拽等繁重工作，但也能给人们增添许多生活的乐趣。它们活泼好动，待人亲切，适于独居者与老年人饲养，也被儿童和少年所喜爱。主要品种有贵妇犬、狐狸犬、西施犬、斑点犬、松狮犬、拳师犬、纽芬兰犬、大丹犬等。

（三）体型分类法

按体型大小进行分类，世界犬类可以分为：超小型犬、小型犬、中型犬、大型犬、超大型犬 5 类。

1. 超小型犬

是体形最小的一种犬。是指从生长到成年时体重不超过 4kg，体高不足 25cm 的犬类。体型小巧玲珑，格外受人宠爱，是玩赏犬中的珍品。主要品种有：吉娃娃犬、拉萨狮子狗、法国玩具贵宾犬、波美拉尼亚犬等。

2. 小型犬

是指成年时体重不超过 10kg，身高在 40cm 以下的犬类。主要品种有：北京狮子犬、西施犬、哈叭狗、冠毛犬、西藏狮子犬、腊肠犬、小曼彻斯特犬、猎狐犬、威尔斯柯基犬、可卡犬、博美犬、格备犬等。

3. 中型犬

是指犬成年时体重在 11～30kg，身高在 41～60cm 的犬种。这种狗天性活泼，有着像羊般卷曲的体毛，活动范围较广，勇猛善斗，通常作狩猎之用。主要品种有：沙皮犬、松狮犬、昆明犬、潮汕犬、斗牛犬、甲斐犬、伯瑞犬、比利牛斯牧羊犬、威玛拉娜犬、猎血犬、波音达犬等。

4. 大型犬

是指犬成年时体重在 30～40kg，身高在 60～70cm 的犬。大型犬体格魁梧，不易驯服，气大勇猛。常被用作军犬和警犬。它们与人类有深厚的友谊，忠于主人。大型犬的饲养要求非常高，尤其是军警犬。由于选种严格，淘汰率高，价格不菲，一般在专用的部门养殖，难以在普通家庭中推广。主要品种有：日本秋田犬、英国猎血犬、拳师犬、老式英国牧羊犬、德国洛威犬、杜伯曼警犬、巨型史猱查猩、阿拉斯加雪橇犬、大麦町犬等。

5. 超大型犬

是指成年时，体重在41kg以上，身高在71cm以上的犬种。多用来工作或在军中服役。主要品种有：藏獒、大丹犬、大白熊犬、圣伯纳犬、纽芬兰犬等。

（四）用途分类法

按用途分类可将犬分为食犬、狩犬、猎犬三种。

二、犬的品种识别

（一）观看犬的品种幻灯片和图片

通过观看多媒体课件并讲解的方法，使学生能识别不同品种犬的外貌特征，并了解其生活习性。先由指导教师播放多媒体课件、录像带等，结合讲授有关内容后进行归纳。再由师生共同反复辨认各个品种，总结出每个品种的突出外貌特征。最后重放幻灯片及图片，由学生独立描述不同品种犬的的头部、颈部、背线、身躯、前肢、后肢、毛质与毛色和尾形等外形特征，在识别犬的品种基础上，掌握不同品种犬的生活习性和生理特点。

（二）组织学生实地观察

安排学生到实地考察，观察不同品种犬的外貌特征，对不同品种的犬的外貌进行识别。

实表1　犬的品种识别

观察部位	突出特征
体型	
头部	
眼	
口鼻	
耳	
颈部	
前躯	
后躯	
前肢	
后肢	
尾	
被毛	
其他	
鉴定品种	
生活习性	
性格特征	
品种分类	

（三）注意事项

1. 首先应熟悉该品种应具有的外貌特征，头脑中有一个清楚的认识。

2. 展示犬品种的图片要丰富、清晰，实地识别时人距离犬应有适当的距离，以便于充分观察犬的整体外貌。

3. 注意不同品种之间体形外貌的对照与区别。

（田培育　张升华）

思考题

1. 根据对片子的观察与辨认，按实表 1 的格式写出实验报告。

2. 在对某一品种犬进行分类时，如何理解不同分类方法之间的关系？

实训二　犬的年龄鉴定

【实训目的】

通过学生对犬齿式的了解，熟练掌握犬的年龄鉴定方法，能根据犬齿的变化和磨损程度准确鉴定犬的年龄。

【实训内容】

1. 犬的齿式认识

2. 犬的年龄鉴定

【实训条件】

动　物：犬

器　材：犬齿标本、棍套保定器

【实训方法】

一、犬的齿式认识

一般情况下，成年犬的齿式为：门齿上下各 6 枚，犬齿上下各 2 枚，前臼齿上下各 8 枚，臼齿上颌为 4 枚，下颌为 6 枚，总计 42 枚。幼年犬的齿式为：门齿上下各 6 枚，犬齿上下各 2 枚，前臼齿上下各 6 枚，总计 28 枚，缺 1 枚前臼齿和臼齿。

二、犬的年龄鉴定

（一）根据牙齿判断

犬的年龄可以从犬齿的数量、力量大小、新旧、光亮程度等方面来判断，这种方法较为可靠。犬的犬齿全部为短冠形，上颌第一、二门齿冠为三峰形，中部是大尖峰，两侧有小尖峰，其余门齿各有大小两个尖峰。犬的前臼齿为三峰形，臼齿为多峰形。犬的年龄通常可以根据牙齿更替、生长情况、磨损程度等来判定，犬牙齿的磨损程度虽然与犬的年龄成正比，但与食物的质量也有关，经常吃软食的比常啃骨头的犬牙齿磨损少；食物中缺钙或磷钙比例不当时，会影响犬的骨骼代谢，加重牙齿的磨损程度。

实表 2　判断犬的年龄大小粗略依据以下标准

犬年龄	牙齿特点
20 天左右	牙齿逐渐参差不齐地长出来
30～40 天	乳门齿长齐
2 个月	乳齿全部长齐，尖细而呈嫩白色
2～4 个月	更换第一乳门齿
5～6 个月	更换第二、第三乳门齿及全部乳犬齿
8 个月以上	牙齿全部换上恒齿
1 岁	恒齿长齐，光洁、牢固，门齿上部有尖突
1.5 岁	下颌第一门齿尖峰磨灭
2.5 岁	下颌第二门齿尖峰磨灭
3.5 岁	上颌第一门齿尖峰磨灭
4.5 岁	上颌第二门齿尖峰磨灭
5 岁	下颌第三门齿尖峰轻微磨损，下颌第一、第二门齿磨损面呈矩形
6 岁	下颌第三门齿尖峰磨灭，犬齿钝圆
7 岁	下颌第一门齿磨损至齿根部，磨损面呈纵椭圆形
8 岁	下颌第一门齿磨损向前方倾斜
10 岁	下颌第二及上颌第一门齿磨损面呈纵椭圆形
16 岁	门齿脱落，犬齿不全
20 岁	犬齿脱落

（二）根据被毛和胡须判断

犬从仔犬生长到成年犬会不断地换毛，且毛的质度和颜色都在变化，仔犬腹部无毛而裸露皮肤，一般要在 4 月龄时才会长出毛；6 个月的幼犬开始换毛；1～5 岁的青年犬被毛光滑、富有光泽；6～7 岁的犬，嘴周围开始出现白毛；10 岁以上的老龄犬被毛无光泽、粗糙，毛色浅（退色），在其头部、背部开始长出白毛。仔犬时不长胡须，随着年龄的增长胡须逐渐长出和增多。幼犬毛细而密，而年轻犬正好相反，被毛光滑、富有光泽、行动灵活、充满活力、眼睛有神、毛色黑亮。老龄犬毛无光泽、粗糙、行动迟缓、稳定、眼睛无光、灵活性差、毛色浅（退色）、下颌有白毛。不过，外貌鉴定不能确定犬的确切年龄。

（三）根据耳朵判断

犬的耳朵也随年龄增长而变化，仔犬的耳朵不灵活，一般到 4 月龄后才会活动自如，前后也会活动；立耳犬耳朵开始也是垂下的，到 2～5 月龄时才会竖起，但与其营养状况有关，营养好的耳朵竖起早。

（田培育　张升华）

复习思考题

1. 如何根据外貌和牙齿的生长情况、磨损程度等情况来判定犬的年龄。并将鉴定年龄与实际年龄作对比，分析误差原因。

2. 写出在犬年龄鉴定时的体会。

实训三　犬的选择及鉴赏

【实训目的】

了解犬的体形选择方法，在掌握犬的品种标准的基础上，提高对犬的鉴赏水平。

【实训内容】

1. 犬的选择

2. 犬的鉴赏

【实训条件】

动　物：犬

器　材：不同犬的品种图片、挂图、幻灯片、模型幻灯机、投影仪等。电子秤、卷尺、测杖、体尺测定统计表等

【实训方法】

一、犬的选择

（一）犬的形体选择

犬体一般分为头部、颈部、躯干、四肢和尾部五个部分。头部由口、鼻、眼、耳组成，各种名犬的口鼻大小、长短不一。北京犬口鼻短小，各种猎犬则口鼻长。眼睛一直是各种动物神灵之气所在之处，北京犬眼大，稍向外突，而西施犬眼睛与身体比例最优美。耳朵也是观赏犬的重要部位，一般人喜爱北京犬心形耳的外观。德国牧羊犬耳朵呈精美的立体三角形，法国斗牛犬耳朵似蝙蝠样。犬的颈部较长，能自由转动，如美国可卡犬的颈部有充分的长度，使鼻子能轻松地伸到地面，肌肉发达，没有下垂的“赘肉”。犬的躯体由背、胸、腹、腰部构成，除一部分犬种外，大部分犬的腰都是直的。犬的四肢由前肢和后肢构成，前肢由肩胛、上腕、前腕、腕前部、足、爪各部分构成。后肢由大腿、小腿、跗节前部、足、爪等构成，除部分犬外其余的犬前肢的前腕是直的。关节不健全或膝关节异常的犬为不合格犬（如“X”形腿、“O”形腿等）。犬的前爪为5趾，拇趾凸起，位置在四肢上方。后爪已退化为4趾，为趾行性动物；尾常卷在身体的后上方，有丛毛，在快速奔跑时，下垂至体后，有助于身体平衡。各种犬的毛色各异，有黑色、白色、红色、黄色、褐色、灰色和青色等一色犬，也有杂色、斑点、条块等杂色犬，其色对称或不对称地分布。各种犬的体型、体重更是相差悬殊。从体重来看，圣伯纳犬体重约100kg，为重量级冠军；吉娃娃犬体重则不超过1kg。从体高来看，最矮者如“袖犬”只有十几厘米，而大丹犬身高可达1m。按身体比例来看，威皮特赛犬腿长，而腊肠犬则腿短。

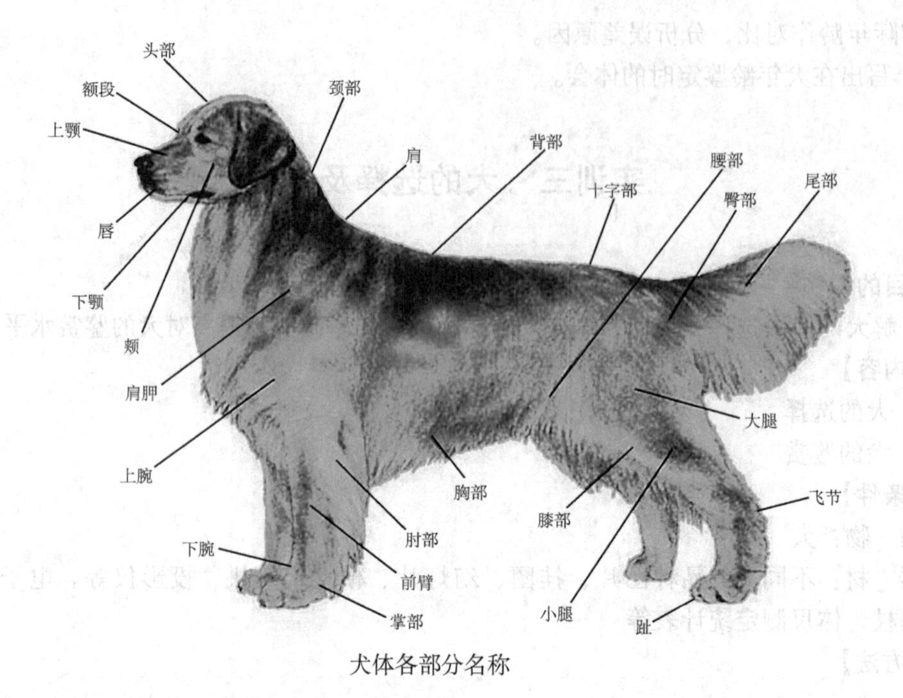

犬体各部分名称

（二）犬的性格检查

1. 判定犬兴奋过程强度的方法

比较简便的方法是观察犬对威胁性音调口令的反应，兴奋过程强的犬不会被口令所抑制，而兴奋过程弱的犬则表现为极度的抑制，甚至停止活动。也可以在犬进食时突然发出较大的声响观察犬的反应，兴奋过程强的犬，对此无反应或抬头看看又继续吃食。有的犬在听到声音后可能会暂时离开食盆，然后又走回去继续吃食，并不再对同样的声音有反应，这样的犬兴奋过程也比较强。兴奋过程弱的犬能被这种声音刺激所抑制而不再进食。也有的人用记步器测定，方法是将饥饿的犬拴起来，测试者在距犬 7～8m 的地方手拿食物逗引犬，犬会不停地运动，每走一步记录一次，2min 后，检查记步器上记录的运动次数，运动次数在 100 次以上的均可认为是兴奋过程强的犬。

2. 判断犬抑制过程强度的方法

让犬做一些限制其活动的动作或做某种单一动作，比如让犬坐着不动。抑制过程强的犬，能够很快而且比较准确地完成，而抑制过程弱的犬，完成得就比较慢。

3. 判断犬神经过程灵活性的方法

实际上与我们平时所说的反应速度是相一致的。常是连续应用两个作用相反的口令，如“不许动”和“过来”，观察犬从一种状态转变为另一种状态的速度。灵活性好的犬反应快，能迅速从一种状态转变为另一种状态。而灵活性差的犬则反应迟钝，不能立即按另一口令做出动作。使役犬应选用兴奋和抑制过程都强，而且灵活性好的犬。

（三）胆量的检测鉴定

观察犬的胆量要使用能引起惊恐的手段，如突然发出的声响，能发出声音的玩具等。

胆大的犬，最初可能一惊，但并不躲避，而是采用一种警觉的姿势注视着发出声响的地方或器械，而胆小的犬可能逃跑甚至东躲西藏。不过有时同一只犬对于不同的刺激或由于所处状态的不同而有所差异。因此，检查时要分别在不同的场合进行数次，才能下结论。

（四）依恋性的检测鉴定

犬对主人的依恋是一种天性，但依恋性的强弱，就是同一窝犬也有所不同。观察依恋性的强弱程度，要看其在主人出现时的表现。依恋性强的犬，见到主人后，总是迅速地跑上前去，在主人的身前身后盘绕跳跃，表现出特殊的亲昵。而依恋性差的犬则反应淡漠，甚至不予理睬，只顾玩耍。要选择依恋性强的犬，这样的犬能与主人迅速建立起友谊，表现出极端忠诚，无论在平时还是在工作时，都能很好地服从主人命令和善解人意。

二、犬的鉴赏

（一）犬的一般鉴定指标

1. 整体外貌

符合品种特征。

2. 体重及体尺

体重因品种不同而有不同程度的差异，高于或低于标准体重的犬均不理想。犬的整体品质比体重更为重要，骨骼应较发达，四肢的长度与整个身体协调。主要检测的体尺指标有：身高、胸深、前肢、后肢及头部的高度等。通过测量体尺指标可以对不同年龄、不同地点以及不同种类的犬进行比较，用以研究幼犬生长发育规律、鉴定犬种和犬展时评分。在日常饲养管理中，经常测量犬体尺指标，可以帮助我们发现饲养管理中的问题，也是进行犬育种研究的基础工作之一。

（1）体重：指早晨空腹时身体的重量。它对小型犬的估价极为重要。用台秤或电子秤，单位为千克（kg）。

（2）体高：鬐甲最高点到地面的垂直距离，鬐甲是肩与颈的连接处，是第一胸椎背侧最高点。用专用测杖量取，单位为厘米（cm）（图7-1）。

（3）荐高：荐部最高点到地面的垂直距离，用专用测杖量取，单位为厘米（cm）。

（4）体长：指肩端到坐骨端的直线距离。用专用测杖量取，单位为厘米（cm）（图7-2）。

（5）胸围：沿肩胛骨后缘垂直量取的胸部周径。用卷尺量取，单位为厘米（cm）。

（6）胸深：由鬐甲到胸部底沿的垂直距离。用专用测杖量取，单位为厘米（cm）（图7-3）。

（7）管围：犬左前肢管部最细处的水平周径。用卷尺量取，单位为厘米（cm）。

（8）头长：由枕骨至鼻镜间的距离。用卷尺量取，单位为厘米（cm）。

（9）耳号：3月龄以后，在犬右耳内侧纹上的终身记号，用专用耳钳打上。

（10）芯片：2月龄以后，在犬的颈部皮下埋植的电子标签（芯片）。

（11）前肢比例：前肢高度/身高 ×100%。

（12）后肢比例：后肢高度/身高 ×100%。

（13）头部比例：头部长度/身高 ×100%。

图 7－1

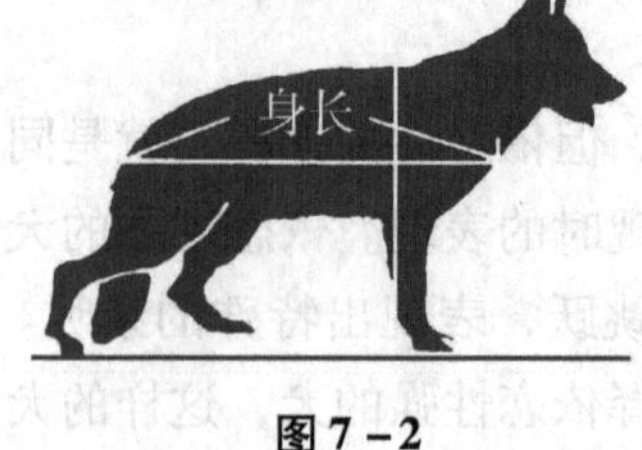

图 7－2

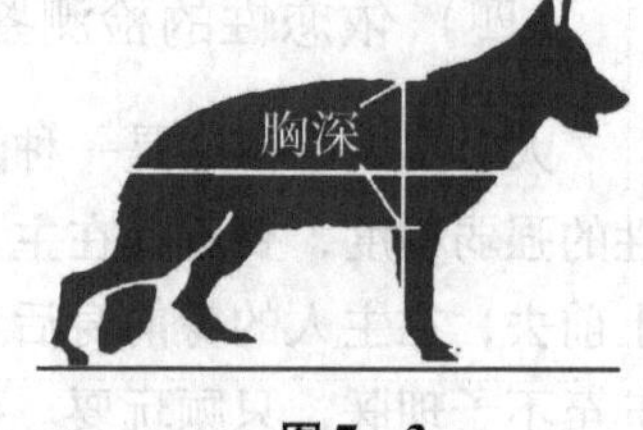

图 7－3

3. 鉴赏部位

（1）头部：犬头部大小与身体比例协调，耳朵大小适中，呈三角形或垂耳形，颅骨中等大小，与身体比例恰当，头部笨拙或过于沉重，头部的轮廓过于明显均为缺陷。鼻镜为品种的特异性颜色，牙齿咬合程度良好，上额或下额过长均不好。

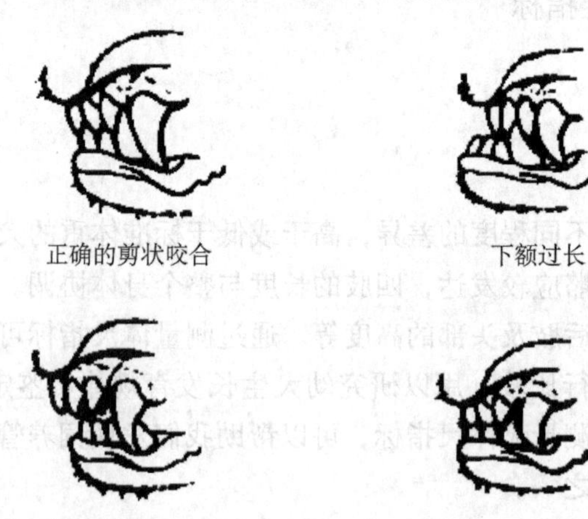

（2）前躯：站立时从前方看，前腿之间的距离适中，平行，笔直，前肢和肩部肌肉较为丰满；从侧面看前肢与后肢比例协调，无不良弯曲，骨骼结实有力，趾部靠拢有弹性。

缺陷：因八字脚而脚趾无力，因脚爪太大而笨拙；因脚爪太小而纤细；脚趾内翻或外翻。

（3）后躯：站立时从后面看，两条后腿的距离适中、两腿平行。大腿的上半部分肌肉应较为有力，膝关节充分弯曲，踝关节轮廓明显，距离地面位置适中。

缺陷：膝关节笔直，后躯不太窄或者太宽。

（4）步态：优良的犬步态应流畅、自由、平衡、充满活力，有充分的步幅。前躯伸展性好，后肢有力。为了保持平衡，同侧的前后肢沿一条直线前进，当速度增加时，四肢的落地点趋向身体的中心线，无论从任何角度看，腿既不内转也不外翻，足不互相牵绊，也不交叉，行走时背线保持水平，体态平衡。

（二）国内外犬的鉴赏评审角度

1. 中国畜牧业协会犬业分会（CNKC）评审的角度

体型：每一个犬种，在犬种标准书内，对其外型都有严格的规定，工作犬能担负起工作，玩具犬就以体态优美为佳。

稳健：即健全性。无论器官的功能或精神方面，均有严格的规定。

气质：即是质的充实感。

比例：除了身体各部分的协调外，还需要考虑到性格和行动方面的平均。

体能：体能状况良好。

2. 美国 AKC 评审角度

整体外观：匀称性、气质、被毛。

头部：脑袋和额段、口吻、眼睛、耳朵和表情。

身体：颈部和后背，胸部、肋骨和胸骨，腰部，臀部和尾巴。

前躯：肩部、前肢和足爪。

后躯：臀部、大腿和膝关节、飞节和足爪。

步态：步态从容，流畅、轻松。

在上述几个部分中，评审标准不但规定出每个部位的理想状态，还明确规定了常见缺陷和失格条件。标准中满分为 100 分，但是根据不同的犬种，上述 6 项标准每个部分所占的分数不同，在打分制度上，采用扣分制。

3. 北京犬 AKC 标准

（1）品种简介：北京犬是一种平衡良好，结构紧凑的狗，前躯重而后躯轻。有个性，表现欲强，其形象酷似狮子。

（2）体型大小：身材矮胖，肌肉发达，体重不得超过 14 磅，体长略大于肩高，整体平衡极其重要。

（3）头部：头顶高，骨骼粗大、宽阔且平（不能是拱形的）。面颊骨骼宽阔，宽而低的下颚和宽宽的下巴组成了其正确的面部结构。从正面观察，头部宽大于深，头面部呈矩形形状。从侧面看，北京犬的脸必须是平的，下巴、鼻镜和额部处于同一平面。当头部处于正常位置时，这一平面应该是垂直的，但实际上是从下巴到额头略向后倾斜。鼻子呈黑色，较宽，而且从侧面看非常短。鼻孔张开，鼻子上端正好处于两眼间连线的中间位置。眼睛非常大、非常黑、圆、有光泽而且分得很开。眼圈颜色黑，而且当狗向前直视时，看不见眼白。皱纹非常有效地区分了脸的上半部分和下半部分。外观是从皮肤皱褶开始到面颊有毛发覆盖，中间经过一个倒“V”形延伸到另一侧面颊。皱纹既不过分突出以至挤满整个脸，也不会太大以至于遮住鼻子和眼睛而影响视线，看起来鼻梁和鼻子的皱纹完全被毛发遮蔽。口吻非常短且宽，配合了高而宽的颧骨。皮肤是黑色的。胡须添加了东方式的面貌。下颚略向前突。嘴唇平，而且当嘴巴闭合时，看不见牙齿和舌头。过度发达的下巴和不够发达的下巴一样不受欢迎。耳朵为心形耳，位于头部两侧。正确的耳朵位置加上非常浓密的毛发造成了头部更宽的假象。任何颜色的狗的鼻镜、嘴唇、眼圈都是黑色的。

（4）颈部、背线、身躯：颈部非常短、粗，与肩结合。身体呈梨形，且紧凑；前躯重，肋骨扩张良好，挂在前腿中间；胸宽，胸骨突出很小或没有突出；细而轻的腰部，十分特殊；背线平；尾根位置高，翻卷在后背中间；长、丰厚且直的饰毛垂在一边；前躯表现为前肢短、粗，且骨骼粗壮；肘部到脚腕之间的骨骼略弯；肩的角度良好，平贴于躯干；肘部总是贴近身体，前足爪大、平而且略向外翻；后躯表现为骨骼比前躯轻，后膝和飞节角度柔和，从后面观察，后腿适当的靠近、平行，脚尖向前。

（5）被毛：被毛长、直，竖立，而且有丰厚柔软的底毛盖满身体，脖子和肩部周围有显著的鬃毛，比身体其他部分的被毛稍短。长而丰厚的被毛比较理想，但不能影响身体的轮廓外观，也不能忽略正确的被毛结构。在耳朵、前腿和大腿后边，脚趾、尾巴上有长长的饰毛。脚趾上的饰毛要留着，但不能影响行动。

（6）颜色：允许所有的颜色，所有颜色一视同仁。

（7）步态：步态从容高贵，肩部后略显扭动。由于弯曲的前肢、宽而重的前躯，轻、直和平行的后肢，所以会以细腰为支点扭动。扭动的步态流畅、轻松而且可能像弹跳、欢蹦乱跳一样自由。

（8）气质：综合了帝王的威严、自尊、自信、顽固而易怒的天性，但对获得其尊重的人则显得可爱、友善而充满感情。

（9）缺陷：达德利鼻、灰色或肝色鼻子；浅褐色、黄色或蓝色眼睛；牙齿或舌头外露，上颚突出式咬合；歪嘴；耳位过高，过低或靠后；脊柱弯曲；前腿骨骼直。

上述特点是北京犬的完美典型。缺陷根据其程度进行评判。

（10）记分标准

表情：5 分

鼻子：5 分

耳部：5 分

口吻：5 分

腿和足：15 分

尾巴：5 分

头颅：10 分

眼睛：5 分

耳朵：5 分

身体形状：20 分

被毛，饰毛和健康情况：10 分

步态：10 分

总计：100 分

（11）失格：体重超过 14 磅。

（三）犬的鉴赏方法

1. 学生应熟练掌握你要鉴赏的犬的品种特征及品种标准，建议学生在掌握该书中部分理论知识的同时，独立收集犬的 AKC 标准，并结合图片反复学习和训练，掌握鉴赏的标准，提高鉴赏水平。

2. 犬的鉴赏实训过程中不能完全依赖于图片或幻灯片，要对真实的犬只进行鉴赏。学生可以分成小组共同商讨制定被鉴赏犬的鉴赏标准和记分标准，然后每个同学再分别进行鉴赏打分。

实表3 犬的鉴赏

个体名称	品种	性别	年龄	选用的标准名称

鉴赏部位	标准要求	本犬的描述	标准分值分配	实际打分
体型				
头部				
颈部、背线、身躯				
前躯				
后躯				
被毛				
颜色				
步态				
气质				
缺陷				
失格				
合计				

三、宠物犬的参赛技巧

（一）参赛指导手应注意的问题

1. 指导手的赛场礼仪

指导手在接受评审的个体审查时，不可以对评审讲话，但是要行注目礼。除此之外，要始终保持正面面对评审。当评审要求调换位置时，要从其他人的后面向前走，并且要跟其他人的犬保持距离，以示尊重。当评审要求全体人员共同跑环形路线时，处于第一位的人应该与最后一位做示意性的沟通，当确定最后一位已经准备好时，才开始起步。等待审查时要跟前面的犬保持一定距离，距离远近应根据场地和犬的大小而有所变化，但原则上，无论体形大小的犬，至少要保持两倍于犬只身长的距离。比赛成绩得出时，应该主动向获胜者表示祝贺，向评审表示感谢。无论任何时候，都要保证自己的犬不要接触到别人的犬，并且要尽量确保自己的犬不要影响到其他犬的状态，这是比赛中特别要注意的。

2. 指导手的着装礼仪

如果参赛者要带纯黑色的犬上场，就千万不要穿深颜色的服装。否则会影响评审的视觉效果，让人感觉犬的线条和轮廓已经被同样的颜色所模糊。例如，长度适中的上衣可以展现跑动中的风采，但不要因为飘动的下摆而影响犬的注意力；肥瘦合适的裤子可以让参赛者行动自如，又不会显得臃肿懒散。最重要的一点是在服装的右侧一定要有一个较深的口袋，这个口袋可以放置一些必备的物品，例如吸引犬的引诱物，整理长毛犬的排梳等等。但是要保证在跑动的过程中这些东西不会掉出来。有一点往往被很多人忽视，就是指导手即使是穿正装，但也要包装自己，展现个性魅力。例如在样式、颜色、细节上可以融入时尚细节，让观众和评审对参赛者过目不忘，这样就能让更多的人对指导手和指导手所带的犬只留下深刻印象。指导手的服装虽然没有具体的规定，但为了体现犬秀的正式，男士应穿西装、系领带；女士应穿简洁得体的服装，不能妨碍行动，如长发应把头发系起，以防止头发遮挡犬。服装不能与犬同色。鞋子要防滑，为了行动方便，也可以穿旅游鞋，女士不应该穿高跟鞋、超短裙。上场前指导手不要随身携带手机、钥匙等多余物品。

3. 牵犬绳的使用

比赛中应采用正规的犬链，长毛犬不要用金属的脖链，以防夹到毛，影响犬的优秀表现。

4. 犬链的使用方法

将犬链的扣松开，套在犬头上，将犬链从耳后至下颚处套牢，松开手的同时，拿着犬链的手要向正上方牵引。抓住犬嘴不放，不要使犬的鼻子朝上，这样犬链便可控制住犬的下颚。继续将犬链向上牵引，最后固定在喉部，再将犬链稍微放松一些，留出空间。

5. 犬绳的使用方法

训练大型犬时，犬绳的一端要套在大拇指上；用小指和无名指夹住犬绳，反复用手折叠，直至折叠到合适的长度；用食指拉住折叠的犬绳；五指收拢握住犬绳。

6. 持绳方法

比赛时，除特殊路线外，基本上是左手持绳，犬一直在指导手的左侧，手心向下，手腕转动，手部和肘部不能碰到身体。手的第一关节向上，手的虎口部向身体侧斜，同时将犬绳引出。握绳的手轻轻用力，移动手腕，将攥在手心里的绳轻轻放出，长度根据犬的情况自己决定。这时左肩比右肩稍高，两个肩膀保持均匀的力度。将上身转向犬，持犬绳的手向后移，不能伸到身体前方。上身向左转，手在身体的一侧，前腕的长度显示出与犬的距离。

（二）参赛的技巧

1. 准备

要想参赛成功，必须要显得有信心，熟悉比赛所要求的姿态与动作。犬的出场“亮相”在比赛评分上跟优良的身体结构一样重要，“亮相”是需要经过良好的管理训练，参赛者若无信心，可请专业人士协助。参赛犬在赛场全程都由指导手陪伴，适当的亮相始于指导手，犬会很快感染到人的情绪（镇静或恐惧），一个忧郁的指导手会很快将其情绪传染到犬，两者的共同表现将会使表演黯然无光彩。

2. 上场

参加犬赛的犬只都排着队，出场时前后犬要保持一定距离，自己的犬要与队列保持一致。赛场上可用玩具及零食吸引犬的注意力，但要注意，不要使用影响到其他比赛犬的玩具。开始审查后，评审在距离犬 2～3m 的地方观察。先看侧面，然后看正面，按头部、前肢、犬身、后肢的顺序进行。审查个体时，小型犬会放在美容台上展示，大型犬放在地上。检查牙齿时有时裁判会示意指导手检查，也有裁判亲自检查的。无论哪种情况，犬都不能产生任何攻击行为，这需要平时对犬的训练。犬赛中犬的步态审查路线一般采用直线、三角、圆圈三处形式的审查路线。直线，是从原位出发直行，至终点后做 180°旋转后返回原出发点。注意，返回时，返回至裁判面前1m处停止，并把姿势摆好。三角形，是从出发点直行，在第一个弯处90°左转，第二个弯处转锐角，沿三角形的底边向裁判折返。圆形，是所有的犬绕场一周展示，方向为逆时针。行走时注意与前面人的距离，不能靠得太近，如果犬的速度太快，可以等前一个出发后迟几分钟后再出发。

3. 步伐

犬在赛场的重要表演项目之一是如何走动。评判员期望看到每只犬都能以轻快活泼的步伐行走。指导手的任务在于给予犬足够的空间与自由，以便正确的走动，并要避免阻碍到犬。指导手要选择合适的行走路线，评判者会指示方向，带领者应该事先就熟悉好场地与路线。许多犬都不会喜欢在其他犬踩过的泥地上行走。指导手要注意行走路线是否平坦，有无坑洞，有无隆起点。

4. Trot（小跑）的技巧

请有经验的人在旁观察定出参赛犬只小跑速度、步调、项链长度等，有经验的指导手在赛场上举止自然，参赛犬看起来像自由自在的依照参赛规定表演。指导手与参赛犬要动作和谐一致。指导手要很机警的去配合犬的步伐。让犬来配合指导手的步伐是不适宜的，如此会使狗显得拘谨。带领大型犬者，要手脚敏捷，犬才能跑出正确的步伐。当跟着其他犬（及带领者）绕场时，应与前面犬保持适当距离，以免影响正常演出。有时评判员会要求犬正面对着他跑过来或跑开。做这项动作时，最好跑慢一点，要跑出“正确”的步伐。犬要跑直线，项链拉得太紧会影响步伐，并会使犬斜跑，后躯歪向外侧。训练时要做顺时针与逆时针方向跑的练习。

5. 站姿

训练站姿时可在落地镜前进行，参赛者可看得比较清楚。当参赛者被要求将犬呈现“站姿”时，选一处平坦的无杂草与废物的地方，好的带领者会以最少纷扰完成“站姿”动作。先将手置于犬的胸部下方将犬抬起，呈现前躯，再将手移到颈部，抬起并呈现犬的头部，用另一只手调整犬的后肢及尾巴，要表现得像在安抚而不是在校正动作，犬的背部若下凹，可轻轻触击犬的最后肋骨，使腹肌紧绷，背部就会平直。不要自下腹部将犬抬起，此举会使犬暂时呈现弓背状。不要将后腿向后过度伸展，以免使前腿弯曲及背部凹下。

6. 决出胜负

裁判评审出结果后，胜利者可表示出喜悦，但不要影响其他犬，未取得胜利的指导手，向获胜者祝贺，向裁判表示感谢。

（三）参赛的注意事项

参赛时犬的外型很重要，很多技巧须亲身经历，逐渐累积经验，例如在表现“站姿”时，可选一处稍微隆起的地面，犬的前脚站在上面使前躯抬高。参赛犬不准做外科手术美容，包括剪耳、整修尾巴韧带，以硅胶添充隐睾的阴囊等等。有些育种者会在幼犬时，在耳朵内面使用腊、硅胶等支撑耳朵，使耳朵能竖直，这也是不合法的，医疗性外科手术是被允许的，包括眼睫毛内翻整形手术等。评审员可依据下列规则取消犬的参赛权：一是，毛发上有太多的粉。二是，毛发上使用发胶。三是，牙齿曾经人工整修过。四是，毛发曾染色或漂白。

（田培育　张升华）

思考题

1. 按照实表3的格式完成实习报告。
2. 写出在犬的品种鉴赏过程中有哪些值得注意的问题?

实训四　犬的日常保健技术

【实训目的】

掌握犬洗浴、被毛吹干、梳理等基本护理保健方法和注意事项，并能熟练进行操作。

【实训内容】

1. 犬的洗浴
2. 犬的被毛吹干
3. 犬的被毛梳理
4. 犬的指甲护理

【实训条件】

动　物：犬

器　材：稀释后的沐浴剂、润丝剂、刷子、棉花耳塞、海绵、平板毛刷、吹风机、梳子、指甲剪、锉刀和止血粉

【实训方法】

一、犬的洗浴

（一）洗浴的方法

犬皮脂腺的分泌物有一种难闻的气味，而且还会沾上污秽物使被毛缠结，发出阵阵臭味。如果不给犬洗澡，就容易招致病原微生物和寄生虫的侵袭，犬自己用舌舔被毛是犬自我清洁的一种本能，但这对犬的清洁还远远不够，必须进行洗澡。洗澡的程序、方法如下：

1. 洗浴前的准备

洗澡前应预先做好准备工作，可以先用梳子将犬的体毛梳理开，再粗略地把灰尘和脱落的毛等脏东西清除一遍。洗澡时动作应当利索。首先准备好热水，温度应在36～38℃。浴盆或浴缸的水量应达5～10cm深，浴缸里还可以放一块防滑垫，便于犬站稳。

2. 洗澡

将犬置于盆中，从颈部开始至背部、腰部、四肢依次打湿，轻轻用水冲洗。在打湿头部时应使水尽量贴在犬的头部，使声音减小，防止犬因水声而感觉害怕。如果是垂耳犬，可以直接由上方沐浴。若是立耳犬，则把耳朵压下来，再从上方沐浴，且防止水进入鼻孔中。

3. 清理肛门腺

每个犬在直肠口两侧的皮肤下都有一双肛门腺，约在5～7点之间的位置（图7－4），每条腺或每个囊由一个小管道通向肛门部分。只要将拇指放在肛门口的一侧，食指放在另一侧，就很容易从外表认出梨状液囊所在的位置。通常来说肛门部腺体能分泌的是一种水样浅棕色液体，并在解便时注入直肠，但此液体并没有完全排出，液囊被堵并在里面堆积了一些有恶臭的团块。由于疼痛，犬会疾跑或者追逐尾巴或不断的舔、咬尾根部。最后会产生脓肿。按照下面的步骤清理腺体：首先，让犬站在稳固的桌面上，必要的话让助手帮助保定，握住尾巴。其次，一定要用吸水毛巾或者干净的纸巾盖住肛门，因为清理时堆积物会突然喷出。将拇指放在肛门一侧，食指在另外一侧，轻轻挤压直到堆积物喷出。如果腺体已经被堵塞一段时间，分泌物会像牙膏一样挤出，而不是喷出。

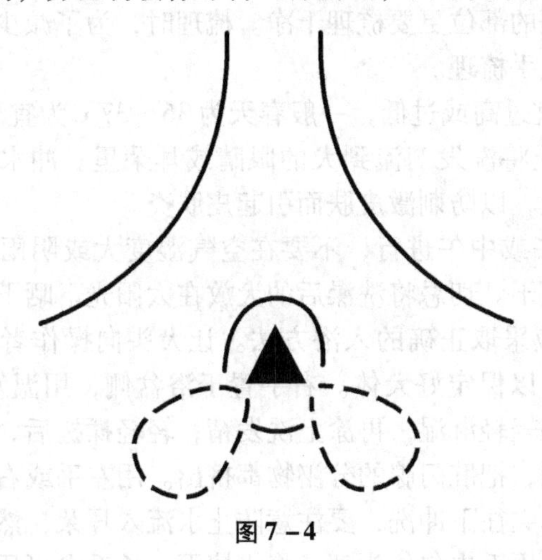

图7－4

4. 涂抹沐浴剂

用海绵刷洗：用充分沾着沐浴剂的毛刷、海绵或者棉花等清洗犬毛。首先，从颈部到肩膀、胸部、背部、腰部依次清洗。如果是长毛犬，用毛刷等梳整被毛较好。如果是公犬，则腹部是较脏部位，但是由于腹部的皮肤非常柔软，切忌不要过度擦洗。可将海绵对折，轻轻揉搓，即能去除污垢，尾巴应重点清洗；其次是洗四肢，从脚跟到脚尖、脚底都要清洗，由于部位较为细致，应剥开脚垫清洗，并注意动作轻柔；最后是清洗头部，用海绵由头顶往后头部轻轻刷洗，擦洗耳朵内侧时，要将海绵稍稍拧干，然后再进行细致擦洗，避免水分进入耳中，其他眼角、眉头等易脏部位均要用海绵或者指腹轻轻拍打，或者如摩擦般除去污垢。如果沐浴剂流入眼中，要立即用大量水冲洗，然后滴入眼药水。清洗好后迅速冲洗一遍，对较脏部位可再用沐浴剂清洗一次，然后用清水彻底冲洗，否则，残留在皮肤和被毛上的沐浴剂会损伤被毛，同时会引发皮肤炎。

5. 润丝

洗完澡后，尽快除去水分，然后进行润丝，与使用沐浴剂的顺序相同，利用指尖或毛刷，从皮肤到毛尖为止，都要充分浸泡润丝剂，停留适当时间，再用水冲洗掉。依照犬的被毛长度和状态不同，而浸润时间不同。如果是短毛犬，为30s至1min；若是长毛犬或者被毛受损时，润丝3～5min再冲洗掉。

6. 擦拭

洗澡完毕后，要用毛巾擦拭掉被毛上多余的水分。首先应用毛巾包裹住犬的全部身体，由上往下，有如按压式的擦干。如果是长毛犬，绝对不可以逆向摩擦，头部和脸部也用相同的方法擦拭。然后更换2～3次毛巾，反复擦拭；如果是短毛犬，则可以采用顺毛和逆毛擦拭两种方法交替进行。对于不易干的部位，如胡须、腹下、腋下、后足内侧、脚尖等则要仔细检查。取下耳中的棉塞，由耳的外侧至内侧擦拭，直至全部擦干为止。

（二）洗澡时应注意的事项

1. 洗澡前一定要先梳理被毛，这样既可使缠结在一起的毛梳开，防止被毛缠结更加严重；也可把大块的污垢除去，便于洗净。尤其是口腔周围、耳后、腋下、股内侧、趾尖等处，犬最不愿让人梳理的部位更要梳理干净。梳理时，为了减少和避免犬的疼痛感，可一手握住毛根部，另一只手梳理。

2. 洗澡水的温度不宜过高或过低，一般春天为36～37℃为宜。

3. 洗澡时一定要防止将洗发剂流到犬的眼睛或耳朵里。冲水时要彻底，不要使肥皂沫或洗发剂滞留在犬身上，以防刺激皮肤而引起皮肤炎。

4. 给犬洗澡应在上午或中午进行，不要在空气湿度大或阴雨天时洗澡。洗后应立即用吹风机吹干或用毛巾擦干。切忌将洗澡后的犬放在太阳光下晒干。

5. 不愿洗澡的犬，应采取正确的入浴方法。让犬头向操作者的左侧站立，左手挡住犬头部下方到胸前部位，以保定好犬体。右手置于浴盆侧，用温水按臂部、背部、腹部、后肢、肩部、前肢的顺序轻轻淋湿，再涂上洗发精，轻轻揉搓后，用梳子很快梳洗，在冲洗前用手指按压肛门两侧，把肛门腺的分泌物都挤出。用左手或右手从下颚部向上将两耳遮住，用清水轻轻地从鼻尖往下冲洗，要注意防止水流入耳朵，然后由前往后将躯体各部用清水冲洗干净，并立即用毛巾包住头部，将水擦干。长毛犬可用吹风机吹干，在吹风的同时，要不断地梳毛，只要犬身未干，就应一直梳到毛干为止。

二、吹干被毛

如果被毛不能完全吹干，则会导致湿热或者引起皮肤病，也容易结毛球，并在较冷的天气导致犬患感冒。

（一）吹干被毛的方法

首先，吹风机吹送温风，去除水分，若干燥了60%～70%时，同时用针刷或平毛刷等把每一根毛吹干，应小部分逐渐进行，部分干燥后，再转移至其他部位，全身各部位均不得忽视。吹干犬脸部附近的被毛时，必须把风调低一些，从左后方吹，不得使风吹进耳朵。用电吹风把犬的体毛吹干后，要用热毛巾把头部、面部、耳朵等抹一遍。对于长毛种的犬来说，只用毛巾擦干后拿电吹风简单吹一遍是不够的，必须再用手指或毛梳将毛翻开再仔细吹一遍，才能确保弄干。

（二）被毛吹干的注意事项

吹风时应不时用手试一试热气，确认不太烫后再吹。而且不能连续吹一个部位。如果热风直接喷在犬眼部的话，就有损伤角膜的危险，对此应特别注意。短毛狗把毛吹干就行了，但长毛狗应趁体毛未干透时再梳理一遍，这样可以把毛弄得更平整。

三、梳理被毛

犬在春、秋两季各有1次换毛，在室内饲养的犬，则因室内温度变化小，一年四季都在不断地脱毛和长毛，这些脱落的被毛不仅影响犬的美观，而且掉下来的毛会污染环境。给犬梳理被毛，及时将脱落的毛除去，既可将毛上的污垢、灰尘和寄生虫一同清除，又可在梳理被毛时促进皮肤的血液循环，解除疲劳，增进食欲，还能避免犬在舔毛或吃食时将脱落的被毛吃进消化道内，这些不能消化的被毛有时在胃肠内结成毛球，甚至在毛球上还逐渐沉积盐类物质使其变硬，成为胃肠“结石”。梳毛、刷毛是每天一定要为犬做的事情，经常梳刷，不但可以去除旧毛、污垢，促进皮肤的血液循环，还会使皮毛通风有光泽。长毛犬选用硬的针梳，短毛犬用软的针梳。

（一）被毛梳理的方法

梳理的顺序可先从背部容易梳的地方开始，顺着梳刷，然后从头部开始，一部分一部分的慢慢梳理，顺逆交替一次。对毛结，可用粗扁梳抓紧毛结的根部，免得拉伤皮肤，轻轻的梳，碰到毛结太多、太密、像地毯一样厚时，可先用易梳精喷后，再进行梳理。还是梳理不通时，把毛剪掉，免得太用力而伤及皮肤。玩赏犬和长毛犬应坚持每天至少梳理1次毛，一般犬每周梳理1次。梳理的方法是按着被毛排列和生长方向，由头至尾，从上到下进行梳理。即先从颈部到肩部，然后依次是背、胸、腰、腹、后躯，再梳头部，最后是四肢和尾部。

（二）被毛梳理的注意事项

1. 应顺毛梳和逆毛梳结合进行，以顺毛梳为主。

2. 用木竹梳或金属梳子梳完后，再用棕毛刷子顺毛将全身刷一遍，以除去残留的被毛和灰尘，使被毛表面变得光亮、蓬松和美观。

3. 被毛缠结后，切忌不要用力梳毛，以免引起疼痛和揪下未脱落的被毛，可先用手将毛慢慢地理开，再用梳子轻轻地梳理。如果已经发生粘结时，用手难以理开，则应用剪刀顺毛干的方向将粘结的毛剪开，然后再理顺，若仍然不奏效时，就应将粘结部分剪掉，新毛会很快又长出来。

4. 凡是犬不能自己舔挠的部位和污染最严重的部位应重点梳理。

5. 在梳理时还应注意皮肤有无外伤、结节或寄生虫等，发现后及时处理。当第1次给犬梳理时，犬可能不会很好地配合，这就要注意动作应轻缓，边梳理边安抚，犬逐步就会习惯了。

四、清理耳朵

清理耳朵也是一个重要的环节，耳道如果太脏会导致细菌的滋生传染。犬的耳朵分为三部分组成：一是外耳，包括耳廓和外耳道；二是中耳，包括鼓膜、鼓室和听觉管（这与鼻喉相连）；三是内耳，由听觉和平衡器组成。耳道有外耳的可见部，并不是笔直的，而是在深处向右弯曲（图7－5）。检查每一侧的耳朵和外耳道，皮肤应该是浅浅的粉红色，如果是红色、棕色或者黑色说明有问题，有病犬的耳朵有恶臭味，有少许耳垢是正常的，洗耳时一定要做好保定，并且要在光线充足的地方完成这项工作。

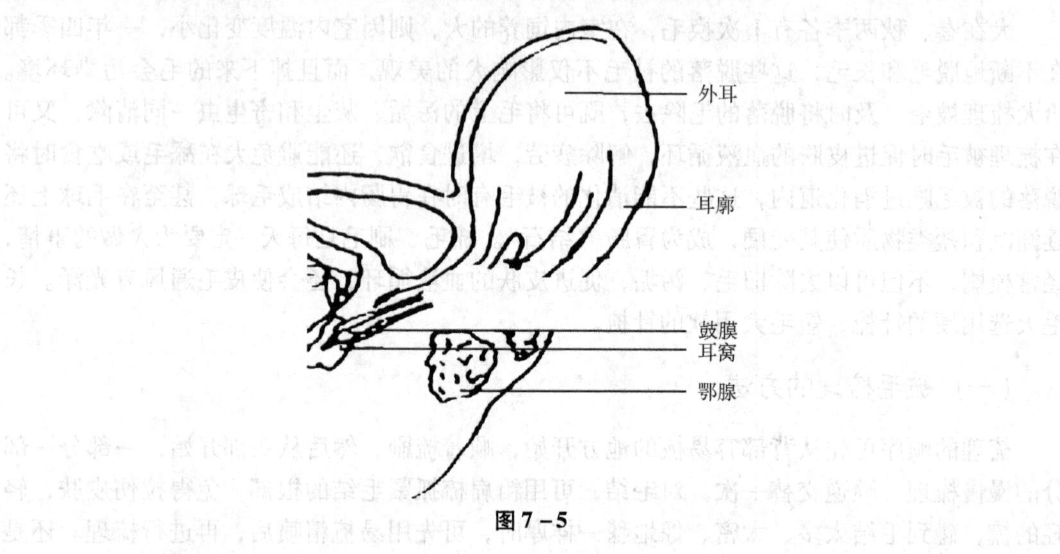

图7－5

（一）洗耳的方法

对于一些比较轻微的耳垢，可选用专用的清耳液与洗澡同时进行，方法是外耳道有长毛的要先拔除干净，然后将清耳液灌入外耳道内，将清耳液灌入后在外部搓揉最少40s，然后让它自己甩头，犬天生就有这种功能，可以将外耳道的水甩出来。甩完以后可以用温水或是生理食盐水再多次的灌洗外耳，每次搓揉约十几秒即可。

（二）洗耳的注意事项

1. 清耳液及生理盐水在使用前最好是先放在热水中，使水温提高一点，不可以用冷水或是热水。

2. 有外耳炎的时候，如果耳垢难以去除，可在清洗外耳之后，灌入含有抗生素的灌洗液。

3. 犬如过度紧张或是对用棉花棒挖耳朵产生恐惧感的，在洗耳前要进行麻醉。

五、修剪指甲

犬指甲的生长情况与养犬的地方、散步的路线有关，室外犬的指甲易被磨损，而室内犬的指甲磨损较少。一般犬指甲需要1个月修剪1次。如果定期修剪，指甲会保持短而干净；如果被忽视，当指甲过长时会造成对腿、脚的严重伤害，甚至会因为走路或跑动时的疼痛而形成跛足。指甲过长还容易卡在缝隙里或者被夹掉。

（一）修剪指甲的方法

修剪指甲最好用犬专用的指甲刀，需要注意的是千万不要剪得太短，以免伤到血管，给犬带来痛苦，让犬形成剪指甲恐怖症的话，下一次就很难再让人修剪了。如果是黑色的指甲，当特别小心。修剪指甲是照料犬时特别重要但又经常被忽视的一点，大多数犬都不喜欢修指甲或者脚被握着，所以最好在幼年时就使其形成修剪指甲和检查脚部的习惯。示意图 7－6 的意思是：黑色部分是指甲内的血管，修剪的时候需要注意观察，如果剪到这些敏感部分会导致犬趾出血和疼痛，所以修剪时不要超过图 7－6 中所示虚线。

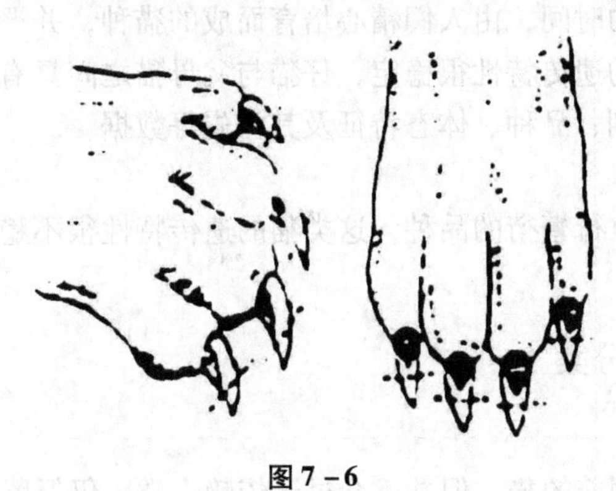

图 7－6

（二）注意事项

1. 每一趾爪的基部均有血管神经，因此，修剪时不能剪得太多太深，一般只剪除指甲的 1/3 左右，并应锉平整，防止造成损伤。

2. 如剪后发现犬行动异常，要仔细检查趾部，检查有无出血和破损，若有破损可涂擦碘酒。

3. 除剪指甲外，要检查脚枕有无外伤。另外，对趾爪和脚枕附近的毛，应经常剪短，以防滑倒。

（田培育　张升华）

实训五　猫的品种识别

【实训目的】

在掌握猫的基本分类方法的基础上，学生利用多媒体、录像带、幻灯片等，掌握不同猫品种的突出体貌特征，能正确识别猫的品种并进行分类。

【实训内容】

1. 猫的品种分类

2. 猫的品种识别

【实训条件】

动　物：猫

器　材：不同猫的品种图片、挂图、幻灯片和模型等，幻灯机、投影仪等

【实训方法】

一、猫的品种分类

（一）按品种培育分类

1. 纯种猫

指经过数年、数代的时间，由人们精心培育而成的猫种，并严格控制其繁殖程序，以避免品种退化。这类猫的遗传特性很稳定，仔猫与父母猫之间具有相似特性，而且每只猫都有血统记录，包括性别、品种、体态特征及其祖先等数据。

2. 杂种猫

指未受人为控制，自行繁衍的品种，这类猫的遗传特性很不稳定，同一窝仔猫中，也常会出现不同的毛色。

（二）按生存环境分类

1. 家猫

指经过人类驯化后饲养的猫，但并不会过于依赖人类，仍保留独立生存的本能。

2. 野猫

家猫的祖先原来生活在沙漠、山林等野外环境中，历史上出现猫的踪影最早在1 200万年前。

（三）按被毛长短分类

1. 长毛猫

如英国长毛猫、蒂凡尼猫、土耳其梵科迪斯猫、爪哇猫、喜马拉雅猫、塞尔凯克卷毛猫、美国短尾猫、西伯利亚猫、威尔斯猫、土耳其梵猫、土耳其安哥拉猫、索马里猫、拉邦猫、美国卷耳猫、缅因库恩猫、挪威森林猫、布履阑珊猫、狸花猫、山东狮子猫、塞舌尔猫。

2. 短毛猫

如狮子猫、加州闪亮猫、荒漠猫、欧式缅甸猫、英国短毛猫、印度猫、异种短毛猫、雪鞋猫、日本短尾猫、苏格兰折耳猫、暹罗猫、新加坡猫、欧西猫、缅甸猫、孟买猫、美国刚毛猫、美国短毛猫、孟加拉猫、柯拉特猫、曼彻斯特猫。

（四）按地域分类

可分为：阿比西尼亚猫，美国短尾猫，美国卷毛猫，巴厘猫，伯曼猫，孟买猫，英国短毛猫，缅甸猫，夏特尔猫，重点色短毛猫，柯尼斯卷毛猫，德文郡卷毛猫，埃及猫，欧洲缅甸猫，异国短毛猫，哈瓦纳棕毛猫，日本短尾猫，爪哇猫，科拉特猫，拉邦猫，缅因猫，曼岛猫，挪威森林猫，欧西猫，东方短毛猫，波斯猫（包括喜马拉雅猫），布履阑珊猫，布偶猫，俄罗斯蓝猫，苏格兰折耳猫，塞尔柯克卷毛猫，暹罗猫，西伯利亚猫，新加坡猫，索马里猫，加拿大无毛猫，东奇尼猫，土耳其安哥拉猫，土耳其梵猫。

二、猫的品种识别

（一）观看猫的品种幻灯和图片

实习采用多媒体课件观看和讲解，使学生对猫的品种外貌特征进行识别，并了解其生活习性。先由指导教师播放多媒体课件、录像带等，结合讲授有关内容后进行归纳。再由师生共同反复辨认各个品种，总结出每个品种的突出外貌特征。最后再放片子，由学生独立描述猫的不同品种的头部、颈部、背线、身躯、前肢、后肢、毛质与毛色和尾形等外形特征，在识别猫的品种基础上，进而掌握不同品种猫的生活习性。

（二）组织安排学生到实地观察

组织安排学生到实地观察不同品种猫的外貌特征，对不同品种的猫的外貌进行识别。

实表5　猫的品种识别

部位	突出特征
体型	
头部	
眼	
口鼻	
耳	
颈部	
躯干	
四肢	
被毛	
其他	
鉴定品种	
生活习性	
品种分类	

（三）注意事项

1. 首先应熟悉该品种应具有的外貌特征，头脑中有一个清楚的认识。
2. 展示猫的品种的图片要丰富、清晰，实地识别时人应离猫有个适当的距离，以便于充分观察猫的整体外貌。
3. 注意不同品种间体形外貌的对照与区别。

（田培育　张升华）

思考题

1. 根据对片子的观察与辨认，按实表5品种、突出外貌特征的格式写出实验报告。
2. 在对某一品种猫进行分类时，如何理解不同分类方法之间的关系？

实训六　猫的年龄鉴定

【实训目的】

通过学生对猫齿式的了解，熟练掌握猫的年龄鉴定方法，能按照猫齿的变化与年龄之间的规律，结合外貌特征，准确鉴定猫的年龄。

【实训内容】

1. 猫的齿式认识
2. 猫的年龄鉴定

【实训条件】

动　物：猫

器　材：猫齿标本、棍套保定器

【实训方法】

一、猫的齿式认识

猫的牙齿分为门齿、犬齿和臼齿。犬齿特别发达，尖锐如锥，适于咬死捕到的鼠类；臼齿的咀嚼面有尖锐的突起，适于把肉嚼碎；门齿不发达。一般情况下，成年猫的齿式为：门齿上下各 6 枚，犬齿上下各 2 枚，前臼齿上颌为 6 枚，下颌为 4 枚，臼齿上下各 2 枚，总计 30 枚。幼年猫的齿式为：门齿上下各 6 枚，犬齿上下各 2 枚，前臼齿上颌为 6 枚，下颌为 4 枚，总计 26 枚。

二、猫的年龄鉴定

（一）根据牙齿判断

猫的犬齿长而锐利，能撕裂猎物皮肤、肌肉，其中上第二、下第一前臼齿齿尖较大而尖锐，又称裂齿。猫的年龄通常可以根据牙齿更替、生长情况、磨损程度等来判定。

实表 6　判断猫的年龄大小粗略依据以下标准

猫的年龄	牙齿特点
2～3 周	第一乳门齿生长
3～4 周	第二、三乳门齿、乳犬齿生长
2 个月	第一前乳臼齿生长
3～4 个月	第一、二门齿脱落
4～5 个月	第三门齿脱落、犬齿生长
6 个月	永久齿全部长齐
1 年后	下颌门齿开始磨损
5 年后	猫齿开始磨损
7 年后	下颌门齿磨成圆形
10 年以上时	上颌门齿磨没或脱落

（二）根据被毛判断

幼猫在出生 6 个月后长出新被毛，1 岁左右，猫的被毛光亮、鲜艳、柔软；5 岁左右，猫的被毛仍可以保持一定的光亮度，但是鲜亮度变差；6～7 年后，嘴上长出白须，10 岁以后，被毛会变得灰暗、缺乏光泽、粗糙，并且在头部和背部长出白色毛。

（田培育　张升华）

思考题

1. 如何根据外貌和牙齿的生长情况、磨损程度等情况来判定猫的年龄，并根据鉴定年龄与实际年龄对比的情况，分析误差原因？

2. 在猫年龄鉴定时有哪些体会。

实训七　猫的选择及鉴赏

【实训目的】

了解猫的个体选择方法，在掌握猫的品种标准的基础上，提高对猫的鉴赏水平。

【实训内容】

1. 猫的选择要点

2. 常见猫的 CFA 鉴赏标准

【实训条件】

动　物：猫

器　材：幻灯片、录像带等

【实训方法】

一、猫的选择

（一）猫的品种选择

由于养猫的目的不同，养猫者的兴趣爱好不同，确定猫好坏的标准也就有所不同。为了捕鼠和易于饲养，我国各地的土种猫适应性强、捕鼠能力和繁殖率都很高，国外阿比西尼亚猫也是捕鼠能手。为了陪伴老人和病人，最好选用活泼伶俐、顽皮好动的猫，如泰国猫、缅甸猫、喜马拉雅猫、日本猫等，这些品种具有体型修长、活泼好动，聪明伶俐、易与人建立起感情的特点。如能很好地训练，还会使猫为你做点家务事，如衔来扫帚和别的物品等。妇女和离退休干部最好饲养 1 只长毛波斯猫，它们反应灵敏，少动好静，易与人建立感情，一身蓬松柔软而光滑的各种色彩的长毛，给人以华丽、高贵的美感，尤其他那优美低沉的叫声和在主人面前爱撒娇的动作，更会讨得主人的开心和宠爱，增添了你生活的情趣。天性聪明、活泼好动、善解人意的缅甸猫和泰国猫则适于陪伴小孩生活，能起到对孩子的启蒙教育的作用。不管选哪种猫，都要注意纯种猫和其外貌特征，尤其养猫专业户，一定要追求纯种和毛色培育，以提高猫的质量和身价。为了医学研究，要求用于实验的猫种纯化，成年猫的体型大小一致，甚至要求培育成为无特定病原体猫而用来完成特殊的实验。

（二）猫的性别选择

公猫好动，体大聪明，体格健壮，抗病能力强，易于饲养，适合性格比较内向的人和老人饲养；母猫比较温顺，感情丰富，易与主人建立起感情，也较易饲养，抗病力较差，体型也不及公猫大。如果不想让猫发情配种，则可给公母猫做去势手术，去势后的猫一般变得比较温顺；养小猫还是成年猫，也是饲养者要考虑的问题之一，养成年猫比较省事，但开始养时要防止跑掉，养小猫则应尽心饲养和管理，但养小猫容易建立起深厚的感情，从训练角度讲，小猫也比成年猫容易，尤其是纠正成年猫的一些恶习相当困难。

（三）猫的个体选择

在猫的个体选择上应注意以下几个方面：首先应了解和查看猫的父母代和猫的同胞，看猫的品种是否纯正，身体健康状况和发育好坏，再看毛色是否理想。若同窝，则不选择体小的。小猫是否健康应从几个主要部位观察：眼明亮，无任何分泌物，左右眼大小一致，瞳孔对光刺激反应灵敏，左右一致。耳朵清洁，竖起，耳内无异物和异味，通过呼唤或声响来测视猫的反应可知猫的听力和灵敏度。鼻镜应是湿润而凉的，且没有过多的分泌物。鼻镜干燥往往是热性病的征兆。但猫在睡觉时，鼻镜是干燥的。鼻孔双侧对称，无分泌物。口腔周围清洁干燥，无污染，无口臭，口腔黏膜为粉红色，牙齿白色，年龄大的呈微黄色，无缺齿。皮肤具有弹性，皮温不热不凉，被毛柔软浓密，富有光泽，无秃斑和外寄生虫。肛门和外生殖器均应清洁，无分泌物。不同品种猫的特征不同，一般选择法主要是针对骨骼发育、身体比例、被毛发育程度及行动力等方面进行评价，除此以外还应考虑猫性格的稳定性、容易相处指数等。如异国短毛猫一般标准为：骨骼强壮、身材匀称、头部大而圆、脸庞宽阔、四肢粗短、眼睛距离较远，周身被毛浓密柔软，尾巴粗大。而美国卷耳猫选择的一般标准为：体型细，并有适当的肌肉，但不庞大，身体比例适中均衡，卷耳，被毛匀称。

（四）猫被毛的特征

许多品种的猫最引人注目之处就是一身漂亮的被毛，被毛的长短、疏密、色彩是猫分类的重要依据。被毛不仅给猫以美丽的外表，而且还有十分重要的生理功能。被毛的色彩绚丽多样，不同品种的猫其毛色的标准不同，如波斯猫的毛色，养猫协会认可的毛色就达88 种，尽管猫的品种繁多，毛色千差万别，但仍可划分为 8 个色系，即单色系、斑纹色系、点缀式斑纹色系、混合毛色系、浸渍毛色系、烟色系、复式毛色系和斑点色系。

1. 单色系

体毛为同一种颜色，无任何杂色斑，单色有白色、蓝色、黑色、红色、淡金黄色。

2. 斑纹色系

体毛中有其他颜色斑纹的毛色理想的斑纹毛色应该是斑纹及色斑鲜艳悦目，常见的斑纹有银色斑纹、红色斑纹、棕色斑纹、蓝色斑纹、淡黄色斑纹、金色斑纹、宝石色斑纹。

3. 点缀式斑纹色系

在银色斑纹、棕色斑纹、蓝色斑纹毛色的底色和斑纹间，夹杂红色或淡黄色色斑的毛色常见的有蓝色点缀式斑纹、棕色点缀式斑纹、银色点缀式斑纹。

4. 混合毛色系

体毛色斑由几种颜色混合组成的毛色，其中以色斑鲜艳、脸部色斑异常醒目者，或脸部及四肢毛色全部为单色者为上品。常见的有蓝色淡黄色毛色、渐变蓝色淡黄色毛色、蓝色淡黄毛色。

5. 浸渍毛色系

体毛的毛尖带有与体毛底色不同的浓艳色调。根据这种色调因体毛浸渍表面颜色深浅不同，浸渍毛色又分为两种类型。浸渍浅者称为绒鼠皮型，浸渍深者称为渐变型。绒鼠皮型又有绒鼠皮银白色、绒鼠皮金色、绒鼠皮宝石色。渐变型又分为渐变银白色、渐变金色、渐变宝石色。

6. 烟色系

体毛的毛尖颜色比浸渍毛色系渐变型浸渍更深，几乎接近毛根处，而体毛、褶毛和饰毛均呈白色或银白色、烟色毛色和蓝色，黑色仔猫的色斑易混淆，但烟色毛色猫的头部、腿部体毛的毛根处是白色的。常见的烟色有 3 种：宝石色烟色、蓝烟色、黑烟色。

7. 复式毛色系

体毛为单色（任意色）、斑纹与白色的复合毛色，而白色体毛至少应占全部体毛的 1/3，并且腿、腹部和脸部应该有白色体毛。复式毛色常有蓝白毛色、黑白毛色、红白毛色、淡黄和白色毛色、淡黄色斑纹和白色毛色、棕色斑纹和白色毛色、银色斑纹和白色毛色、蓝色点缀式斑纹和白色毛色、棕色点缀式斑纹和白色毛色、银白色点缀式斑纹和白色毛色。

8. 斑点色系

一般体毛为白色或乳白色，而斑点的颜色各不相同，因此，斑点色又包括海豹色斑点、蓝色斑点、巧克力色斑点、紫丁香色斑点、红色斑点、复合色斑点、蓝白色斑点、山猫斑点、海豹山猫斑点、蓝山猫斑点、巧克力色山猫斑点、紫丁香色山猫斑点、红山猫斑点等。

二、波斯猫 CFA 标准与解析

（一）整体描述

一只理想的波斯猫表情甜美可爱，轮廓浑圆徐缓，间距宽阔的一双圆碌碌的大眼睛，再加上又圆又大的头，流露出波斯猫整体独特的样子与神情，又长又厚的被毛令浑圆的外貌更突出。

（二）头部

头部又圆又大，头盖骨甚宽阔；颈项短而粗；两颊丰满；耳朵细小，耳尖浑圆，向前倾斜，底部不会过分宽阔，双耳间距阔，位于头上偏低位置，顺着头部浑圆的线条连合；眼睛既大且圆，眼色亮泽，双眼间距宽，给予人可爱的神情；鼻子短、扁、宽阔，双眼间正中有一裂缝，面额饱满，颚宽阔有力；下巴饱满，结实浑圆，发育良好，反映良好的咬合状态。

（三）体躯

身体大或中等身形，矮身，胸部又阔又深，肩部与臀部宽大，中间部分丰满，背部平直，富肌肉感，但不会过分肥胖。

（四）四肢

四肢短而粗壮，前肢笔直，从后面看，后肢笔直；足掌结实，且又圆又大，足趾紧贴，前肢各有 5 趾，后肢则有 4 趾。

（五）尾巴

尾巴短，但与身体成比例。

（六）被毛

独特的双层被毛，底毛浓密，且被一层长而光滑的防水被毛覆盖着。冬天时，浓密的底毛完全生长，因此，冬天的被毛较夏天丰满，被毛的质素与类型最为重要，颜色及图案则较次要。

（七）毛色

CFA 认可毛色共有七个组别划分：a：实色；b：银与金色；c：暗与熏烟色；d：斑虎纹色；e：杂色；f：带斑点及双色；g：喜马拉雅色。

（八）性格

温驯和蔼、容易适应陌生环境。

（九）记分标准

1. 头（包括尺寸和眼睛的形状，耳朵的形状和位置），30 分。
2. 体型（包括身体的形状、尺寸、骨骼和尾巴的长度），20 分。
3. 被毛，10 分。

4. 平衡，5 分。
5. 举止，5 分。
6. 颜色，20 分。
7. 眼睛颜色，10 分。
8. 合计 100 分。

三、猫的鉴赏方法

1. 学生应熟练掌握你要鉴赏的猫的品种特征及品种标准，建议学生在掌握该书中理论部分知识的同时，独立收集猫的 CFA 标准，并结合图片反复学习和训练，掌握鉴赏的标准，提高鉴赏水平。

2. 猫的鉴赏实训过程中不能完全依赖于图片或幻灯片，要对真实的猫只进行鉴赏，学生可以分成小组共同商讨制定被鉴赏猫的鉴赏标准和记分标准，然后每个同学再分别进行鉴赏打分。

实表 7　猫的鉴赏

个体名称	品种	性别	年龄	选用的标准名称

鉴赏部位	标准要求	猫的描述	标准分值分配	实际打分
体型				
头部				
颈部、背线、身躯				
前躯				
后躯				
四肢				
尾巴				
被毛				
颜色				
举止				
缺陷				
合计				

（田培育　张升华）

思考题

1. 按照实表 6 的格式完成实习报告。
2. 写出在猫的品种鉴赏过程中，有哪些应注意的问题？

实训八　猫的日常保健技术

【实训目的】

掌握宠物猫的日常保健方法及注意事项，并能根据猫的种类及特点选择护理方法，并进行独立操作。

【实训内容】

1. 猫的洗浴
2. 猫的被毛梳理
3. 耳部护理
4. 清洗牙齿
5. 猫爪子的护理
6. 清洗眼睛

【实训条件】

动　物：猫

器　材：洗澡盆、浴巾、猫用浴液、吹风机、梳子（密齿、稀齿各一把），刷子（鬃毛刷、橡皮刷）、脱脂棉棒、小镊子、眼药膏、剪指甲器、消毒药水、药棉、止血剂等

【实训方法】

一、猫的洗浴

（一）洗浴方法

1. 浴前准备

在洗涤槽中放一块橡皮垫，以防猫打滑。为了防止洗澡水进入猫的眼内，在洗澡前将眼药膏挤入猫眼睑内少许，以起到预防和保护眼睛的作用。洗澡时，注意不要让水灌入猫的耳朵内，可用脱脂棉做成耳塞放入猫耳中。在开始给猫梳理之前，可趁此机会检查猫的眼、耳、口腔、爪，看看是否干净，有无疾病的症状。

2. 调节水温

在洗涤槽中放入约5～10cm深的温水。水温应尽可能接近猫血的温度（38.6℃）。

3. 操作步骤

把猫放进槽里时用一只手托在猫后肢下方，另一只手抓紧猫的颈背。也可让它的前掌放在水的外面。用一块海绵，把脸以外全身的毛弄湿。再把洗发剂揉到毛里，产生泡沫。如果猫挣扎，可以把它放进布袋里，只露出头部。把洗发剂倒进袋里，再把猫和布袋放低，放入水中，然后通过布袋，在猫身上按摩，以形成泡沫。按照头部、后颈、背尾、腹部、四肢的顺序进行搓洗。猫尾巴根处的皮脂腺很发达，能分泌大量的油性物质，所以尾巴很易被弄脏。尤其是长毛的品种更严重，如果对其置之不理的话，就会发展成皮炎，应在尾巴脏处抹上浴液，用软牙刷轻轻刷洗。分泌物很多的尾巴根要特别细心地洗，如果不

常清洗或是洗得太过频繁，都可能导致那里的皮肤脱落，从此不再长毛，且易得传染病，所以应格外注意。整个洗浴过程动作要迅速，尽可能在短时间内完成。换水冲洗干净后，立即用干浴巾把小猫身体上的水吸干。如果是长毛猫，就不适宜用浴巾擦，最好用吹风机边梳理，边吹干。

（二）注意事项

1. 当猫身体不适或有病时不宜进行洗澡。

2. 洗澡的次数不宜过勤，一般每月 2～3 次。因为猫皮肤上的油脂对皮肤和毛具有一定的保护作用，如果洗澡次数过勤，油脂就会大量丧失，很容易使小猫的毛变脆，皮肤的弹力降低，可能成为皮肤炎症的诱发因素。

3. 洗澡时，室内要保持温暖，特别是在冬季更要防止小猫因着凉而引起感冒。洗澡前，还应该让小猫进行轻微的活动，使猫排掉屎尿。

二、被毛梳理

（一）被毛梳理方法

1. 梳理准备

在开始给猫梳理之前，可趁此机会检查猫的眼、耳、口腔、爪、看看是否干净，有无疾病的症状。被毛梳理需要一把稀齿密齿两用梳、一把猫用鬃毛钢丝两用刷和一把牙刷，另需一把钝头剪子，用来剪开缠结的毛，以及擦到毛里的月桂油促进剂（深色猫用）和爽身粉（浅色猫用）。参加展览的猫，还需要有用来刷猫尾的修饰刷。

2. 短毛猫梳理

每周为短毛猫梳理一次，保持毛的光泽平滑。尽量在每周同一时间进行梳理。先用金属梳梳开纠缠的毛，看看有没有被虱子感染的黑点。沿毛的伸展方向用鬃毛刷梳理包括腹部在内的全身皮毛。刷完后，再用橡皮刷刷去脱落的毛，使毛皮光滑。每隔几周滴几滴皮毛保护剂，有助于去除油脂，恢复猫皮毛的色彩、光泽。

3. 长毛猫的梳理

长毛猫需要每天梳理被毛两次，每次 15～30min。梳毛不仅可以使皮毛光滑无毛结，还能去除松落的毛及死皮，有益于循环。梳理腹、腿部的毛皮，用手理开毛结。向上梳理（逆着毛的方向），分几次梳到头部。如果猫身上脏污，可洒些爽身粉，一周一次。爽身粉还可利于用手解开其余的毛结。朝上轻轻梳理颈部四周的毛，将其梳成翎领状。全身毛结梳开后，用鬃毛刷从头刷到脚。最后刷猫尾。轻轻地分别刷理两侧皮毛。注意要使猫放松后再梳毛。

（二）注意事项

1. 有条件时应每天梳理，特别是长毛猫，通过梳理还可以增进和主人之间的友谊和感情，猫也容易接受这种“关怀”，并能很快养成习惯。若猫的被毛被污染时，尤其是油漆或油污，应及时给予清除。

2. 纠结或粘结在一起的被毛，可用手指尖理开或用疏齿梳子将其理开，由毛根的间隙，向毛根及毛尖处梳理。如已粘结严重，可用剪刀顺其毛干方向，将粘结严重的毛剪成细条状，再用疏齿梳子梳理；严重时，将粘结的被毛用剪刀齐根剪去（天冷时剪毛后要注意保暖），新生的被毛会很快长起来。

3. 梳理时，不能只顺毛梳理，而且还要逆毛梳理。短毛猫和长毛猫的头部毛应使用密齿的梳子梳理。

4. 短毛猫梳理时，可先将被毛用水打湿，再给予按摩，可使脱落的被毛浮起，用密齿的梳子或用刷子梳理。

三、耳部护理

（一）耳部护理方法

平时猫咪只须晃晃耳朵就能自然地将里面的耳垢和水分清除，所以，不必经常为其清理耳朵。当耳朵里面很脏时，可用75%酒精棉球消毒外耳道，用棉棒蘸取橄榄油、香油或滴耳油，浸润干涸的耳垢，待其软化后，用小镊子轻轻取出耳道内所看到的耳垢。取耳垢时，切勿刺激耳道的黏膜和皮肤，防止受伤、发炎或化脓。当耳垢特别多时，猫常摇头或抓搔耳朵，可把棉棒在婴儿化妆油里浸一下，在可视范围内清理耳内污垢，动作应轻柔，呈环式擦洗。但如果将耳朵中的脂肪全部清除的话，耳朵便失去了对细菌和灰尘的抵抗力，很容易生病，所以也不能过分地清理耳朵。对于很讨厌清理耳朵的猫，可用一只手叉开五指成扇形，捏住耳廓，干净利落地完成清理。脾气暴躁的猫拿毛巾包上后再清理比较安全。猫耳内发黑可能是长耳疥癣。猫患耳螨虫病时，首先应对病猫患部及其周围彻底剪毛，用温肥皂水浸泡、洗刷，除去污垢和痂皮，然后局部涂擦0.5%敌百虫水溶液或软膏，涂擦时应用力摩擦，使药渗入皮肤，间隔5～7d重复1次，一般经2～3次可治愈。但每次用药不能涂擦动物体表面积超过1/3，以防发生中毒。0.1%辛硫膦乳剂、0.1%乐杀螨（二甲丙烯酸脂）溶液和灭害灵等都有疗效。

（二）注意事项

1. 保持环境卫生和用具卫生是很重要的防治措施之一，不让猫任意外出游窜，发现病猫要及时隔离治疗。

2. 要按时给猫梳理、洗澡，定期对猫舍和猫用具消毒，加强饲养管理，增强猫的体质和抗病能力。

四、清洗牙齿

（一）清洗牙齿的方法

最好每周给猫刷一次牙，以防积垢。除垢时将一点点牙膏涂在猫唇上，让它习惯牙膏味道。使用牙刷前，先用棉签轻触牙龈使猫适应。准备就绪后，用牙刷、宠物牙膏或盐水溶液给猫刷牙。

（二）注意事项

1. 注意给猫刷牙时不要使用普通牙膏，要买宠物专用的牙膏。
2. 掰开猫嘴时不要弄乱它的胡须，防止猫反抗。

五、清洗眼睛

（一）清洗眼睛的方法

定时检查猫眼。如果猫视觉出现障碍，则可能会烦躁不安。长毛猫容易患眼病，它们的泪小管被阻塞，眼周会失去光泽，这时便需要清洗。检查猫眼以后，用一小块棉布蘸上婴儿油轻轻擦眼周围。擦洗时尽量洗掉眼周的污迹，再用棉布或纸巾把毛擦干。

（二）注意事项

注意不可触碰眼球，禁止给猫使用人用的眼药水。

六、猫爪子的护理

（一）猫爪子的护理方法

修剪猫爪子的方法是，将猫抱在怀里，用左右手的食指、中指和拇指，先将猫的一肢固定住，稍用力按压，使锋利的钩爪伸出来，剪指甲器与指甲的角度呈45°，右手持专用剪指甲器把长的指甲逐一剪下，不要剪得太近肉根（呈深色不透明），否则会流血，若不慎流血，便要立即用药棉加上止血剂止血，当剪完指甲后，要剪脚底毛，跟脚垫平排，过长会令宠物滑倒，太短则脚壁容易受硬物刺伤。

（二）注意事项

1. 每2～3周便要剪一次指甲，每次剪指甲后都要用消毒药水清洁剪指甲器，防止器械污染。
2. 再用布或指甲锉磨光。修剪时要适度，切不可过分，否则可伤及猫趾的血管和神经。

（田培育　张升华）

实训九　鸟种类的识别

【实训目的】

在掌握鸟的基本分类方法的基础上，学生利用多媒体、录像带、幻灯片等，掌握不同鸟种类的突出体貌特征，能正确识别鸟的种类。

【实训内容】

1. 鸟的分类

2. 鸟种类的识别

【实训条件】

动　物：鸟

器　材：不同鸟种类的图片、挂图、幻灯片和模型等，幻灯机、投影仪等

【实训方法】

一、鸟的分类

（一）按鸟的生活环境特点分类

1. 涉禽

嘴细长而直，颈、脚和趾都长，即嘴颈腿“三长”，喜欢生活在水边，适于在浅水中涉行，但不会游泳，捕食鱼、虾、贝和水生昆虫等。例如鹤、鹭、鹳、鹬等。

2. 游禽

嘴宽而扁平，脚短，趾间有发达的蹼，尾脂腺发达，喜欢生活在水中，善于游泳、潜水和在水中捕食，食鱼、虾、贝或水生植物和种子等，常在水中或近水处营巢。例如雁、野鸭、鸳鸯等。

3. 鹑鸡类

足呈常态足（离趾型），嘴全被角质；嘴脚均强，雄鸟跗蹠具距；嘴有蜡膜；通常营巢筑于地面，以植物种子为食。如鹌鹑、雉环颈等。

4. 猛禽

体形一般较大，常雌大于雄，嘴强大呈钩状，翼大而善飞，脚强大有力，趾有锐利的钩爪，性情凶猛，捕食鼠、兔、蛇和其他鸟类等，或食腐肉。例如鹰、鹫、雕等。

5. 攀禽

脚短健，两趾向前，两趾向后，善于攀木。例如啄木鸟、翠鸟等。

6. 鸣禽

嘴短，足呈常态足（离趾型），脚短细，体态轻盈，活动灵巧迅速，大多善于鸣转，巧于筑巢。例如画眉、百灵、文鸟等。

（二）按鸟的居留特点分类

1. 留鸟

留鸟是长年居留在本地的鸟，如绣眼鸟、白头鹎、白鹭等。

2. 候鸟

候鸟是随着季节变化飞来越冬、夏季繁殖的鸟类，如普通鸬鹚、绿翅鸭等。

3. 过境鸟

过境鸟是冬候鸟在迁徙途中经短暂休息，并觅食补充体力后再继续迁飞的鸟类，如小青脚鹬等。

4. 迷鸟

迷鸟是不分布在本地的鸟类，它们大部分因为突发原因离开原来的飞行路线。如白脸鹭、小天鹅等。

5. 逸鸟

是由外地引进饲养的笼中鸟，由于人们的疏忽而逃脱或被人为释放到野外活动的鸟。如鹦鹉等。

（三）根据食性特点进行分类

1. 食谷鸟

嘴呈圆锥状，短粗钝圆，嘴基坚厚，峰脊不明显。这类鸟的食物主要为谷物。观赏鸟中雀科、文鸟科和鹦鹉科鸟多属于此类。根据采食谷物的方法不同又可分为两类：一种是将整粒谷物直接吞下；另一种是用嘴将坚硬谷物种子或果实的外壳咬破剥开，然后食种仁，这种鸟又称硬食鸟。

2. 食虫鸟

嘴型多样，嘴细而长，有些嘴比较软而且基底部还有须，此类鸟多无嗉囊，肠管短，数量在鸟类中最多，这类鸟羽色艳丽，体态优美，鸣声悦耳，但饲养难度大，人工驯化繁殖难。鸫科、黄鹂科、伯劳科、戴胜科、佛法僧科鸟多为此类。

3. 杂食鸟

杂食鸟的食物种类较杂，可食昆虫、种子、果实。百灵科、鹟科、椋鸟科多为杂食鸟。

4. 食肉鸟

此类鸟又可分为食肉鸟和食鱼鸟。食肉鸟嘴形钩曲而尖锐，或者大而强壮，尖端具缺刻，肠管比较发达。食鱼鸟嘴长而尖直或者长而弯曲，肠管较短。这两类鸟的相同之处在于胃腺发达、肌胃壁薄，不易被人类饲养、驯化。鸟体腥臭，粪便污染环境较为严重，鹰科和翠鸟多为此类。

为了饲养方便，通常还把观赏鸟分为硬食鸟、软食鸟和生食鸟。软食鸟主要包括以昆虫、浆果等为主食的鸟，以及整粒吞食植物种子的食谷鸟；生食鸟即食肉鸟。

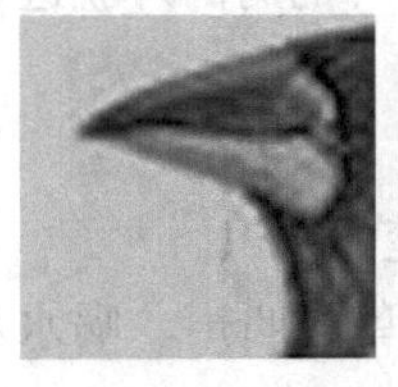

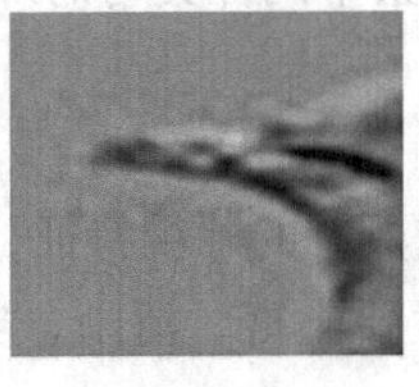

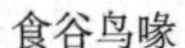

食谷鸟喙　　食虫鸟喙　　杂食鸟喙　　肉食鸟喙

（四）根据功能进行鸟的分类

1. 观赏型

此类鸟一般外表华丽，羽色鲜艳，体态优美，活泼好动，令人赏心悦目。这类鸟有寿带、翠鸟、三宝鸟、红嘴蓝鹊、蓝翅八色鸫、金山珍珠、白腹蓝翁、牡丹鹦鹉、高冠鹦鹉。还有一些体型较大的，如孔雀、山鸡等。

2. 实用型

该类鸟聪明，通过训练能掌握一些技能与表演能力。如鹩哥、绯胸鹦鹉、蓝歌鸲、白腰文鸟、棕头鸦雀、黑头蜡嘴雀等。

3. 鸣唱型

该类鸟善于鸣唱，鸣声悦耳婉转，如画眉、柳莺、金翅雀、云雀、树莺等。

二、鸟种类的识别

（一）观看鸟种类的幻灯片和图片

观看多媒体课件并讲解，使学生对鸟的种类外貌特征进行识别，并了解其生活习性。先由指导教师播放多媒体课件、录像带等，结合讲授有关内容后进行归纳。再由师生共同反复辨认各个品种，总结出每个品种的突出外貌特征。最后再放片子，由学生独立描述不同品种鸟的头部（眼、眼睑、颊、鼻孔、喙、耳）、颈部（前颈、后颈、侧颈）、躯干部（背部、腰部、肩部、胸部、腹部、胁部）、尾部（尾羽、覆羽）、前肢（翼、飞羽、覆羽）、后肢（大腿、小腿、跖、趾）等突出的外形特征。

实表9　鸟的种类识别

部位	突出特征
头部	
颈部	
躯干部	
尾部	
前肢	
后肢	
其他	

（二）组织学生实地观察

组织安排学生到实地观察不同种类鸟的外貌特征，对不同品种的鸟的外貌进行识别。

（三）注意事项

1. 首先应熟悉该品种应具有的外貌特征，头脑中有一个清楚的认识。

2. 展示鸟的品种的图片要丰富、清晰，实地识别时要注意鸟的叫声、喝水和吃食的动、睡的姿势等。

3. 注意不同种类间的对照与区别。

（田培育　张升华）

思考题

1. 根据对片子的观察与辨认，按品种、突出外貌特征的格式写出实验报告。

2. 在对某一品种鸟进行分类时，如何理解不同分类方法之间的关系。

实训十　鸽的个体选择

【实训目的】

了解鸽的各部位名称，掌握鸽的雌雄鉴别、年龄鉴定和个体选择方法。

【实训内容】

1. 鸽体各部位名称
2. 鸽子的捕捉和把握方法
3. 鸽子的选择方法

【实训条件】

动 物：鸽

【实训方法】

一、鸽体各部位名称

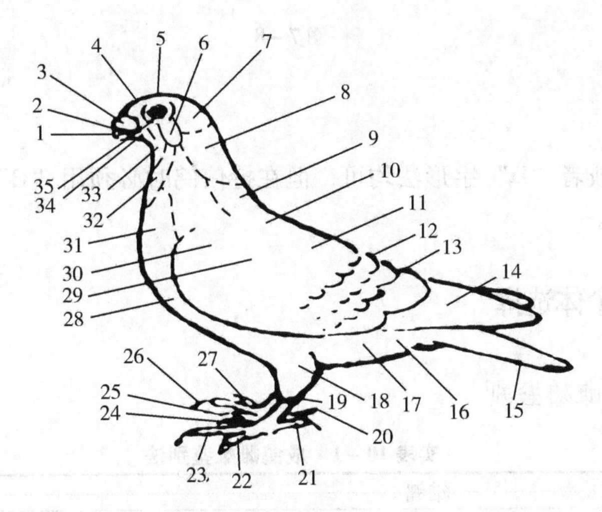

1. 嘴峰　2. 鼻孔　3. 鼻瘤　4. 额　5. 头顶　6. 耳羽　7. 枕　8. 颈项　9. 下颈　10. 肩间部　11. 下背　12. 腰　13. 尾上覆羽　14. 翅羽　15. 尾羽　16. 尾下覆羽　17. 腹　18. 腿　19. 跗跖　20. 后爪　21. 后趾　22. 外趾　23. 中趾　24. 内趾　25. 内爪　26. 中爪　27. 外爪　28. 胁　29. 鳞羽　30. 肩羽　31. 胸　32. 喉　33. 颊　34. 颌　35. 眼先

二、鸽子的捕捉和把握方法

（一）捉鸽

捉鸽时，首先确定要捉的鸽。抓笼子里的鸽时，先把鸽赶到笼子的一角，用拇指搭住鸽的背，其他指握住鸽的腹部，轻轻将鸽按在笼子上。然后用食指和中指夹住鸽子的双脚，头部朝前往外拿（图7－7）。

在群鸽饲养舍时，首先把鸽赶到鸽舍的一角，两手高举，轻而快的捕捉，不要用力过猛，以免惊吓鸽群或使鸽群受伤。对幼鸽应尽量避免少捉拿。捉拿时，将鸽用左手托住，以右手掌按住其背部，防止鸽逃走。

（二）握鸽

右手用拇指与食指紧紧握住翼羽与尾筒，食指与中指夹住两脚，其余两指托住鸽的腹部。必要时，还可用左手托住鸽的左侧前胸（图7－8）。另一种握法为：用小指勾住鸽翼肩部，无名指、中指、食指握住鸽背翼部，大拇指握住鸽脚。

图7－7　　图7－8　　图7－9

（三）持鸽

用"C"字形或者"D"字形法均可，但在持信鸽时必须用"C"形法，以便在脚上拴信管（图7－9）。

三、鸽子的个体选择

（一）鸽子的雌雄鉴别

实表10－1　成鸽雌雄鉴别法

方法	雄鸽	雌鸽
外部观察法	体型大，头顶稍平，额宽，眼环大而略松，鼻瘤大，颈粗短而较硬，脚蹴而有力	体型结构紧凑、优美，头顶稍圆，眼环紧贴，鼻瘤小，颈细长而较软，脚细而短
羽毛鉴别法	颈羽金属光泽丰富，主翼羽尖端略呈圆状，尾羽常有污秽	颈羽金属光泽较差，主翼羽尖端呈尖状，翅膀收得紧，尾羽干净
骨骼鉴别法	颈椎骨粗硬有力，胸骨长而稍弯，龙骨突起，胸骨末端与耻骨间短紧接，两耻骨间距较窄，脚胫骨粗圆而壮	颈椎骨细而软，胸骨短而直，胸骨末端与耻骨间距较宽，两耻骨间距宽而有弹性，脚胫骨稍细
肛门鉴别法	肛门闭合时向外凸起，张开时呈六角形	肛门闭合时向内凹进，张开时呈星状

续表

方法	雄鸽	雌鸽
鸣叫鉴别法	鸣叫时发出“瓦咕嘟、瓦咕嘟”的响亮声，颈羽松起，颈上气囊膨胀，背羽隆起，尾羽散开如扇形。边叫边扫尾。鸣叫常跟着雌鸽转，昂首挺胸，并不断上下点头	鸣叫声小而短促，只发出低沉的“咕噜噜”的短声，有时在鸣叫时翅膀微微颤动。当雄鸽追逐鸣叫时，雌鸽微微点头

实表 10－2　雏鸽雌雄鉴别法

雄雏鸽	雌雏鸽
一般体型偏大	一般体型偏小
雏毛橘黄无金属光泽	雏毛呈金黄色，富有金属光泽
头部脸颊先出真毛	头顶先出真毛
胸骨较长、末端较尖	胸骨较短、末端较钝
耻骨较窄	耻骨较宽
亲鸽哺乳，争喂抢食	争食抢喂能力较差
行动活泼，灵敏，会走时喜欢离巢活动	爱僻静，不很活跃
伸手时，仰头站立，凶恶崎斗，用嘴啄击	伸手时，退缩、避让、温顺
出巢时，胸颈部真毛略显金属光泽，无轮边	出巢时胸颈部真毛呈橘黄色，有毛片轮边
翅膀上最后 4 根初级飞羽末端较尖	4 根飞羽末端稍圆
尾脂腺尖端开叉	尾脂腺尖端不开叉
肛门下缘较短，上缘覆盖下缘，且两端上翘	肛门上缘较短，下缘较长，且两端向下弯

（二）鸽子的年龄鉴别

通常以嘴、鼻瘤、脚、脚垫等部位的情况来鉴别鸽的年龄。

实表 10－3　鸽龄的鉴别

青年鸽	老鸽
嘴甲细长，喙末端较尖，两边嘴角薄而窄，产仔鸽善于哺雏的青年鸽，嘴角有茧子	嘴甲较粗短，喙末端较硬、较滑，年龄越大，喙末端越钝而光滑，两边咀厚宽而粗糙，5 年以上者，张口可看出嘴角的锯齿状茧子
鼻瘤较大，柔软有光泽	鼻瘤紧凑，粗糙而无光泽，干燥似有粉末，越老越明显
脚上的鳞片软而平，指甲软而尖，鳞纹不明显呈鲜红色	越老脚上的鳞片越粗糙，鳞纹越明显，呈紫红色，鳞片似脱鳞一样
脚垫软而滑	脚垫厚而硬，粗糙，常偏于一边

（三）鸽子的个体选择要点

下表列出了扇尾鸽、球胸鸽、北京鸽、信鸽、毛领鸽、瘤鼻鸽和食用肉鸽的个体选择要点，见实表 10－4。

实表 10－4　鸽子的个体选择要点

种类	选择要点
扇尾鸽	以其尾羽竖立并展开如扇状而驰名，其尾羽数量为一般家鸽尾羽的二倍以上，一般多达24～36枚尾羽，或可更多些。全身羽色多为纯白色、乌黑色、灰色、褐色等；足趾略短小，有些品种足趾被羽
球胸鸽	体躯略长呈立柱形，成鸽胸部气囊高度发达，雄鸽在求偶表情中胸部气囊鼓起如球状，非常引人注目。其羽色有黑、青、灰、红等色
北京鸽	其体型短小匀称，嘴壳短小，有的类型嘴壳的长度不及嘴基宽度，头部短圆，部分个体常生有竖起的冠羽，北京鸽的羽色有比较严格的选择，其基本体色为纯白色，配合规整的黑斑或紫褐色斑，如头顶有斑的称为点子；颈部生带状环形斑者，称为墨环或紫环；头颈部均为异色的个体，称为乌头或紫乌头
信鸽	信鸽的体型长宽，体羽多为灰色，体质健壮，嘴型大，要求体格坚实强壮。举止敏捷，身体各部分发育匀称。头额宽圆，颈粗细适中，头能高举。两眼光亮有神，眼皮薄，瞳孔收缩小而快；鼻瘤小，喙上下接合良好；眼砂细而清晰、分布均匀，线口圆宽；肌肉发达，特别是翼膊肌肉强壮丰满，胸肌饱满并向后收缩呈流线形；龙骨正直，耻骨坚硬，耻骨间距离窄；腹肌坚实；全身羽毛光洁润滑，薄而紧贴；主羽和副羽翼羽整齐紧密，条梗粗大坚硬，展开时翼羽端钝阔、排列整齐致密，收起时双翼能基本上达到尾羽尖；尾羽薄，收合时尾羽相叠呈一羽状态，体重大小适中，雄鸽450g，雌鸽400g上下
毛领鸽	此鸽的颈羽竖立，如同围着一条翻羽围巾。良好的个体要求头部、面颊及尾部羽色为纯白色、其他部分体羽全部为紫褐色或黑褐色均无妨
瘤鼻鸽	其体型较大，体质远较其他玩赏鸽种健壮，生活力较强。其主要特征为鼻孔处的蜡膜特别发达，盖着鼻孔及其周围的嘴壳。其体羽有灰、白、棕褐等色
食用肉鸽	此类鸽种的体型大，出生45d的雏鸽，体重可增至600g以上

（田培育　张升华）

思考题

1. 鸽子的个体选择应从哪些方面入手？
2. 鸽子雌雄鉴别过程中有哪些体会？

实训十一　笼鸟的日常保健技术

【实训目的】

掌握笼养观赏鸟的日常护理和特殊护理要点，通过理论及实践学习，达到独立操作的目的。

【实训内容】

1. 笼养鸟的日常护理
2. 笼养鸟的特殊护理

【实训条件】

动　物：鸟

【实训方法】

观赏鸟笼养是广大养鸟爱好者通常首选的方式，各种鸣禽类笼鸟的日常饲养方法因鸟种类不同而各异，但一般的管理要点基本相同。

一、笼养鸟的日常护理

（一）水浴

鸟一般非常爱清洁，极其喜欢水浴，甚至在气温极低的时候也会振翅入浴。水浴时可将鸟放入浴笼内，将浴笼放在有水的浅盆中，高度为刚好到达鸟的下腹羽毛。也可以在浴笼内放置一小而且浅的容器，供其水浴。天气暖时一般是一日一浴，其他时候要看气温而定。深秋和初春一般是2～4d一次。冬季是3～5d一次。春冬两季最好在午后太阳直射的地方或温暖的室内进行水浴。尽量为鸟提供温暖、无风的水浴环境，避免感冒。

（二）日光浴

日光浴对鸟大有好处，在笼养条件下只要天气晴朗，每天都应该给鸟日光浴。夏季注意不要直接晒到太阳，早上7点钟晒太阳10min左右（不是直射的）。秋季要注意午后的太阳特别热，不应进行日光浴。冬季最简单，除了下午晒晒太阳和水浴以外，尽量不要把鸟儿挂在室外。

（三）沙浴

有些鸟类，如百灵、云雀等喜欢沙浴。在野生状况下，它们用沙浴的方法清洁羽毛和降低体温，因此，在笼养时也应提供其沙浴条件，可在笼底铺垫一层0.5cm厚的细沙，一般用细河沙，经水洗后过筛，晾干或烘干后使用。笼中的细沙必须定期更换，一般2～3d换一次，当发现鸟整天不进行沙浴时应立即更换细沙。如果细沙不易获得，换下的细沙可过筛，水洗晒干或烘干后重复使用。

（四）鸟笼清洁

鸟笼在使用过程中应经常打扫和清洗，清洗后应放在通风处晾干，若是铁丝笼不能放在烈日下暴晒或在火边烘烤。鸟笼清洗后应立即晒干，以免生锈。接粪板和粪垫要勤洗或更换，如笼底、笼身、栖架等处粘有粪迹，需将鸟笼浸入浅水盆中用鸟刷清洗。白灵、云雀笼笼底铺垫的细沙也应经常清理或更换，并经常换入经暴晒或焙炒过的清洁河沙。笼衣也应每周或半月换洗1次，去除粪迹。一般情况下，每1～2个月应对鸟舍及笼具、食罐、水罐、栖杠及巢箱等进行一次常规的消毒。常用的消毒方法有干燥、日光暴晒，也可用热碱水和1%的新洁尔灭溶液消毒。

（五）修爪、修喙

鸟在笼内生活失去与砂砾、土壤、树木等的接触，使爪磨损减少，造成爪过长，影响鸟活动或站立；过长的爪，有时还会插入笼的缝隙而折断胫骨或脚趾。一般超过趾长 2/3 的爪或已向后弯曲的爪，需予修剪。修剪时，应一手握住鸟体，握力不易过大或者过紧，并以手指固定鸟尾、鸟头及足趾，将趾部污染部分浸于温水中，并以棉球或者软布轻轻擦洗粪污处，进行人工修剪要用锋利的剪刀，由爪尖逐渐开始削或者剪，每次削剪不宜过长，每剪一段后待无血渗出可再剪一段，通常是在爪内血管前端 1～2mm 处向内斜剪一刀，剪后用指甲锉稍锉几下。有些鹦鹉和交嘴雀因长期缺少坚果的磨咬，使喙尖延长而过分弯曲，妨碍吃食。一般可用锉将过长部分锉去。当对畸形嘴修整时由一人固定鸟体，另一人以利器轻削鸟嘴壳畸形部分，由边缘部分逐渐向嘴壳尖端部分修整，不可削剪过多或者过深以防大量出血，修整后速用细锉或者细砂纸轻磨因修整所造成的棱角处，以利于鸟取食。

（六）羽毛清洗

鸟的羽毛、体表要保持清洁，可让鸟经常水浴和沙浴。百灵鸟等笼箱置放的沙子要勤换，脚爪部粘上鸟粪的，要放在水中先浸湿，软化后剥掉。有时鸟的羽毛和趾的清洁仅依赖鸟自己水浴还是洗不净的，如粪在羽毛或脚趾上打结，需人工帮助清洗，清洗时应适当提高环境温度（36～39℃），用手固定鸟体，鸟头伸出虎口朝人体方向，两趾从食指处外伸，将清洗的趾或尾羽浸入水中，右手用软布逐渐搓擦羽毛或趾上的积垢，洗毕后要用干布擦干后再放回鸟笼，每次不宜清洗时间过长，清洗后观察鸟的健康状况，可间隔 5d 左右再次清洗。

（七）修整羽毛

当主要观赏羽折损时，如果鸟健康状况良好，可选择强制换羽，促进新羽生成。具体方法是，首先确定羽基部正常，再拔下折羽，拔羽时左手拇指和食指固定住折羽周围的皮肤，右手抓住折羽，较为迅速地沿羽基垂直方向拔下折羽。拔羽时注意手不可左右摇动，防止伤及周围皮肤引发炎症，每次可拔羽 1～3 支，首次拔羽后根据鸟的精神状况好坏等决定是否再次进行修整，通常两次间隔时间为 3～5 天。如果所损羽毛非主要饰羽或者不影响整体美观时，可由羽毛基底部剪断，等到换羽时自行脱落。

二、笼养鸟的特殊护理

（一）鸟类换羽期的营养保健

1. 保健方法

鸟类的羽毛每年会定期更换，大部分鸟类的羽毛在秋季会全部脱落更换，换成冬羽以过冬，隔年春季会再换一部分或全部的羽毛，即成夏羽。冬羽和夏羽的颜色往往不一样。冬羽的绒羽较多，可保温过冬。飞羽和尾羽的换羽通常是左右对称，这样可以在换羽过程中不至于影响鸟的飞翔。鸟的羽毛根据构造和功能的不同，可分为正羽、绒羽和纤羽。

造成退色和羽毛不整的原因有：饲料单调，营养不足，其他微量元素过少；鸟衣原体病的影响；体外寄生虫影响鸟体的发育；着色物不足等。

2. 注意事项

（1）注意温度、避免潮湿、减少惊扰。羽毛脱下后要增加营养。

（2）增加蛋白质、维生素、微量元素的比例，减少高脂性食料比例。

（3）可加入羽毛粉、蛇蜕、蝉衣和蛋壳内衣等促进换羽。

（4）换羽期的营养原则是前期低、后期高。

（5）一些鸟必须增加着色物的食用量。

（6）减少水浴。

（7）饲料成分不用作较大的改变。

（二）肥胖鸟类的护理

1. 肥胖鸟的营养保健

造成笼鸟肥胖症的主要原因是营养水平过高所致。长期过多地喂食高热量油脂饲料，加上笼养鸟本身运动不足，脂肪代谢容易发生紊乱，更容易造成鸟体皮下和腹部脂肪聚积。因此，对鸟的肥胖症不容忽视。首先应立即停喂油脂饲料，同时增加青绿饲料（如水果、蛋白质类的饲料），使其排泄系统畅通。必要时控制总饲料量，使笼鸟因饥饿感而增加活动量。另外，如有条件，还可安装秋千式的小型栖架，或在遛鸟时加大摆动幅度。

2. 遛鸟的方法

每天清晨5～8点，下午2～3点或傍晚提着鸟笼散步，鸟笼罩上笼衣，一边走一边前后稍微摆动鸟笼，使鸟头尾时仰时俯，双翅时张时合，全身肌肉有规律地收缩、放松，使其在摇晃状态下，保持平衡，得到锻炼。加强鸟爪腿部肌肉的力度，使其爪握杠有力，同时也可壮大鸟的胆量。在遛鸟过程中还可呼吸到新鲜空气，对笼养鸟保持健康、防止过肥具有重要的作用。遛鸟的地点宜选在树木丰茂、群鸟争鸣处，如公园或郊外的山林。最理想的遛鸟地点应是阔叶林与竹林，其次是公园与旷野及城市林荫道上。遛鸟的地点最好经常变换，以引起鸟的兴奋。如果能选定3～5个地点作轮换，将会更有利于鸟活动。另一种驱使鸟运动的方法是：在笼舍中装置摆动的浪木，使鸟飞上浪木时，随着浪木摇荡而得到运动。前后摇晃能引起鸟体肌肉收缩和放松而达到运动的目的，鸟飞上飞下，犹如荡秋千，又能增加趣味，提高观赏效果。有些不宜作提笼散步或活动栖架的鸟，如八哥、黄鹂、鹩哥、八色鸫等可在喂食虫或其他喜爱的饲料时，用饲料逗引其接食，通过接飞食，使其飞跳追逐饲料，也能增加运动，迫使鸟进行飞行活动。

（田培育　张升华）

思考题

1. 笼鸟的一般日常保健护理有哪些，操作时应注意什么？

2. 对于肥胖鸟应加强哪些方面的日常护理工作？

实训十二　金鱼品种识别及体态变异特征观察

【实训目的】

在掌握金鱼的基本分类方法的基础上，学生利用多媒体、录像带、幻灯片等，掌握不同金鱼品种的突出体貌特征，能正确识别金鱼的品种并进行分类。

【实训内容】

1. 金鱼品种识别

2. 金鱼的形态变异特征观察

【实训条件】

动 物：金鱼

器 材：幻灯片

【实训方法】

一、金鱼品种的分类

根据背鳍和眼部体形特征差异，金鱼可分为五大类：金鲫种、文种、龙种、蛋种和蛋龙，每一大类中又包含数十个品种，此分类法包括了全部的金鱼品种。

（一）金鲫种

主要有单尾草金鱼和燕尾草金鱼，它们是金鱼的原始类型，与金鱼的祖先——金黄色鲫鱼相似，是目前大面积观赏水域中的主要鱼种。

（二）文种

文种金鱼体形短圆，各鳍发达，四开大尾，头部宽狭不俯视鱼体。文种金鱼以文鱼（鎏金）为其代表种，目前较为名贵的品种有：红白花文鱼、菊花头、帽子头、鹤顶红、玉印顶高头、十一红高头、朱顶紫罗袍、狮子头、大红珍珠、五彩珍珠、玉绒球、四绒球等。

（三）龙种

龙种金鱼体形粗短，各鳍发达，两眼明显凸出眼眶，眼球形状各异，有圆球形、梨形、圆筒形及葡萄形，在色彩上有龙睛、玛瑙眼、葡萄眼、算盘珠眼、红龙睛、墨龙睛、紫龙睛、蓝龙睛、朝天龙以及朝天龙水泡眼等。龙种金鱼有 50 余个品种，较名贵的品种有：五彩龙睛、算盘珠墨龙睛、龙睛带球、玛瑙眼龙睛、原砂球龙睛、高头龙睛、珍珠龙睛、扯旗朝天龙水泡、红蝶尾、墨蝶尾、五彩大蝶尾等。其中，尤以算盘珠眼形，五彩大蝶尾、玻璃眼龙睛、扯旗朝天龙水泡最名贵，是龙种金鱼中的特优品。

（四）蛋种

蛋种金鱼没有背鳍，背部平滑呈弓形，它与文种金鱼的区别就在于此。文种金鱼中的大部分性状在蛋种金鱼中都有相似的变异出现。蛋种金鱼体形短圆，形似鸭蛋，背上无鳍，其他各鳍也短小，其中的发头类金鱼尤以短小精悍著称。如寿星头，身体匀称，带有浓厚的天然美色，令人百看不厌，是国际市场上的名品。蛋种金鱼现在约有60余个品种，其中较名贵的品种有猫狮头、五花虎头、黑虎头、红头虎头、黑水泡、朱砂泡水泡、五花水泡、五花蛋球、五花丹凤等，其中以寿星头、五花虎头、黑虎头、红头虎头声誉最佳。

（五）龙背种（蛋龙）

龙背种是一类没有背鳍的龙睛金鱼，其他特征与龙种相似。该类金鱼眼睛外凸，且很大，其背部平直，尾鳍飘飘。龙背种金鱼现约有30余个品种，其中以朝天龙、五花蛋龙球、虎头龙睛知名度较高。

二、金鱼品种的识别

（一）观看金鱼的品种幻灯和图片

实习采用多媒体课件观看和讲解，使学生对金鱼的品种外貌特征进行识别，并了解其生活习性。先由指导教师播放多媒体课件、录像带等，结合讲授有关内容后进行归纳。再由师生共同反复辨认各个品种，总结出每个品种的突出外貌特征。最后再放片子，由学生独立描述金鱼不同品种的头部、背线、体躯、鳞片、尾形等外形特征，在识别金鱼的品种基础上，进而掌握不同品种金鱼的生活习性和生理特点。

（二）组织学生实地观察

组织安排学生到实地观察不同品种金鱼的外貌特征，对不同品种的金鱼的外貌进行识别。

实表12 金鱼的品种识别

观察部位	突出特征
头型	
口	
鼻	
眼	
鳃盖	
侧线	
胸鳍	
背鳍	
腹鳍	
臀鳍	
尾柄	
尾鳍	
体形	
体色	
其他	
鉴定品种	
品种分类	

（三）注意事项

1. 首先应熟悉金鱼品种应具有的外貌特征，头脑中有一个清楚的认识。
2. 金鱼品种的图片要丰富、清晰。
3. 注意不同品种间体形外貌的对照与区别。

三、金鱼形态变异观察

金鱼体态的变异与其生活环境的改变有着极为密切的关系。野生鲫鱼生活在天然水域，受多种环境因素的影响，如气候变化、水流速度的骤变，以及觅食和逃避敌害等，都需要快速游动，故野生的鲫鱼体形细长而侧扁。家庭驯化后的金鱼，生存环境稳定，无野生鱼类的竞争，饵料丰富，无需快速游动即可饱食，久而久之使得金鱼的体态发生了一系列的变异，同时再加上人为意识的培养和选择，培育出不同品种的金鱼。金鱼的体态变异主要有以下几个方面：

（一）体形

野生鲫鱼的体形细长而侧扁，草金鱼的体形属于此种类型，其他金鱼的体形差异较大，总体表现为体躯缩短，整个躯干多呈椭圆形或者纺锤形，腹部明显大而圆，甚至成球形，尾柄细小且短。

（二）侧线

由于体形的明显变异，侧线变成弯曲状而缩短。

（三）体色

金鱼体色的变异极大，颜色艳丽，有红、黄、白、黑、蓝、紫、橙或多种颜色组成，称为五花色金鱼。也有的是红百斑、黑白斑、红黑斑的斑点或者斑块相杂花斑。金鱼鳍的颜色基本上均与体色相一致，只有在不断的选育和淘汰中出现各鳍与体色不同的颜色变化。

（四）头型

金鱼的头部大致可分为3种类型，即平头、鹅头和狮子头。其中头部的长度与身体长度的比例差异较大，平头型的草金鱼，头部比较小，略呈三角形，其头部长度与身体全长比例约为1∶5，头部平滑，不生肉瘤；鹅头型金鱼，头部较大，略呈长方形，有较丰满的肉瘤生长，但只在头顶发育良好；狮子头型金鱼，头部大而圆，头部长度与身体全长的比例约为1∶3，其头部的肉瘤特别发达，头顶和两侧均生长着丰厚的肉瘤，其形状似成熟的草莓果。

（五）鳍形

金鱼各部的鳍形除草金鱼外，其他品种均有较大的变异，主要表现在背鳍、臀鳍和尾鳍的变异。

（六）背鳍

金鱼的背鳍位于背部的中央。分正常背鳍和无背鳍两种类型。正常背鳍的金鱼品种，其背鳍的前缘比鲫鱼和草金鱼长很多，如金龙鱼等。

（七）胸鳍

位于胸部鳃孔的后下方，胸鳍的形状多因品种不同而有所差异，蛋种金鱼的胸鳍稍短且圆；其他品种金鱼的胸鳍则多呈略长的三角形：同一品种的金鱼，雄性胸鳍比雌性长且尖。

（八）尾鳍

金鱼的尾鳍变异极为突出，有单尾鳍、双尾鳍、长尾鳍和短尾鳍之分，草金鱼就是单尾鳍。双尾鳍的背叶相连，两腹叶分离称“三尾鳍”；两腹叶也分离成为“四尾”：形状还可以分为“扇尾”和“蝶尾”等。

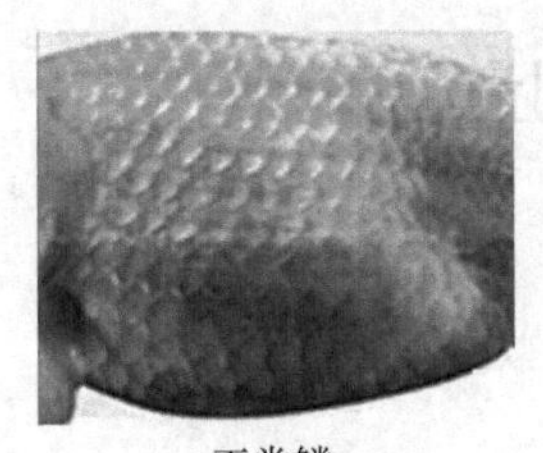
正常鳞

珍珠鳞

透明鳞

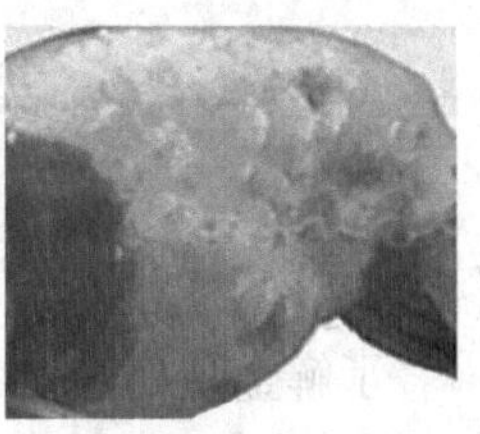
半透明鳞

（九）鳞片

金鱼的鳞片变异有以下四种类型：

1. 正常鳞：鳞片正常。基本无变异，大多数金鱼的鳞片属正常鳞。
2. 珍珠鳞：鳞片的中央部分向外凸起，且颜色较浅，似粒粒珍珠镶在鳞片上。
3. 透明鳞：鳞片中没有色素细胞和反光体，看起来犹如一片玻璃。
4. 半透明鳞：鳞片以透明鳞为主，夹杂少量具反光体的正常鳞片。

（十）眼睛

除草金鱼正常的眼睛外，其他的金鱼可因品种不同而分成龙睛眼型、望天眼型、水泡眼型、蛙眼型4种，龙睛眼型的眼球突出于眼眶之外，很像镶嵌在眼眶外的算盘珠；望天眼型眼球膨大凸出，且向上反转90°角；水泡眼的眼球正常，眼眶中充满液体，形成半透明泡状外凸出于头的两侧，游动时液体在泡内随水漂动；蛙眼型，头形似蛙，眼球正常，眼眶中的半透明液体较少，形成凸起的小水泡眼，故又称“小水泡眼”。

（十一）鼻

绒球品种的金鱼，其绒球即为鼻隔膜变异，特别发达，形成一束肉质小叶凸出于鼻孔之外，很像一对左右对称的绒质花球，并因此而得名，有些个体也可形成四球，如四球龙睛。

（十二）口

金鱼的口变异不太明显，只是有的金鱼颊颚面的肉瘤特别发达，凸出较大，因而略异于一般金鱼，如狮子头。

（十三）鳃盖

金鱼正常的鳃盖能与鳃孔闭合，可以起到保护鳃的作用，而有些金鱼的鳃盖后缘则由内向外翻转，使部分鳃丝裸露于鳃盖之外，称之为翻鳃金鱼。

（田培育　张升华）

思考题

1. 根据对图片的观察与辨认，按实表12的格式写出实验报告。
2. 观察金鱼变异特征时有哪些体会？

实训十三　金鱼体躯各部位名称及测量

【实训目的】

了解金鱼的躯体各部的名称，掌握各部位测量的基本方法。

【实训内容】

1. 金鱼体的各部分名称
2. 金鱼体的测量方法

【实训条件】

动　物：金鱼

器　材：直尺

【实训方法】

一、金鱼体的各部分名称

金鱼的体躯由头、躯干、尾三部分组成。头部的最前端为口，其后有鼻、眼、鳃盖；躯干及尾柄部有鳞片覆盖；身体两侧各有一条略弯曲的侧线，侧线起自鳃盖后缘向后延伸至尾柄基部止，胸部有胸鳍一对，背鳍一般位于背中央，腹部有腹鳍一对，腹鳍之后有臀鳍一对，尾部包括尾柄和尾鳍（图7－10）。

二、金鱼体的测量方法

1. 全长：从吻端到尾鳍末端的最大长度。
2. 体长：金鱼的全长减去尾鳍的长度，即自吻端至尾鳍基部的直线长度。

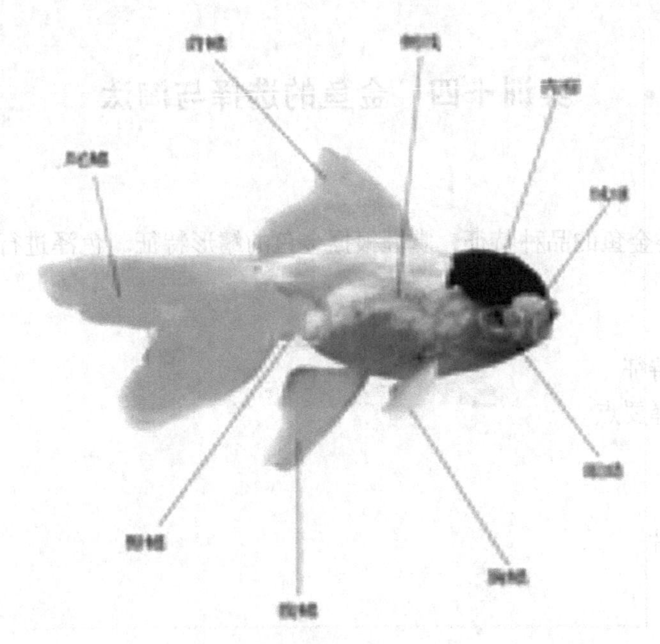

图 7－10

3. 头长：自吻端至鳃盖骨后缘的直线长度。
4. 吻长：自吻端至眼眶前缘的直线长度。
5. 眼径：眼眶前缘至后缘的直线长度，即眼眶的直径。
6. 尾柄长：从尾鳍部后缘至尾鳍基部的垂直长度。
7. 体高：从背鳍基部至腹鳍基部附近的垂直高度，是金鱼体躯的最大高度。
8. 尾柄高：即尾柄部分的最低处的高度。
9. 背鳍长：背鳍最长鳍条的直线长度。
10. 胸鳍长：胸鳍最长鳍条的直线长度。
11. 腹鳍长：腹鳍最长鳍条的直线长度。
12. 臀鳍长：臀鳍最长鳍条的直线长度。
13. 尾鳍长：尾鳍最长鳍条的直线长度，也称为尾长。
14. 体重：称金鱼体重时，为防止伤及鱼体，需将鱼及容器、水一起称，然后再减去容器及水的重量。

（田培育　张升华）

思考题

1. 金鱼体尺测量操作过程中的体会。
2. 金鱼体尺测量有哪些意义？

实训十四　金鱼的选择与淘汰

【实训目的】

了解不同种类金鱼的品种特征，掌握根据金鱼的鳍形特征、色泽进行金鱼优劣鉴别的技能。

【实训内容】

1. 金鱼品种特征
2. 金鱼的选择要点

【实训条件】

动 物：金鱼

器 材：幻灯片

【实训方法】

一、金鱼的品种特征

（一）蛋鱼

应选择背鳍光滑平坦，无残鳍，无结疤，体短而肥圆，尾小而短，全身端正匀称的个体。

（二）龙睛

应选择眼球呈算盘珠形凸出于眼眶，并且左右对称的个体。

（三）高头

头部肉瘤居中，越发达越好，一般区分为高头（头顶覆盖肉块），帽子头（头顶居中覆盖一层厚实的肉瘤，两颊清晰），狮子头（头部肉瘤丰满厚实，包裹两颊）。

（四）绒球

应选择肉茎细长，球体致密而圆大，左右对称的个体。

（五）水泡

应选择水泡柔软而半透明，泡形大而左右对称，游动正常无倾斜现象的个体。

（六）望天

应选择眼球大，向上翻转 90°，两眼左右对称，位于一条水平线上。

（七）珍珠鳞

应选择鳞腹圆尾大，鳞片粒粒清晰饱满，排列整齐，无掉鳞的个体。

二、金鱼的选择要点

（一）鳍形特征

金鱼的尾鳍、胸鳍、腹鳍、臀鳍都讲究对称，背高大如帆，尾鳍四开大尾。短尾鳍要求尾柄色深，越近末端越薄，颜色也渐渐变浅；长尾鳍要求色浅，薄而透明，好似蝉翼；蝶尾要求尾鳍边缘挺括，整个尾鳍像一把打开的扇子。

（二）色泽方面

红色鱼，从头至尾全身红似火；黑色鱼，乌黑泛光，永不退色；紫色鱼，色泽深紫，体色稳定；五花鱼，蓝色为底，五花齐全；鹤顶红，全身银白，头顶肉瘤端正鲜红；玉印顶，全身鲜红，头顶肉瘤银白端正，如玉石镶嵌。

（三）鱼优劣的鉴别

同一品种的金色，要对个体进行细致考察，对照该品种体躯各部位特征鉴别、选优除劣，如体躯各部对称、协调；体色鲜艳晶莹；龙睛、水泡眼、望天等诸品种的眼睛是否合于品种特征；诸多品种金鱼的尾鳍大小是否合于品种特征，端正与否，如文鱼的尾鳍要求分4叶而端正，尾长超过躯干长度为上品等；游动的姿态及体躯静止时的平衡姿态是否端正均属金鱼优劣鉴别的要点。

（田培育　张升华）

思考题

1. 金鱼的选择应注重哪些方面？
2. 谈谈金鱼选择时的体会。

实训十五　宠物用品

【实训目的】

通过幻灯片及实物的辨别，掌握宠物用品的种类，并能正确选择和使用宠物用品。

【实训内容】

1. 宠物用品的种类
2. 宠物用品的使用

【实训条件】

器　材：幻灯片　宠物用品实物

【实训方法】

一、宠物用品分类

实表 15 宠物用品分类

用品分类	用品种类
宠物食品	猫粮、狗粮、罐头、零食、处方粮等
营养保健	营养助长、滋养美毛、杀蚤除虱、灭螨杀虫、调理补钙、保健品等
美容清洁	梳子、刷子、香波浴液、电动剪刀、指甲钳、毛皮护理用品、厕所用品、杀菌除臭、眼、耳、牙护理、铲子、吸水巾等
居家旅行	小屋、座垫、笼子、航空箱、背包等
项圈皮带	项圈、牵引带、胸背带、颈套带等
喂养用具	塑料食具、不锈钢食具、自动喂食、饮水器等
宠物玩具	啃咬玩具、抛掷玩具、猫爬架、猫抓板、仓鼠用品等
衣服饰品	衣服、鞋子、饰品等
健齿咬胶	菜棍、狗咬胶等
训练用具	诱导剂、辅助器具等

二、宠物用品的选择与使用

（一）宠物美容清洁用品

1. 宠物浴波

浴波中的成分可杀皮毛中携带的多种有害致病真菌细菌，保护皮肤中天然有益菌层，维护皮毛正常生态功能。对患有皮炎、皮癣等细菌真菌引起的皮肤疾病的宠物，通过杀菌、消炎、除臭可促进伤口愈合，减轻皮肤瘙痒，加快病症康复，控制和辅助治疗螨虫病。健康宠物经常使用，可显著增强皮毛抵御病菌侵害和有益菌层的自我调节能力，起到预防保护作用。

2. 宠物洗毛精

能起到润滑皮肤，防止干燥，并具止痒作用，使皮肤维持在湿润的状态，避免开裂。

洗耳液主要是清理猫耳道的污垢，防止耳部被细菌感染，防止细菌的驻留和滋生。

3. 宠物吸水巾

一般用于宠物淋浴后吸干被毛水分。在大多数宠物美容场所，由于工作环境的限制，不可能大量的使用毛巾，而且宠物共用毛巾还可能传染多种皮肤疾病，并且毛巾的摆放、清洗、烘干都有实际困难，吸水海绵体积小，吸水量大，必要时还可重复使用，因此，它已是宠物美容的必需品。好的吸水巾需要具备下列条件：收缩膨胀比高；表面光滑不伤毛；耐拧耐拉；常湿状态下不易发霉。现在市面上的吸水巾有很多种，通常情况下为欧美制品，特点是体积大、价格低廉，类似洗车用巾；缺点是拧干较为困难。

4. 宠物吹风机

宠物的被毛数量比人类毛发多了好几倍，为了加速干燥，可使用宠物专用大型吹风机，它的设计是大出风量（快干）低热（宠物对热的忍耐程度比人类低），但价格高昂，只适用于专业宠物美容工作者。普通用于毛发干燥、整型（拉直）的吹风机可分为：桌上型：置于工作台上，可随时调整出风位置，价廉，但占用操作空间；立式：有滑轮脚架，可四处移动，出风口可360°调整，中等价格，使用最广泛；挂壁式：固定于墙壁，有可移动的悬臂（高低45°，左右180°）最不占空间，但价格昂贵。在选用电吹风时需要注意以下条件：具备耐用的马达；热量、风量可以调节；出风口左右高低可调节；吸风口清理容易。

5. 宠物橡皮圈

美容纸、蝴蝶结、发髻、被毛的固定，以及美容造型的分股、成束都需使用不同大小的橡皮圈。橡皮圈以材质分类有以下两种，乳胶：不粘毛，不伤手，但弹性稍差；橡胶：弹性好，价格低廉，但会粘毛。

6. 宠物美容纸

用于保护毛发及造型结扎支撑使用。长毛犬发髻的结扎，以及全身被毛保护性的结扎，皆需使用它来固定，以便与橡皮圈作阻隔缓冲。好的美容纸应具备以下条件：透气性好，伸展性好，耐拉、耐扯不易破裂，长、宽适度。以手工制造的棉纸最好，纸面分布有不规则的纤维丝，强韧耐撕。

7. 宠物剥毛刀

宠物剥毛刀是㹴类犬及刚毛犬专用工具，因为㹴类犬大都要求有粗硬的被毛，但因分布位置不同，毛理的粗细也就有所差别，因此需要适合的刀具，进行各部位的美容工作。定期进行剥毛，可使犬只处于最佳毛质状态，剥毛刀可剥除死毛，加速毛发新陈代谢，使毛发合理硬质化，以符合其毛质要求。剥毛刀需要具备的条件：耐用，品质上以原创地——英国制造的最好。

8. 宠物指甲刀

用于剪除多余的指甲。犬猫的足爪形状与人类不同，因此使用工具在结构上的设计也不一样，且犬只有大小的差别，以及猫类有内敛的指甲，都需要有大小不同的工具。指甲刀的型号通常可分为：

通用型：可适用于任何犬只剪指甲的需要。一般家庭饲养的犬只大都为中、小型犬。

大型：用于足爪厚硬的超大型犬。

猫剪型：用于剪除猫类勾爪内敛的指甲。

好的指甲钳需要具备的条件：刀片锐利，切口平整，刀头可替换或修磨。

9. 宠物口罩

为了顺利完成美容工作，口罩的使用是必要的。它可减轻胆怯或性格凶暴的宠物，对陌生人的触摸因紧张而产生排斥或反抗的精神状态。口罩需要具备下列条件：不会弄伤宠物；搭扣使用方便、能快速操作；不易脱落；容易清洗。口罩因质地不同可分为：铁制，坚固，但笨重且容易擦伤。尼龙布制，轻便好用，但不耐久。皮革制，耐用但搭扣难以快速固定，用久了有异味。塑料制，配以插销式搭扣，光滑硬质的表面不易挣脱，易清洗，使用方便。

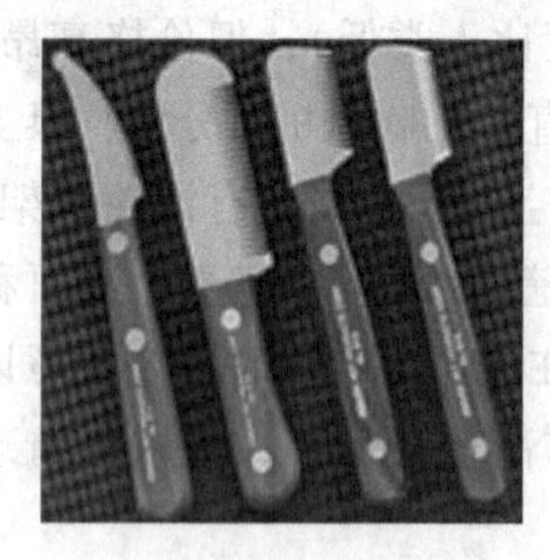

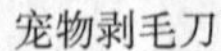
宠物剥毛刀

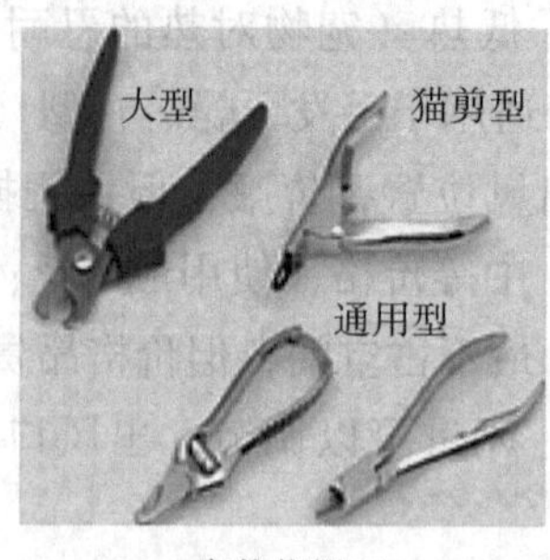

宠物指甲刀

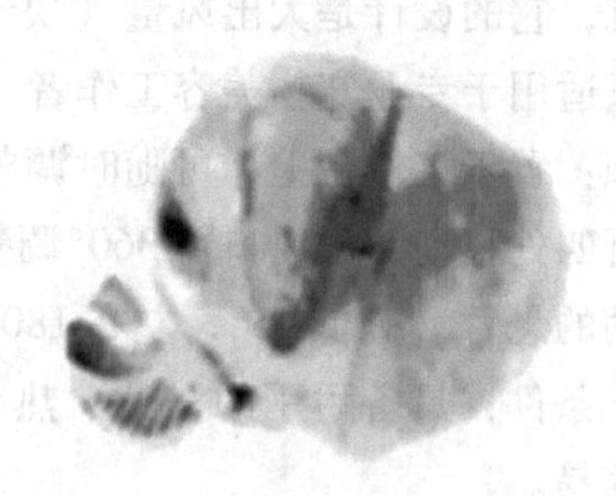
宠物口罩

10. 宠物电动剪

可快速刨除毛发，用于各种宠物美容的初步造型、或去除局部被毛，如足底、下腹、肛门等。宠物电动剪种类主要可分为电磁振荡式：美式电剪，速度快但容易因高温而烫手，需要配合冷却喷雾使用。马达回转式：日式电剪，运转速度稍慢但机身较轻。选择电动剪应注意以下条件：耐用、磨损慢，使用时间长，易修理。

11. 宠物美容桌

动物都是活蹦乱跳的，没有经过训练的宠物，绝对不会按美容师的意思，安静的配合实施美容，因此，选择一张能保定、止滑、安全的美容工作桌是必要的。宠物美容桌是宠物美容专用平台。可分为轻便型、工作型、油压或汽动型三种。

轻便型：轻便易于携带，适合犬展或旅行等外出时使用的需要。

工作型：稍重但稳固，犬只躁动时不会摇晃。宠物美容业使用最普遍的一种工作桌。

油压或汽动型：沉重且不易移动，但可自由调整高低、并可做360°旋转，不管什么类型的犬只，美容时都可以配合美容师的身高和习惯。

无论哪个类型的美容桌均需要具备下列条件：活动桌脚张开后，四个角都不可晃动；桌面需贴紧防滑胶板；桌沿饰板与胶板紧密接合，防止出现清理不到的死角；吊竿需稳固，高低可调整。

12. 宠物美容梳

用于被毛的梳理、挑松以及剪除时配合剪刀的挑理动作。梳子的长、短、密、疏也都有不同用途，材质以金属制品为主，除了耐用外，防止产生静电也是需要考虑的问题之一。好的美容梳需要具备下列条件：材质坚硬，不易弯曲变形，表面镀层良好（电镀），不易脱落。针尖需已雕磨处理成细致圆角，不可有卡毛现象。疏、密两方重量平均，中心点一致。常用且必备的有以下两种。标准梳：疏、密两用型，适用于各种类型的毛发梳理。蚤梳：小型、密齿，用于剔除毛发中的蚤、蜱，或清理眼下泪垢。

13. 宠物毛刷

长毛犬每日快速的梳理保养，以及短毛犬的皮肤按摩都可使用。毛刷可帮助快速梳理被毛，促进毛发新陈代谢，增加表面光泽。

金属针型：半球型的胶板充满空气，梳理时针尖伸缩自如，尤其适于需要经常护理毛发的犬只的被毛梳理，以及吹风干燥、打散毛发时使用。

兽毛型：短毛犬皮肤按摩，长毛犬上油时最适合，柔性特佳，决不伤毛。

尼龙毛型：用途同兽毛型，价格低廉，但会产生静电，引起毛发缠结，可适合淋浴时使用。

橡胶粒型：淋浴时或短毛犬去除死毛时使用。

手套型：去除底毛并让被毛（外毛）增亮时使用。

好的毛刷需要具备下列条件：金属针型需有弹力、松紧适度，不易缩针，针尖要有圆角处理，握把还是以木质为好。兽毛型的材料以猪鬃（硬度弹性皆优）为最好。

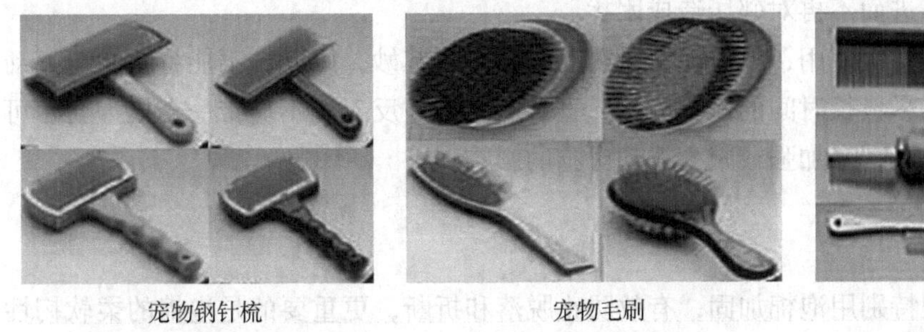

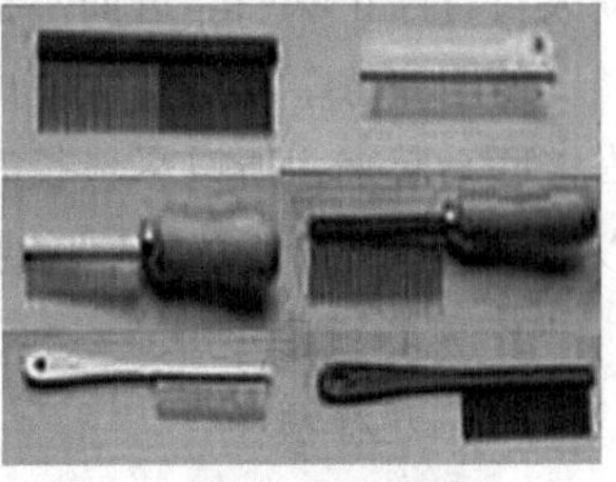

宠物钢针梳　　宠物毛刷　　宠物美容梳

14. 宠物钢针梳

打开缠结被毛或去除底毛（绒毛），不管轻微或严重的缠结，都可利用它来梳理。种类：分有大、中、小三种尺寸，但一般通用为中尺寸。以质地分，有以下二种。硬质：胶板红色，针硬。适用于严重打结的情况。软质：胶板青色，针较柔软，不易伤到皮肤。适用于少量缠结被毛的情况。钢针梳应具备的条件：钢针尖端平整；胶板与钢针密合且需有相当弹性；木质握把（防滑、吸汗、耐摔）。

（二）宠物食品分类

1. 专用狗粮的分类

专用狗粮是按照狗的营养要求，专为狗研制的全营养食品，因此，每天喂专用狗粮并无害处。专用狗粮有许多种类，比如约克夏小型犬类与活动量较大的大丹狗所需的营养成分量与热量存在很大差异。按照其加工的软硬程度可分为：硬型专用狗粮，水分含量在10%以下，大多呈固体块状。所含营养成分较丰富，经济性也较好，属于最为普通的一种类型；中软型专用狗粮，也称为半熟型狗粮，含水量约为30%左右，因为较软，适合于幼犬和老犬食用；软型狗粮，水量约占70%以上，是用肉、鱼加工成肉糜状，俗称美食型专用狗粮，做成罐头，可以长期保存。

2. 专用猫粮分类

干燥型猫粮的水分含量在10%以下，大多呈颗粒状或者薄饼状，易于长时间保存，不需冷藏。所含营养成分较丰富，价格也比较合理，属于最普通的一种类型。用干燥型猫粮喂饲的时候，要注意提供充足的新鲜清洁饮水。

半湿型猫粮含水分30%～50%，通常每包用量是以一只猫一餐的食量为标准的。这类猫粮打开后须及时饲喂，以免腐败，尤其在炎热的夏季里更应特别注意。

罐头型猫粮含水72%～78%，营养全面，适口性好。口味的选择上也有多种多样，可以根据猫的口味及营养需要，加以选择和搭配。这种猫粮在打开后也要及时饲喂，防止变坏。

（三）宠物训练用品

1. 犬止吠器

爱犬吠叫是天性，但在夜深人静时，或主人将爱犬独自留在家中时，狗的吠叫声就会干扰他人，滋生邻里矛盾，影响生活环境。止吠器可感应侦测狗叫声，并发出振动波，让爱犬自行停止吠叫。进而不再对邻居造成困扰。

使用注意事项：初次使用，犬可能会对震动感到莫名其妙，因此，不能将吠叫与振动直接联系起来，所以尽量长时间的让它佩戴，直到产生条件反射。不应带一会摘一会。可以通过调节狗圈的松紧，来加强或减少振动对狗的影响。

2. 宠物项圈

（1）泡棉项圈

颈圈和易磨损处特别用泡棉加固，有效防止脱落和折断，更重要的是泡棉的柔软韧性不会对宠物的皮肤造成损伤，拉扯时有很好的缓冲作用，能很好的缓解犬脖子上的压力。能对犬的皮肤和毛发起到绝佳的保护作用。可选择相配的拉绳使用。

（2）牛皮项圈

纯牛皮制作，适合大型犬用。

3. 牵引绳

犬的训练过程中的必备用品。可使训导者省力、方便，又可以起到很好的效果，可根据犬的大小选择不同的型号。选择时应注意牢固，结实。

（四）宠物喂养用具

1. 大耳犬专用食具

大耳朵犬的食具较深，只有能容嘴巴进入的口径，可以避免食物蘸湿耳朵，这样不用怕大耳朵耷拉到饭盆里而弄脏。适合可卡、巴吉度、腊肠等大耳朵或长嘴的宠物。底部带防滑软垫，不用担心会被犬推着走或被碰翻。

2. 双口食盆

相对较浅，适合于不同类型宠物食品的同时分样供给。

除以上的划分外，还可根据宠物的大小选择口径大小不同的食盆，如5寸、6寸及7寸等。

（五）宠物玩具

1. 宠物发生球

用来引起宠物的兴趣，使其训练时注意力集中，多为橡胶材质，不宜过小，以防宠物吞食。

2. 宠物玩具飞碟

可分为空心和实心两种，开发并提高狗对于飞盘的兴趣，控制狗的兴奋度及反应速度。并可同时进行简单口令的联系训练。

（田培育　张升华）

思考题

1. 开一家宠物商店应经营的主要产品种类有哪些？
2. 选购宠物用品应从哪些方面考虑？